战略性新兴领域“十四五”　高等教育系列教材

机械系统建模仿真与优化

主　编　童　昕　凌静秀
副主编　宋学官　刘桂萍　李占福
参　编　阚子云　杨　俣　倪冰雨　杨亮亮

机械工业出版社

本书以机械领域工程装备为实际案例，注重理论与实践紧密联系。通过贯穿全书的工程实例，学生可更深入了解书中的理论知识。本书主要内容有：绪论、机械系统建模仿真与优化基础、结构有限元分析及应用、多体系统动力学分析及应用、优化设计建模及应用、机械系统可靠性设计与优化、数字孪生技术及工程应用、多物理场耦合仿真及应用。为了满足教学和自学的需要，巩固和加深对有关内容的理解，本书提供了大量的工程实践案例和适量的习题。

本书可作为高等院校机械类专业本科生、研究生教材，也可供有关专业师生及工程技术人员参考和使用。

图书在版编目（CIP）数据

机械系统建模仿真与优化 / 童昕，凌静秀主编. 北京：机械工业出版社，2024. 12. --（战略性新兴领域“十四五”高等教育系列教材）. -- ISBN 978-7-111-76869-2

Ⅰ. TH

中国国家版本馆 CIP 数据核字第 202437E50S 号

机械工业出版社（北京市百万庄大街 22 号　邮政编码 100037）

策划编辑：余　皞　　责任编辑：余　皞　宫晓梅

责任校对：曹若菲　丁梦卓　　封面设计：严娅萍

责任印制：单爱军

北京虎彩文化传播有限公司印刷

2024 年 12 月第 1 版第 1 次印刷

184mm×260mm · 15.75 印张 · 374 千字

标准书号：ISBN 978-7-111-76869-2

定价：59.00 元

电话服务　　网络服务

客服电话：010-88361066　　机　工　官　网：www.cmpbook.com

010-88379833　　机　工　官　博：weibo.com/cmp1952

010-68326294　　金　书　网：www.golden-book.com

机工教育服务网：www.cmpedu.com

前　言

“机械系统建模仿真与优化”是应用型高等院校机械类、仪器仪表类和机电结合类各专业重要的主干专业课程，其内容与机械工业发展紧密相关。本书切合我国高端装备自主研发设计要求，侧重培养适应21世纪现代工业发展要求的机械类高级创新型应用技术人才。根据本科院校机械类、仪器仪表类和机电结合类各专业的培养目标及对毕业生的基本要求，本书以机械领域工程装备为实际案例，注重理论与实践紧密联系，既保证了必要、足够的理论知识内容，又增强了理论知识的应用性、实用性；既突出了常用机械系统建模方法、仿真手段及优化方法的内容，又体现了对高端装备领域前沿技术的应用。为了满足教学和自学的需要，巩固和加深对有关内容的理解，本书提供了大量的工程实践案例和适量的习题。

为使高等工科院校的学生和有关技术人员能熟悉和掌握机械系统建模仿真与优化中的若干基本方法，本书主要介绍了目前应用成熟的6种常用方法：结构有限元法、多体系统动力学、优化设计、可靠性设计、数字孪生技术及多物理场耦合仿真。本书从实用角度阐述了这些方法和技术的基本概念、基本理论，并展示了不同领域的典型案例。可以相信，建模仿真与优化技术的广泛应用，对提高工业产品的设计质量，缩短设计周期，推动设计工作的现代化、科学化等方面将发挥重大作用。

本书由童昕、凌静秀担任主编，宋学官、刘桂萍、李占福担任副主编，具体编写分工如下：第1章和第2章由童昕和李占福编写；第3章由凌静秀编写；第4章由阚子云编写；第5章由刘桂萍编写；第6章由倪冰雨编写；第7章由宋学官和杨亮亮编写；第8章由杨俣编写。本书整体结构和统稿由童昕和凌静秀共同把关完成。

由于编者水平有限加之编写时间仓促，书中难免存在不当之处，敬请广大读者批评指正。

编　者

目　录

知识图谱

教学大纲

第 1 章 绪论

PPT 课件

建模与仿真技术是一门通用性强、跨学科、与计算机技术紧密结合且应用面广的综合性技术，已成功应用于核能开发、海洋系统、航空航天、地震工程、材料、军事、社会、经济等众多领域。广义而言，仿真就是采用建模的方法建立现实客观物理现象的概念模型和数学模型，即对现实客观物理现象进行抽象、映射、描述及复现，进而应用计算机技术、软件技术及信息技术，将概念模型转换为计算机仿真模型，以模拟现实客观物理现象。

建模与仿真是一种利用计算机技术进行系统模拟和模型构建的方法。它通过使用数学模型和数据来描述所研究对象的特征和行为，并利用计算机软件对模型进行操作和仿真，以获取有关系统行为和性能的有用信息。

目前，随着计算机技术的迅猛发展，尤其是网络技术的快速发展，建模与仿真技术正在向数字化、智能化、网络化、虚拟化及协同化快速发展。

1.1 建模与仿真概述

1.1.1 建模与仿真的定义和分类

计算机仿真是指在研究中利用数学模型或物理模型来获取系统的一些重要特性参数，这些数学模型或物理模型通常是由以时间为变量的常微分方程来描述，并用数值方法进行计算机仿真求解的。随着硬软件技术的发展，利用计算机仿真可以对整个机械系统及其过程进行广泛的研究，如连杆机构的运行、机械结构的应力变形或者结构优化设计等。系统仿真一般具有以下特点：

1）它是一种对系统问题进行数值求解的计算技术。尤其当系统无法通过建立数学模型求解时，模型仿真技术能有效地处理。

2）仿真是一种人为的试验手段。它和现实系统试验的差别在于仿真试验不是依据实际环境，而是在实际系统映像的系统模型以及相应的人造环境下进行的。这是仿真的主要功能。

3）仿真可以比较真实地描述系统的运行、演变及其发展过程。仿真支撑系统是进行仿真试验的软件和硬件环境，是仿真的重要工具。相似理论是研究仿真支撑系统的理论依据和重要准则之一。计算机技术、网格技术、图像处理技术等许多相关领域飞速发展的新技术促进了仿真支撑系统（环境）的技术飞跃。

仿真是基于模型的活动，模型建立、实现、验证、应用是仿真过程不变的主题。随着时代的发展，仿真模型包含的内容大大扩展，建模方法日益多样，模型交互性和可重用性变得越来越重要，模型的校核与验证成为仿真中必要的步骤。

模型、仿真的定义有各种表述。一种简单的基本定义如图 1.1 所示。

模型——对系统、实体、现象、过程的数学物理或逻辑的描述。

仿真——模型在计算机上随时间运行的手段和方法。

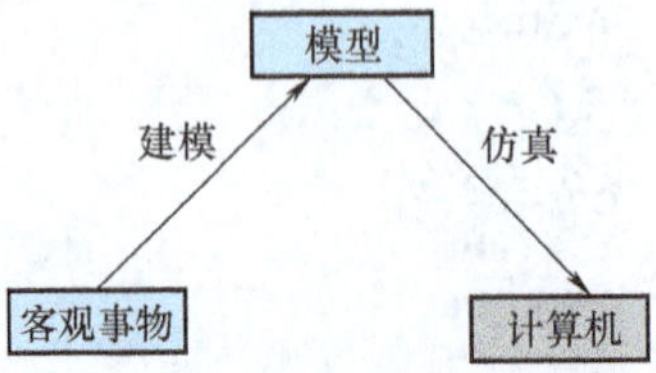

图 1.1　建模与仿真的基本定义

在我国，建模与仿真方法是随着应用需求的发展不断进步的。近十年来仿真技术发展是沿着以应用需求牵引建模与仿真系统开发，以建模与仿真系统带动建模与仿真技术突破，以建模与仿真技术促进建模与仿真系统发展，最后将建模与仿真系统又服务于应用的良性循环的道路向前发展的。

建模与仿真可以根据不同标准进行分类，以下是一些基本的分类方式：

（1）按照应用领域　可以分为工业仿真、医学仿真、军事仿真、教育仿真等。每个领域都有其特定的需求和模型，例如在军事领域可能更关注战术模拟和战场环境仿真，而在医学领域则可能侧重于生物体的生理过程模拟或者手术操作的虚拟实训。

（2）按照模型特性　可以分为确定性模型仿真和随机模型仿真。确定性模型仿真指的是系统的行为完全由初始条件和输入数据决定。随机模型仿真涉及概率分布，用于模拟那些具有内在不确定性的系统。

（3）按照时间尺度　可以分为静态仿真和动态仿真。静态仿真不涉及时间变化，主要用于研究系统的稳态行为。动态仿真模拟系统随时间的演变过程，适用于需要分析系统暂态或动态响应的情况。

（4）按照仿真工具　可以分为计算机仿真、物理效应设备仿真等。计算机仿真主要依赖于计算机软件模拟系统行为。物理效应设备仿真结合了计算机生成的环境与实物硬件，为用户提供更为直观的交互体验。

（5）按照目的　可以分为研究型仿真和应用型仿真。研究型仿真旨在探索和理解特定现象或理论，通常用于科学和工程研究。应用型仿真是为了解决实际问题或优化已有系统的性能，常见于工程设计、培训和教育等领域。

（6）按照复杂性　可以分为简单系统仿真和复杂大系统仿真。简单系统仿真通常涉及的变量和关系较少，容易理解和实现。复杂大系统仿真需要考虑大量的变量和复杂的相互作用，这通常要求具有更高级的建模技术和计算能力。

1.1.2　建模与仿真的关键技术

1. 建模技术

模型是仿真的基础。数学模型是客观事物的抽象描述，客观事物包括实体、自然环境、人的行为。建模是对实体（飞机、导弹、舰艇、车辆、电站、机器设备等）、自然环境（地形、大气、海洋、空间）、人的行为（个体、群体、组织）的抽象描述。各个应用领域大多采用机理建模方法来描述客观事物的特性和行为，包括连续系统建模（线性/非线性、定常/时变、集中参数/分布参数、确定/随机）、离散事件系统建模（面向事件、面向进程、面向活动）或混合系统建模。当仿真对象的机理不清楚时可采用系统辨识方法和基于数据的建模技术建模。除上述定量建模理论和方法外，还有定性建模理论和方法，用于具有不确定性、模糊性、智能性的对象建模和仿真。定量与定性相结合的建模与仿真技术已在各个应用领域获得重视。

2. 仿真技术

仿真对象是错综复杂的，可以由多个系统和分系统组成，除建立描述系统内部特性和行为的数学模型外，还要建立描述系统之间的相互关系的模型，因此需要更高层次统一建模语言和方法，如面向对象建模、面向组件建模、多智能体建模、元建模、面向服务建模等。模型应具有互操作性、可重用性、可组合性。

模型、仿真结果是否可信是最根本的问题，它决定仿真结果有无价值，而可信度取决于精度和置信度，更与仿真目的和要求有密切关系。应根据仿真目的和要求对模型和仿真系统进行严格的校核、验证、确认。校核是将建立的模型和仿真系统对照设计方案、设计要求、技术说明比较；验证是将仿真结果与实际系统试验数据比较；确认是权威机构根据应用目的对模型和仿真系统进行审批。

1.2 建模与仿真应用领域

20世纪90年代，我国的研究人员对建模与仿真技术展开了研究，包括分布交互仿真、虚拟现实仿真、基于仿真的设计、虚拟样机、建模与仿真的重用性和互操作性，以及分布虚拟环境等。近几年随着计算机技术的迅速发展，新的建模与仿真技术也应运而生，极大地推动了机械行业的发展，提高了经济效益。

建模与仿真是工程领域中一种广泛应用的技术，通过对系统或过程进行模拟与模型构建，能够帮助工程师们更好地理解和掌握复杂的工程问题。建模与仿真在工程领域的应用如下。

（1）军事训练　在军事领域，建模与仿真技术用于训练和战术分析。一些国家将其作为提高军队战斗力的重要工具，通过建立作战实验室和仿真系统，进行战略、战役、战术和技术层面的模拟训练。

（2）航天制造　在航天领域，仿真技术用于多学科专业的仿真分析，如机电液控，以及半实物仿真、虚拟样机系统仿真等。这些技术对于降低航天产品的研制成本、缩短周期、提高质量、确保飞行试验成功率等方面至关重要。

（3）轨道交通　在轨道交通装备制造领域，仿真技术贯穿于轨道车辆产品研发的各个阶段，从方案设计到技术设计、施工设计、试制验证等，是研发过程中不可或缺的一环。

（4）计算机科学　在计算机科学领域，仿真技术可以用于测试和优化网络性能，模拟不同的硬件和软件环境等。随着技术的发展，仿真技术在这一领域的应用将更加广泛。

（5）科学研究　建模与仿真技术在科学研究中也占有重要地位，其可以帮助科学家理解复杂的自然现象和工程问题，预测试验结果，从而指导试验设计和理论研究。

（6）工程设计　在工程设计领域，通过建立精确的数学模型来模拟物理系统的行为，工程师可以在不建造实际原型的情况下测试和验证新产品的设计。

（7）医学教育　在医学教育领域，仿真技术可以用来模拟人体解剖、手术过程等，帮助医学生和医生提高手术技能和诊断能力。

（8）应急管理　在应急管理领域，建模与仿真技术可以用来模拟自然灾害的发展过程，为制定应急响应计划提供支持。

（9）能源管理　在能源管理领域，仿真技术用于电网的运行分析、可再生能源资源的评估及能效优化等。

（10）金融分析　在金融分析领域，建模与仿真技术用于风险管理、市场预测、资产组合优化等。

（11）游戏开发　在游戏开发领域，仿真技术用于创建逼真的游戏环境和角色行为，提升玩家的游戏体验。

在目前全球经济竞争激烈的情况下，成功的企业必须快速反应市场的需求变化趋向，快速设计和制造新的产品。其中产品设计占整个研发周期的大部分时间，缩短产品设计时间是最具竞争力的途径。基于仿真的设计或虚拟样机技术是现代产品设计的革命性手段。早期的计算机辅助设计与制造发展为基于仿真设计与制造，目前又提出数字制造或虚拟制造。

CAD 模型（包括部件和组件）是初步设计阶段对产品的简单描述，采用仿真方法对运动空间的限制、强度、动力学进行分析，在动态载荷和受力情况下得到应力、应变、位移、速度、加速度等参数，以评估各种不同设计概念。

基于仿真技术的设计与制造是一种现代工程技术方法，它通过计算机模拟预测产品在真实世界中的性能。这种方法可以在产品实际制造出来之前，对其进行详尽的测试和验证。基于仿真设计与传统设计的方法和流程有很大区别，基于仿真设计可以在计算机上建立虚拟样机，对产品的外形、结构、强度、动力学进行分析设计，满足技术要求后建立实物样机或直接制造产品，可以大大缩短产品研制周期，降低成本。基于仿真设计或虚拟样机技术可以多学科综合、系统集成，提高有效性。产品设计一般划分为方案论证阶段、概念设计阶段、技术设计阶段、试验验证阶段等。仿真技术在不同阶段的用途如下：

1）方案论证阶段——利用仿真技术进行快速论证。此时我们往往追求仿真的快速，不追求精确度。

2）概念设计阶段——利用仿真技术进行方案的快速验证。系统仿真和多学科仿真是主要手段。

3）技术设计阶段——利用仿真技术完成关键设计参数的优化与确定。此处实物仿真是重要手段。

4）试验验证阶段——尽管仿真的目的是替代试验，但在实践中必要的试验还需要保留，特别是某些行业规范要求如此。利用仿真技术帮助规划试验方案，准确定位测试点，减少试错次数，精益地获得数据，用较少的试验次数达到试验目的，提升试验效率。

相同零部件的同类仿真分析在不同设计阶段的分析目的不同，因此采用的技术、工具、仿真模型、网格的处理方式、结果的处理与评价等也各不相同。

1.3 机械系统建模仿真与优化概述

机械系统建模与仿真技术是利用数学模型和计算方法来描述和分析机械系统行为的技术。它将复杂的机械系统转化为数学模型，并通过仿真计算来预测系统的动态行为和性能。近年来，随着计算机技术的快速发展和软件工具的不断推出，机械系统建模与仿真技术得到了广泛的应用和深入的研究。

在机械系统建模方面，常用的模型包括物理模型、数学模型和仿真模型等。物理模型是通过物理试验和观测来描述系统特性的模型。数学模型是通过数学方程来描述系统特性的模型。仿真模型是通过计算机算法和数值方法来模拟系统特性的模型。这些模型可以结合使用，以提高对机械系统行为的理解和预测能力。

在机械系统仿真方面，常用的软件工具包括 MATLAB、Simulink、ADAMS 等。这些软件提供了丰富的建模和仿真功能，可以方便地搭建机械系统的数学模型，并进行系统行为和性能的仿真计算。此外，还有一些开源的仿真软件，如 OpenModelica、Dymola 等，它们提供了更加灵活和可定制的建模和仿真功能，适用于不同类型的机械系统。

机械系统建模与仿真技术在机械工程领域有广泛的应用。一方面，它可以用于机械设备的设计和优化，通过建立机械系统的数学模型，可以评估和比较不同设计方案的性能，找到最佳的设计参数和工艺流程；另一方面，它可以用于机械设备的故障诊断和维修，通过建立机械系统的仿真模型，可以模拟和分析系统的故障行为，找到故障原因并提出修复方案。

除了机械设备的设计和维修，机械系统建模与仿真技术还在其他领域有着重要的应用，例如，它可以用于工业生产过程的优化和控制。建立工业系统的仿真模型，可以预测系统的运行状态和性能，进而优化生产计划和控制策略。此外，它还可以用于交通运输系统的规划和优化。建立交通系统的仿真模型，可以模拟和评估不同交通策略的效果，为城市规划和交通管理提供决策依据。

1.3.1 机械系统的组成

系统的范围要根据研究对象来界定，一个完整的机器可以是一个系统，机器的一个相对独立的部分也可以看成一个子系统。一个完整的机器由动力系统、传动系统、执行系统、操纵控制系统及支承部分组成。

1. 动力系统

动力系统包括动力机及其配套装置，它是机械系统的动力源，可以是电动机、内燃机、液压马达等。它提供必要的动力以驱动整个系统工作。按能量转换性质的不同，有把自然界的能源（一次能源）转变为机械能的机械，如内燃机、汽轮机、水轮机等动力机；有把二次能源（如电能、液能、气能）转变为机械能的机械，如电动机、液压马达、气动马达等动力机。动力机输出的运动通常为转动，而且转速较高。选择动力机时，应全面考虑执行系统的运动和工作载荷、机械系统的使用环境和工况以及工作载荷的机械特性等要求，使系统既有良好的动态性能，又有较好的经济性。

2. 传动系统

传动系统的作用是将动力系统中产生的动力传递到执行系统中去，并实现速度和扭矩的转换与调节。传动系统包括齿轮、皮带、轴承等机械元件。传动系统主要有以下几项功能：

1）改变系统速度。动力机的原始速度是不能满足工作需要的，需要把动力机的速度降低或提高，以满足执行系统工作的需要。有时系统还需要多个速度以满足工作要求，此时可通过变速机构来控制系统。

2）改变运动规律或形式。把动力机输出的旋转运动形式转变为某种需要的规律形式，如变化的旋转、非旋转，或者连续、间歇的运动形式等，以满足执行系统的运动要求。

3）改变动力大小。在动力机功率恒定的情况下，变速机构会将输出的动力按规律改变，然后传递到执行系统，供给执行系统完成预定任务所需的转矩或力。

随着现代机电控制技术的发展，一些现代动力机的速度与动力要求完全符合执行系统的工作要求，此时则可以不再需要中间的传动系统，而将动力机与执行系统直接连接。

3. 执行系统

执行系统是直接完成机械功的部分，如机床的刀具、汽车的车轮等，它们通过传动系统获得动力并进行工作。执行系统是完成机械最终功能的执行部分，有的机械设备包含一套单独的机械系统，以完成整个机械系统的功能。不同的功能对运动和工作载荷的机械特性要求也不同，因而各种机械系统的执行系统也不相同。执行系统通常处在机械系统的末端，直接与作业对象接触，是机械系统的输出系统。因此，执行系统工作性能的好坏将直接影响整个系统的性能。执行系统除应满足强度、刚度、寿命等要求外，还应满足运动精度和动力学特性等要求。

4. 操纵控制系统

操纵控制系统包括用于控制机械系统运行的各种控制器、传感器和操纵装置。在现代机械系统中，控制系统往往涉及复杂的信息处理和机电一体化技术。操纵系统和控制系统都是为了使动力系统、传动系统、执行系统彼此协调运行，并准确、可靠地完成整机功能的装置。二者的主要区别是：操纵系统一般是指通过人工操作来实现启动、离合、制动、变速、换向等功能的装置；控制系统则是指通过人工操作或测量元件获得的控制信号，经由控制器，使控制对象改变其工作参数或运行状态而实现上述功能的装置，如伺服机构、自动控制装置等。良好的控制系统可以使机械处于最佳运行状态，提高其运行稳定性和可靠性，并有较好的经济性。

5. 支承部分

支承部分有时又称机架，是机械系统其他部分安装的基础。

1.3.2 机械系统仿真流程

实际的机械系统结构较为复杂，因强度等多种原因导致的冗余结构较多。大多数的机械产品在仿真模型化过程中需要进行简化，简化的过程对不同的研究人员来说，可能存在一定的差异，或者说仿真模型的简化结果可能最终不同。总的来说，这种差异不应当是本质上的。

选择合适的仿真系统是仿真成功及获得较好仿真结果的前提。不同的仿真系统有不同的特点，如有些软件平台的线性仿真能力较强，有些软件平台的非线性仿真能力较强，对于不同的仿真需要，应当选择相应的仿真系统。

根据上述分析，虚拟样机类软件与数学分析类软件的仿真流程如下：

1. 虚拟样机类软件的仿真流程

（1）建模 这是仿真流程的第一步，涉及在软件中建立机械系统的数学模型或计算机模型。这个模型应该能够准确地反映出系统的特性和行为。在这个阶段，用户需要定义模型的名称（确保第一个字符是字母）和路径（路径名称不能有中文、空格等），并设置工作环境，如单位（长度、质量、力等）和工作网格。

（2）测试 在模型建立之后，用户可以通过仿真软件进行测试。这一步骤可以检验模型的准确性，并预测系统在不同条件下的表现。用户可能需要创建运动学仿真基操，例如设置曲柄摇杆机构的运动参数，并进行运动学仿真以及对仿真结果做后处理。

（3）检查 仿真完成后，需要对结果进行检查，以确保仿真的准确性和可靠性。这个过程可能涉及对仿真结果的验证和校核。

（4）优化提高 最后根据仿真结果对系统进行必要的调整和优化，以提高系统的性能或满足特定的设计要求。

总的来说，虚拟样机技术是基于物理学理论建立逼近实际工况的模型，实现运动状态和仿真结果的可视化，而且能够基于各专业理论给出模型的运动状态，实现动力学、运动学等方面的结果输出。

2. 数学分析类软件的仿真流程

（1）模型分析 针对数学分析类软件，将分析对象进行机构化分析或流程化分析。

（2）数学建模 根据上一步的分析结果，对分析对象进行数学建模，建立分析对象的常微分方程。

（3）仿真模型流程设计 例如 MATLAB 或 Simulink 软件需要事先根据模型的常微分方程设计仿真思路。

（4）仿真参数定义 包括仿真初始条件定义、变量定义、时间步定义等。

（5）结果分析 例如 MATLAB 软件，可以根据分析结果对其进行复杂的数学处理从而得到各种需要的结果。

1.3.3 优化设计概述

优化设计是在电子计算机技术广泛应用的基础上发展起来的一种现代设计方法。它是以电子计算机为计算工具，利用最优化原理和方法寻求最优设计参数的一门先进设计技术。

优化的概念最早是伴随着设计过程产生的。优化设计是一种对设计过程进一步提炼改进的方法，从多种设计方案中选择最佳方案以获得更完美的设计结果。通常设计方案可以用一组参数来表示，这些参数有些已经给定，有些没有给定，需要在设计中优选，称为设计变量。如何找到一组最合适的设计变量，使之在允许的范围内使所设计的产品结构最合理、性能最好、质量最轻、成本最低，同时设计的时间又不太长，这就是优化设计所要解决的问题。

随着基础科学的发展和计算机技术的进步，现如今的优化设计方法有着更严谨的理论基础和更高的设计效率。它以数学中的最优化理论为基础，以计算机为手段，根据设计所追求的性能目标建立目标函数，在满足给定的各种约束条件下，寻求最优的设计方案。

通常一个完整的优化设计过程包括以下步骤：

（1）建立优化设计问题的数学模型　进行优化设计需要建立数学模型来描述目标函数、设计变量和约束条件之间的关系。这个数学模型可以是基于物理原理的解析模型，也可以是通过试验数据拟合得到的数值模型。优化设计问题通常来自人类生活和生产实践中的某个过程或某个实践对象，通过研究与该过程或该对象相关的系统组成要素及各组成要素之间的客观联系可以构建起对应的物理模型，而后再将该物理模型用数学语言表达并定义优化目标和相关约束，即可得到该优化设计问题的数学模型。

（2）选择最优化算法　优化算法是用来搜索设计空间并找到最优解的工具。根据问题的复杂性和特定需求，可以选择不同的优化算法，如梯度下降法、遗传算法等。最优化算法是指解决最优化设计问题的数值计算方法，它主要运用数学方法研究各种系统的优化方案，为优化设计问题的求解提供途径。该过程不存在通用有效的普适性算法，需要根据优化设计问题的数学模型特征选择合适的求解算法，常用的最优化算法有逐步逼近法、线性规划法、非线性规划法等。

（3）程序设计　随着计算机技术的高速发展，如今优化设计问题都通过计算机程序进行实际求解。该过程将根据前期构建的优化设计问题的数学模型和所选择的最优化算法设计程序执行步骤并编写对应的程序代码。

（4）结果分析　一旦找到最优解，需要对结果进行分析和验证。这可能包括对最优解的敏感性分析、鲁棒性分析和可行性分析等。该过程将在计算机内通过简单的二进制运算自动完成。随着现代计算机计算能力的不断提升，优化设计问题的求解速度越来越快。

习　题

1. 简述建模与仿真技术的定义。
2. 简述建模与仿真技术的分类。
3. 举三个建模与仿真技术的应用案例。
4. 简述机械系统的组成。
5. 画出机械系统仿真的基本流程图。

科学家科学史
“两弹一星”功勋科学家：最长的一天

第 2 章

机械系统建模仿真与优化基础

PPT 课件

2.1 机械系统建模基础

2.1.1 机械系统（刚体）动力学建模

1. 机械系统动力学的研究内容及任务

机械系统动力学专注于分析和解释机械结构在动态加载环境下的行为表现。在这个领域中，系统被理解为由多个互相关联的组件构成的整体，这些组件协同工作以实现既定的功能。这种对系统的理解不仅局限于机械领域，它同样适用于描述自然界和人类社会中的各种动态系统，如太阳系、生态系统，以及人造系统如经济运行、交通流动和商业活动等。

人们时常强调采用系统的视角来对问题进行剖析和解决。所谓系统的视角指的是将研究目标视为一个由众多元素构成的整体，即系统本身，并关注这个整体的运作过程，而不仅仅着眼于其各个组成部分的独立状态。

在真实的系统动力学研究中，核心理念是将实际的系统转化为模型。这些模型是对系统行为的简化和抽象表示，它们捕捉并反映了真实系统的特定属性，而非其全部特性。

如图 2.1 所示，机械系统动力学主要研究三方面的问题。

1）当已知作用于结构的载荷和结构参数时，计算结构的动态响应问题，这称为响应预估问题。这是该领域的一个正向问题，也是研究的关键所在。通常，解决这类问题会运用多种动态分析技术，如模态分析、机械阻抗分析及有限元法等，来探究结构的动态行为特性。

图 2.1　系统模型

2）当已知作用于结构上的载荷和结构的响应时，确定结构的参数或构建其数学模型的问题，这称作参数辨识或系统辨识。这属于机械动力学的第一类逆问题。为解决这一问题，模态分析法常被用来识别结构的动态特性参数，并据此确立准确的数学模型，进而实现从模态参数到实际物理参数的转换。这一过程对于识别结构的缺陷至关重要，并为结构的优化提供了重要参考。

3）当已知结构参数和结构的响应时，确定作用在结构上的未知载荷的问题，这称作载荷辨识问题，这是机械动力学的第二类逆问题。解决这类问题通常需要先执行第一类逆问题的分析和试验，以确定结构的动态参数，然后基于这些参数，进一步识别出载荷的大小和模式，从而理解外部干扰力的特性和行为。

2. 机械动力学的研究方法

（1）理论分析　机械系统动力学问题的求解通常遵循图 2.2 所示的基本流程，这也是处理工程力学问题的标准方法。面对一个待解决的工程难题，首要步骤是简化问题，抽象出一个精简的力学模型。在简化过程中，应专注于问题的核心元素，剔除非关键的细节，目标是构建一个在力学性能上与原始工程问题高度相似的模型，同时确保该模型的计算精度符合工程设计的精确度要求。对于机械系统动力学问题而言，这种力学模型用系统的动力特性参数（如自由度、质量、刚度和阻尼系数）来描述。所构建出的相应的机械系统动力学数学模型是基于这个力学模型的，其建立依据包括牛顿第二定律、达朗贝尔原理、动能定理、拉格朗日方程等力学原理。这些数学模型一般采用二阶微分方程组的形式。至于这些方程组的解法，可以划分为解析法、半解析半数值法及数值法。随着计算机技术的广泛普及和各类专业软件工具的广泛应用，数值法逐渐成为主流的解决方法。然而，分析和计算仅是一部分工作，机械工程师还必须对计算结果的实际应用性进行准确评估，以确保能够真正地解决工程中遇到的实际问题。

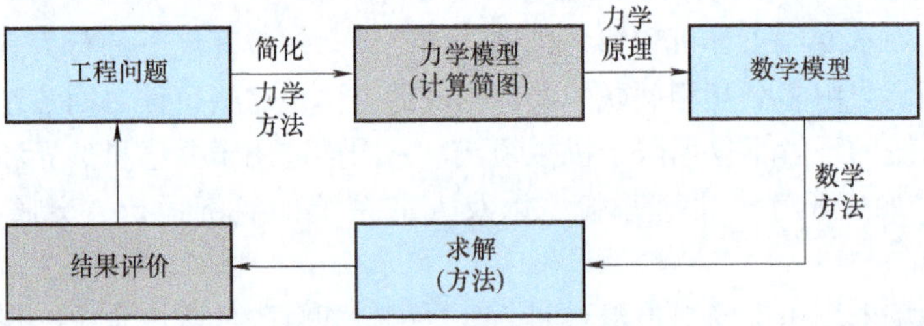

图 2.2　机械系统动力学问题基本流程

（2）试验研究　动力学试验研究是机械产品设计和运行过程中不可或缺的一环，它涵盖了模态试验、动力参数的测定、模型试验以及现场测试等方面。这一研究不仅是理论分析的关键补充，而且对于验证理论分析的准确性起到了至关重要的作用。同时，某些动力系统特有的动力特性参数，如阻尼比，往往需要通过试验手段来准确测量和获取。

3. 建立机械系统动力学模型的方法

（1）机械系统动力学理论建模　如果对一个系统的内部构造、尺寸、材料属性（如质量、刚度、阻尼等）、连接方式及约束条件都有充分而详尽的了解，那么借助现代结构动力学或其他相关的力学理论与技术，根据系统结构的设计图纸，就可以构建出该系统的数学模型，这个过程即是动力学理论建模的核心所在。

在构建了系统的力学模型之后，首要工作是准确导出描述系统运动的动力学方程。对于单自由度、二自由度或某些较为简单的多自由度系统，可以采用牛顿定律、达朗贝尔原理、动能定理或动量矩定理来形成相应的振动微分方程或方程组。对于更一般的多自由度系统，通常采用分析力学的手段进行方程推导。此外，将静力学中的虚位移原理扩展应用到动力学问题中，通过达朗贝尔原理，可以建立普遍适用的动力学基本方程，进而得到广泛应用的拉格朗日方程，并据此确立系统的运动方程。

拉格朗日方程提供了机械系统动力学建模的理论支撑，而基于该方程的动力学建模方法则是理论分析中的主要手段。

（2）机械系统动力学试验建模　在无法确切了解系统内部结构及其特性的情况下，可以通过进行激振试验，直接测定系统的输入与输出数据，随后依托系统参数识别等相关理论和技术，可以构建出该系统的数学模型，这便是系统动力学试验建模的方法。机械系统动力学试验建模主要有以下目的：

1）提供材料（如黏弹性材料和复合材料）和元件（如轮胎、减振器、隔振垫）的刚度和阻尼特性。

2）验证系统动力学理论计算的动力特性，包括动态响应，原点、跨点导纳，以及振动分析中系统或部件的振动模态参数。

3）在动力学理论分析中，确定系统中一些复杂因素，如非线性特性、时间延迟（时滞）、系统阻尼、磁悬浮轴承的刚度、约束与支撑间的间隙及摩擦等，是具有挑战性的。这些因素随着控制速度的提升而变得越来越重要，对控制系统的稳定性和性能产生显著影响，故在建模过程中需要被充分考虑。从带有测量噪声的数据中识别系统的时滞，尤其是多个时滞的情况，是一个技术上的难题。简单的数学模型虽然易于处理，但可能精度不足，而高精度的模型往往难以应用于后续的动力学分析。因此，在某些情况下，必须借助动力学试验建模方法来识别和确定上述提到的复杂因素，通过将试验建模的成果与系统动力学理论模型的结果进行比较分析，可以有效降低系统建模的误差。

（3）机械系统动力学联合建模　在实际工程中处理机械系统动力学分析问题时，常常遇到这样的情况：系统的内部结构和性能只有部分了解，其数学模型能够或者已经被导出，但模型中还有一些参数需要通过其他方法来确定。这种情况就需要联合使用动力学理论建模和试验建模的方法（即采用系统动力学的综合建模方法），以解决这一问题。

在机械系统动力学建模中，两种基本方法——理论建模和试验建模——都有它们的优势和不足。当面临实际工程问题，试图为某个特定的机械系统建立数学模型时，仅仅依赖一种方法可能难以高效且便捷地确定所有必需的参数。换言之，在实际的建模实践中，这两种方法通常需要互为补充，相互矫正。

2.1.2　机械系统有限元建模

1. 有限元法的基本概念和原理

有限元法是一种用于数值求解偏微分方程和积分方程的强大工具，强大的适用性、灵活性和高精度使其成为工程领域中不可或缺的重要工具，对于解决复杂的实际工程问题具有重要意义。

从数学的角度上看，有限元法是一种求取二次泛函极值近似解的数值分析技术，基于变分函数，以微分逼近思维使得近似解的误差达到最小值，并得到稳定收敛值。在机械系统问题中，解决问题的本质多是求解二次泛函（能量积分）的极值问题，结合机械系统的物理特性，使得问题的求解过程得到极大的简化，求解速度得到提高。因此，在工程实践中，有限元法已经成为解决机械系统问题的主要工具之一。通过数学建模和数值计算，有限元法使得机械系统的设计、分析和优化变得更加高效和可靠。它不仅可以用于静力学和动力学问题的分析，还可以应用于热力学、流体力学等各种工程领域。在不断的发展中，有限元法不断拓展其应用范围，成为解决各种复杂工程问题的重要手段之一。

有限元法的基本思想是将连续的机械系统模型离散化为有限数量的连续单元体群，单元体之间通过有限的单元节点相互连接，组成代替机械结构模型，在一定精度下，通过已知的机械物理特性，将单元体群进行数值计算与分析，此单元体群就是机械结构的力学模型。

通过每个单元体的刚度特性，结合相互连接节点之间的变形连续条件与平衡条件，利用这些节点相互作用关系来构建整个机械机构运动模型。在此处，单元体的刚度特性是指在有限元分析中，每个离散化的单元体在给定边界条件和载荷情况下对外部力和变形的响应情况。单元体的刚度特性由其几何形状、材料性质和单元类型等因素决定。在有限元分析中，单元体的刚度特性关系以刚度矩阵的形式描述，将这些单元体群的刚度组合成整个系统的整体刚度，通过计算机完成计算与求解过程。借助计算机的优势，可以将机械结构分解成任意有限数量单元体，面对各种复杂的边界条件和几何形状，能够灵活地适应不规则的单元体，通过数值分析得到整体的近似解。只要这些单元体的离散合理，整个机械结构模型的力学行为就能够以较高的精度被模拟和预测。然而，尽管有限元法能够在处理复杂问题时提供很大的灵活性和很高的精度，但要注意，在实际应用中，单元体的离散化需要合理且精确。如果单元体的数量过少或者分布不均匀，可能导致模型的精度不足，而如果单元体数量过多，可能会增加计算成本，甚至造成计算不稳定。因此，在实际应用中，通常需要合理划分单元体，以平衡模型的精度和计算成本。此外，单元体的类型选择也很重要，不同类型的单元体适用于不同类型的问题，需要根据具体情况进行选择。

2. 有限元法的发展及其在机械工程领域的应用

有限元法的历史可以追溯到1956年，当时 R. Courant 在一篇论文中首次提出了有限元法的基本概念。四年后，A. Hrennikoff 和 R. Courant 独立地将有限元法首次应用于结构分析。从那时起，有限元法开始引起工程师和数学家的关注，并迅速发展。在这个阶段，有限元法被广泛用于解决结构、热力学、流体力学等各种问题，并且其理论基础得到了加强和扩展，出现了许多经典的有限元法的理论和算法。随着计算机硬件和软件技术的不断进步，有限元法在规模、精度和复杂性上都得到了显著提升。至今，有限元法已成为解决各种工程和物理问题的重要工具，在航空航天、汽车工业、建筑工程、地质学等领域得到了广泛应用。

有限元法的发展和应用受益于有限元软件的商业化和计算机技术的发展。随着计算能力的提升、算法的优化及用户界面的改进，工程师可以处理更复杂的模型，进行更准确和全面的分析。计算技术的进步加速了大规模模型的求解过程，多物理场耦合的支持使得工程师可以更全面地考虑系统行为。此外，自动化优化功能的引入也为设计过程提供了更高效的解决方案。综上所述，有限元软件和计算机的发展为工程师提供了强大的工具，使得他们能够更有效地利用有限元法进行设计、分析和优化。

随着有限元法的不断发展，现代机械产品的设计和制造水平也得到了显著提升，其性能和精度也在不断提高。在当今的机械工程领域，有限元法的应用范围也在不断拓展。经过整理和归纳，可以看到现代机械工程中有限元方法的应用主要集中在以下几个方面：

（1）静力学分析　静力学分析通过有限元法可以评估机械结构在静态加载条件下的应力和变形情况。例如，一辆汽车的车架在静态负载下的应力分布和变形情况可以通过有限元法进行分析，以确保其结构的稳定性和安全性。

（2）模态分析　模态分析用于确定机械结构的固有频率和振动模态。例如，风力发电机的叶片在风载荷下的振动特性可以通过有限元模态分析来评估，以预测并减小振动对结构的不利影响。

（3）谐响应分析和瞬态动力学分析　谐响应分析用于评估机械系统在谐波激励下的振动响应，而瞬态动力学分析则用于模拟机械系统在非稳态加载条件下的响应。例如，高速列车在通过铁路道口时的冲击加载可以通过有限元法进行评估，以确保列车和轨道系统的安全性。

（4）热应力分析　热应力分析用于评估机械结构在温度变化条件下的应力分布和变形情况。例如，汽车发动机缸体在运行时因温度变化引起的热膨胀和热应力可以通过有限元法进行分析，以提高发动机的耐久性和可靠性。

（5）接触分析　接触分析用于模拟机械结构中不同部件之间的接触和摩擦行为。例如，机械设备中齿轮、轴承等部件之间的接触应力和接触压力分布可以通过有限元接触分析来评估，以确保部件之间的可靠性和稳定性。

（6）屈曲分析　屈曲分析用于评估机械结构在压缩加载条件下的稳定性和失稳行为。例如，高层建筑结构在风载荷和地震加载下的屈曲行为可以通过有限元法进行分析，以确保结构的稳定性和安全性。

3. 机械系统有限元建模基本步骤

为了帮助初学者加深对机械系统有限元建模的直观理解，本节将概述使用有限元分析软件对实际机械系统进行建模的基本流程和操作步骤，具体如图 2.3 所示。

在开始有限元建模之前，必须首先明确要分析的机械系统或部件的几何形状、尺寸及分析的目标。当今的有限元建模与分析不再局限于传统的载荷和应力分析，而是已经扩展到包括温度、声场、流体动力学、电磁场等多物理场的分析。

在执行实际的有限元建模分析之前，关键一步是对目标对象进行几何体的网格化，即将连续的实体划分成由众多单元构成的网格模型。这一过程基于的思想是，将整个机械系统的建模和分析简化为对若干简单几何体建模和分析的总和。在这一步骤中，创建网格模型需要一定的技巧，因为网格的结构将对后续的有限元计算结果产生显著影响。完成网格划分后，计算机程序能够自动检验输入数据的准确性和完整性。验证无误后，便可以进入有限元计算阶段。

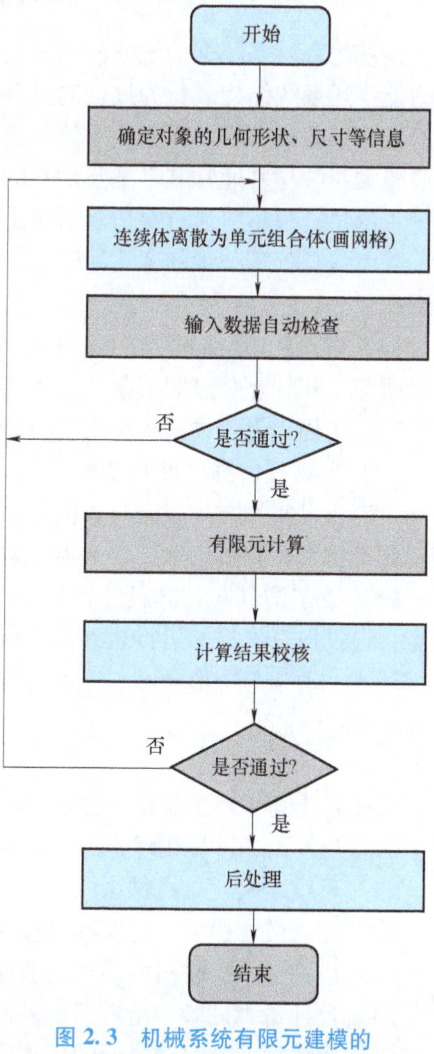

图 2.3　机械系统有限元建模的基本流程与操作步骤

有限元计算软件包含众多计算模块和程序库，如针对平面问题的有限元计算模块、梁的有限元计算模块、温度场的有限元计算模块等。一个大型有限元建模与分析软件的关键技术水平体现在其所含计算模块的广泛性和精度上。这个领域涉及深奥的理论问题，不同国家的大学和研究公司纷纷展示自己的技术实力，开发了多种多样的计算模块及其配套的软件系统。

完成有限元计算后，将数值结果转换为可视化格式是至关重要的，以便更好地解释和处理这些数据。这一过程称为有限元后处理，其主要功能包括坐标转换、整体结构重新构建、消除隐藏线，以及计算结果的图形化展示等。如果最终的计算结果不尽如人意或与试验数据不符，就需要回过头去调整计算假设和网格模型，然后再次进行计算。

2.2 机械系统仿真技术

2.2.1 机械系统仿真的定义与分类

系统仿真就是根据系统分析的目的，在分析系统各要素性质及其相互关系的基础上，建立能描述系统结构或行为过程的且具有一定逻辑关系或数量关系的仿真模型，据此进行试验或定量分析，以获得正确决策所需的各种信息。

机械系统仿真通常基于试验的目的，将原本真实或抽象的机械系统模型转换成计算机能处理的仿真模型，通过对仿真系统进行各种约束的试验，得到机械系统仿真数据。近年来，随着信息处理技术的突飞猛进，仿真技术得到迅速发展。仿真技术主要有以下 3 种仿真形式：

（1）物理仿真　按照实际系统的物理性质构造系统的物理模型，并在物理模型上进行试验研究。其特点是直观形象，逼真度高，但代价高，周期长。在没有计算机以前，仿真都是利用实物或者实物的模型来进行研究的。

（2）半物理仿真　即物理数学仿真，一部分以数学模型描述，并把它转化为仿真模型，一部分以实物方式引入仿真回路。针对存在建立数学模型困难的子系统的情况，必须使用此类仿真，如航空航天、武器系统等研究领域。

（3）数字仿真（计算机仿真）　首先建立系统的数学模型，并将数学模型转化为仿真模型，通过仿真模型的运行达到对系统运行的目的。现代计算机仿真由仿真系统的软件/硬件环境、动画与图形显示、输入/输出等设备组成。

2.2.2 机械系统仿真工作流程

机械系统的仿真工作是一种通过利用计算机模型、软件工具等技术手段来模拟现实世界中的复杂系统、过程或现象的方法。仿真工作流程的具体内容如下：

（1）系统定义　按机械系统仿真的目的来确定所研究系统的边界及约束条件。

（2）建立数学模型　将实际机械系统抽象为数学表达式或流程图。

（3）模型变换　将机械系统的数学模型转换为计算机能处理的仿真模型。

（4）设计仿真试验　给定系统外部输入信号，设定相关参数和变量等。

（5）模型加载　将转换后的仿真模型以程序形式输入计算机中。

（6）仿真试验　在计算机中对仿真系统进行各种规定的试验。

（7）模型校验　按系统应达到的性能要求对机械模型进行修改和检验。

（8）提交仿真报告　对仿真的数据进行分析、整理，提供仿真的最终结果报告。

2.2.3　机械系统仿真面临的挑战

机械系统仿真在机械数字化设计中扮演着至关重要的角色，为工程师和设计师提供了一个强大的工具，但在实际操作过程中也会面临许多困难，主要的困难有如下几点：

1. 保证数学模型的精确性和可靠性困难

在机械系统仿真中，数学模型的精确性和可靠性对于设计和分析结果至关重要。然而，机械系统涉及多个物理学和工程学领域的知识，如力学、流体力学、热传导等，实际问题复杂性较高，建立精确和可靠的数学模型是一个极大的挑战，需要将众多知识进行集成和抽象建模，但实际系统中存在着各种不确定性和非线性因素，如摩擦、材料变异、温度变化等，这些因素对数学模型的准确性和可靠性提出了要求。因此，保证数学模型的精确性和可靠性是一项挑战。

2. 获取和处理数据困难

机械系统仿真中的数据获取和处理涉及大量的数据收集、整理和分析工作，如何有效获取和处理大量的数据是一项挑战，需要合适的数据处理和分析方法。数据的获取可能受到设备性能、传感器精度和采集频率等因素的限制，而数据的质量和准确性对于建立可靠的仿真模型和进行准确的分析至关重要。此外，数据的处理和分析也需要适用的算法和技术，如信号处理、统计分析、机器学习等。如何选择合适的数据处理方法，并确保数据的可靠性和有效性，是一个具有挑战性的问题。

3. 机械仿真问题计算困难

在机械系统仿真中，一些复杂的问题往往需要进行大量的计算和优化。例如，对于大型机械结构的强度和刚度分析、流体力学仿真及多体动力学模拟等问题，需要进行复杂的数学建模和计算。然而，这些问题的求解往往涉及高维度的参数空间和大规模的计算，使得问题的求解变得非常困难和耗时，如何有效地求解和优化复杂问题，提高计算效率和准确性，是机械系统仿真技术的一个难点。

4. 实际工程融合困难

实际工程应用中往往涉及具体的工程约束和实际条件，如何将仿真技术与实际工程应用相结合，考虑实际工程问题中的复杂约束问题和实际因素，是一个重要的挑战。实际工程应用要求考虑材料特性、制造工艺、可靠性等诸多因素，这些因素对仿真模型的应用和解释提出了额外的要求。因此，在机械系统仿真技术中，需要考虑如何与实际工程应用相融合，以确保仿真模型在实践中的可行性和有效性。

2.3　优化算法

优化算法是一个广泛而深入的领域，涵盖了数学、计算机科学、工程学等多个学科。在实际应用中，优化算法被广泛应用于各种领域，如机器学习、深度学习、图像处理、自然语言处理、计算机图形学等。优化算法的效率和质量直接影响这些应用的性能和效果。

1. 优化算法的基本概念

优化算法是一种求解最优化问题的数学方法。最优化问题是指在既定约束条件下，寻找让目标函数获得最小值或最大值的解。优化算法的基本思想是通过迭代的方式，不断更新解的参数，逐步逼近最优解。优化算法的性能主要取决于算法的收敛速度、解的精度以及鲁棒性等方面。

2. 优化算法的分类

优化算法可以分为多种类型，如梯度下降法、牛顿法、拟牛顿法、共轭梯度法、遗传算法、粒子群优化算法等。它们各有特点，适用于不同的优化问题。例如，梯度下降法是一种基于梯度的优化算法，它利用梯度信息来指导解的更新方向；遗传算法则是一种模拟生物进化过程的优化算法，它利用选择、交叉、变异等方法来获得最优解。

3. 优化算法在深度学习中的应用

深度学习是一门以深层神经网络为基础，模仿人类大脑学习过程的机器学习分支学科。在深度学习中，优化算法被广泛地应用在神经网络的训练过程中。针对深度学习的模型参数数量庞大、计算复杂度高等问题，使用高效的优化算法，可以加快训练进程并提高模型的性能。例如，小批量梯度下降法就是一种常用的深度学习优化算法，它通过每次只更新一小部分数据的梯度来加快训练进程，并且能够有效地避免过拟合现象。

4. 优化算法在计算机图形学中的应用

计算机图形学是一门研究如何生成和处理图形的学科。在计算机图形学中，优化算法被广泛应用于图形处理和视频处理等方面。例如，在图形渲染过程中，需要使用优化算法来加速渲染速度并提高渲染质量；在视频压缩过程中，则需要使用优化算法来减小视频文件的大小并提高压缩效率。此外，优化算法还可以用于 3D 模型的优化和简化等方面，从而减小数据的存储量和处理复杂度。

5. 优化算法的最新进展

近年来，优化算法领域取得了许多新的进展。在凸优化算法方面，研究者提出了许多新的算法，如内点法、广义割平面法、随机一阶算法等。这些新算法在求解大规模凸优化问题和非光滑优化问题的速度方面有了显著的提高。在深度学习优化算法方面，研究者提出了一些新的优化算法和技术，如自适应学习率调整、动量法、Adam 算法等。这些算法和技术能够有效地加速神经网络的训练进程并提高模型的性能。此外，多目标优化算法和可行性算法等领域也取得了许多新的进展。

6. 算法效率的重要性

算法效率对于优化算法的应用至关重要。首先，高效的算法可以更快地找到最优解，从而加速问题的求解过程。其次，高效的算法可以节省计算资源，降低计算成本。在大数据时代，数据量和计算量都在不断增长，因此需要更加高效的算法来处理这些数据。此外，高效的算法还可以提高系统的可伸缩性，使得系统能够更好地适应大规模应用的需求。

为了提高算法的效率，我们可以采取多种方法。首先，我们可以选择正确的数据结构来存储和访问数据，从而减少不必要的计算量。其次，我们可以分析算法的时间复杂度和空间复杂度，找出性能瓶颈并进行优化。此外，我们还可以使用并行化和多线程技术来加速算法的执行过程，从而提高系统的吞吐量和响应速度。

2.4 建模仿真与优化应用典型软件简介

建模仿真与优化应用软件是工程和科学领域中不可或缺的工具，它们通过模拟实际系统的运行，帮助研究人员和工程师更深入地理解系统行为，优化设计方案，并预测潜在问题。

2.4.1 有限元分析软件 ANSYS

ANSYS 软件是美国 ANSYS 公司开发的一种大型通用有限元分析软件，它是目前世界上使用频率最高的有限元分析软件，多年来一直在有限元分析软件评比中名列前茅。该软件能将结构、流体、电场、磁场、声场等分析融合在一起，实现与多数 CAD 软件的接口，如 Creo、AutoCAD 等，方便数据共享和交换。ANSYS 软件在多个领域，如航空航天、机械制造、能源、汽车交通等均有广泛应用，为产品设计、优化和预测提供强大支持。其操作简单方便，功能强大，是工程师和研究人员不可或缺的工具。

1. 主要功能

（1）结构分析　结构分析是 ANSYS 软件最基础和核心的功能之一。它主要用于模拟和分析各种结构在外部载荷作用下的响应，如应力、应变、位移、振动等。ANSYS 软件提供了丰富的单元类型和材料模型，可以模拟各种复杂的结构和材料行为。通过结构分析，用户可以预测结构在实际工作条件下的性能，从而优化设计方案，提高产品的可靠性和耐久性。

ANSYS 软件的结构分析功能支持线性分析、非线性分析和高度非线性分析。在线性分析中，结构的行为可以近似地用线性方程来描述，如静力学分析、模态分析等。在非线性分析中，结构的行为可能涉及材料非线性、几何非线性和接触非线性等问题，如塑性分析、大变形分析等。高度非线性分析则更加复杂，需要考虑更多的非线性因素，如冲击、碰撞等。

（2）流体动力学分析　ANSYS 软件具备强大的流体动力学分析能力，可以模拟流体在各种条件下的行为，如流动、传热、传质等。ANSYS 软件支持多种流体动力学分析类型，如层流分析、湍流分析、多相流分析和热流体分析等。通过模拟流体在管道、泵、阀门等设备中的流动过程，用户可以了解流体的速度分布、压力分布和温度分布等参数，从而优化设备设计和提高流体输送效率。

ANSYS 软件的流体动力学分析功能还提供了丰富的流体模型和边界条件设置选项，可以模拟各种复杂的流体流动现象。例如，它可以模拟流体在高速旋转的叶轮中的流动情况，以及流体在复杂管道系统中的流动特性。此外，ANSYS 软件还支持流体与固体结构之间的相互作用分析，如流固耦合分析。这使得用户能够评估流体系统的性能，优化设计方案，提高产品质量。

（3）电磁场分析　在电磁场分析方面，ANSYS 软件同样表现出色。它可以模拟和分析电磁场在物体中的分布和变化。它支持多种电磁场分析类型，如静电场分析、静磁场分析、时变电磁场分析等。通过电磁场分析，用户可以预测电磁设备在电磁场作用下的性能，从而优化电磁设备的设计和性能。

ANSYS 软件的电磁场分析功能还提供了丰富的电磁模型和边界条件设置选项，可以模拟各种复杂的电磁现象。例如，它可以模拟电磁波在介质中的传播和反射情况，以及电磁场在金属导体中的感应电流分布。此外，ANSYS 软件还支持电磁场与温度场、结构场等其他物理场之间的耦合分析。

（4）声场分析　ANSYS 软件支持声场分析，可以模拟和分析声波在介质中的传播和反射过程。它支持多种声场分析类型，如声场模态分析、声场谐响应分析等。通过声场分析，用户可以预测噪声源对周围环境的影响，从而采取有效的噪声控制措施。此外，ANSYS 软件还支持声场与温度场、流场等其他物理场之间的耦合分析。

（5）压电分析　ANSYS 软件具备压电分析能力，可用于分析压电材料在电场作用下的力学响应。

（6）多物理场耦合分析　ANSYS 软件支持多物理场耦合分析，能够模拟多个物理现象之间的相互作用。这使得用户能够更全面地评估产品性能，提高设计的准确性。

（7）高级功能　除了上述主要功能外，ANSYS 软件还提供了许多高级功能，如参数化设计、优化设计和疲劳分析等。参数化设计允许用户通过改变设计参数来快速生成多个设计方案，并进行比较和优化。优化设计则可以根据给定的约束条件和目标函数自动寻找最佳设计方案。疲劳分析可以评估结构在长时间使用下的耐久性和可靠性。这些功能可以帮助用户更高效地进行设计和分析工作。

（8）扩展性与集成性　ANSYS 软件具有良好的扩展性和集成性。它支持多种接口和协议标准，可以与其他工程软件进行无缝集成和数据交换。例如，ANSYS 软件可以与 CAD 软件（如 Creo、AutoCAD 等）进行集成，实现设计数据的共享和交换；它还可以与 MATLAB 等数学软件进行集成，完成更复杂的仿真分析任务。此外，ANSYS 软件还支持多种编程语言（如 Python、Fortran 等）的扩展开发接口，方便用户根据自己的需求进行定制开发。

2. 软件特点

（1）强大的建模和网格生成能力　ANSYS 软件提供丰富的建模功能和灵活的网格生成工具，可以快速高效地构建复杂的几何模型并生成高质量的网格。用户可以通过自顶向下或自底向上的方式建立模型，同时利用布尔运算、坐标变换、曲线构造等多种手段来完善模型。

（2）广泛的材料库和物性模型　ANSYS 软件内置了广泛的材料库和物性模型，包括金属材料、聚合物、复合材料等。用户可以根据实际情况选择合适的材料并精确模拟材料的行为。这些材料库和物性模型经过了严格的验证和测试，能够确保仿真分析的准确性和可靠性。同时，用户还可以根据实际情况选择合适的材料并精确模拟材料的行为。

（3）多种求解器和分析方法　ANSYS 软件支持多种求解器和分析方法，如有限元法、有限体积法、边界元法等。用户可以根据需要选择合适的数值方法进行仿真分析，以满足不同需求。

（4）参数化建模和设计优化　ANSYS 软件提供了参数化建模和设计优化的功能。用户可以通过改变参数来优化设计，并使用优化算法寻找最优解。同时，ANSYS 软件还支持多目标优化和约束优化等高级优化方法，这有助于提高设计效率和质量，降低研发成本。

（5）强大的后处理功能　ANSYS 软件具有强大的后处理功能，可以将计算结果以彩色等值线显示、梯度显示、矢量显示等多种图形方式显示出来。同时，软件还支持将计算结果以图表、曲线等形式输出，方便用户进行数据分析和报告制作。

3. 应用领域

ANSYS 软件在多个领域具有广泛的应用，包括但不限于以下几个领域：

（1）航空航天领域　在航空航天领域，ANSYS 软件被广泛应用于飞机、火箭等航空器的结构分析、流体动力学分析及热分析等方面。通过该软件，工程师可以预测航空器在各种条件下的性能表现，优化设计方案，提高航空器的安全性和可靠性。

（2）汽车工业领域　在汽车工业领域，ANSYS 软件被用于汽车结构分析、碰撞分析、流体动力学分析等方面。通过该软件，汽车工程师可以评估汽车在各种工况下的性能表现，优化汽车设计和制造工艺，提高汽车的安全性和舒适性。

（3）生物医学领域　在生物医学领域，ANSYS 软件被用于模拟和分析生物体的力学行为及生物材料的性能。例如，在人工关节、心脏瓣膜等医疗器械的设计和评估中，ANSYS 软件发挥着重要作用。

（4）土木工程领域　在土木工程领域，ANSYS 软件被用于桥梁、隧道、建筑等结构的分析和设计。通过该软件，工程师可以预测结构在各种载荷作用下的响应，优化设计方案，提高结构的安全性和耐久性。

4. 总结

ANSYS 软件作为一款功能强大的有限元分析软件，在多个领域具有广泛的应用。它凭借强大的分析能力和广泛的适用性，为用户提供了精确、高效、可靠的仿真分析服务。未来，随着技术的不断发展和创新，ANSYS 软件将继续发挥其在计算机辅助工程领域的重要作用，为工程师和研究人员提供更多更好的支持。

2.4.2　多体动力学分析软件 ADAMS

ADAMS 软件是美国 MDI 公司（现并入 MSC 公司）为研究虚拟机器系统的静态、运动学和动力学分析而研制的一种自动分析软件。它采用交互式图形环境和丰富的数据库，能创建完全参数化的机械系统几何模型，并通过求解器建立系统动力学方程，输出位移、速度、加速度和反作用力等重要数据。ADAMS 软件在多个行业被广泛应用，包括汽车、航空航天、铁路等，是工程师进行产品设计、优化和验证的重要工具。

1. 主要功能

（1）建模功能　ADAMS 软件提供了丰富的建模工具，包括交互式图形环境、零件库、约束库和力库等。用户可以利用这些工具快速建立复杂的多体模型，并对模型进行参数化设置。同时，软件还支持导入 CAD 等其他设计软件创建的模型，方便用户进行二次开发。

（2）仿真功能　ADAMS 软件可以对虚拟机械系统进行静力学、运动学和动力学仿真分析。通过求解器建立系统动力学方程，软件可以输出位移、速度、加速度和反作用力等关键数据，帮助用户预测机械系统的性能、运动范围，以及进行碰撞检测等。

（3）分析功能　ADAMS 软件提供了强大的分析功能，包括运动学分析、动力学分析、优化设计等。用户可以根据需要对仿真结果进行分析和优化，以改进产品设计，提高产品质量。

（4）开放性　ADAMS 软件具有开放性的程序结构和多种接口，方便用户进行二次开发。用户可以根据自己的需求定制专用模块和工具箱，以解决特定工业应用领域的问题。

2. 软件特点

（1）强大的建模能力 ADAMS 软件具备强大的建模能力，能够支持复杂机械系统的精确建模。它提供了一套丰富的图形界面和建模工具，用户可以通过这些工具快速、便捷地创建出包含多个刚体和柔性体的系统模型。同时，软件还支持多种约束、连接和力元素的定义，能够准确模拟实际机械系统中的各种复杂关系。

（2）精确的仿真分析 ADAMS 软件采用多刚体系统动力学理论中的拉格朗日方程方法建立系统动力学方程，对虚拟机械系统进行精确的仿真分析。软件能够输出位移、速度、加速度和反作用力等关键数据，帮助用户预测机械系统的性能。

（3）广泛的应用领域 ADAMS 软件可以应用于多个领域，包括汽车、航空航天、机器人、医疗等。它可以模拟各种复杂系统，如悬挂系统、传动系统、刹车系统、机器人运动系统等，帮助用户研究和优化系统的性能。

（4）强大的后处理功能 ADAMS 软件提供了强大的后处理功能，可以将仿真结果以图形、表格等多种形式展示出来。用户可以根据需要对仿真结果进行详细的分析和比较，以改进产品设计。

（5）易于使用 ADAMS 软件具有友好的用户界面和交互式图形环境，使用户能够轻松上手。同时，软件还提供了详细的文档和示例供用户参考学习。

3. 应用领域

（1）汽车工程 ADAMS 软件在汽车工程领域具有广泛的应用。通过模拟车辆在不同道路条件下的行驶过程，可以预测悬挂系统的行为、车辆稳定性及操控性能等。此外，ADAMS 软件还可以用于汽车碰撞仿真分析，以评估汽车的安全性能。

（2）机械工程 在机械工程领域，ADAMS 软件可以用于机械系统的动力学分析。例如，在机械装置、机床、传动系统等的设计和优化过程中，可以利用 ADAMS 软件进行仿真分析以评估系统的性能并优化设计方案。

（3）航空航天工程 在航空航天工程领域，ADAMS 软件可以用于飞行器的动力学建模和仿真分析。通过模拟飞行器在空气动力下的运动过程可以评估飞行性能、飞行稳定性和飞行操纵性等关键指标。

（4）机器人工程 在机器人工程领域 ADAMS 软件可以用于机器人系统的动力学仿真和控制分析。通过模拟机器人在不同环境中的运动和力学特性可以优化机器人的路径规划、动作执行和稳定性等性能。

4. 总结

ADAMS 软件作为一款功能强大的机械系统动力学自动分析软件在多个领域具有广泛的应用前景。它凭借精确的仿真分析能力、广泛的应用领域，以及友好的用户界面等优势为用户提供了极大的便利。未来随着技术的不断发展和创新，ADAMS 软件将继续在机械系统仿真分析领域发挥重要作用为工程师和研究人员提供更多更好的支持。

2.4.3 多物理场耦合仿真模拟软件 COMSOL Multiphysics

COMSOL Multiphysics 是一款高级的数学建模和仿真软件，专注于多物理场耦合仿真。它允许用户通过求解包含微分方程和代数方程的物理模型，来研究和优化工程和科学应用的性能。该软件具有强大的仿真功能，可处理传热、结构分析、流体力学等常见物理问题，以及电磁场、光学、声学等领域的模拟。COMSOL Multiphysics 在机械工程、电子工程、生物医学工程和环境科学等领域有着广泛的应用。

1. 主要功能

(1) 多物理场建模与仿真　COMSOL Multiphysics 软件的核心功能在于其多物理场建模与仿真的能力。它允许用户在一个统一的框架中，同时模拟和分析多个物理场之间的相互作用和耦合关系，如结构力学、电磁学、流体动力学、热传导、化学反应等。通过预定义的物理场接口和自定义方程功能，用户可以轻松建立复杂的多物理场模型，并对其进行精确的数值求解。

(2) 几何建模与网格剖分　COMSOL Multiphysics 软件提供了强大的几何建模工具，支持从简单的二维图形到复杂的三维实体的建模。用户可以直接在软件中创建几何模型，也可以通过导入 CAD 文件来导入现有模型。在网格剖分方面，COMSOL Multiphysics 软件支持自动和手动网格剖分，以及自适应网格细化功能，可以根据模型的复杂性和计算精度需求，自动生成高质量的网格。

(3) 材料属性定义　用户可以在 COMSOL Multiphysics 软件中定义各种材料的属性，如弹性模量、热导率、电导率等，以模拟不同材料在不同物理场中的行为。材料库包含了大量的常用材料数据，用户也可以自定义材料属性，以满足特定模拟需求。

(4) 边界条件与载荷施加　在模型中施加适当的边界条件和载荷是仿真成功的关键。COMSOL Multiphysics 软件支持多种类型的边界条件和载荷施加方式，如固定约束、压力载荷、电场边界等。用户可以根据具体物理问题和模型需求，选择合适的边界条件和载荷施加方式。

(5) 求解器与计算　COMSOL Multiphysics 软件内置了多种高效的求解器，包括直接求解器、迭代求解器等，可以根据问题的规模和特性选择合适的求解器进行计算。计算过程中，用户可以实时监控计算进度和结果，对计算参数进行调整和优化。

(6) 后处理与可视化　COMSOL Multiphysics 软件提供了丰富的后处理工具，可以对仿真结果进行全面的分析和可视化展示。用户可以查看各种物理量的分布图、等值线图、矢量图等，以生成动画和报告等形式输出。通过后处理功能，用户可以深入了解物理现象的本质和规律，为科研和工程实践提供有价值的参考。

(7) 参数化建模与优化设计　COMSOL Multiphysics 软件支持参数化建模和优化设计功能，用户可以通过设置模型参数和优化目标，对模型进行优化设计。这有助于用户快速找到满足特定要求的最佳设计方案，提高设计效率和产品质量。

(8) 接口与集成　COMSOL Multiphysics 软件提供了丰富的接口和集成功能，可以与其他软件和工具进行无缝集成。例如，用户可以将 CAD 模型导入 COMSOL Multiphysics 软件中进行仿真分析，也可以将仿真结果导到其他软件中进行进一步处理和分析。此外，COMSOL Multiphysics 软件还支持与 MATLAB 等编程语言的集成，用户可以通过编程方式实现更复杂的建模和仿真任务。

2. 软件特点

(1) 多物理场耦合能力　COMSOL Multiphysics 软件最大的特点在于其多物理场耦合能力。它可以在同一个模拟环境中解决多个物理领域的问题，无论是电磁场、热传导、流体流动、材料力学，还是声学和化学反应等，COMSOL Multiphysics 软件都能够提供全面而准确的数值模拟结果。这种模块化的设计使得 COMSOL Multiphysics 软件具备了高度的灵活性和可扩展性，能够满足各种不同应用领域的需求。

（2）直观易用的界面　COMSOL Multiphysics 软件提供了直观且易于使用的图形用户界面。这种直观的界面设计使得 COMSOL Multiphysics 软件不仅适用于专业的数值模拟专家，广大工程师和科学家也可以快速上手。用户可以通过简单的操作完成复杂的建模和仿真任务，大大提高了工作效率。

（3）高度优化的求解算法和并行计算能力　COMSOL Multiphysics 软件采用了高度优化的求解算法和并行计算能力，无论是单机运算还是分布式计算，都能够充分利用计算资源，提供快速而准确的模拟结果。这使得用户能够在更短的时间内得到所需的结果，进一步加快了产品研发的进程。

（4）丰富的专业模块和接口软件　COMSOL Multiphysics 软件提供了 30 余个针对不同应用领域的专业模块和一系列与第三方软件的接口软件，使得用户可以根据自己的需求选择合适的模块和工具进行建模和仿真。这种灵活性使得 COMSOL Multiphysics 软件能够满足不同领域用户的需求，为他们提供个性化的解决方案。

3. 应用领域

COMSOL Multiphysics 软件在多个领域都有广泛的应用，如光电器件设计、光学成像模拟、光电传感器模拟、激光技术模拟等。

（1）光电器件设计　COMSOL Multiphysics 软件可以对太阳能电池的光吸收、电荷传输等过程进行模拟，分析电池结构对光电转换效率的影响，为电池的设计和优化提供指导。

（2）光学成像模拟　COMSOL Multiphysics 软件可以模拟光学系统中的光线传播和成像过程，分析系统性能，为成像系统的优化和设计提供支持。

（3）光电传感器模拟　COMSOL Multiphysics 软件可以模拟光电传感器在不同环境条件下的性能表现，如光照强度、温度等，为传感器的设计和优化提供参考。

（4）激光技术模拟　COMSOL Multiphysics 软件可以模拟激光的产生、传播和与物质相互作用的过程，分析激光系统的性能，为激光技术的发展和应用提供支持。

4. 总结

COMSOL Multiphysics 软件作为一款全面而强大的数值模拟软件，凭借其多物理场耦合能力、直观易用的界面、高度优化的求解算法和并行计算能力，以及丰富的专业模块和接口软件，为全球用户提供了强大的支持。未来，随着技术的不断发展和创新，COMSOL Multiphysics 软件将继续拓展其应用领域，为更多用户提供更加优质的解决方案。

习　题

1. 简述机械系统（刚体）动力学建模方法。
2. 简述机械系统有限元建模方法。
3. 举三个机械系统建模的应用案例。
4. 简述机械系统仿真工作流程。
5. 分析三种常用建模软件的优缺点。

科学家科学史
“两弹一星”功勋
科学家：王大珩

第 3 章

结构有限元分析及应用

PPT 课件

3.1 有限元法基础理论

静力学问题可以用矩阵法得到问题的精准解。有限元法把杆系结构的矩阵法推广应用于连续介质：把连续介质离散化，用有限个单元组合体代替原来的连续介质。这样，一组单元只在有限个节点上相互连接，因而包含有限个自由度，可用矩阵法进行分析。

动力学问题在国民经济和科学技术的发展中有着广泛的应用领域。最常遇到的是结构动力学问题，它有两类研究对象：一类是承受动力载荷作用的工程结构；另一类是在运动状态下工作的机械或结构。这些结构的破裂、倾覆和垮塌等破坏事故的发生，将给人民的生命财产造成巨大的损失。正确分析和设计这类结构，在理论和实际上都是具有意义的课题。

3.1.1 结构静力学问题的有限元法

1. 平面问题

对一些特殊情况可把空间问题近似地简化为平面问题，只需考虑平行于某个平面的位移分量、应变分量与应力分量，且这些量只是两个坐标的函数。平面问题分平面应力问题和平面应变问题两类。

考虑一个均匀薄板，只在边缘受到平行于板面且沿板厚方向不变的力以及与板面平行且不沿板厚方向变化的体力作用。板的厚度记为 t，以板的中心面为 xy 平面，任意垂直于中心面的直线为 z 轴。由于板面上不受力，板很薄且外力不沿板厚方向变化，可以认为存在

$$\sigma_z=0,\quad \tau_{zx}=\tau_{xz}=0,\quad \tau_{zy}=\tau_{yz}=0$$
$$\sigma_x\neq 0,\quad \sigma_y\neq 0,\quad \tau_{xy}\neq 0$$

以上问题的分析称为平面应力问题。

考虑一个无限长的柱形体，柱面上受到平行于横截面且沿长度方向不变的面力，同时，体力也平行于横截面且不沿长度方向变化。以任意横截面为 xy 平面，任意一条纵线为 z 轴。由于对称性（任意横截面都可以看作对称面），可以认为存在

$$w=0,\quad \varepsilon_z=\gamma_{yz}=\gamma_{zz}=0$$

$$\varepsilon_x\neq 0,\quad \varepsilon_y\neq 0,\quad \gamma_{xy}\neq 0$$

以上问题的分析称为平面应变问题。

二维连续介质，用有限元法分析的步骤如下：

1）使用虚拟直线将介质分割成有限平面单元，直线是单元边界，交点是节点。

2）假定各单元在节点上互相铰接，节点位移是基本的未知量。

3）利用位移函数，通过节点位移唯一表示单元内任一点的应变；再根据广义胡克定律，利用节点位移唯一表示单元内任一点的应力。

4）利用能量原理找到与单元内部应力状态等效的节点力，再根据单元应力与节点位移的关系，建立等效节点力与节点位移的关系。这是有限元法求解应力问题的关键步骤。

5）将每一单元所承受的载荷，按静力等效原则移置到节点上。

6）在每个节点建立用节点位移表示的静力平衡方程，形成一个线性方程组；解这个方程组，得到节点位移；利用节点位移，可以计算每个单元的应力。

三角形单元在处理复杂边界时表现出较强的适应能力，因此可以将二维区域离散为有限数量的三角形单元。边界可以用在边界上近似曲线边界的若干直线段来表示，随着单元数量增加，这种拟合会变得更加精确。图 3.1 所示为三节点三角形单元，一般以此为例讨论平面问题的有限元格式。

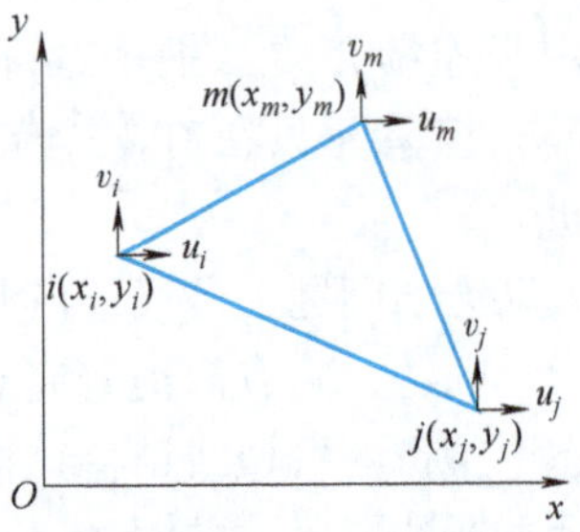

图 3.1 三节点三角形单元

一般对整体结构分析是将离散的单元通过节点连接成原始结构，然后进行分析。在分析过程中，将所有单元的单元刚度方程组合并成总体刚度方程。引入边界条件后，求解整体节点位移矢量。总体刚度方程是所有节点的平衡方程。对于每个节点，使用统一的整体节点编号，在第 4 个单元中，将节点编号 i、j、m 依次改为 8、7、5。节点与单元编号如图 3.2 所示。

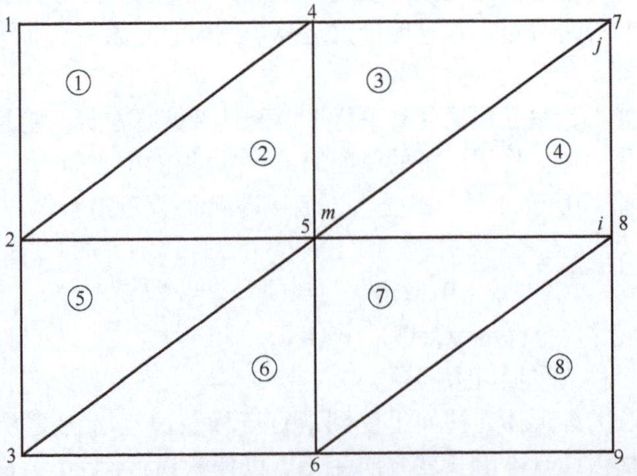

图 3.2 节点与单元编号

对于平面问题，高次单元为了提高单元的计算精度，减小误差，可以采用更高阶次的位移模式，如六节点三角形单元（图3.3）或四节点矩形单元（图3.4）。这些单元的位移模式更复杂，能更好地逼近实际的应变与应力状态。除了三节点三角形单元外，还有其他类型的单元，但它们的位移模式和求解步骤类似。

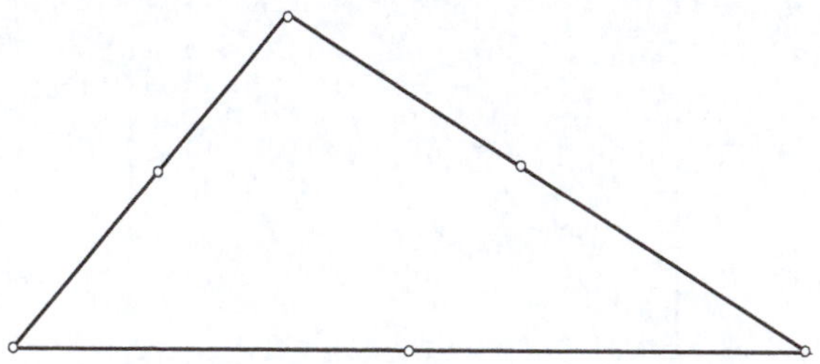
图3.3 六节点三角形单元

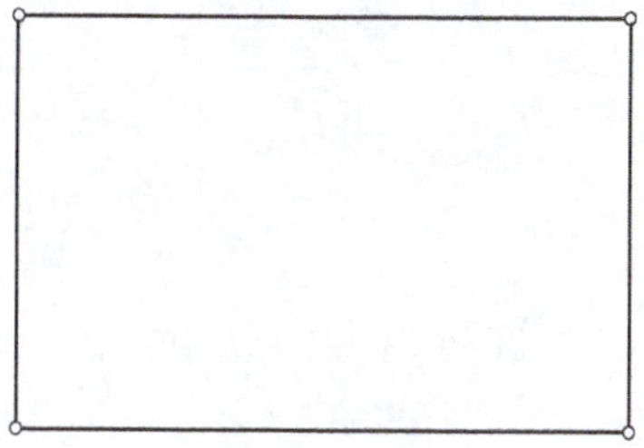
图3.4 四节点矩形单元

2. 轴对称问题

在轴对称问题中，采用圆柱坐标系（r,θ,z）较为方便。以弹性体的对称轴作为 z 轴，则所有的应力、应变和位移都与 θ 无关，只是 r 和 z 的函数。因此，任一点只有两个位移分量，即沿 r 方向的径向位移 u 和沿 z 方向的轴向位移 w。由于对称性，θ 方向的环向位移等于零。

为了处理轴对称问题，常采用圆环作为单元。这些圆环在 rz 平面上的截面通常取为三角形，如图3.5中的 i、j、m 所示（也可以选择其他形状）。各单元之间通过圆环形的铰链连接，每个铰链与 rz 平面的交点称为节点，如 i、j、m 等。各单元在 rz 平面上形成三角形网格，类似于平面问题中各三角形单元在 xy 平面上形成的网格。然而，与平面问题不同的是，在轴对称问题中，每个单元的体积都是一个圆环的体积。

1）假定物体的形状、约束条件及载荷都是轴对称的，这时只需分析一个截面，如图3.6所示的轴对称三角形单元节点力与节点位移。

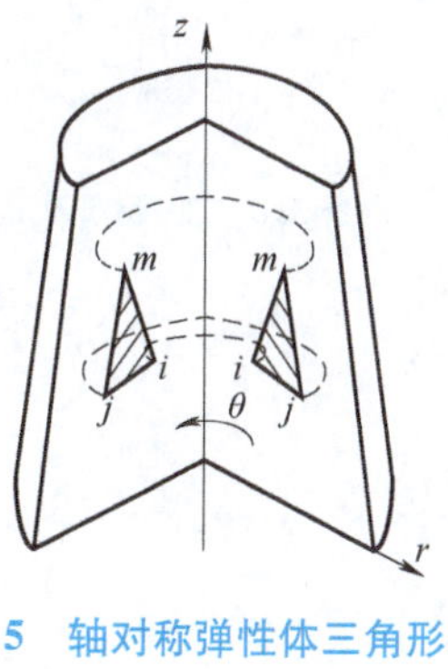

图3.5 轴对称弹性体三角形单元

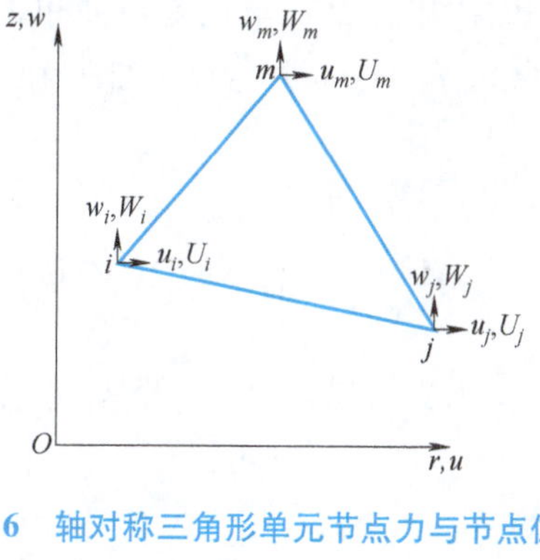

图3.6 轴对称三角形单元节点力与节点位移

2）根据图3.7所示的轴对称应力问题，每个点都有四个应变分量。沿着 r 方向的正应变称为径向正应变，用 ε_r 表示；沿着 θ 方向的正应变称为环向正应变，用 ε_θ 表示；沿着 z 方向的正应变称为轴向正应变，用 ε_z 表示；在 rz 平面中的切应变为 γ_{rz}。由于轴对称性，剩余两个切应变分量 $\gamma_{r\theta}$ 和 $\gamma_{z\theta}$ 都等于零。根据几何关系，可以得出应变与位移之间的

关系为

$$\boldsymbol{\varepsilon}=\begin{pmatrix}\varepsilon_r\\ \varepsilon_\theta\\ \varepsilon_z\\ \gamma_{rz}\end{pmatrix}=\begin{pmatrix}\dfrac{\partial u}{\partial r}\\ \dfrac{u}{r}\\ \dfrac{\partial w}{\partial z}\\ \dfrac{\partial w}{\partial r}+\dfrac{\partial u}{\partial z}\end{pmatrix} \tag{3.1}$$

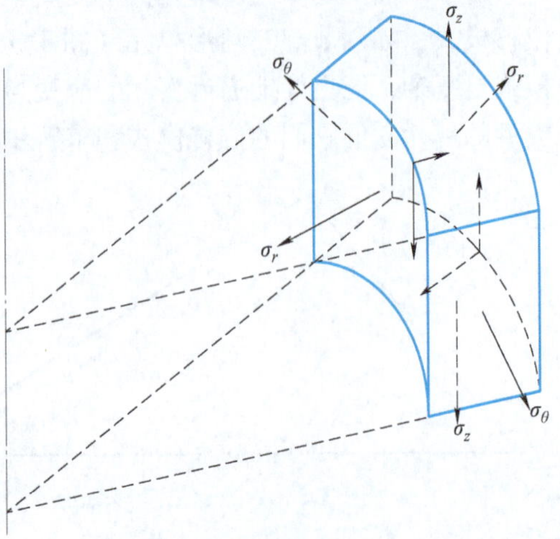

图 3.7　轴对称弹性体的应力

3）在轴对称问题中，任一点具有四个应力分量，即径向正应力 $\boldsymbol{\sigma}_r$、环向正应力 $\boldsymbol{\sigma}_\theta$、轴向正应力 $\boldsymbol{\sigma}_z$ 及切应力 $\boldsymbol{\tau}_{rz}$。

应力与应变之间的关系，可用矩阵表示：

$$\boldsymbol{\sigma}=(\sigma_r\quad\sigma_\theta\quad\sigma_z\quad\tau_{rz})^{\mathrm{T}}=\boldsymbol{D}\boldsymbol{\varepsilon} \tag{3.2}$$

式中，$\boldsymbol{D}$ 为弹性矩阵。

4）根据虚位移方程，沿着整个圆环求体积分。

5）根据节点的半径和单位长度铰上的径向载荷和轴向载荷可求解作用在整个圆环形铰上点的载荷。

3. 空间问题

在弹性力学中，平面问题和轴对称问题是空间问题的特殊情况，适用于某些简单条件下的解决方案。然而，在实际工程中，一些结构由于形态复杂，难以简化为平面问题或轴对称问题，必须采用空间问题的解决方法。在空间问题中，最简单的单元是具有四个角点的四面体单元，如图 3.8 所示。

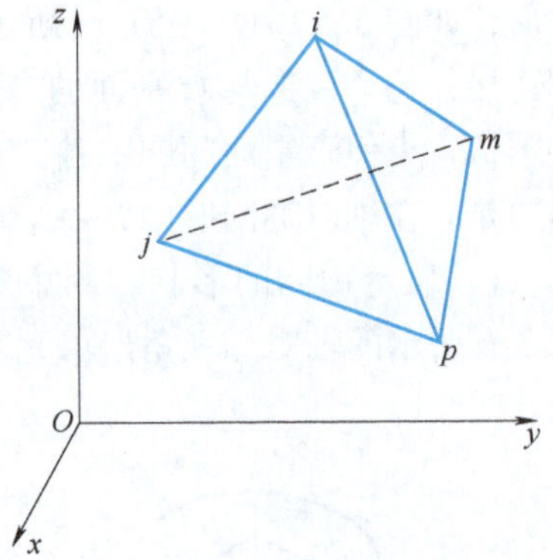

图 3.8　四面体单元

1）四面体单元是最早也是最简单的空间单元。其以四个角点 i、j、m、p 为节点。每个节点有三个位移分量，即

$$\boldsymbol{Q}_k=\begin{pmatrix}u_k\\ v_k\\ w_k\end{pmatrix}\quad(k=i,j,m,p) \tag{3.3}$$

2）在空间应力问题中，每个点具有六个应变分量，即

$$\begin{aligned}\boldsymbol{\varepsilon}&=(\varepsilon_x\quad\varepsilon_y\quad\varepsilon_z\quad\gamma_{xy}\quad\gamma_{yz}\quad\gamma_{zx})^{\mathrm{T}}\\&=\left(\frac{\partial u}{\partial x}\quad\frac{\partial v}{\partial y}\quad\frac{\partial w}{\partial z}\quad\frac{\partial u}{\partial y}+\frac{\partial v}{\partial x}\quad\frac{\partial v}{\partial z}+\frac{\partial w}{\partial y}\quad\frac{\partial w}{\partial x}+\frac{\partial u}{\partial z}\right)^{\mathrm{T}}\end{aligned} \tag{3.4}$$

3）单元应力可用节点位移表示为

$$\boldsymbol{\sigma}=(\sigma_x\quad\sigma_y\quad\sigma_z\quad\tau_{xy}\quad\tau_{yz}\quad\tau_{zx})\boldsymbol{Q}^{\mathrm{e}}=\boldsymbol{S}\boldsymbol{Q}^{\mathrm{e}} \tag{3.5}$$

式中，$\boldsymbol{S}$ 为应力矩阵；$\boldsymbol{Q}^{\mathrm{e}}$ 为单元节点位移。

4）根据虚位移原理，求解单元刚度矩阵。

5）通过与平面问题中同样的推导得到类似的节点载荷计算公式。

① 集中力 $\boldsymbol{f}=(f_x \quad f_y \quad f_z)^{\mathrm{T}}$ 的移置为

$$\boldsymbol{P}^{\mathrm{e}}=\boldsymbol{N}^{\mathrm{T}}\boldsymbol{f} \tag{3.6}$$

② 体力 $\boldsymbol{q}=(q_x \quad q_y \quad q_z)^{\mathrm{T}}$ 的移置为

$$\boldsymbol{P}^{\mathrm{e}}=\iiint \boldsymbol{N}^{\mathrm{T}}\boldsymbol{q}\,\mathrm{d}V \tag{3.7}$$

③ 面力 $\boldsymbol{p}=(p_x \quad p_y \quad p_z)^{\mathrm{T}}$ 的移置为

$$\boldsymbol{P}^{\mathrm{e}}=\iint \boldsymbol{N}^{\mathrm{T}}\boldsymbol{p}\,\mathrm{d}A \tag{3.8}$$

式中，$\boldsymbol{N}$ 为单元插值函数；V 为四面体体积；A 为四面体 ijm 面的面积。

6）实际工程中，为了保证计算精度，需要采用密集的计算网格，这会导致节点数量增加，从而产生庞大的方程组。然而，通过采用高次位移模式，单元中的应力可以被视为变化的。这样一来，我们可以用较少的单元和自由度来达到所需的计算精度，从而减小方程组的规模。例如，10节点四面体单元（图3.9）和8节点六面体单元（图3.10），以及20节点四面体单元和20节点六面体单元等，都可以用于计算分析。其计算步骤与前述类似。

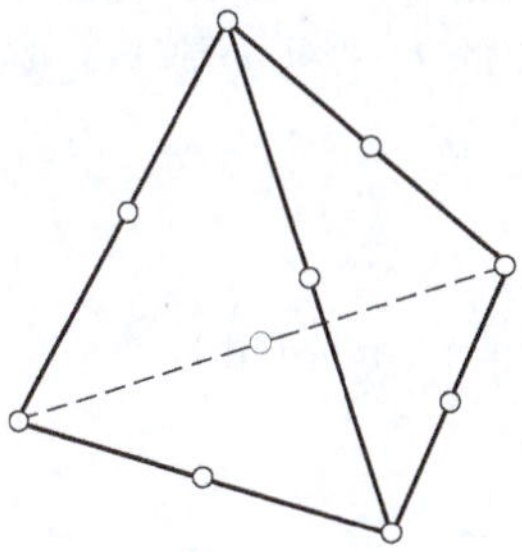

图3.9　10节点四面体单元

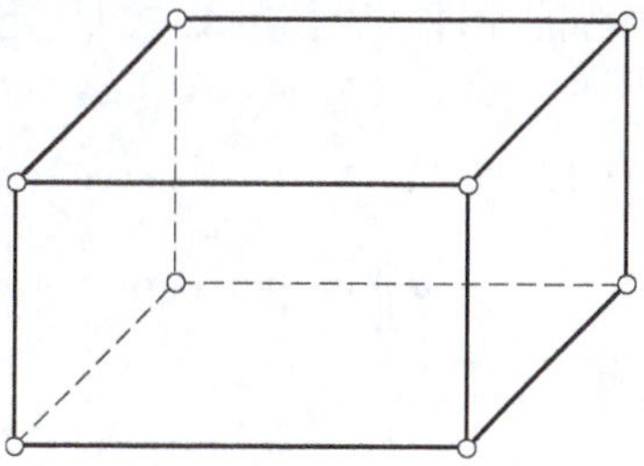

图3.10　8节点六面体单元

4. 单元与整体分析

（1）建立单元刚度矩阵　有限元法的核心是建立单元刚度矩阵。一旦建立了单元刚度矩阵，通过适当的组合，就可以得到平衡方程组，之后只需要进行一些代数运算即可。在弹性力学平面问题的计算中，通常采用直观方法来建立单元刚度矩阵。这种方法的优点是易于理解，初学者可以建立清晰的力学概念。然而，直观方法也有一些缺点：一方面，对于复杂的单元，采用直观方法建立单元刚度矩阵会比较困难；另一方面，直观方法无法提供收敛性的证明。为了克服这些缺点，可以将能量原理应用于有限元法。能量原理为建立有限元法的基本公式提供了强有力的工具。在各种能量原理中，虚位移原理和最小势能原理是应用最为方便的，因此得到了广泛的采用。

1）虚位移原理。虚位移可以是任何无限小的位移，它在结构内部必须是连续的，在结构的边界上必须满足运动学边界条件，如图3.11所示。

根据上述说明，分析图3.11所示的物体，它受到外力 $F_1,F_2,F_3\cdots$ 的作用。由此可知

$$\boldsymbol{F}=(F_1 \quad F_2 \quad F_3\cdots)^{\mathrm{T}}$$

在这些外力作用下，物体的应力为

$$\boldsymbol{\sigma}=(\sigma_x \quad \sigma_y \quad \sigma_z \quad \tau_{xy} \quad \tau_{yz} \quad \tau_{zx})^{\mathrm{T}}$$

现在假设物体发生了虚位移，在外力作用处与各个外力相应方向的虚位移为

$$\boldsymbol{Q}^*=(Q_1^* \quad Q_2^* \quad Q_3^*\cdots)^{\mathrm{T}}$$

上述虚位移所产生的虚应变为

$$\boldsymbol{\varepsilon}^*=(\varepsilon_x^* \quad \varepsilon_y^* \quad \varepsilon_z^* \quad \gamma_{xy}^* \quad \gamma_{yz}^* \quad \gamma_{zx}^*)^{\mathrm{T}}$$

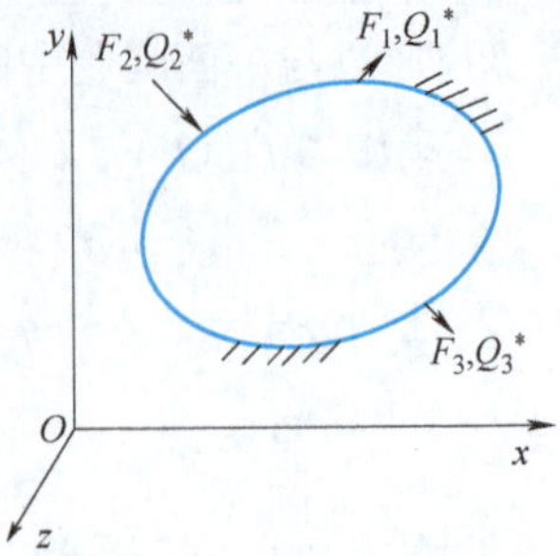

图 3.11 固体的边界条件

在产生虚位移时，外力已作用于物体，而且在虚位移过程中，外力保持不变。因此，外力在虚位移上所做的虚功为

$$QV=(\boldsymbol{Q}^*)^{\mathrm{T}}\boldsymbol{F} \tag{3.9}$$

整个物体的虚应变能为

$$QU=\iiint(\boldsymbol{\varepsilon}^*)^{\mathrm{T}}\boldsymbol{\sigma}\mathrm{d}x\mathrm{d}y\mathrm{d}z \tag{3.10}$$

虚位移原理表明，如果在虚位移发生之前，物体处于平衡状态，那么在虚位移发生时，外力所做的虚功等于物体的虚应变能，即

$$QV=QU \tag{3.11}$$

值得注意的是，虚位移原理不但适用于线性材料，也适用于非线性材料。

2）最小势能原理。物体的势能 Π_p 定义为物体的应变能 U 与外力势 V 之差，即

$$\Pi_p=U-V \tag{3.12}$$

式中，应变能 U 为

$$U=\iiint\boldsymbol{\sigma}^{\mathrm{T}}\mathrm{d}\boldsymbol{\varepsilon}\mathrm{d}x\mathrm{d}y\mathrm{d}z=\iiint\boldsymbol{\varepsilon}^{\mathrm{T}}\boldsymbol{D}\mathrm{d}\boldsymbol{\varepsilon}\mathrm{d}x\mathrm{d}y\mathrm{d}z=\frac{1}{2}\iiint\boldsymbol{\varepsilon}^{\mathrm{T}}\boldsymbol{D}\boldsymbol{\varepsilon}\mathrm{d}x\mathrm{d}y\mathrm{d}z$$

外力势为

$$V=\boldsymbol{F}^{\mathrm{T}}\boldsymbol{Q}+\iiint\boldsymbol{r}^{\mathrm{T}}\boldsymbol{q}\mathrm{d}x\mathrm{d}y\mathrm{d}z+\int_{S_\sigma}\boldsymbol{r}_{\mathrm{b}}^{\mathrm{T}}\overline{\boldsymbol{p}}\mathrm{d}s$$

式中，$\boldsymbol{F}$ 为集中力；$\boldsymbol{q}$ 为体力；$\overline{\boldsymbol{p}}$ 为面力；S_σ 为面力作用的表面；$\boldsymbol{r}_{\mathrm{b}}$ 为表面 S_σ 上的位移。

最小势能原理即在所有满足边界条件的连续位移中，满足平衡条件的位移使物体势能取驻值为

$$Q\Pi_p=QU-QV=0 \tag{3.13}$$

对于线性弹性体，势能取最小值。

最小势能原理可以用虚位移原理证明。

（2）用能量原理求单元刚度矩阵和节点载荷　利用最小势能原理，可以求出单元刚度矩阵及节点载荷。对空间问题，设一个单元在各节点上的作用节点力 $\boldsymbol{F}^{\mathrm{e}}$、单元节点位移 $\boldsymbol{Q}^{\mathrm{e}}$，单元应变 $\boldsymbol{\varepsilon}=\boldsymbol{B}\boldsymbol{Q}^{\mathrm{e}}$，物体应变能为

$$U=\frac{1}{2}(\boldsymbol{Q}^{\mathrm{e}})^{\mathrm{T}}\left(\iiint\boldsymbol{B}^{\mathrm{T}}\boldsymbol{D}\boldsymbol{B}\mathrm{d}x\mathrm{d}y\mathrm{d}z\right)\boldsymbol{Q}^{\mathrm{e}} \tag{3.14}$$

式中，$\boldsymbol{B}$ 为应变矩阵。

式（3.14）可写为

$$U=\frac{1}{2}(\boldsymbol{Q}^{e})^{T}\boldsymbol{K}^{e}\boldsymbol{Q}^{e}$$

式中，$\boldsymbol{K}^{e}$ 为单元刚度矩阵，即

$$\boldsymbol{K}^{e}=\iiint \boldsymbol{B}^{T}\boldsymbol{D}\boldsymbol{B}\mathrm{d}x\mathrm{d}y\mathrm{d}z$$

单元节点力的外力势为

$$V=(\boldsymbol{Q}^{e})^{T}\boldsymbol{F}^{e}$$

对应的单元的势能为

$$\Pi_{p}=\frac{1}{2}(\boldsymbol{Q}^{e})^{T}\boldsymbol{K}^{e}\boldsymbol{Q}^{e}-(\boldsymbol{Q}^{e})^{T}\boldsymbol{F}^{e}$$

根据最小势能原理，可知 $Q\Pi_{p}=0$，即

$$\frac{\partial Q\Pi_{p}}{\partial \boldsymbol{Q}^{e}}=0$$

则节点力为

$$\boldsymbol{F}^{e}=\boldsymbol{K}^{e}\boldsymbol{Q}^{e} \tag{3.15}$$

从物理上考虑，应变能必须是正量，而节点位移又是任意的，所以单元刚度矩阵是正定的。由此可以推断势能的二阶变分是非负的。因为势能的一阶变分等于零，二阶变分又非负，所以可以断定势能取最小值。

把 $\boldsymbol{r}=\boldsymbol{N}\boldsymbol{Q}^{e}$ 代入外力势的表达式中，得到体力 $\boldsymbol{q}$ 与面力 $\overline{\boldsymbol{p}}$ 的势为

$$V=(\boldsymbol{Q}^{e})^{T}\iiint \boldsymbol{N}^{T}\boldsymbol{q}\mathrm{d}x\mathrm{d}y\mathrm{d}z+(\boldsymbol{Q}^{e})^{T}\int_{S}\boldsymbol{N}^{T}\overline{\boldsymbol{p}}\mathrm{d}s$$

所以单元的势能为

$$\Pi_{p}=U-V=\frac{1}{2}(\boldsymbol{Q}^{e})^{T}\boldsymbol{K}\boldsymbol{Q}^{e}-(\boldsymbol{Q}^{e})^{T}\iiint \boldsymbol{N}^{T}\boldsymbol{q}\mathrm{d}x\mathrm{d}y\mathrm{d}z-(\boldsymbol{Q}^{e})^{T}\int_{S}\boldsymbol{N}^{T}\overline{\boldsymbol{p}}\mathrm{d}s$$

根据最小势能原理可得

$$\boldsymbol{K}\boldsymbol{Q}^{e}=\boldsymbol{P}_{\mathrm{q}}^{e}+\boldsymbol{P}_{\mathrm{p}}^{e}$$

$$\boldsymbol{P}_{\mathrm{q}}^{e}=\iiint \boldsymbol{N}^{T}\boldsymbol{q}\mathrm{d}x\mathrm{d}y\mathrm{d}z \tag{3.16}$$

$$\boldsymbol{P}_{\mathrm{p}}^{e}=\int_{S}\boldsymbol{N}^{T}\overline{\boldsymbol{p}}\mathrm{d}s \tag{3.17}$$

以上各式同虚位移原理推得的结论一致。

结构整体刚度矩阵为 $\boldsymbol{K}$，节点位移为 $\boldsymbol{Q}$，作用在节点上的载荷为 $\boldsymbol{P}$，根据能量原理可得总体平衡方程为

$$\boldsymbol{K}\boldsymbol{Q}=\boldsymbol{P} \tag{3.18}$$

该方程与由节点平衡方程得到的方程组一致，但结构复杂时或采用高次单元时，利用最小势能原理建立方程组无特殊困难。

3.1.2　结构动力学问题的有限元法

当机械结构在实际运行中遇到随时间变动的载荷时，为了确保其稳定性和可靠性，必须进行深入的动力学分析。动力学分析的目的是预测结构的动态行为，固有特性分析是结

构动力学分析中的核心部分，通过求解结构的固有频率（特征值）和模态振型（特征向量），获得结构在不同频率下的振动特性。响应分析则是基于固有特性的结果，进一步研究结构对各种激励信号的反应情况。与传统的静力学分析相比，动力学问题的有限元法允许将复杂的系统分解成有限数量的单元，每个单元都具有一定的物理意义和力学属性。

1. 动力学有限元法的分析过程

与静力学有限元分析相似，动力学有限元的分析过程一般包括以下步骤：

（1）结构离散　与静力学分析相同，也是将一个连续的弹性体划分为一定数量的单元。同样需要确定节点坐标以及单元的节点编号等内容。

（2）单元分析　在动力学有限元分析中，不仅需要确定单元刚度矩阵，同时也需要确定单元质量矩阵及单元阻尼矩阵。上述矩阵的求解式可分别表示为

$$\boldsymbol{K}^{\mathrm{e}} = \int_V \boldsymbol{B}^{\mathrm{T}} \boldsymbol{D} \boldsymbol{B} \mathrm{d}V \tag{3.19}$$

$$\boldsymbol{M}^{\mathrm{e}} = \int_V \boldsymbol{N}^{\mathrm{T}} \rho \boldsymbol{N} \mathrm{d}V \tag{3.20}$$

$$\boldsymbol{C}^{\mathrm{e}} = \int_V \boldsymbol{N}^{\mathrm{T}} c \boldsymbol{N} \mathrm{d}V \tag{3.21}$$

式中，ρ 为材料的密度；c 为黏性阻尼系数。

（3）单元组集　组集的方法包括直接组集法和转换矩阵法，以直接组集法为例，组集公式可描述为

$$\boldsymbol{K} = \sum_{i=1}^{N} \boldsymbol{K}_{i,\mathrm{ext}}^{\mathrm{e}}, \quad \boldsymbol{M} = \sum_{i=1}^{N} \boldsymbol{M}_{i,\mathrm{ext}}^{\mathrm{e}}, \quad \boldsymbol{C} = \sum_{i=1}^{N} \boldsymbol{C}_{i,\mathrm{ext}}^{\mathrm{e}}, \quad \boldsymbol{F} = \sum_{i=1}^{N} \boldsymbol{F}_{i,\mathrm{ext}}^{\mathrm{e}} \tag{3.22}$$

式中，N 为系统中单元的总数；$\boldsymbol{K}_{i,\mathrm{ext}}^{\mathrm{e}}$、$\boldsymbol{M}_{i,\mathrm{ext}}^{\mathrm{e}}$、$\boldsymbol{C}_{i,\mathrm{ext}}^{\mathrm{e}}$ 为扩展到与总刚度矩阵维数一致的单元刚度矩阵；$\boldsymbol{F}_{i,\mathrm{ext}}^{\mathrm{e}}$ 为扩展后的各单元等效外载荷列向量。

同整体刚度矩阵一样，整体质量矩阵和整体阻尼矩阵一般也是大型、对称和带状稀疏矩阵。

（4）边界条件的引入　在进行力学问题求解的过程中，通过引入位移约束条件来确保方程能够合理描述系统的运动状态。位移约束常常设定为零位移，便于直接应用这种约束来简化问题。当实际引入位移边界条件时，只需将原动力学方程中对应已知节点位移的自由度消去，即可获得修正后的动力学方程，此方程消除了刚体位移，因而能够求解。

（5）固有特性分析　固有特性分析是为了求解结构的固有频率和模态振型，后续将详细介绍。

（6）振动响应分析　振动响应分析是为了求解结构在外激励载荷作用下，各节点的位移、速度、加速度，同样将在后续进行详细介绍。

从以上结构动力学有限元分析的求解步骤可以看出，与静力学求解相比，动力学分析需引入质量矩阵及阻尼矩阵，其他步骤与静力学完全相同。概括地讲，利用有限元法对结构进行动力学计算，关键是解决以下两个问题：①结构刚度矩阵、质量矩阵、阻尼矩阵的建立；②求解一组与时间或者频率相关的常微分方程组。这些内容将在后续章节中进行介绍。

2. 有限元法的动力学方程

在动力学分析过程中，节点由于其自身所具备的速度和加速度，会对整个结构产生影

响，这种效应体现在阻尼力和惯性力两个方面。在运动状态中各节点的动力平衡方程为

$$\boldsymbol{F}_{\mathrm{i}}+\boldsymbol{F}_{\mathrm{d}}+\boldsymbol{P}(t)=\boldsymbol{F}_{\mathrm{e}} \tag{3.23}$$

式中，$\boldsymbol{F}_{\mathrm{i}}$ 为惯性力；$\boldsymbol{F}_{\mathrm{d}}$ 为阻尼力；$\boldsymbol{P}(t)$ 为动力载荷；$\boldsymbol{F}_{\mathrm{e}}$ 为弹性力。

其运动方程可写为

$$\boldsymbol{M}\ddot{\boldsymbol{q}}(t)+\boldsymbol{C}\dot{\boldsymbol{q}}(t)+\boldsymbol{K}\boldsymbol{q}(t)=\boldsymbol{P}(t) \tag{3.24}$$

式中，$\boldsymbol{M}$ 为整体质量矩阵；$\boldsymbol{C}$ 为整体阻尼矩阵；$\boldsymbol{K}$ 为整体刚度矩阵；$\boldsymbol{P}(t)$ 为节点的外载荷矢量；$\boldsymbol{q}(t)$、$\dot{\boldsymbol{q}}(t)$ 和 $\ddot{\boldsymbol{q}}(t)$ 分别为节点的位移、速度和加速度向量。

式（3.24）为动力学有限元的基本方程，它不再是静力学问题那样的线性方程，而是一个二阶常微分方程组，其求解过程比静力学问题相对复杂。

3. 单元质量矩阵

在描述具有分布质量的连续体系统时，单元质量矩阵的概念至关重要，有时也被称作单元协调质量矩阵或单元一致质量矩阵。单元协调质量矩阵是一个与其同阶的对称方阵，并采用与推导单元刚度矩阵一致的形函数矩阵。设其形函数矩阵为 $\boldsymbol{N}(\xi,\eta,\zeta)$，则单元协调质量矩阵的求解式为

$$\boldsymbol{M}^{\mathrm{e}}=\int_{-1}^{1}\int_{-1}^{1}\int_{-1}^{1}\rho\boldsymbol{N}^{\mathrm{T}}\boldsymbol{N}\,|\,\boldsymbol{J}\,|\,\mathrm{d}\xi\mathrm{d}\eta\mathrm{d}\zeta \tag{3.25}$$

式中，$\boldsymbol{J}$ 为雅可比矩阵。

在进行复杂结构的动力学分析时，尤其是多自由度系统等问题时，会假设单元体内所有的质量都被均匀分配到各个节点上，这样某一节点的加速度将不引起其他节点产生惯性力。基于这种假设得到的质量矩阵将是一种对角线矩阵，即集中质量矩阵。单元集中质量矩阵$\overline{M_{ij}^{\mathrm{e}}}$的元素定义如下：

$$\overline{M_{ij}^{\mathrm{e}}}=\sum_{k=1}^{n_{\mathrm{e}}}\phi_i M_{ik}^{\mathrm{e}} \tag{3.26}$$

ϕ_i 在分配节点 i 的区域内取 1，在域外取 0。

以平面梁单元为例，说明上述两种质量矩阵的表达形式以及它们之间的区别。

平面梁单元的一致质量矩阵可表示为

$$\boldsymbol{M}^{\mathrm{e}}=\frac{\rho AL}{420}\begin{pmatrix}156 & 22L & 54 & -13L\\ 22L & 4L^2 & 13L & -3L^2\\ 54 & 13L & 156 & -22L\\ -13L & -3L^2 & -22L & 4L^2\end{pmatrix} \tag{3.27}$$

将每个节点集中 1/2 的质量，并略去转动项，可得梁单元的集中质量矩阵，表达式为

$$\boldsymbol{M}^{\mathrm{e}}=\frac{\rho AL}{2}\begin{pmatrix}1 & 0 & 0 & 0\\ 0 & 0 & 0 & 0\\ 0 & 0 & 1 & 0\\ 0 & 0 & 0 & 0\end{pmatrix} \tag{3.28}$$

采用一致质量矩阵计算惯性力时，其考虑整个系统的总质量分布，提供较为准确的结果。但由于一致质量矩阵包含的元素数量相对较多，且这些元素的位置也相对分散，导致求解方程时需要花费更多的时间。而集中质量矩阵通过集中系数在对角线上来减少不必要

的元素数量，每个自由度对应的系数都是独立的，没有相互耦合关系，其计算结构振动特性要比使用一致质量矩阵更为容易。

4. 结构固有特性

不考虑式（3.24）中的阻尼项和激振力项，机械结构的动力学方程可以表达为

$$\boldsymbol{M}\ddot{\boldsymbol{q}}(t)+\boldsymbol{K}\boldsymbol{q}(t)=0 \tag{3.29}$$

假设方程的解为

$$\boldsymbol{q}=\boldsymbol{\varphi}\sin\omega(t-t_0) \tag{3.30}$$

式中，$\boldsymbol{\varphi}$ 表示 n 阶矢量；ω 表示振动圆频率；t 表示时间变量；t_0 表示由初始条件确定的时间常数。

将式（3.30）代入式（3.29），可以得到特征方程如下：

$$\boldsymbol{K}\boldsymbol{\varphi}-\omega^2\boldsymbol{M}\boldsymbol{\varphi}=0,\quad \text{或}\quad [\boldsymbol{K}-\omega^2\boldsymbol{M}]\boldsymbol{\varphi}=0 \tag{3.31}$$

将上述方程求解可以得到 n 个特征解，即 $(\omega_1^2,\varphi_1),(\omega_2^2,\varphi_2),\cdots,(\omega_n^2,\varphi_n)$，其中特征值 $\omega_1,\omega_2,\cdots,\omega_n$ 代表系统的 n 个固有频率，并且有 $0\leqslant\omega_1<\omega_2<\cdots<\omega_n$。每个固有频率对应相应节点的振幅值，这些振幅值构成了一个向量，称为特征向量，在工程领域通常被称为结构的固有振型。将特征解（ω_i^2,φ_i），（ω_j^2,φ_j）代回方程式（3.31），可以得

$$\boldsymbol{K}\boldsymbol{\varphi}_i=\omega_i^2\boldsymbol{M}\boldsymbol{\varphi}_i,\quad \text{或}\quad \boldsymbol{K}\boldsymbol{\varphi}_j=\omega_j^2\boldsymbol{M}\boldsymbol{\varphi}_j \tag{3.32}$$

特征解的性质还可表示为

$$\boldsymbol{\Phi}^{\mathrm{T}}\boldsymbol{M}\boldsymbol{\Phi}=\boldsymbol{I},\quad \boldsymbol{\Phi}^{\mathrm{T}}\boldsymbol{K}\boldsymbol{\Phi}=\boldsymbol{\Omega}^2 \tag{3.33}$$

式中，$\boldsymbol{\Phi}$，$\boldsymbol{\Omega}^2$ 分别为固有振型矩阵和固有频率矩阵；$\boldsymbol{I}$ 为单位矩阵。

因此，原特征值问题还可以表示为

$$\boldsymbol{K}\boldsymbol{\Phi}=\boldsymbol{M}\boldsymbol{\Phi}\boldsymbol{\Omega}^2 \tag{3.34}$$

在有限元分析中，通常只计算结构的低阶模态，此外，与静力问题相比，同等规模的特征值问题计算量要高出几倍。因此，如何降低特征值问题的计算规模、减少计算量是一个重要的挑战。对于自由度较少的系统，可以利用 MATLAB 软件的命令来进行求解：

$$[\boldsymbol{v},\boldsymbol{d}]=\mathrm{eig}(\boldsymbol{K},\boldsymbol{M})$$

快速解出系统的固有频率及固有振型。这里 $\boldsymbol{v}$、$\boldsymbol{d}$ 均为方阵，方阵 $\boldsymbol{d}$ 对角线元素即是固有频率，方阵 $\boldsymbol{v}$ 的每一列对应一个特征向量。

5. 结构振动响应的有限元分析

求解结构系统的稳态强迫振动解，即稳态响应，并进一步计算动应力响应，是动力学有限元分析中的重要内容之一。机械结构的振动响应分析通常可以分为频域谐响应分析和时域瞬态振动响应分析两种。以下将介绍利用有限元技术求解机械结构振动响应的方法。

（1）频域谐响应分析　假设激励为简谐激励，则针对式（3.24）的运动方程转换到频域表达式，可表达为

$$[\boldsymbol{K}+\mathrm{i}\omega\boldsymbol{C}-\omega^2\boldsymbol{M}]\boldsymbol{q}_0^*=\boldsymbol{F}_0 \tag{3.35}$$

式中，ω 为激振频率；$\boldsymbol{q}_0^*$、$\boldsymbol{F}_0$ 分别为复响应幅度和激振力幅度向量；其中，i 表示复数，$\mathrm{i}=\sqrt{-1}$。

频域谐响应分析的目标是获取在所考虑频率范围内每个频率点对应的响应值。每个阶次的模态构成了复模态矩阵 $\boldsymbol{\varphi}^*$。利用这些复模态对频域动力学方程进行求解，可以得到

n 个相互独立的单自由度复数方程，这些方程用模态坐标 x_{Nr}^*（$r=1,2,\cdots,n$）来表示，具体表达式为

$$(k_{Nr}^*+\mathrm{i}\omega_i c_{1Nr}-\omega_i^2 m_{Nr}^*)x_{Nr}^*=f_{Nr}^* \quad (r=1,2,\cdots,n) \tag{3.36}$$

式中，ω_i 为第 r 阶固有频率。

对应于每个阶次的模态坐标的响应可以表达为

$$x_{Nr}^*=\frac{f_{Nr}^*}{k_{Nr}^*+\mathrm{i}\omega c_{Nr}-\omega^2 m_{Nr}^*} \tag{3.37}$$

从而按照复模态叠加法，可得到复合结构在频率为 ω 时基础激励作用下的频域谐响应，具体为

$$q_0^*=\sum_{r=1}^{n} q_{0r}^* \tag{3.38}$$

通过对这些复数进行求模运算，可以得到响应值。此外，在振型叠加法中通常不需要考虑所有的模态，只需要确保考虑的模态数量大于所分析频率范围内包含的模态数量即可。

（2）振型叠加法求解时域瞬态振动响应　振型叠加法是一种简洁而有效的计算结构瞬态响应的方法，利用系统自由振动的固有振型将几何坐标下的方程组转换为 n 个正则坐标下的相互不耦合的方程。对于这些方程，可以采用解析或数值积分的方法进行求解。具体的求解过程如下：

将节点的位移写成振型叠加的形式，即

$$\boldsymbol{q}(t)=\boldsymbol{\Phi}\boldsymbol{x}(t)=\sum_{i=1}^{n}\boldsymbol{\varphi}_i\boldsymbol{x}_i \tag{3.39}$$

式中，$\boldsymbol{x}(t)=(x_1,x_2,\cdots,x_n)^{\mathrm{T}}$；$\boldsymbol{x}_i$ 是广义的位移值（又可称为模态贡献）。

将式（3.39）代入式（3.24），在式子两端前乘以 $\boldsymbol{\Phi}^{\mathrm{T}}$，同时注意 $\boldsymbol{\Phi}$ 的正交性，得到新基向量空间内的运动方程：

$$\ddot{\boldsymbol{x}}_i(t)+2\omega_i\xi_i\dot{\boldsymbol{x}}_i(t)+\omega_i^2\boldsymbol{x}_i(t)=\boldsymbol{r}_i(t) \quad i=1,2,\cdots,n \tag{3.40}$$

式中，$\boldsymbol{r}_i(t)=\boldsymbol{\varphi}_i^{\mathrm{T}}\boldsymbol{F}(t)$，是载荷向量 $\boldsymbol{F}(t)$ 在振型 $\boldsymbol{\varphi}_i$ 上的投影。

在得到每个振型的响应后，通过公式叠加就可以得到系统的响应，也就是每个节点的位移值。例如，只需要得到对应于前 p 个特征解的响应，就可以很好地近似系统的实际响应。此外，对于非线性系统，通常会表现为变刚度、变质量，这样系统的特征解也会随时间变化。因此，无法利用振型叠加法。而直接积分法可以很好地解决非线性振动响应求解的问题。

（3）直接积分法求解时域瞬态振动响应　直接积分法将时间的积分区间进行离散化，计算每个时间段内的位移数值。通常直接积分法通过两个方面来解决问题：

1）离散化时间域。对于求解域 $0<t<T$ 内的任何时刻 t，不要求每个时刻都满足运动方程，而是仅在一定条件下近似满足运动方程。这意味着将连续时间域内每个点都满足的微分平衡方程转化为只在离散的时间节点处满足的节点平衡方程。例如，可以仅在相隔 t 的离散时间点上满足运动方程。

2）离散化空间域。将空间域内连续的未知函数替换为在单元内分段连续且已知变化

规律的位移函数。这样，通过微分平衡方程求解整个空间域内的连续未知函数的问题就转化为求解每个节点处未知位移的问题。

常用的直接积分法包括中心差分法、Newmark 积分法等。

① 中心差分法是一种显式算法，由上一时刻的已知计算值来直接递推下一时间步的结果，在给定的时间步中，逐步求解各个时间离散点的值。其中，加速度和速度可以用位移表示，即

$$\ddot{\boldsymbol{q}}_t=\frac{1}{\Delta t^2}(\boldsymbol{q}_{t-\Delta t}-2\boldsymbol{q}_t+\boldsymbol{q}_{t+\Delta t}) \tag{3.41}$$

$$\dot{\boldsymbol{q}}_t=\frac{1}{2\Delta t}(-\boldsymbol{q}_{t-\Delta t}+\boldsymbol{q}_{t+\Delta t}) \tag{3.42}$$

时间 $t+\Delta t$ 的位移解是 $\boldsymbol{q}_{t+\Delta t}$，可由下面关于时刻 t 的运动方程得到，即

$$\boldsymbol{M}\ddot{\boldsymbol{q}}_t+\boldsymbol{C}\dot{\boldsymbol{q}}_t+\boldsymbol{K}\boldsymbol{q}_t=\boldsymbol{Q}_t \tag{3.43}$$

将式（3.41）和式（3.42）代入式（3.43），得

$$\left(\frac{1}{\Delta t^2}\boldsymbol{M}+\frac{1}{2\Delta t}\boldsymbol{C}\right)\boldsymbol{q}_{t+\Delta t}=\boldsymbol{Q}_t-\left(\boldsymbol{K}-\frac{2}{\Delta t^2}\boldsymbol{M}\right)\boldsymbol{q}_t-\left(\frac{1}{\Delta t^2}\boldsymbol{M}-\frac{1}{2\Delta t}\boldsymbol{C}\right)\boldsymbol{q}_{t-\Delta t} \tag{3.44}$$

式（3.44）是求解各个离散时间点解的递推公式，这种数值积分方法又称逐步积分法。但是，当 $t=0$ 时，为了计算 $\boldsymbol{q}_{\Delta t}$，除了有初始条件已知的 $\boldsymbol{q}_0$ 外，还需要知道 $\boldsymbol{q}_{t-\Delta t}$，所以必须用一种专门的起步方法。为此，利用式（3.41）和式（3.42）可以得

$$\boldsymbol{q}_{t-\Delta t}=\boldsymbol{q}_0-\Delta t\dot{\boldsymbol{q}}_0+\frac{\Delta t^2}{2}\ddot{\boldsymbol{q}}_0 \tag{3.45}$$

式（3.45）中 $\boldsymbol{q}_0$ 可从给定的初始条件得到，而 $\ddot{\boldsymbol{q}}_0$ 则可以利用 $t=0$ 时的运动方程，即式（3.43）得到。

应用中心差分法求解运动方程的算法具体步骤如下：

a. 形成刚度矩阵 $\boldsymbol{K}$、质量矩阵 $\boldsymbol{M}$ 和阻尼矩阵 $\boldsymbol{C}$。

b. 给定位移 $\boldsymbol{q}_0$、速度 $\dot{\boldsymbol{q}}_0$ 和加速度 $\ddot{\boldsymbol{q}}_0$。

c. 选择时间步长 Δt，$\Delta t<\Delta t_{cr}$。（$\Delta t_{cr}=T_{min}/\pi$，$T_{min}$ 为系统最小周期），并计算积分常数 $c_0=1/\Delta t^2$，$c_1=1/(2\Delta t)$，$c_2=2c_0$，$c_3=1/c_2$。

d. 计算 $\boldsymbol{q}_{t-\Delta t}=\boldsymbol{q}_0-\Delta t\dot{\boldsymbol{q}}_0+c_3\ddot{\boldsymbol{q}}_0$。

e. 形成有效质量矩阵 $\hat{\boldsymbol{M}}=c_0\boldsymbol{M}+c_1\boldsymbol{C}$。

f. 进行三角分解 $\hat{\boldsymbol{M}}$：$\hat{\boldsymbol{M}}=\boldsymbol{LDL}^{\mathrm{T}}$。

g. 计算时间 t 的有效载荷：$\hat{\boldsymbol{Q}}_t=\boldsymbol{Q}_t-(\boldsymbol{K}-c_2\boldsymbol{M})\boldsymbol{q}_t-(c_0\boldsymbol{M}-c_1\boldsymbol{C})\boldsymbol{q}_{t-\Delta t}$。

h. 求解时间 $t+\Delta t$ 的位移：$\boldsymbol{LDL}^{\mathrm{T}}\boldsymbol{q}_{t+\Delta t}=\hat{\boldsymbol{Q}}_t$。

i. 如果需要，计算时间 t 的加速度和速度：

$$\ddot{\boldsymbol{q}}_t=c_0(\boldsymbol{q}_{t-\Delta t}-2\boldsymbol{q}_t+\boldsymbol{q}_{t+\Delta t})；\quad \dot{\boldsymbol{q}}_t=c_1(-\boldsymbol{q}_{t-\Delta t}+\boldsymbol{q}_{t+\Delta t}) \tag{3.46}$$

② Newmark 积分法是一种隐式算法。首先假设

$$\boldsymbol{q}_{t+\Delta t}=\boldsymbol{q}_t+\dot{\boldsymbol{q}}_t\Delta t+\left[\left(\frac{1}{2}-\alpha\right)\ddot{\boldsymbol{q}}_t+\alpha\ddot{\boldsymbol{q}}_{t+\Delta t}\right]\Delta t^2 \tag{3.47}$$

$$\dot{\boldsymbol{q}}_{t+\Delta t}=\dot{\boldsymbol{q}}_t+[(1-\beta)\ddot{\boldsymbol{q}}_t+\beta\ddot{\boldsymbol{q}}_{t+\Delta t}]\Delta t \tag{3.48}$$

式中，α 和 β 为按积分精度和稳定性要求而设定的参数。

当 $\alpha=1/6$ 和 $\beta=1/2$ 时，此时它们可以从下面的时间间隔 Δt 内线性假设的加速度表达式的积分得到

$$\ddot{\boldsymbol{q}}_{t+\tau}=\ddot{\boldsymbol{q}}_t+(\ddot{\boldsymbol{q}}_{t+\Delta t}-\ddot{\boldsymbol{q}}_t)\tau/\Delta t \tag{3.49}$$

式中，$0\leqslant\tau\leqslant\Delta t$。

当 $\alpha=1/4$ 和 $\beta=1/2$ 时，则对应平均加速度法。这时，Δt 内的加速度为

$$\ddot{\boldsymbol{q}}_{t+\tau}=\frac{1}{2}(\ddot{\boldsymbol{q}}_t+\ddot{\boldsymbol{q}}_{t+\Delta t}) \tag{3.50}$$

不同于中心差分法，Newmark 积分法中的时间 $t+\Delta t$ 的位移解 $\ddot{\boldsymbol{q}}_{t+\Delta t}$ 是通过满足时间 $t+\Delta t$ 的运动方程得到的，即

$$\boldsymbol{M}\ddot{\boldsymbol{q}}_{t+\Delta t}+\boldsymbol{C}\dot{\boldsymbol{q}}_{t+\Delta t}+\boldsymbol{K}\boldsymbol{q}_{t+\Delta t}=\boldsymbol{Q}_{t+\Delta t} \tag{3.51}$$

$\boldsymbol{q}_{t+\Delta t}$ 和 $\dot{\boldsymbol{q}}_{t+\Delta t}$ 的表达式已知，而 $\dot{\boldsymbol{q}}_{t+\Delta t}$ 可由式（3.51）求得，即

$$\ddot{\boldsymbol{q}}_{t+\Delta t}=\frac{1}{\alpha\Delta t^2}(\boldsymbol{q}_{t+\Delta t}-\boldsymbol{q}_t)-\frac{1}{\alpha\Delta t}\dot{\boldsymbol{q}}_t-\left(\frac{1}{2\alpha}-1\right)\ddot{\boldsymbol{q}}_t \tag{3.52}$$

从而可得由 $\boldsymbol{q}_t$、$\dot{\boldsymbol{q}}_t$ 和 $\ddot{\boldsymbol{q}}_t$ 计算 $\boldsymbol{q}_{t+\Delta t}$ 的公式：

$$\left(\boldsymbol{K}+\frac{1}{\alpha\Delta t^2}\boldsymbol{M}+\frac{\beta}{\alpha\Delta t}\boldsymbol{C}\right)\boldsymbol{q}_{i+\Delta t}=\boldsymbol{Q}_{i+\Delta t}+\boldsymbol{M}\left[\frac{1}{\alpha\Delta t^2}\boldsymbol{q}_i+\frac{1}{\alpha\Delta t}\dot{\boldsymbol{q}}_i+\left(\frac{1}{2\alpha}-1\right)\ddot{\boldsymbol{q}}_i\right]+$$
$$\boldsymbol{C}\left[\frac{\beta}{\alpha\Delta t}\boldsymbol{q}_i+\left(\frac{\beta}{\alpha}-1\right)\dot{\boldsymbol{q}}_i+\left(\frac{\beta}{2\alpha}-1\right)\Delta t\ddot{\boldsymbol{q}}_i\right] \tag{3.53}$$

采用 Newmark 积分法求解运动方程的算法具体步骤如下：

a. 形成刚度矩阵 $\boldsymbol{K}$、质量矩阵 $\boldsymbol{M}$ 和阻尼矩阵 $\boldsymbol{C}$。

b. 给定位移 $\boldsymbol{q}_0$、速度 $\dot{\boldsymbol{q}}_0$ 和加速度 $\ddot{\boldsymbol{q}}_0$。

c. 选择时间步长 Δt、参数 α 和 β，$\beta\geqslant1/2$，$\alpha\geqslant(1/2+\beta)^2/4$ 并计算积分常数：

$$c_0=\frac{\beta}{\alpha\Delta t^2},\quad c_1=\frac{1}{\alpha\Delta t},\quad c_2=\frac{1}{\alpha\Delta t^2},\quad c_3=\frac{1}{2\alpha}-1,$$

$$c_4=\frac{\beta}{\alpha}-1,\quad c_5=\frac{\Delta t}{2}\left(\frac{\beta}{\alpha}-2\right),\quad c_6=\Delta t(1-\beta),\quad c_7=\beta\Delta t$$

d. 形成有效刚度矩阵 $\hat{\boldsymbol{K}}$：$\hat{\boldsymbol{K}}=\boldsymbol{K}+c_0\boldsymbol{M}+c_1\boldsymbol{C}$。

e. 计算时间 $t+\Delta t$ 的有效载荷：

$$\hat{\boldsymbol{Q}}_{t+\Delta t}=\boldsymbol{Q}_{t+\Delta t}+\boldsymbol{M}(c_0\boldsymbol{q}_t+c_2\dot{\boldsymbol{q}}_t+c_3\ddot{\boldsymbol{q}}_t)+\boldsymbol{C}(c_1\boldsymbol{q}_t+c_4\dot{\boldsymbol{q}}_t+c_5\ddot{\boldsymbol{q}}_t)$$

f. 求解时间 $t+\Delta t$ 的位移：

$$\hat{\boldsymbol{K}}^{-1}\boldsymbol{q}_{t+\Delta t}=\hat{\boldsymbol{Q}}_{t+\Delta t}$$

g. 计算时间 $t+\Delta t$ 的加速度和速度：

$$\ddot{\boldsymbol{q}}_{t+\Delta t}=c_0(\boldsymbol{q}_{t+\Delta t}-\boldsymbol{q}_t)-c_2\dot{\boldsymbol{q}}_t-c_3\ddot{\boldsymbol{q}}_t$$
$$\dot{\boldsymbol{q}}_{t+\Delta t}=\dot{\boldsymbol{q}}_t+c_6\ddot{\boldsymbol{q}}_t+c_7\ddot{\boldsymbol{q}}_{t+\Delta t}$$

由 Newmark 积分法的循环求解方程式可见，有效刚度矩阵 $\hat{\boldsymbol{K}}$ 中包含了 $\boldsymbol{K}$。而一般情况下 $\boldsymbol{K}$ 总是非对角矩阵，因此在求解 $\ddot{\boldsymbol{q}}_{t+\Delta t}$ 时，$\hat{\boldsymbol{K}}$ 的求逆是必须的（而在线性分析中只需计算一次）。这是因为在推导时利用了 $t+\Delta t$ 时刻的运动方程，因此，这种算法称为隐式算法。

3.2 有限元软件 ANSYS Workbench 的基本模块简介

有限元法是目前工程领域广泛应用的一种数值计算方法，以其独特的计算优势得到了广泛的发展和应用。在计算机技术飞速发展的背景下，各种工程软件也得以广泛应用。谈到有限元法，不得不提的是 ANSYS 软件。ANSYS 软件是由美国公司研制的一款大型通用有限元分析软件，是全球增长最快的计算机辅助工程软件之一。它能够进行结构、热、声、流体及电磁场等多学科的研究，在核工业、铁道、石油化工、航空航天、机械制造、能源、交通、国防军工、电子、土木工程、造船、生物医药、轻工、地矿、水利、日用家电等领域都有广泛的应用。ANSYS 软件功能强大，操作简单方便，因此成为国际上最流行的有限元分析软件之一，在各种评比中都名列前茅。目前，我国 100 多所理工院校采用 ANSYS 软件进行有限元分析，甚至将其作为标准教学软件。

ANSYS Workbench 是 ANSYS 公司推出的一款全集成的仿真平台，旨在为工程师提供一个统一的环境，用于进行多学科仿真分析和工程设计。其优点如下：

（1）统一的用户界面　ANSYS Workbench 采用了统一的用户界面，将不同的仿真工具整合在一个平台下，使得用户可以在同一个界面下完成各种仿真任务，简化了操作流程。

（2）多物理场耦合　ANSYS Workbench 支持多物理场耦合仿真，可以将结构、热、流体、电磁等不同物理场耦合起来进行综合性分析，更加贴近真实工程情况。

（3）工作流程导向　ANSYS Workbench 采用了工作流程导向的设计思想，用户可以通过预定义的工作流程来组织仿真任务，按照步骤进行建模、设置、求解和后处理，简化了仿真分析的流程。

（4）参数化设计和优化　ANSYS Workbench 提供了丰富的参数化设计和优化工具，用户可以通过参数化建模和优化算法来快速探索设计空间，优化工程设计方案。

（5）丰富的模型库和后处理功能　ANSYS Workbench 内置了丰富的模型库和后处理功能，用户可以方便地选择合适的模型进行建模，并对仿真结果进行可视化分析和报告生成。

（6）与其他工程软件的集成　ANSYS Workbench 与其他工程软件（如 CAD 软件）的集成性良好，可以方便地导入外部模型进行仿真分析，并将仿真结果反馈到设计过程中，实现多软件协同设计。

3.2.1 ANSYS Workbench 分析基本流程

ANSYS Workbench 的分析基本流程主要包括初步确定、前处理、求解及后处理，如图 3.12 所示。其中初步确定为分析前的准备工作，后三个为基本操作步骤。

3.2.2 静力学分析

1. 静力学分析概述

静力学分析是一种基本且广泛应用的分析类型。其主要特征如下：

1）线性材料行为：分析中假设材料具有线性弹性特性，即应力与应变之间的关系是线性的。这意味着材料在力作用下的变形是可恢复的，不会发生塑性变形或断裂。

2）小位移、小应变、小转动：线性静力学分析假设结构的变形是小的，即结构在加载下的位移、应变和转动都较小。因此，线性分析适用于小变形情况，不考虑大变形效应。

3）静态平衡：分析考虑的是结构在静态载荷作用下的行为，忽略了惯性和阻尼效应。结构在静态载荷下处于静力平衡状态，不考虑时间变化。

4）充分约束：由于静态平衡的要求，结构必须受到充分的约束，以防止无限制的自由变形。

静力学分析通常用于评估结构在静态加载下的应力、变形和位移等情况。虽然简化了许多实际工程问题的复杂性，但线性分析仍然是工程设计和优化中最常用的方法之一，特别是在设计初期的概念验证和快速评估阶段。

ANSYS Workbench 的线性静力学分析能够将多种载荷组合在一起进行综合分析。以 ANSYS Workbench 2020 R2 版本为例，图 3.13 展示了其平台界面以及进行静力学分析的项目单元。其中，项目 A 描述了使用 ANSYS 软件内置求解器进行静力学分析的流程步骤。

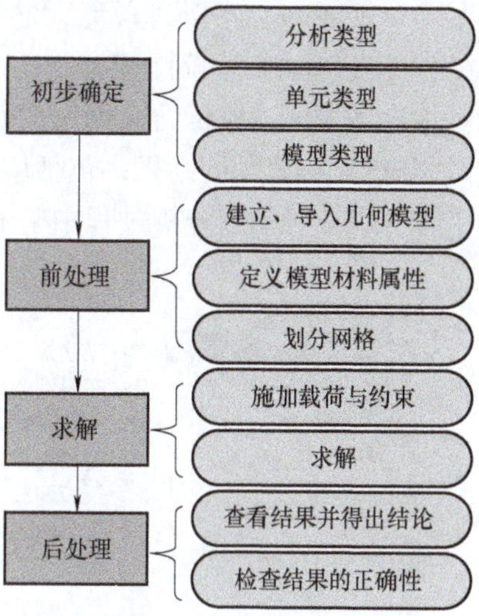

图 3.12　ANSYS Workbench 分析基本流程

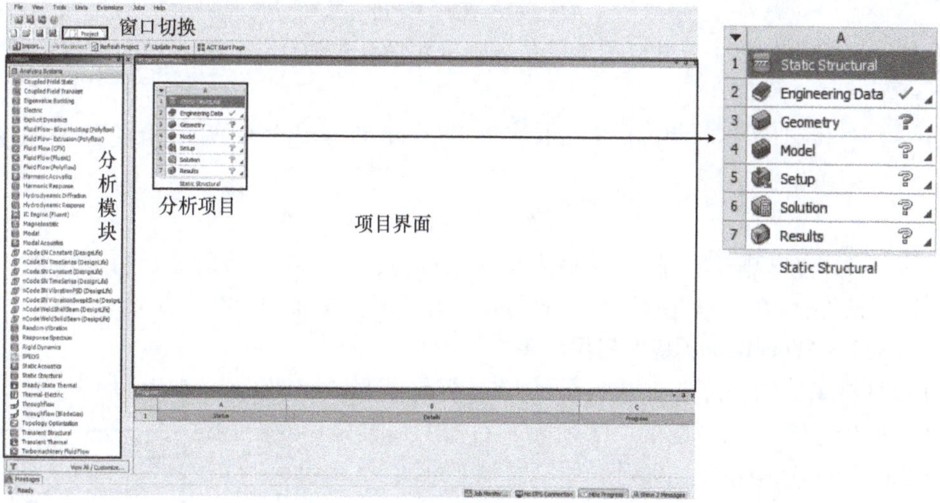

图 3.13　进行静力学分析的项目单元

其中项目 A 中包含了 7 个单元格，从上至下依次代表的含义如下：

1）Static Structural：静力学分析求解器类型，表示需要求解的类型与求解器的类型。

2）Engineering Data：工程数据单元、材料库，通过此单元可以定义、设置和选择模型所对应的工程材料，为前处理做准备。

3）Geometry：几何模型单元，通过此单元可以完成模型的导入、创建与编辑等操作。

4）Model：前处理单元，在完成模型的导入或创建后就到了前处理的阶段，通过此单元可以赋予模型材料、设置与划分网格类型。

5）Setup：有限元分析单元，通过此单元可以打开对应的求解应用程序，进行包括定义载荷、边界条件等操作。

6）Solution：后处理单元，通过此单元可以选择求解器、求解、对所求解进行检查及解决求解过程出现的问题等。

7）Results：分析结果单元，此单元是整个分析流程的最后一步，通过此单元可以查看并分析求解显示的结果，包括应力分布、位移响应等结果云图。

图 3.14 所示为分析过程中常遇到的提示符号及解释。

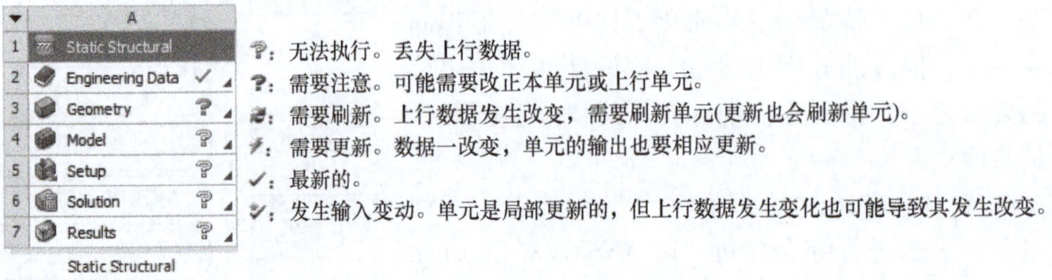

图 3.14　提示符号及解释

2. 线性静力学分析基础

由经典力学理论可知，物体的动力学方程为

$$\boldsymbol{M}\ddot{\boldsymbol{x}}+\boldsymbol{C}\dot{\boldsymbol{x}}+\boldsymbol{K}\boldsymbol{x}=\boldsymbol{F}(t) \tag{3.54}$$

式中，$\boldsymbol{M}$ 为质量矩阵；$\boldsymbol{C}$ 为阻尼矩阵；$\boldsymbol{K}$ 为刚度矩阵；$\boldsymbol{x}$ 为位移；$\boldsymbol{F}(t)$ 为力；$\dot{\boldsymbol{x}}$ 为速度；$\ddot{\boldsymbol{x}}$ 为加速度。

对于一个线性静态结构分析，不再考虑时间的变化，即与 t 相关的都被忽略，式（3.54）可转化为

$$[\boldsymbol{K}]\{\boldsymbol{x}\}=\{\boldsymbol{F}\}$$

式中，$[\boldsymbol{K}]$ 为常量矩阵，它假设材料为线弹性行为，符合小变形理论，可能包含一些非线性的边界条件；$\{\boldsymbol{F}\}$ 为施加于模型上的静态力，不包含惯性影响（质量、阻尼）。

3. ANSYS Workbench 基本应用程序

（1）材料库应用程序　在进行静力学分析前需要进行材料的设置与添加，如图 3.15 所示，右击“Engineering Data”按钮，在弹出的列表中选择“Edit”，可以打开如图 3.16 所示的材料库，在此处可以进行材料的选择或添加。

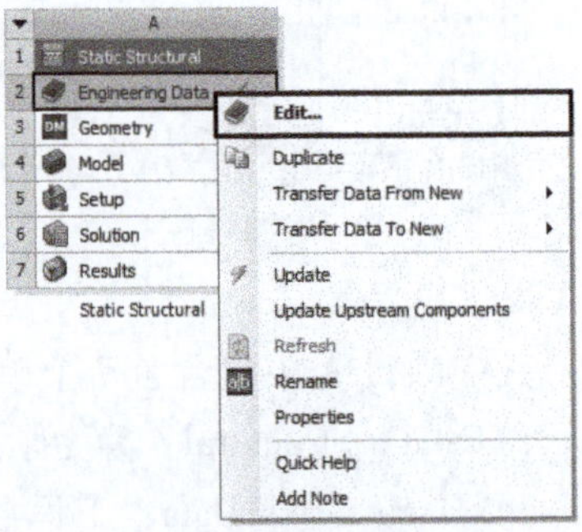

图 3.15　打开材料库

进入“Filter Engineering Data”界面后，在空白处右击，在弹出的快捷菜单中选择“Engineering Data Sources”即可进入“Engineering Data Sources”界面，在此界面可以创建、编辑、检索材料，并保存经常使用的材料，如图 3.17 所示。材料库区域说明见表 3.1。

材料库中的材料需要添加到当前的分析项目中才能起作用，向当前项目中添加材料的方法如下：首先打开 Engineering Data Sources 数据表，在“Engineering Data Sources”窗口中选择一个材料库；然后在下方的“Outline of General Materials”窗口中单击材料后面 B

列中的“添加”按钮，此时在当前项目中定义的材料会被标记，表示材料已经添加到分析项目中。添加的过程如图 3.18 所示。

经常用到的材料可以添加到 Favorite 库中，方便以后分析时使用。添加的方法如下：在需要添加到 Favorite 库中的材料上右击，在弹出的快捷菜单中选择“Add to Favorite”即可。

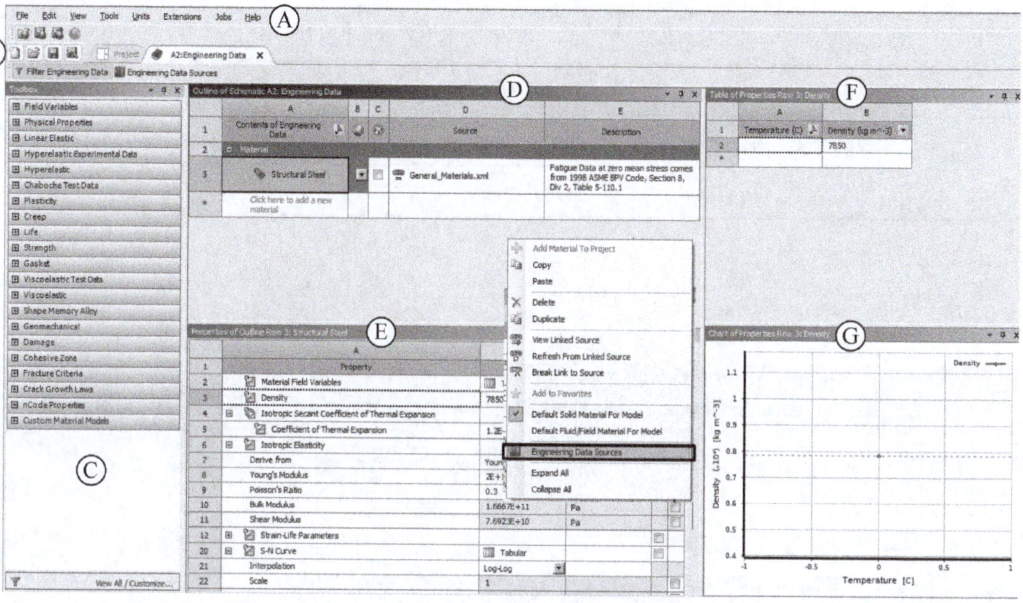

图 3.16 材料库默认界面

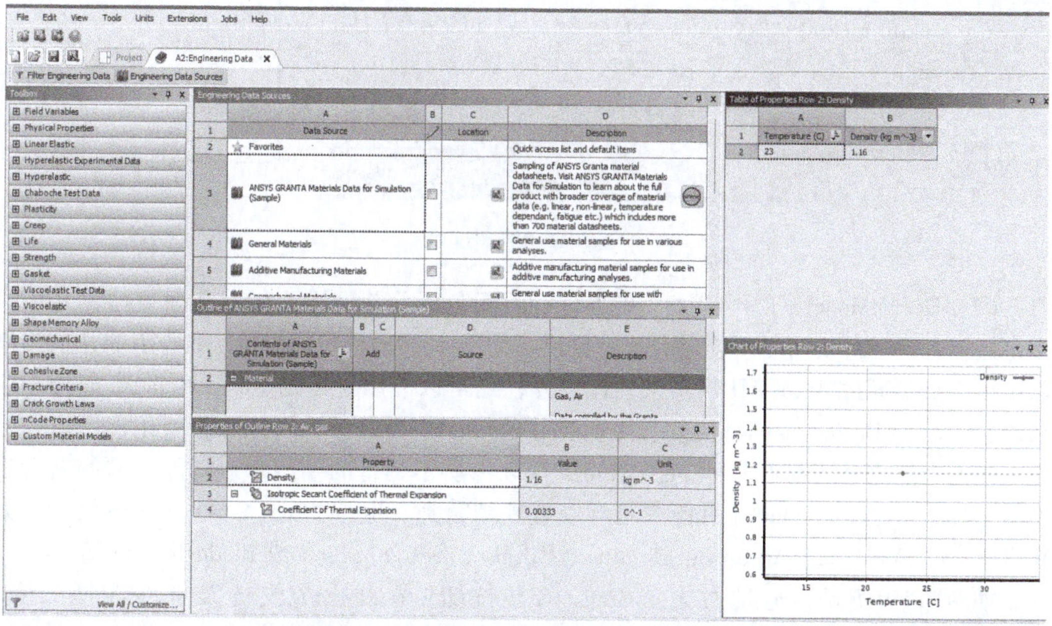

图 3.17 “Engineering Data Sources”界面

表 3.1 材料库区域说明

序号	区 域 名 称	区 域 说 明
A	菜单栏（Menu Bar）	Engineering Data 和分析方案的操作
B	工具条（Toolbar）	Engineering Data 和分析方案的快捷操作
C	工具箱（Toolbox）	包括用来定义材料属性的各项目，如密度，弹性模量等
D	信息展开窗口（Outline Pane）	显示该分析方案中所包含的材料
E	属性窗口（Properties Pane）	显示在 Outline Pane 中选择的材料的属性
F	表格窗口（Table Pane）	显示在 Properties Pane 中选择的项目的表格数据
G	图形窗口（Chart Pane）	显示在 Properties Pane 中选择的项目的图片信息

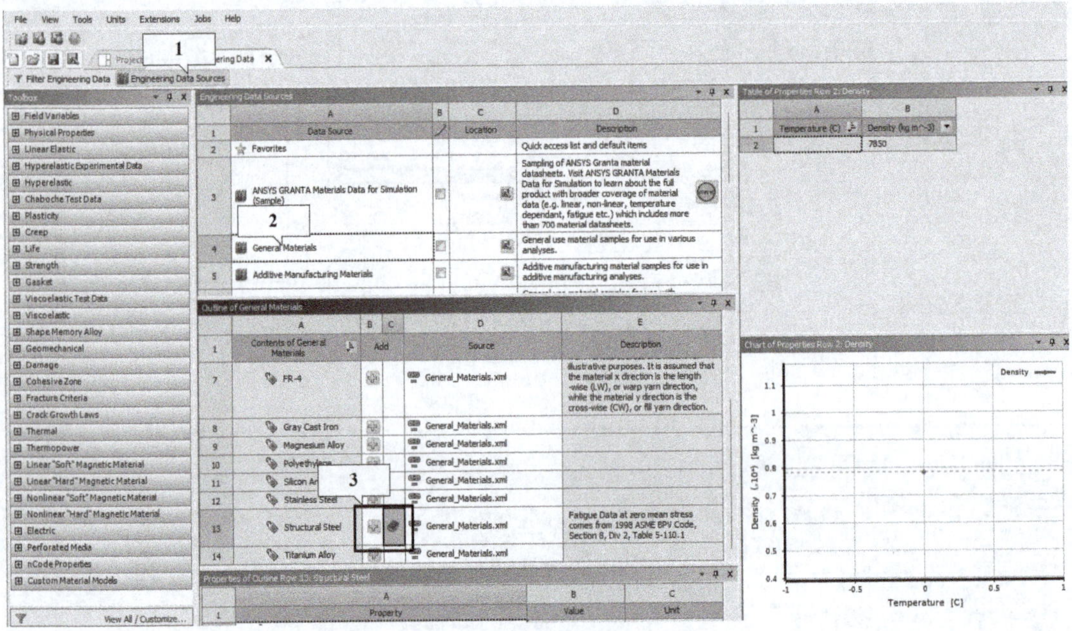

图 3.18 添加过程

（2）DesignModeler 应用程序 在进行有限元分析前首先需要创建几何模型，几何模型是进行有限元分析所必须创建的。需要说明的是，ANSYS Workbench 中所用的几何模型除了可以直接通过 AutoCAD 软件来创建以外，还可以使用自带的 DesignModeler 应用程序来创建。因为 DesignModeler 应用程序所创建的模型是为以后有限元分析所用，所以它除了一般的功能之外还具有其他一些 AutoCAD 软件所不具备的模型修改功能，例如概念建模。另外，DesignModeler 应用程序还可以直接结合到其他 ANSYS Workbench 模块中，如 Mechanical、Meshing、Advanced Meshing（ICEM）、DesignXplorer 或 BladeModeler 等。

如图 3.19 所示，通过右击“Geometry”按钮，在弹出的快捷菜单中选择“New DesignModeler Geometry”，可以打开如图 3.20 所示的几何建模平台，在此处可以进行材料的选择或添加。

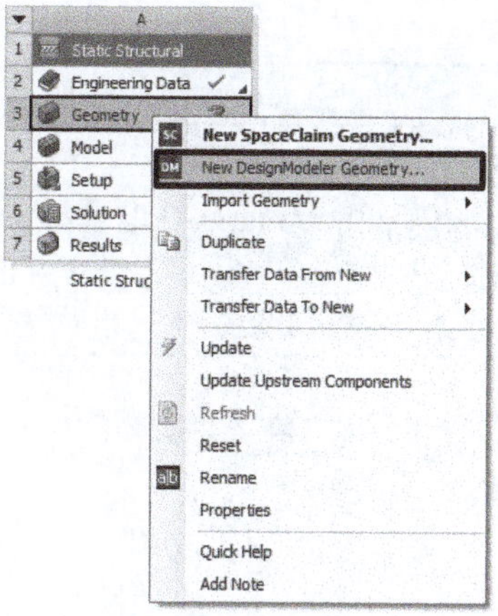

图 3.19 选择“New DesignModeler Geometry”

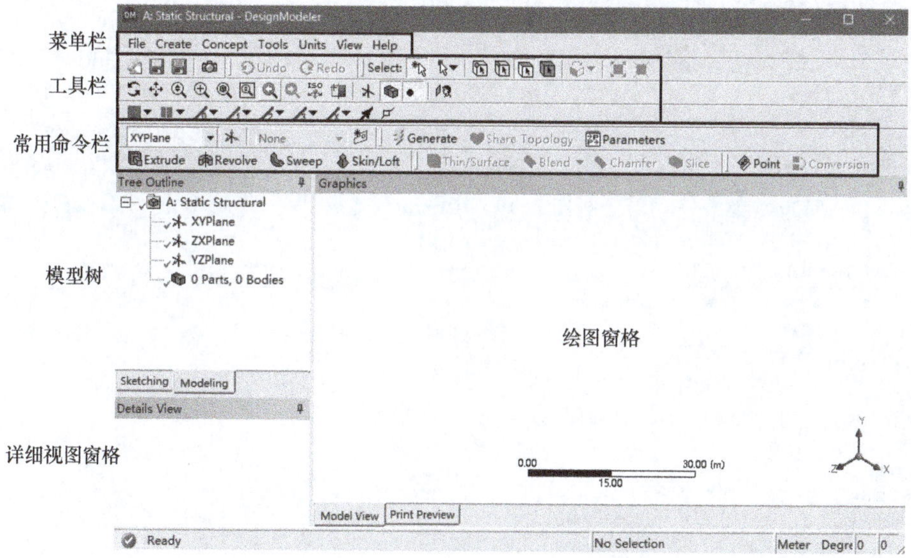

图 3.20 DesignModeler 平台界面

菜单栏包括 File（文件）、Create（创建）、Concept（概念）、Tools（工具）、Units（单位）、View（视图）及 Help（帮助）7 个基本菜单，功能介绍见表 3.2。

表 3.2 基本菜单功能说明

菜单名称	功 能
File（文件）	基本的文件操作，包括常规的文件输入、输出、与 CAD 交互、保存数据库文件及脚本的运行等功能，如图 3.21 所示
Create（创建）	创建三维图形和修改工具。主要是进行三维特征的操作，包括新建平面、拉伸、旋转和扫描等操作，如图 3.22 所示
Concept（概念）	修改线和体的工具。主要为自下而上建立模型，菜单中的特征用于创建和修改线和体，它们将作为有限元梁和板壳的模型，如图 3.23 所示
Tools（工具）	参数管理，程序用户化。工具菜单的子菜单中为工具的集合体。含有冻结、分析工具和参数化建模等操作，如图 3.24 所示

（续）

菜单名称	功　能
Units（单位）	用于设置模型的单位，如图 3.25 所示
View（视图）	修改显示设置。子菜单中上面部分为视图区域模型的显示状态，下面部分是其他附属部分的显示设置，如图 3.26 所示
Help（帮助）	帮助文件。这些帮助以 Web 页方式存在，可以很容易地访问

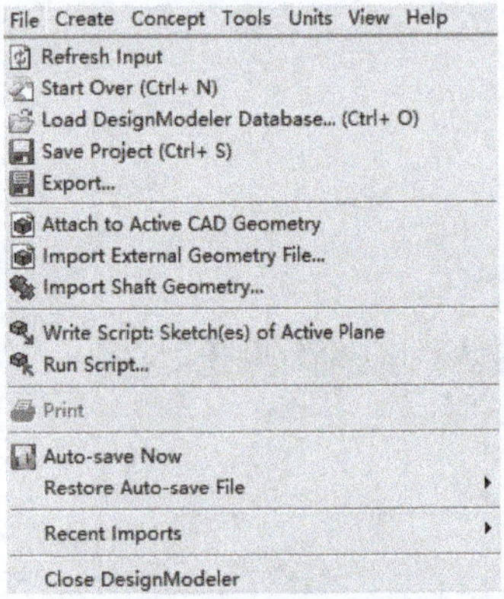

图 3.21 “File”菜单

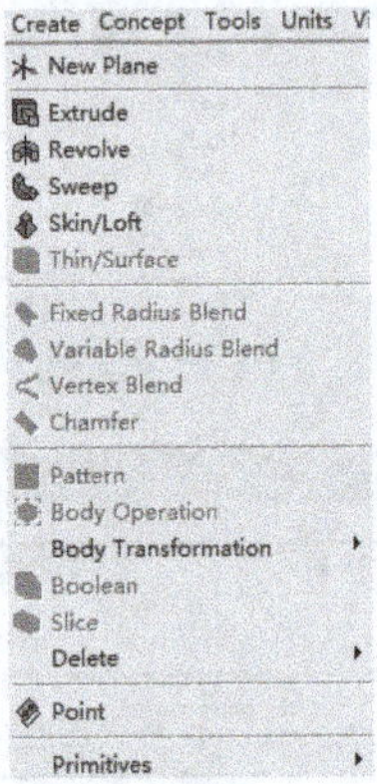

图 3.22 “Create”菜单

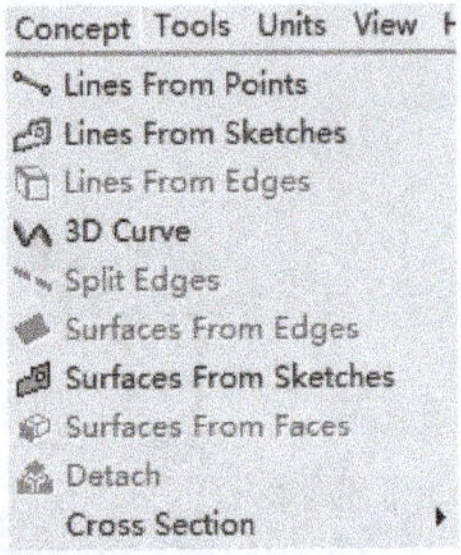

图 3.23 “Concept”菜单

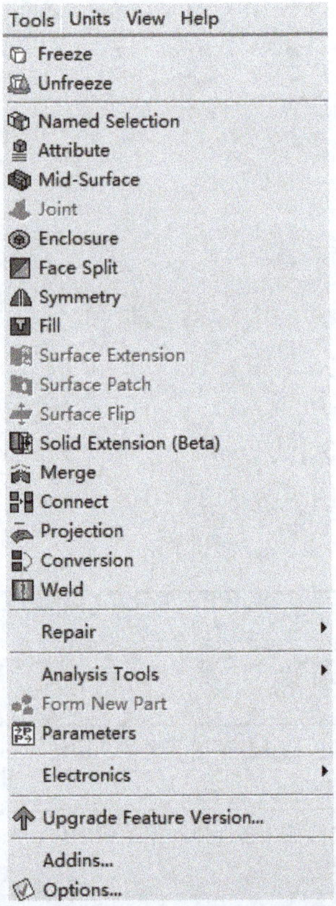

图 3.24 “Tools”菜单

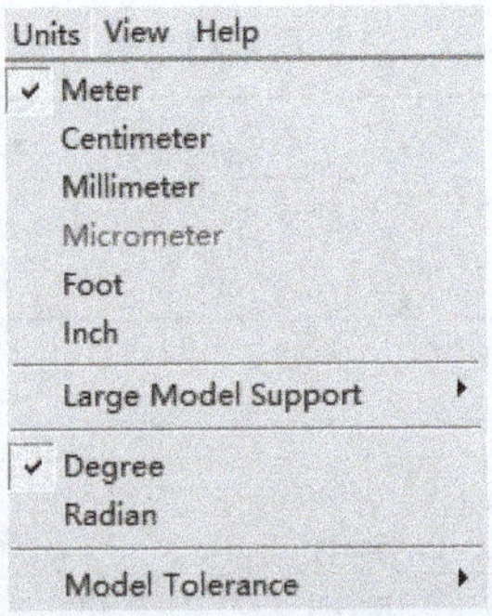

图 3.25 “Units”菜单

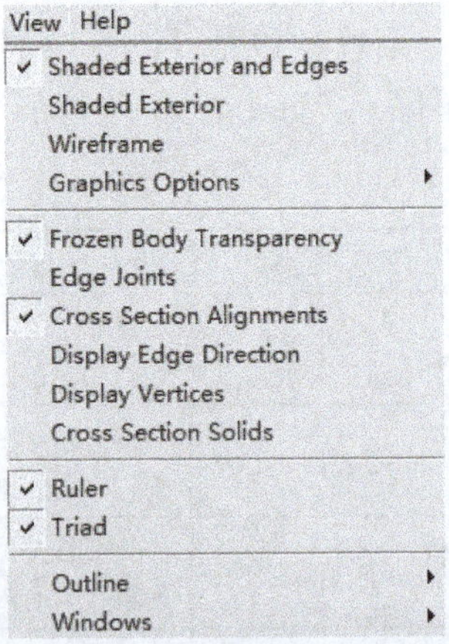

图 3.26 “View”菜单

工具栏是一组图标型工具的集合，即在该图标一侧显示相应的工具提示。此时，单击图标可以启动相应命令。工具栏对于大部分 ANSYS Workbench 工具均可使用。菜单和工具栏都可以接收用户输入及命令。工具栏可以根据用户的要求放置在任何地方，并可以自行改变其尺寸。工具栏上的每个按钮对应一个命令、菜单命令或宏。默认位于菜单栏的下面，只要单击即可执行命令。

常用命令栏包含了“Create”菜单里面较为常用的命令，此处不再过多赘述。

模型树包括平面、特征、操作、几何模型等。它表示了所建模型的结构关系。结构树是一个很好的操作模型选择工具。从结构树中选择特征、模型或平面，将会大大提高建模的效率。在模型树中，有两种基本的模块：Modeling 和 Sketching，如图 3.27 所示。其中，Sketching 模块中的命令及功能见表 3.3。

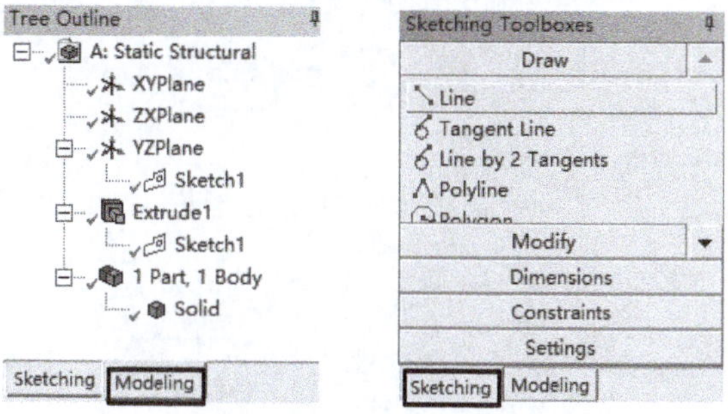

图 3.27　模型树模块

表 3.3　Sketching 模块命令及功能

命令名称	功　能
Draw（草绘）	包括创建二维草绘需要的所有工具，如直线、圆、矩形、椭圆等，如图 3.28 所示
Modify（修改）	包括修改二维草绘需要的所有工具，如倒圆角、倒角、裁剪、延伸、分割等，如图 3.29 所示
Dimensions（尺寸标注）	包括标注二维图形尺寸需要的所有工具，如一般标注、水平标注、垂直标注、长度/距离标注、半径标注、直径标注、角度标注等，如图 3.30 所示
Constraints（约束）	包括约束二维图形需要的所有工具，如固定约束、水平约束、竖直约束、垂直约束、相切约束、对称约束、平行约束、同心约束、等半径约束、等长度约束等，如图 3.31 所示
Settings（设置）	主要用于完成设置草绘界面的栅格大小及移动捕捉步大小的任务，如图 3.32 所示

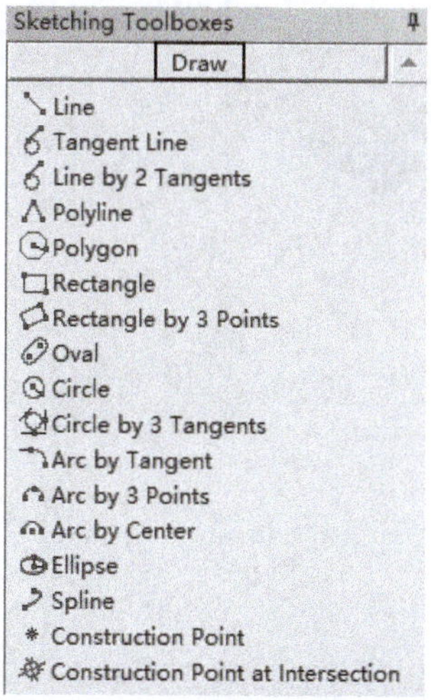

图 3.28　“Draw”菜单

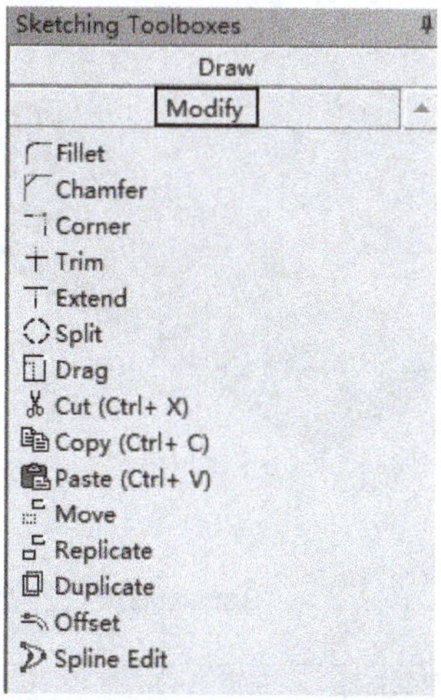

图 3.29　“Modify”菜单

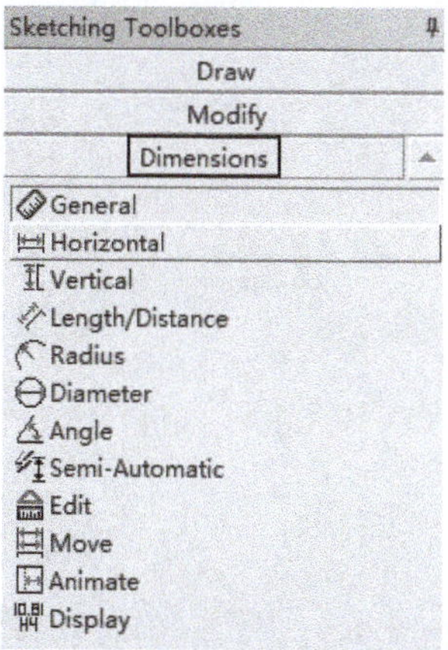

图 3.30　“Dimensions”菜单

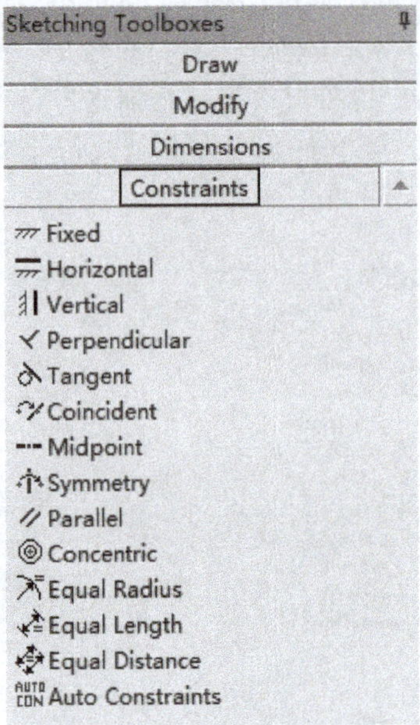

图 3.31 “Constraints”菜单

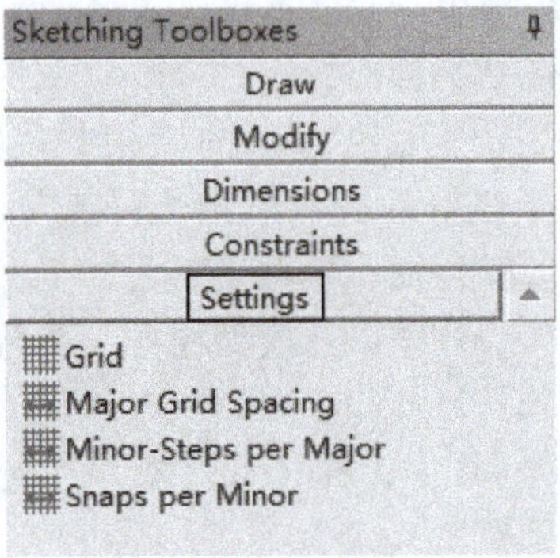

图 3.32 “Settings”菜单

图 3.33 所示是通过“Draw”菜单中的“Rectangle”“Extrude”命令生成的一块界面为长方形的悬臂梁。

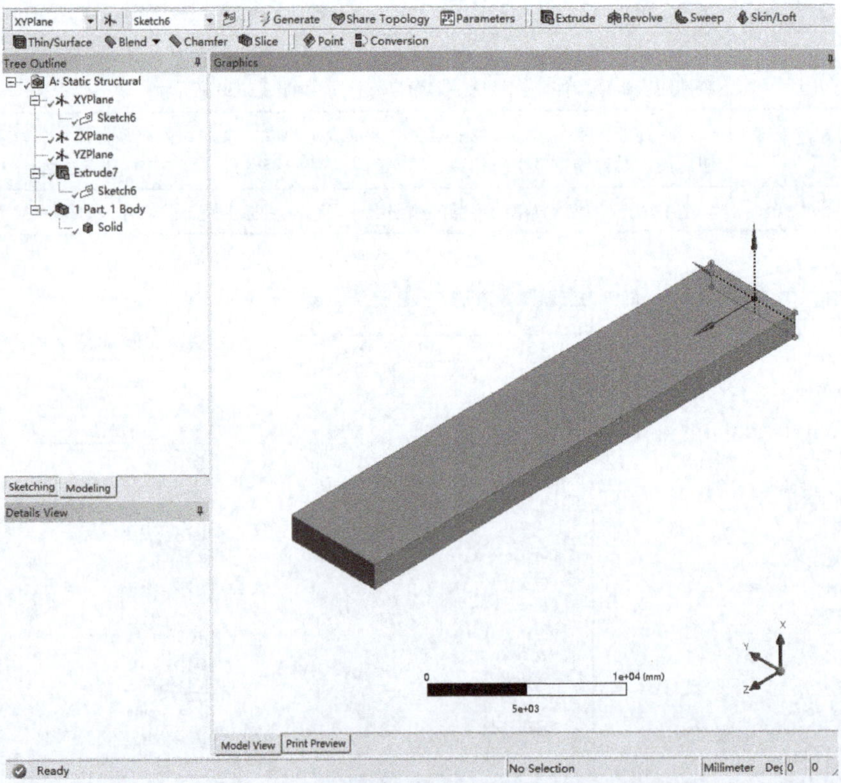

图 3.33 “Rectangle”“Extrude”命令应用

（3）Mechanical 应用程序　Mechanical 应用程序可以执行结构分析、热分析和电磁分析。在 Mechanical 应用程序中，可以定义模型的环境载荷情况、求解分析和设置不同的结果形式。

以图 3.33 所示的悬臂梁为例，退出 DesignModeler 应用程序回到 ANSYS Workbench 平台。可以看到“Geometry”后面的“√”，说明此时模型已准备就绪，可以进行下一步操作。如图 3.34 所示，右击“Model”按钮，在弹出的快捷菜单中选择“Edit”，可以打开如图 3.35 所示的 Mechanical 平台。

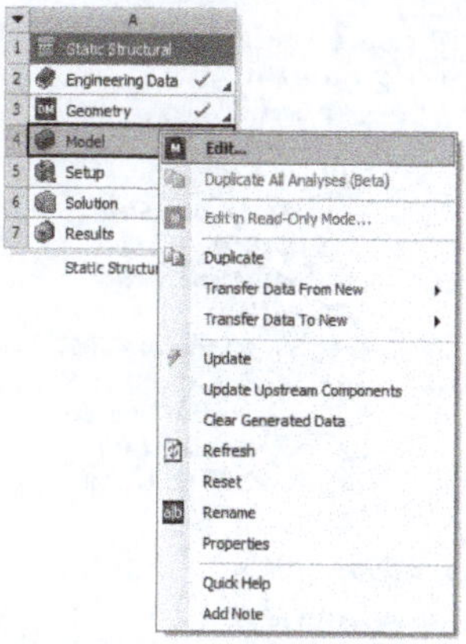

图 3.34　选择“Edit”

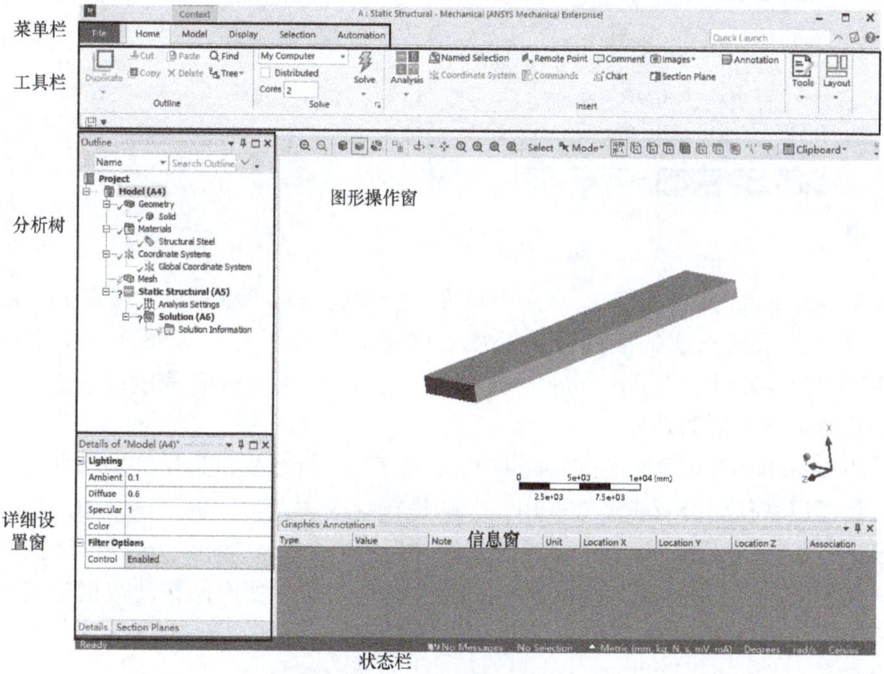

图 3.35　打开 Mechanical 应用程序

在分析树中，可以简单地进行模型、材料、网格、载荷和求解管理的操作，如图 3.36 所示。

1）Model 分支包含分析中所需的输入数据。

2）Static Structural 分支包含载荷和分析有关边界条件。

3）Solution 分支包含结果和求解信息。

其中，材料通过图 3.18 的方式进行设置，在此处需要按照图 3.37 的方式对模型进行材料赋予（若模型复杂且含有多种材料，则需要按照材料类型分别对不同零部件进行赋予）。

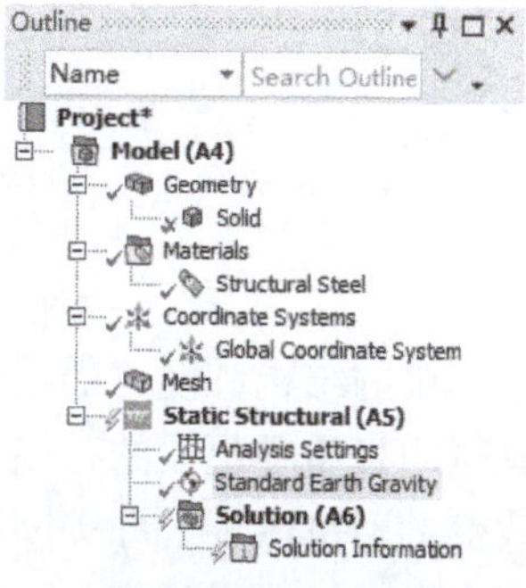

图 3.36　分析树

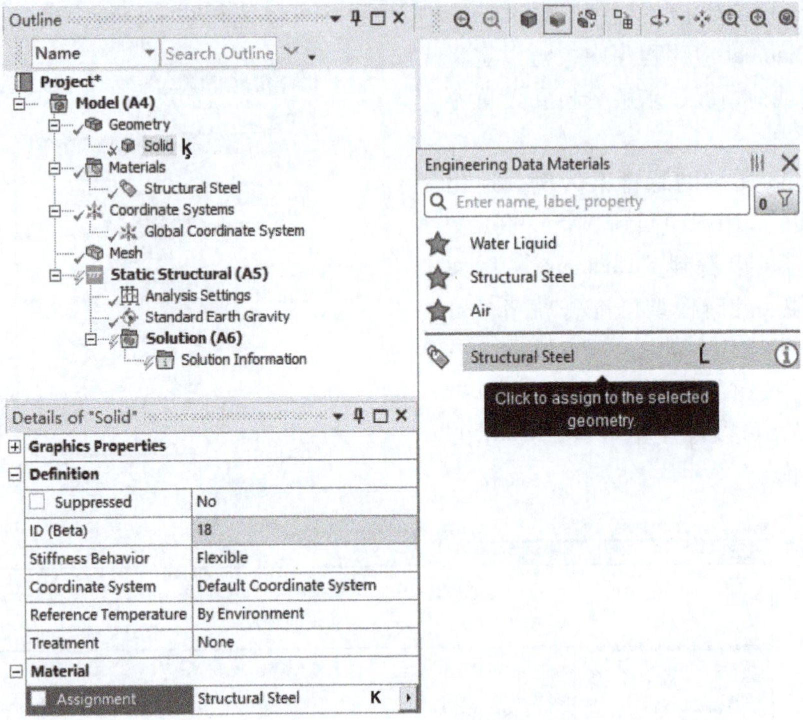

图 3.37 赋予材料

在模型创建后和分析计算前，有一个重要的步骤就是对模型进行网格划分。网格划分的好坏将直接关系到求解的准确度及速度。网格划分利用的是 ANSYS Workbench 中的 Mesh 应用程序，可以从 ANSYS Workbench 的项目管理器中自 Mesh 系统中进入，也可以通过其他的系统进行网格的划分。

ANSYS Workbench 中 ANSYS Meshing 应用程序的目标是提供通用的网格划分工具。网格划分工具可以在任何分析类型中使用，包括进行结构动力学分析、显示动力学分析、电磁分析及进行 CFD 分析。ANSYS 网格划分是采用 Divide&Conquer（分解与克服）方法来实现的，几何体的各部分可以使用不同的网格划分方法。但所有网格的数据是统一写入共同的中心数据中的。图 3.38 所示为三维网格的基本形状。

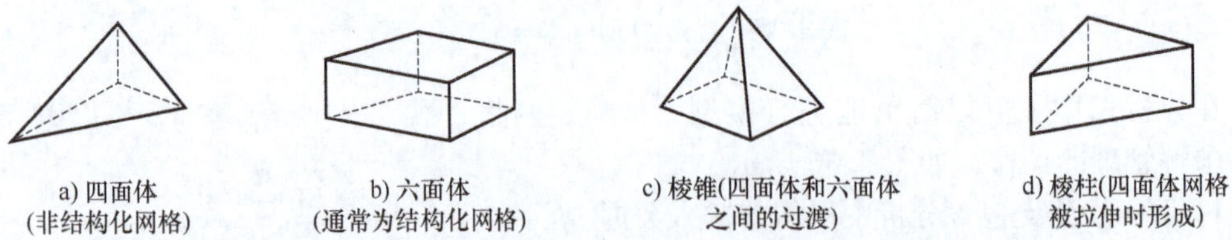

图 3.38 三维网格基本形状

网格的结构和网格的疏密程度直接影响计算结果的精度，但是网格加密会增加 CPU 计算时间且需要更大的存储空间。在理想的情况下，用户需要的是结果不再随网格的加密而改变的网格密度，即当网格细化后，解没有明显改变。如果可以合理地调整收敛控制选项，则同样可以得到满足要求的计算结果。细化网格不能弥补不准确的假设和输入引起的错误，这一点需要注意。

对于不同的分析类型，Meshing 平台可以提供不同的网格划分方法，图 3.39 所示为不同物理场的网格属性窗口。

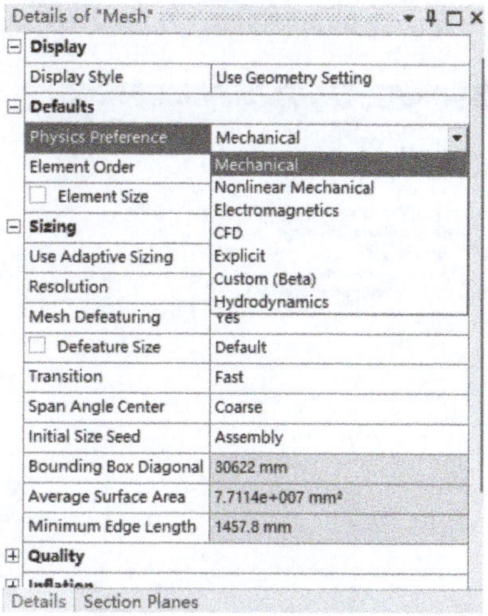

图 3.39 不同物理场的网格属性窗口

1）Mechanical：为结构及热力学有限元分析提供网格划分。

2）Electromagnetics：为电磁场有限元分析提供网格划分。

3）CFD：为计算流体动力学分析提供网格划分，如 CFX 及 Fluent 求解器。

4）Explicit：为显式动力学分析提供网格划分，如 Autodyn 及 LS. DYNA 求解器。

对于三维几何体来说，Meshing 平台主要有以下几种不同的网格划分方法，如图 3.40 所示。

1）Automatic（自动网格划分）。

2）Tetrahedrons（四面体网格划分）。当选择此选项时，网格划分方法又可细分为以下两种：

① Patch Conforming 法（ANSYS Workbench 自带功能）。其特征为（a）默认考虑所有的面和边（尽管在收缩控制和虚拟拓扑时会改变且默认损伤外貌基于最小尺寸限制）。（b）适度简化 CAD（如 NativeCAD、Parasolid、ACIS 等）。（c）在多体部件中可以结合使用扫掠方法生成共形的混合四面体/棱柱和六面体网格。（d）有高级尺寸功能。（e）由表面网格生成体网格。

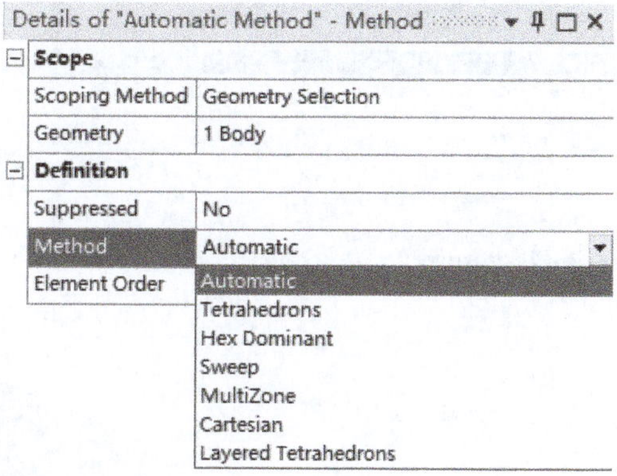

图 3.40 不同网格的划分方法

② Patch Independent 法（基于 ICEM CFD 软件）。其特征为（a）对 CAD 有长边的面、许多面的修补、短边等有用。（b）内置 defeaturing/simplification 基于网格技术。（c）由体网格生成表面网格。

3）Hex Dominant（六面体主导网格划分）。当选择此选项时，Meshing 平台将采用六面体单元划分网格，但是会包含少量的金字塔单元和四面体单元。

4）Sweep（扫掠法）。

5）MultiZone（多区法）。

对于二维几何体来说，Meshing 平台有以下几种不同的网格划分方法。

1）Quad Dominant（四边形主导网格划分）。

2）Triangles（三角形网格划分）。

3）Uniform Quad/Tri（四边形/三角形网格划分）。

4）Uniform Quad（四边形网格划分）。

以悬臂梁为例，图 3.41～图 3.44 所示分别为通过 Automatic 方法、Patch Conforming 方法、Patch Independent 方法及 Hex Dominant 方法所得出的网格分布。

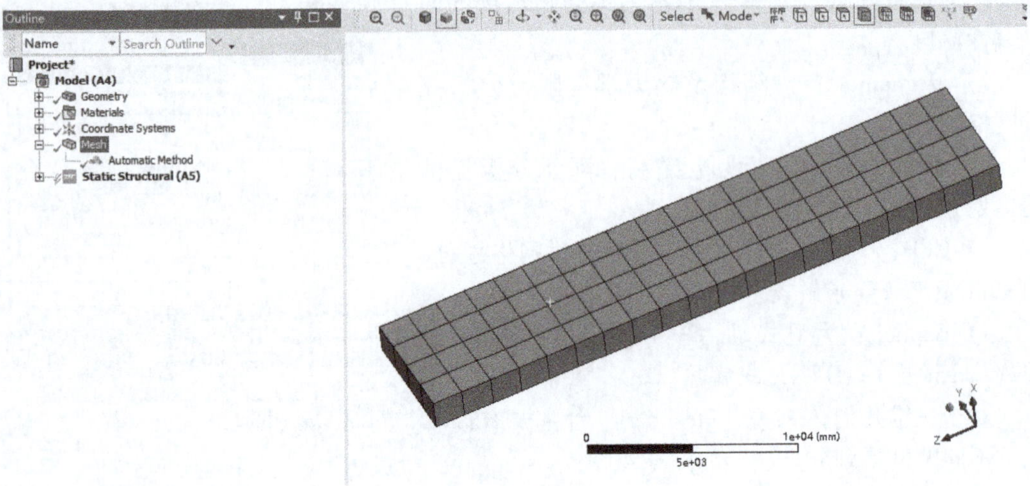

图 3.41 Automatic 网格划分方法

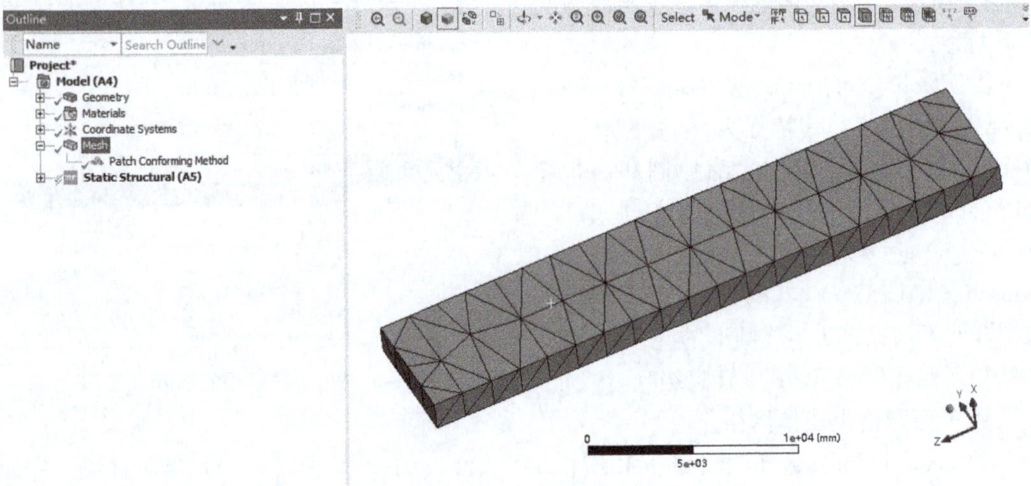

图 3.42 Patch Conforming 网格划分方法

4. 静力学分析设置

单机分析树目录中“Static Structural（A5）”分支下的“Analysis Settings”，打开“Details of ‘Analysis Settings’”窗口，如图 3.45 所示。

（1）Step Controls（求解步控制） 求解步控制分为人工时间步控制和自动时间步控制，可以在求解步控制中指定分析中的分析步数目和每个步的终止时间。在静态分析中的时间是一种跟踪的机制。

（2）Solver Controls（求解控制） 求解控制中包含以下两种求解方式（默认是 Program Controlled）。

1）Direct（直接）求解：ANSYS 中是稀疏矩阵法。

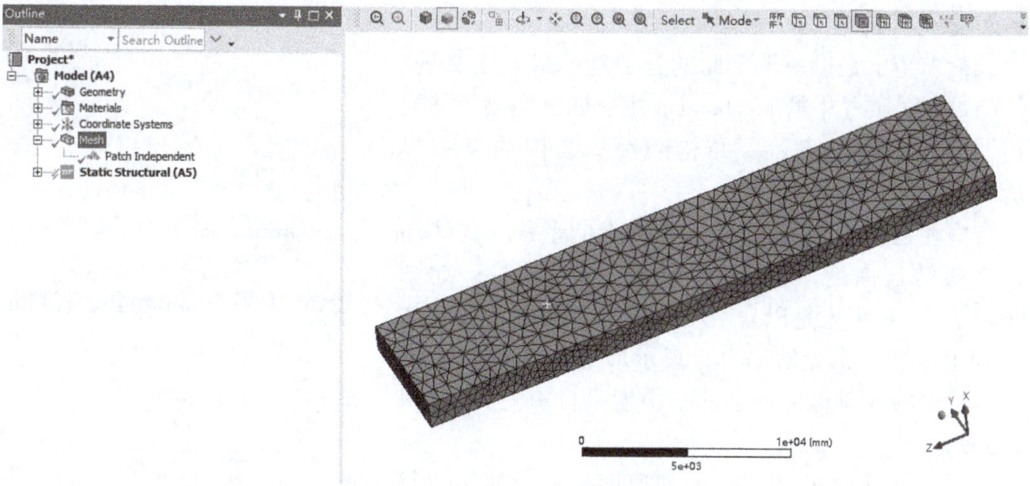

图 3.43　Patch Independent 网格划分方法

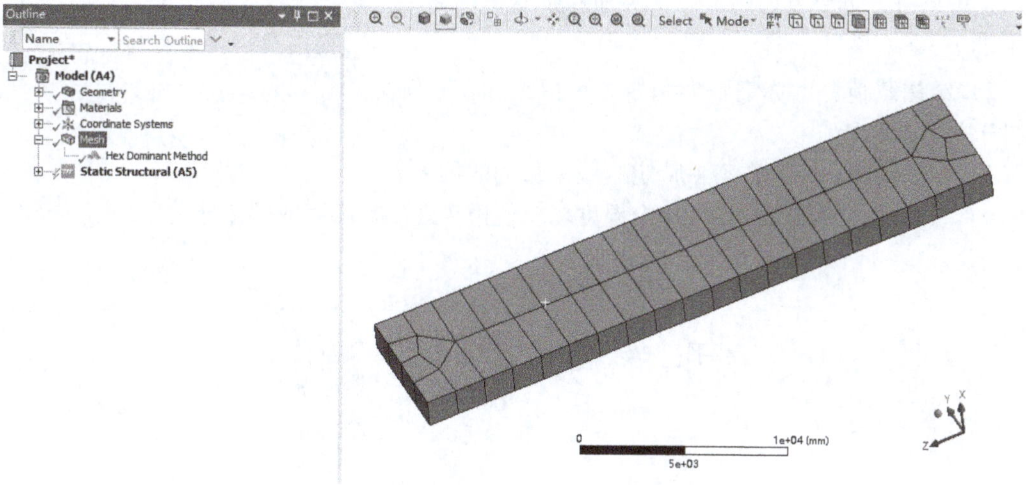

图 3.44　Hex Dominant 网格划分方法

2）Iterative（迭代）求解：ANSYS 中是 PGC（预共梯度法）。

3）Weak springs：尝试模拟得到无约束的模型。

（3）Analysis Data Management（分析数据管理器）

1）Solver Files Directory：给出了相关分析文件的保存路径。

2）Future Analysis：指定求解中是否要进行后续分析（如预应力模型）。如果在 Project Schematic 中指定了耦合分析，将自动设置该选项。

3）Scratch Solver Files Directory：求解中的临时文件夹。

4）Save MAPDL db：保存 ANSYS DB 分析文件。

5）Delete Unneeded Files：在 Mechanical APDL 中，可以选择保存所有文件以备后用。

6）Solver Units：Active System 或 Manual. Solver Unit System：如果以上设置是人工的，那么当 Mechanical APDL 共享数据时，就可以选择八个求解单位系统中的一个来保证一致性（在用户操作界面中不影响结果和载荷显示）。

5. 载荷与约束

载荷和约束是以所选单元的自由度的形式定义的。ANSYS Workbench 中的 Mechanical 中有四种类型的结构载荷，分别是惯性载荷、结构载荷、结构约束和热载荷。

自由度是块体在 X、Y 和 Z 方向上的平移（壳体还得加上旋转自由度，绕 X、Y 和 Z 轴的转动），如图 3.46a 所示；约束也是以自由度的形式定义的，在块体的 Z 面上施加一个光滑约束，表示 Z 方向上的自由度不再是自由的（其他方向上的自由度是自由的），如图 3.46b 所示。

1）惯性载荷：也可以称为加速度和重力加速度载荷。这些载荷须施加在整个模型上，惯性计算时需要输入模型的密度，并且这些载荷专指施加在定义好的质量点上的力。

2）结构载荷：也称集中力和压力，指施加在系统部件上的力或力矩。

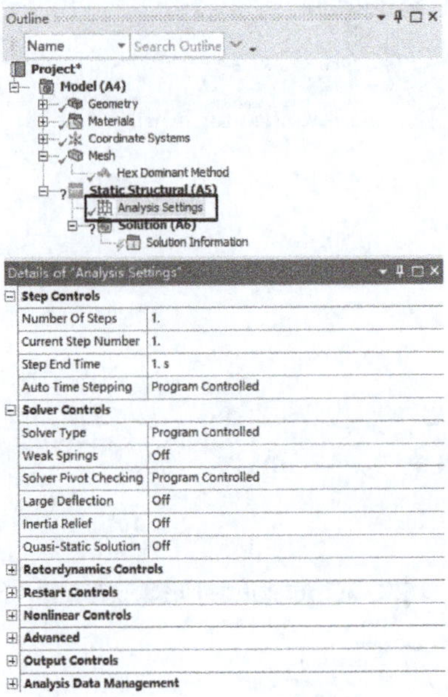

图 3.45　分析设置

3）结构约束：防止在某一特定区域上移动的约束。

4）热载荷：热载荷会产生一个温度场，使模型发生热膨胀或热传导。

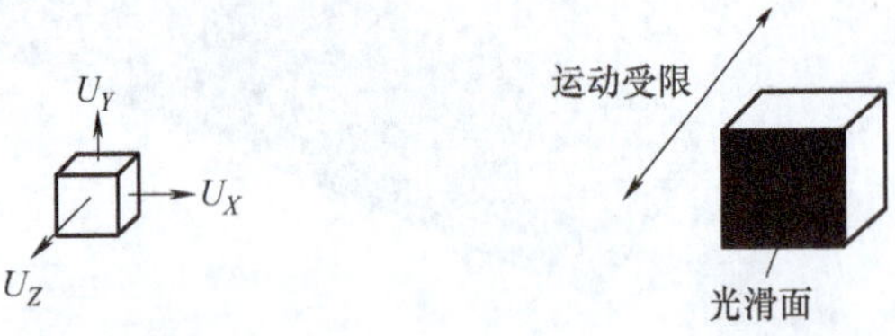

a)　b)

图 3.46　自由度与约束

如图 3.47 所示，右击分析树目录中的“Static Structural（A5）”，在弹出的快捷菜单中可以设置所需载荷与约束。对于各选项，规定如下：

（1）加速度、标准重力和角速度

1）Acceleration（加速度）：

① 施加在整个模型上，单位是 m/s^2。

② 以分量或矢量的形式定义。

③ 物体运动方向为加速度的反方向。

2）Standard Earth Gravity（标准重力）：

① 根据所选的单位制系统确定它的值。

② 重力加速度的方向定义为整体坐标系或局部坐标系的其中一个坐标轴方向。

③ 物体运动方向与重力加速度的方向相同。

3）Rotational Velocity（角速度）：

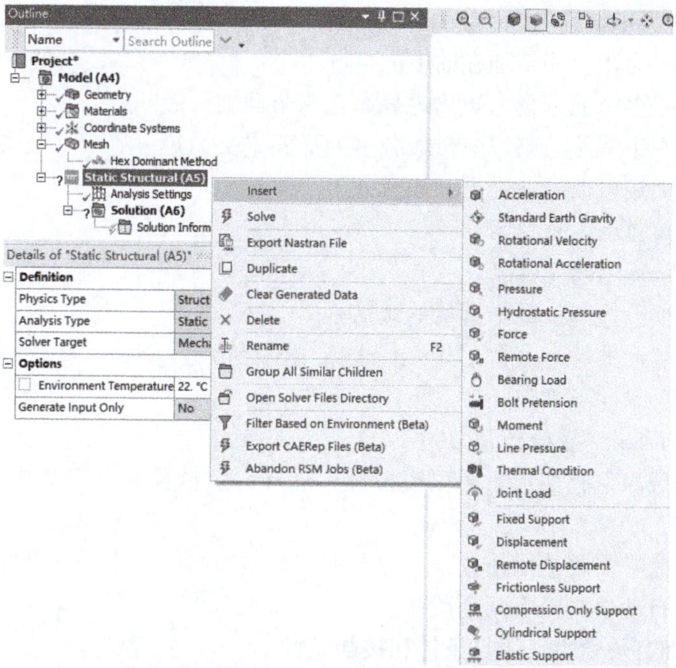

图 3.47　载荷与约束的设置

① 整个模型以给定的速率绕轴转动。

② 以分量或矢量的形式定义。

③ 输入单位可以是 rad/s（默认选项），也可以是（°）/s。

（2）压力与集中力　压力和集中力是作用于模型上的载荷，压力载荷只能施加在面上，而且方向通常与面的法向一致；而集中力载荷可以施加在模型的点、线或面上。

1）Pressure（压力）：

① 以与面正交的方向施加在面上。

② 指向面内为正，反之为负。

2）Force（集中力）：

① 集中力可以施加在点、线或面上。

② 均匀地分布在所有实体上，单位是 kg · m/s^2。

③ 以矢量或分量的形式定义。

3）Hydrostatic Pressure（静水压力）：

① 在（实体或壳体）面上施加一个线性变化的力，模拟结构上的流体载荷。

② 流体可能处于结构内部或外部，施加该载荷时需指定加速度的大小和方向、流体密度、自由面的坐标系。对于壳体，还提供了一个顶面/底面的选项。

4）Bearing Load（支承负载）：

① 使用投影面的方法将力的分量按照投影面积分布在压缩边上。施加该载荷时不允许存在轴向分量，每个圆柱面上只能使用一个支承负载。在施加该载荷时，若圆柱面是分裂的，一定要选中它的两个半圆柱面。

② 以矢量或分量的形式定义。

5）Moment（力矩载荷）：

① 对于实体，力矩只能施加在面上。

② 如果选择了多个面，则力矩均匀分布在多个面上。

③ 可以根据右手螺旋法则以矢量或分量的形式定义力矩。

④ 对于面，力矩可以施加在点、线或面上。

⑤ 力矩的单位是 N·m。

6）Remote Force（远程载荷）：

① 给实体的面或边施加一个远离的载荷。

② 用户指定载荷的原点（附着于几何上或用坐标指定）。

③ 以矢量或分量的形式定义。

7）Bolt Pretension（螺栓预紧力）：

① 给圆柱形截面上施加预紧力以模拟螺栓连接，包括预紧力（集中力）或者调整量（长度）。

② 施加该载荷时需要给物体在某一方向上的预紧力指定一个局部坐标系。

③ 求解时会自动生成以下两个载荷步：

a. LS1：施加有预紧力、边界条件和接触条件。

b. LS2：预紧力部分的相对运动是固定的，同时施加了一个外部载荷。

8）Line Pressure（线压力）：

① 只能用于三维模拟中，通过载荷密度形式给一个边上施加一个分布载荷。

② 单位是 N/m。

③ 可按以下方式定义：

a. 幅值和向量。

b. 幅值和分量方向（总体或者局部坐标系）。

c. 幅值和切向。

（3）约束　在了解载荷后，对 Mechanical 应用程序常见的约束进行简单介绍。

1）Fixed Support（固定约束）：限制点、线或面上的所有自由度。对于实体，限制 X、Y 和 Z 方向上的移动；对于面体和线体，限制 X、Y 和 Z 方向上的移动和绕各轴的转动。

2）Displacement（位移约束）：

① 在点、线或面上施加已知位移。

② 该约束允许给出 X、Y 和 Z 方向上的平动位移（在用户自定义坐标系下）。

③ “0”表示该方向是受限的，而空白则表示该方向自由。

3）Elastic Support（弹性约束）：

① 允许在面/边界上模拟类似弹簧的行为。

② 基础的刚度为使基础产生单位法向偏移所需要的压力。

4）Frictionless Support（无摩擦约束）：

① 用于在面上施加法向约束（固定）。

② 对实体而言，可以用于模拟对称边界约束。

5）Cylindrical Support（圆柱面约束）：

① 为轴向、径向或切向约束提供单独控制。

② 施加在圆柱面上。

6）Compression Only Support（仅有压缩的约束）：

① 只能在正常压缩方向施加约束。

② 可以模拟圆柱面上受销钉、螺栓等的作用。

③ 需要进行迭代（非线性）求解。

7）Simply Supported（简单约束）：

① 可以施加在梁或壳体的边缘或者顶点上。

② 可限制平移，但是允许旋转且所有旋转都是自由的。

8）Fixed Rotation（约束转动）：

① 可以施加在壳体或梁的表面、边缘或者顶点上。

② 约束旋转，但是平移不限制。

以悬臂梁为例。首先在梁端面添加约束（Fixed Support），如图 3.48 所示。

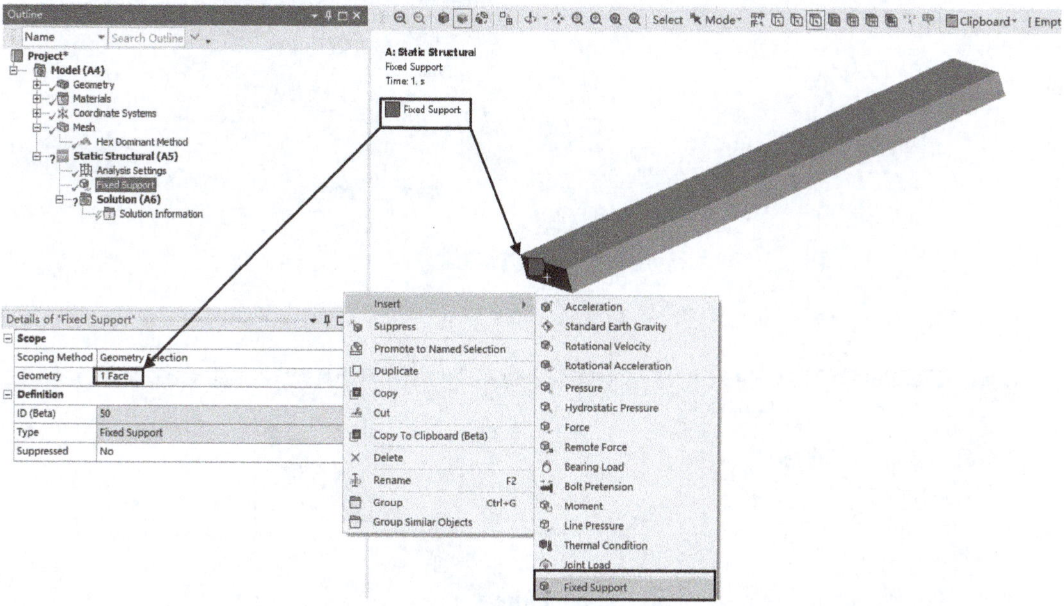

图 3.48　添加约束

施加标准重力（Standard Earth Gravity），并调整合适的重力加速度的方向，如图 3.49 所示。

对梁的顶部施加一个 0.6MPa 的均布载荷，同时对另一梁端面施加一个 5kN 的集中载荷，如图 3.50 所示。

悬臂梁最终约束与受力情况如图 3.51 所示。

至此，静力学分析设置的前处理操作均已完成，下一步可对求解器进行设置以及对模型进行静力学的求解分析。

6. 求解模型的选取

在 ANSYS Workbench 中，Mechanical 应用程序具有两个求解器，分别为直接求解器和迭代求解器。通常求解器是自动选取的，还可以预先选用其中一个。单击“Home”工具栏中“Solve”右下角的箭头可以设置求解器。

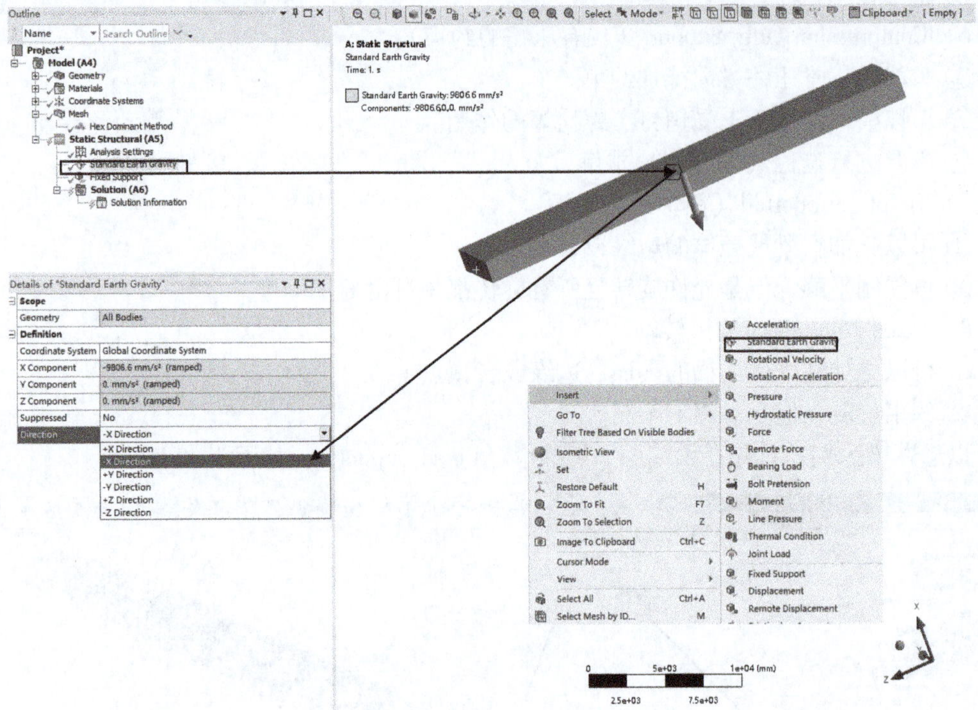

图 3.49　施加标准重力

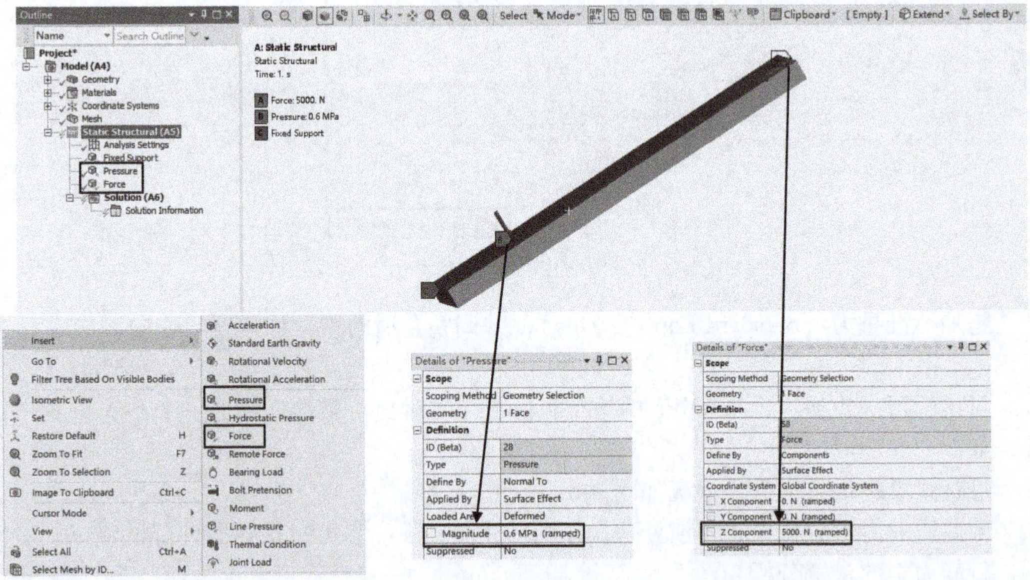

图 3.50　施加载荷

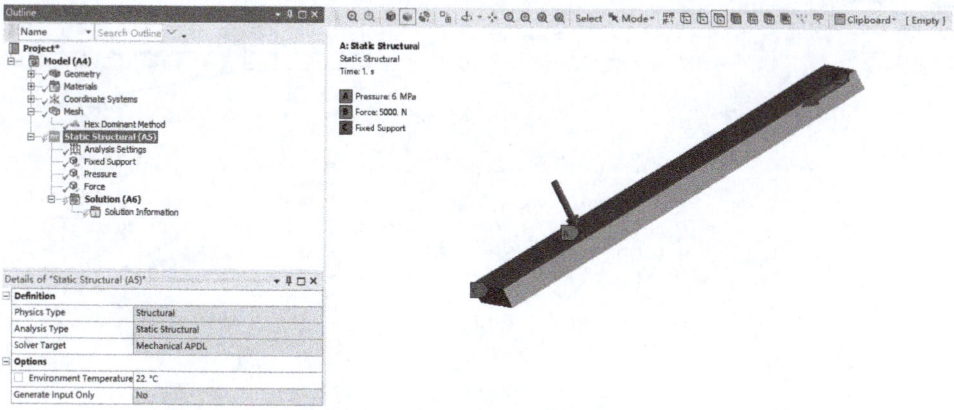

图 3.51　约束与受力添加结果

当分析的各项条件都已经设置完成以后，单击“Solve”按钮求解模型。默认情况下为两个求解器进行求解，通过“Tools”→“Solve Process Settings”命令设置使用的求解器个数，如图 3.52 所示。

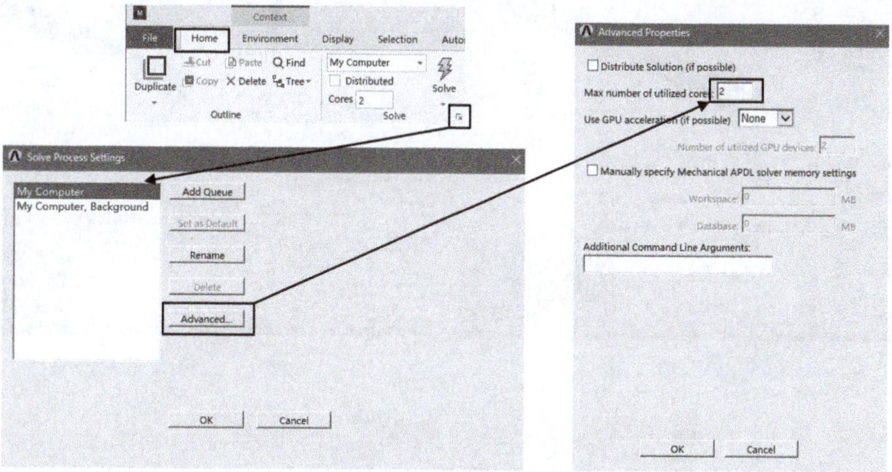

图 3.52　设置求解器个数

7. 后处理

在 Mechanical 应用程序的后处理中，可以得到多种不同的结果：各个方向变形及总变形、应力应变分量、主应力应变、应力应变不变量、接触输出、反作用力。在 Mechanical 应用程序中，结果通常是在计算前指定的，也可以在计算完成后指定。如果求解一个模型后再指定结果，可以单击“Solve”按钮，然后检索结果。

检索结果可以通过“Solution”菜单中的“Result”选项卡里面的结果显示选项进行对应云图的浏览。如图 3.53 所示，可以对结果中的变形、应变和应力进行选择。

图 3.54～图 3.56 分别为悬臂梁的总变形、等效应变、等效应力云图。

在“Result”菜单栏中可以对显示结果进行调整，如图 3.57 所示。

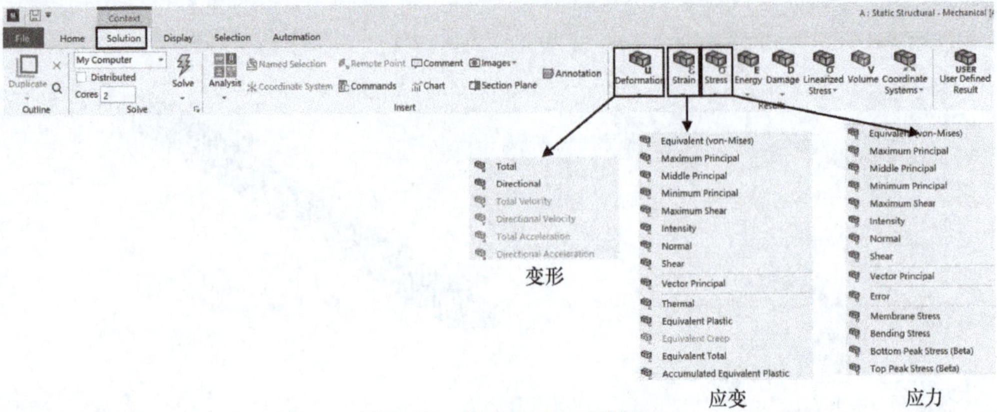

图 3.53 求解结果显示选项

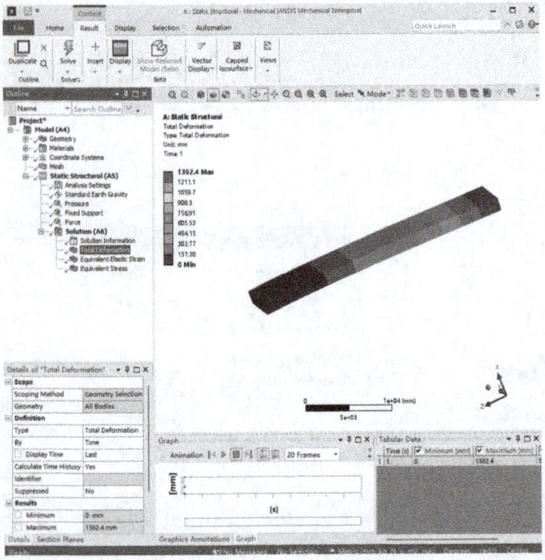

图 3.54 总变形云图

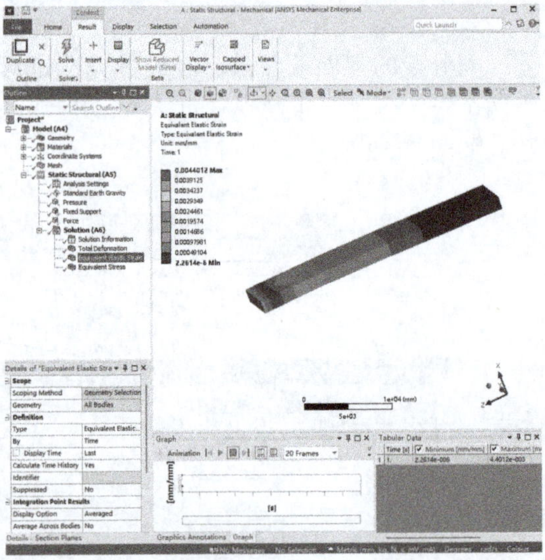

图 3.55 等效应变云图

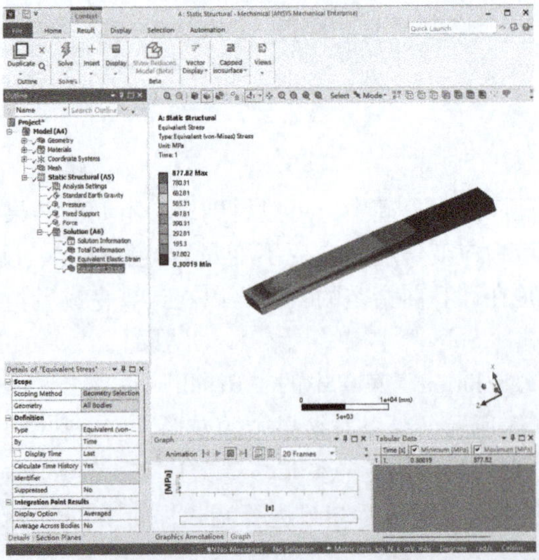

图 3.56 等效应力云图

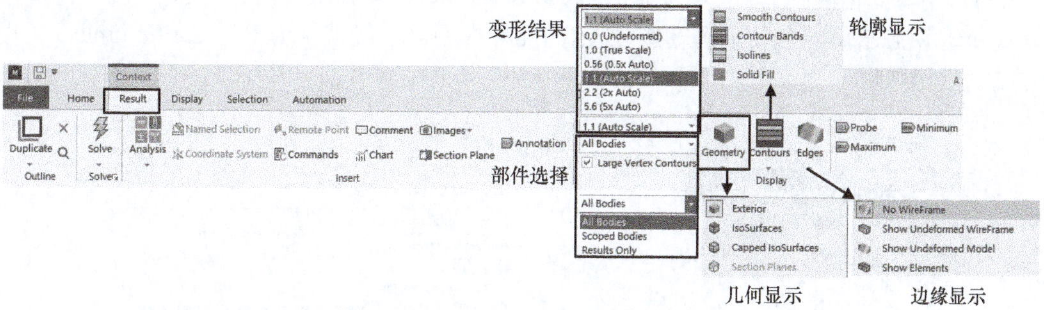

图 3.57　显示结果调整

至此，已完成静力学分析的全部流程，具体分析结果可根据自身需求进行读取。用户可以创建一个 HTML 报告单，在 “Home” 菜单 “Tools” 选项卡中，选择 “Report Preview” 命令生成报告，如图 3.58 所示。

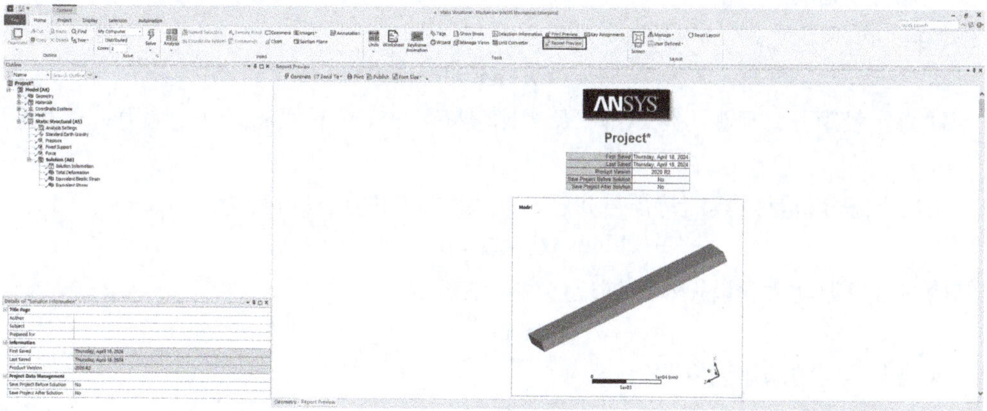

图 3.58　生成报告

3.2.3　模态分析

1. 模态分析概述

模态分析是最基本的线性动力学分析，用于分析结构的自振频率特性，包括固有频率、振型及振型参与系数。

以 3.2.2 节中的悬臂梁为例，如果在末端施加一个垂直载荷，那么悬臂梁仅弯曲一定数值；如果换为一个振动载荷，那么力的大小不变，仅改变其频率。这时悬臂梁就会出现振幅随频率变化而变化的现象，并且振动的形式不局限于简单的静态弯曲形式。出现这个结果的原因就是载荷频率与悬臂梁固有频率一致，导致共振。共振现象非常常见，例如在 19 世纪初，一队法国士兵正步走通过一座大桥，行至桥中央时，大桥突然发生剧烈振动并且最终坍塌；洗衣机在脱水结束前，有突突的响声并猛烈晃动；公交汽车在怠速驻车过程中车窗玻璃常强烈振动。模态分析的基本功能就是对模型系统进行动力学分析，了解其固有频率和振动形式。模态分析还是其他线性动力学分析的基础，如响应谱分析、谐响应分析、瞬态动力学分析等均需在模态分析的基础上进行。

如图 3.59 所示，项目 B 为采用 ANSYS 默认求解器进行的模态分析。ANSYS Workbench 模态求解器包括如图 3.60 所示的几种类型，一般默认为 Program Controlled（程序自动控制类型）。

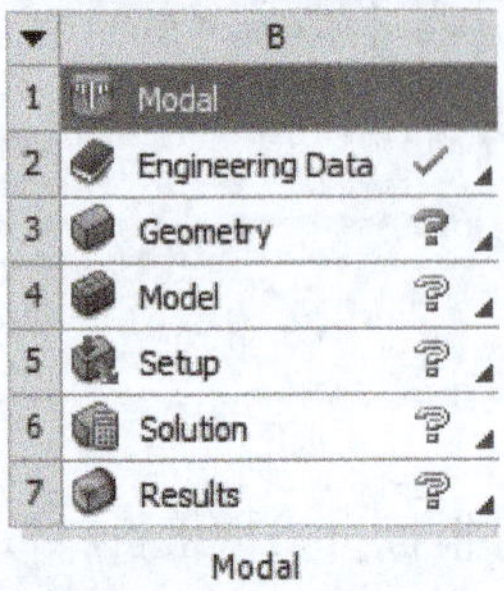

图 3.59 模态分析项目

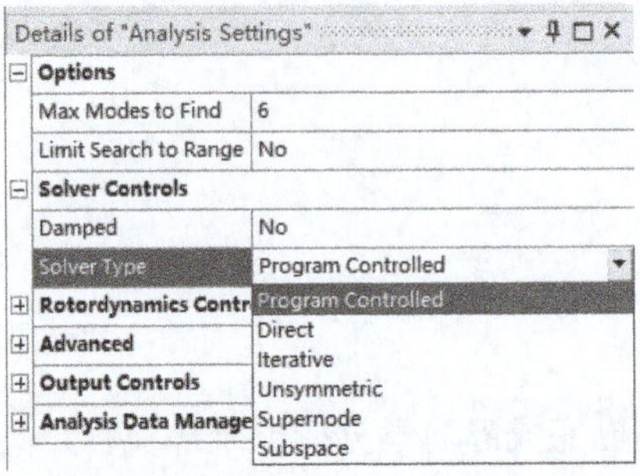

图 3.60 模态求解器类型

2. 模态分析基础

由经典力学理论可知，物体的动力学通用方程为

$$\boldsymbol{M}\ddot{\boldsymbol{x}}+\boldsymbol{C}\dot{\boldsymbol{x}}+\boldsymbol{K}\boldsymbol{x}=\boldsymbol{F}(t)$$

式中，$\boldsymbol{M}$ 为质量矩阵；$\boldsymbol{C}$ 为阻尼矩阵；$\boldsymbol{K}$ 为刚度矩阵；$\boldsymbol{x}$ 为位移；$\boldsymbol{F}(t)$ 为力；$\dot{\boldsymbol{x}}$ 为速度；$\ddot{\boldsymbol{x}}$ 为加速度。

无阻尼模态分析是经典的特征值问题，动力学问题的运动方程为

$$\boldsymbol{M}\ddot{\boldsymbol{x}}+\boldsymbol{K}\boldsymbol{x}=0$$

结构的自由振动为简谐振动，即位移为正弦函数：

$$x=x\sin(\omega t)$$

代入动力学问题的运动方程得

$$(\boldsymbol{K}-\omega^2\boldsymbol{M})x=\boldsymbol{0} \tag{3.55}$$

式（3.55）为经典的特征值问题，此方程的特征值为 ω_i^2，其开方 ω_i 就是自振圆频率，自振频率 $f=\omega_i/2\pi$。

特征值 ω_i^2 对应的特征向量 x_i 为自振频率 $f=\omega_i/2\pi$ 对应的振型。

3. 模态分析的步骤

模态分析与线性静态分析的过程非常相似，因此不对所有的步骤做详细介绍。

（1）附加几何模型　模态分析支持各种几何体，包括实体、表面体和线体。模态分析过程中可以使用质点，此质点在模态分析中只有质量，无硬度，质点的存在会降低结构自由振动的频率。

（2）设置材料属性　在材料属性设置中，弹性模量、泊松比和密度的值是必须要有的。

1）定义接触区域（如果有）。

在进行装配体的模态分析时，可能存在接触的问题。然而，由于模态分析是纯粹的线性分析，所以所采用的接触不同于非线性分析中的接触类型。

接触模态分析包括粗糙接触和摩擦接触，将在内部表现为黏结或不分离；如果有间隙存在，非线性接触行为将是自由无约束的。

绑定和不分离的接触情形取决于 Pinball 区域的大小。

2）定义网格控制（可选择）。

3）定义分析类型。

在进行分析时，从 ANSYS Workbench 的工具栏中选择“Modal”来指定模型分析的类型。进入“Mechanical”界面后，可在“Details of ‘Analysis Settings’”属性窗口中进行模态阶数与频率变化范围的设置，如图 3.61 所示。

① Max Modes to Find（提取的模态阶数）：用来指定提取的模态阶数，范围为 1~200，默认是 6。

② Limit Search to Range（指定频率变化的范围）：用来指定频率的变化范围，默认的是 0~1×10^8Hz。

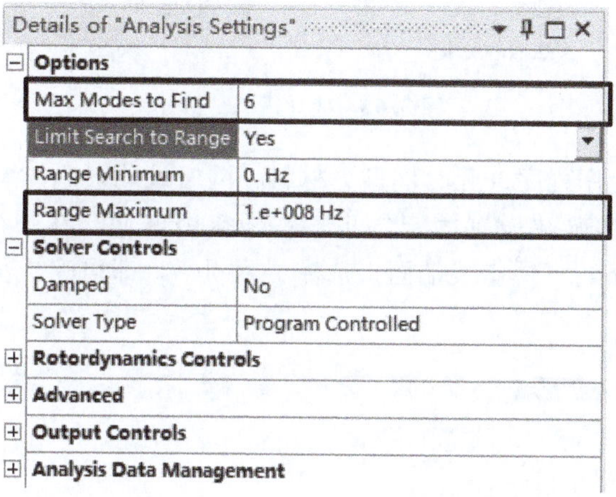

图 3.61　“Details of ‘Analysis Settings’”属性窗口

4）约束与载荷（如果有）。

在进行模态分析时，结构和热载荷无法在模态中存在。但在进行有预应力的模态分析时，则需要考虑载荷，因为预应力是由载荷产生的。

对于模态分析中的约束，还需要注意：假如没有或者只存在部分的约束，刚体模态将被检测，这些模态将处于 0Hz 附近。与静态结构分析不同，模态分析并不要求禁止刚体运动。边界条件对于模态分析来说是很重要的。因为它们能影响零件的振型和固有频率，所以需要仔细考虑模型是如何被约束的。压缩约束是非线性的，因此在此分析中不被使用。

5）求解频率测试结果。

6）设置频率测试选项。

7）求解最终结果。

求解结束后，求解分支会显示一个图表，显示频率和模态阶数。可以从图表或者图形中选择需要的振型或者全部振型进行显示。

8）查看结果。

在进行模态分析时由于在结构上没有激励作用，因此振型只是与自由振动相关的相对值。在详细列表中可以看到每个结果的频率值，应用图形窗口下方的时间标签的动画工具栏来查看振型。

以静力学分析中的悬臂梁为例，将“Modal”拖到静力学模块的“Model”上进行 A2-A4 共享，如图 3.62 所示。由于没有考虑预应力，因此 A6 结果并不会对模态分析的结果产生影响（若考虑预应力，则可直接将 Modal 拖到静力学模块的“Solution”上进行 A2-A6 共享，此时 A6 结果已经进行了传输）。

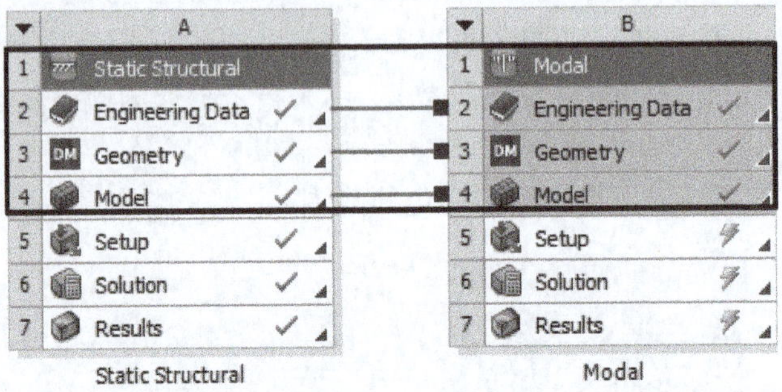

图 3.62　建立模态分析

打开 Mechanical 应用程序，此时模型、材料、网格处均显示“√”，说明不需要再次设置，直接对悬臂梁的梁端设置固定约束：右击空白区域，在弹出的快捷菜单中选择“Insert”→“Fixed Support”，单击梁端面，选择“Apply”，即可完成模态分析约束的设置，如图 3.63 所示。

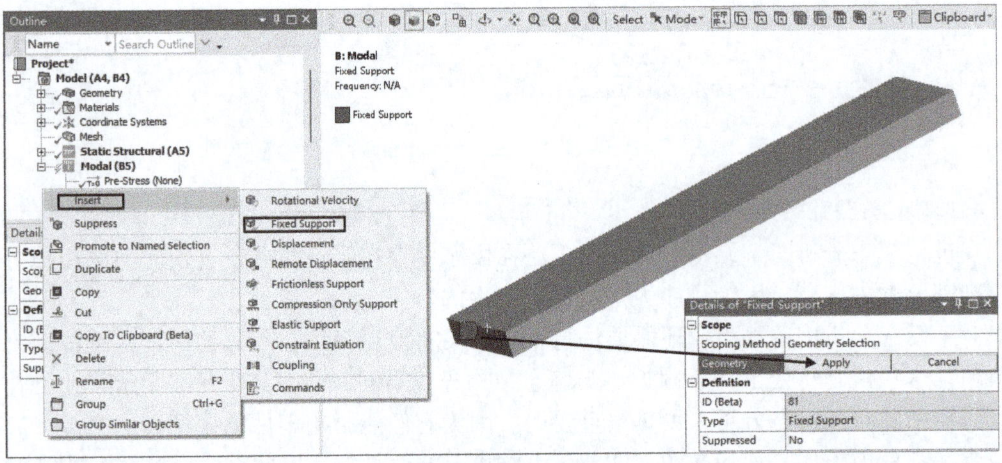

图 3.63　设置固定约束

右击“Modal（B5）”，在弹出的快捷菜单中选择“Solve”，即可进行模态分析的求解，如图 3.64 所示。

求解结束后，查看模态的形状，单击“Solution（B6）”，此时在绘图区的下方会出现条形图与 Tabular Date 表，对应各阶模态的频率表，如图 3.65 所示。

在条形图或 Tabular Date 表处右击，在弹出的快捷菜单中选择“Select All”。选中所有模态，再次右击，在弹出的快捷菜单中选择“Create Shape Results”，会在分析树目录中显示所求各阶模态的结果图，此时再进行一次求解即可将模态结果显示出来，如图 3.66 所示。

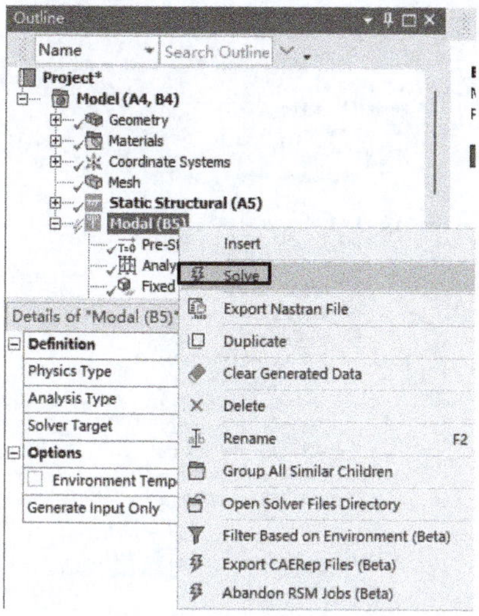

图 3.64　进行求解

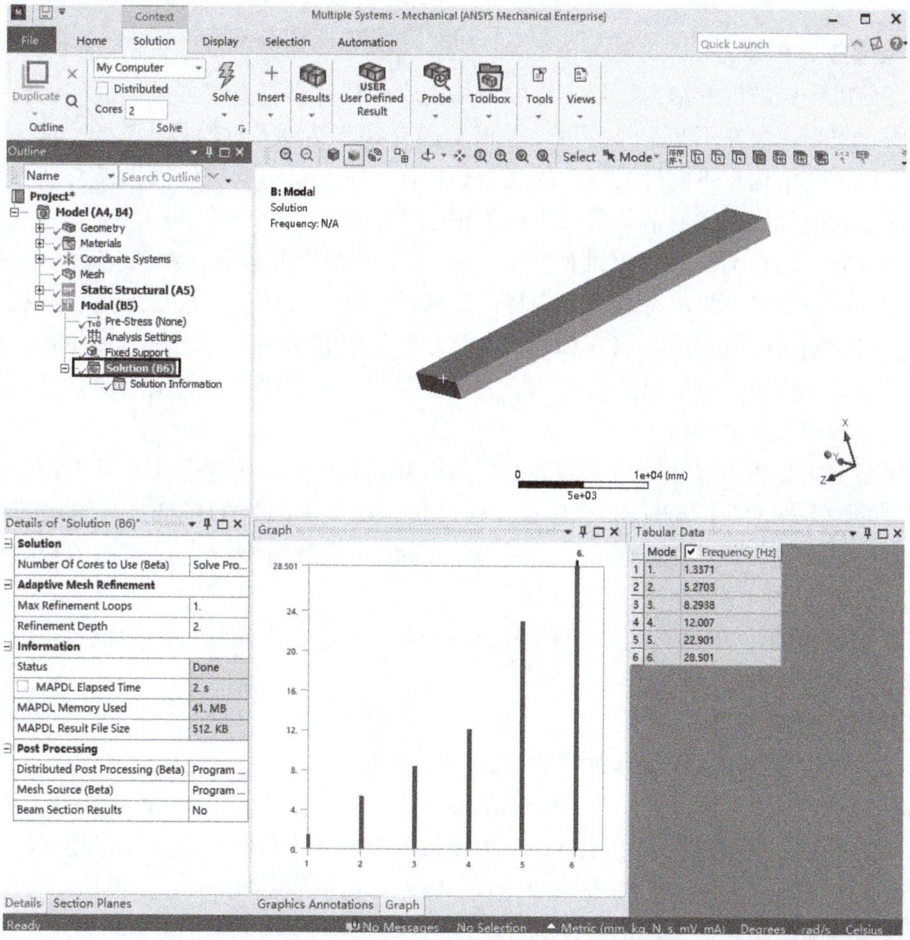

图 3.65　条形图与 Tabular Date 表

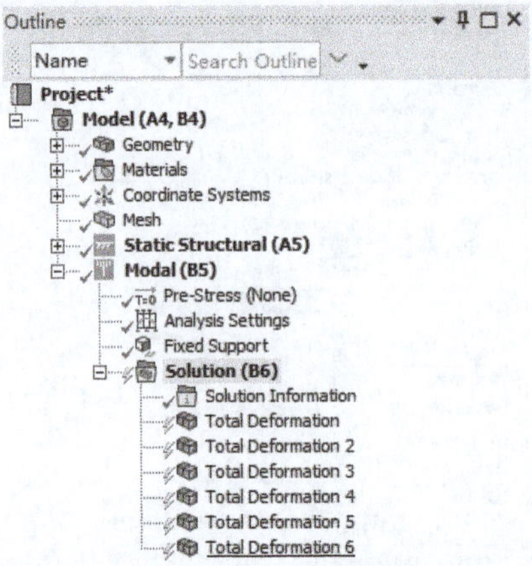

图 3.66　分析树目录

在分析树目录中单击各个模态，查看各阶模态的结果云图，如图 3.67 所示。

3.2.4　谐响应分析

1. 谐响应分析概述

模态分析研究结构的动力学基本特性与结构所受载荷没有直接关系。例如，可以知道模型的固有频率，但并不知道外界激励频率与固有频率达到共振时模型振幅的具体数值。谐响应分析研究结构在不同持续频率的周期载荷作用下的动力响应计算结果与载荷直接相关，所受的载荷为周期性简谐载荷，表现为正弦或余弦形式。

谐响应分析的目的是计算出结构在几种频率下的响应并得到一些响应值对频率的曲线，这样就可以预测结构的持续动力学特征，从而验证其设计能否成功地克服共振、疲劳及其他受迫振动引起的问题。输入载荷可以是已知幅值和频率的力、压力和位移，输出值包括节点位移，也可以是导出的值，如应力、应变等。在程序内部，谐响应计算有两种方法，即完全法和模态叠加法。

利用谐响应分析可以计算结构的稳态受迫振动，其中在谐响应分析中不考虑发生在激励开始时的瞬态振动。谐响应分析属于线性分析，所有非线性的特征在计算时都将被忽略，但分析时可以有预应力的结构，如小提琴的弦（假定简谐应力比预加的拉伸应力小得多）。

如图 3.68 所示，项目 C 为 ANSYS Workbench 平台进行谐响应分析的流程，是在模态分析的基础上完成操作的。

2. 谐响应分析基础

由经典力学理论可知，物体的动力学通用方程为

$$\boldsymbol{M}\ddot{\boldsymbol{x}}+\boldsymbol{C}\dot{\boldsymbol{x}}+\boldsymbol{K}\boldsymbol{x}=\boldsymbol{F}(t)$$

式中，$\boldsymbol{M}$ 为质量矩阵；$\boldsymbol{C}$ 为阻尼矩阵；$\boldsymbol{K}$ 为刚度矩阵；$\boldsymbol{x}$ 为位移；$\boldsymbol{F}(t)$ 为力；$\dot{\boldsymbol{x}}$ 为速度；$\ddot{\boldsymbol{x}}$ 为加速度。

而在谐响应分析中，上式的右侧为

$$\boldsymbol{F}=\boldsymbol{F}_0\cos(\omega t)$$

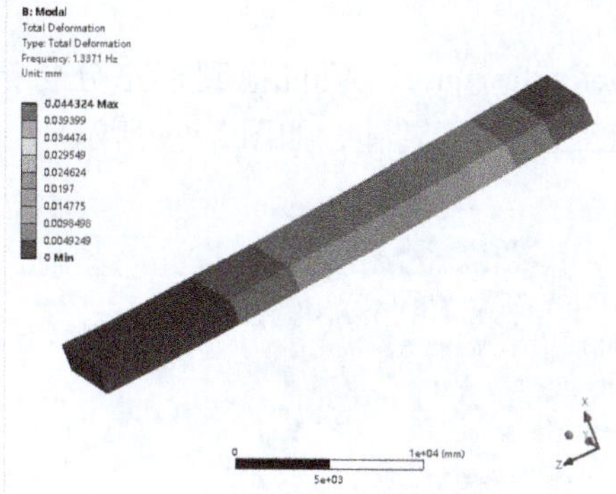

a) 一阶模态的结果云图

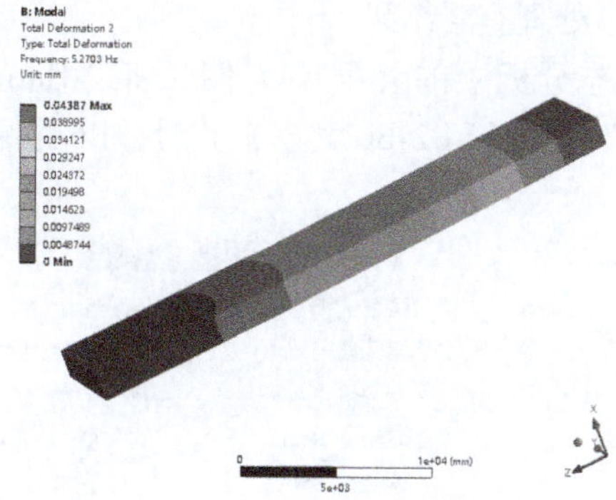

b) 二阶模态的结果云图

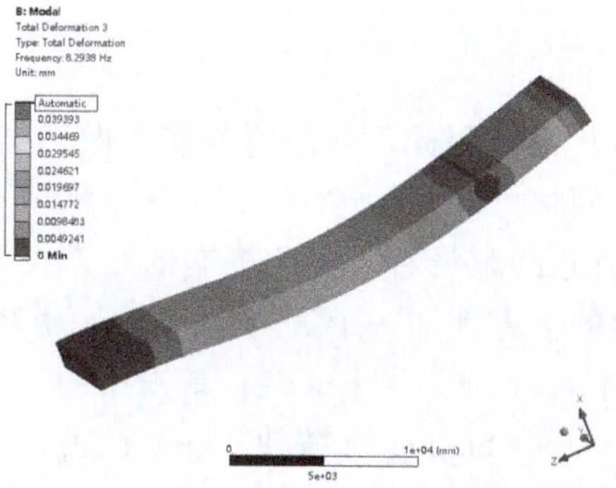

c) 三阶模态的结果云图

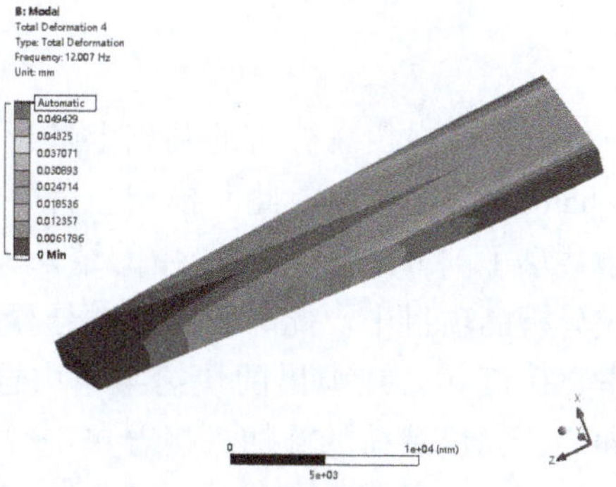

d) 四阶模态的结果云图

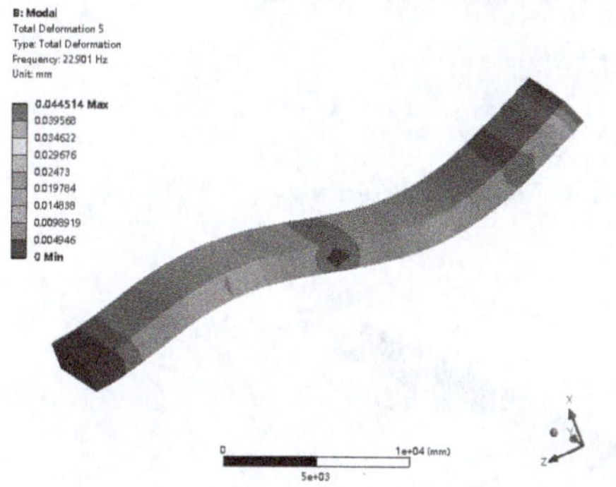

e) 五阶模态的结果云图

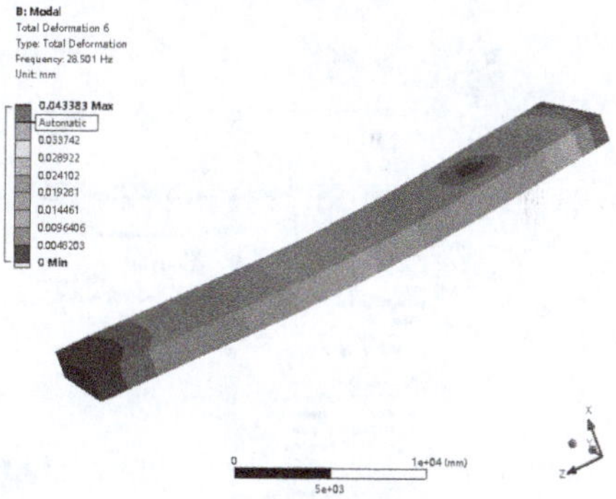

f) 六阶模态的结果云图

图 3.67　各阶模态的结果云图

3. 谐响应分析的步骤

1）建立有限元模型，设置材料属性。

2）定义接触的区域。

3）定义网格控制（可选择）。

4）施加载荷和边界条件。

5）定义分析类型。

6）设置求解频率选项。

7）对问题进行求解。

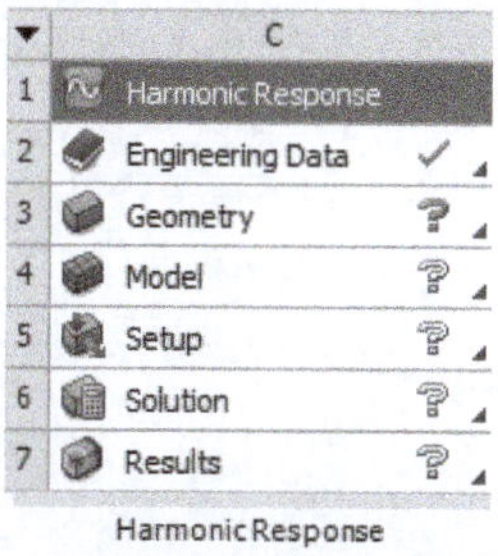

图 3.68　谐响应分析项目

8）后处理查看结果

以模态分析中的悬臂梁为例，将“Harmonic Response”项目拖到模态分析模块的“Solution”上进行 B2-B6 共享，此时，B6 结果已经进行了传输，如图 3.69 所示。

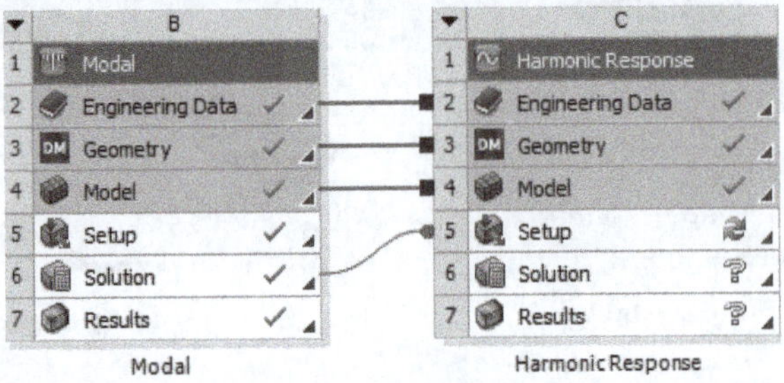

图 3.69　建立谐响应分析

谐响应分析是在模态分析的基础上进行分析的，因此不对所有的步骤做详细介绍。打开 Mechanical 应用程序，此时模型、材料、网格处均显示“√”，说明不需要再次设置。由于共享了“Modal（B5）”中的结果，因此约束设置、各阶模态的结果也被传输到谐响应分析的项目中。此时，直接对悬臂梁的上方施加一个 X 方向、大小为 250N 的力，右击空白区域，在弹出的快捷菜单中选择“Insert”→“Force”，单击梁的上面，选择“Apply”，完成载荷的施加；接着单击“Analysis Settings”按钮，在属性窗口中更改“Range Maximum”为“50Hz”、“Solution Intervals”为“50”，在“Damping Controls”中设置“Damping Ratio”为“0.02”，即可完成谐响应分析的设置，如图 3.70 所示。

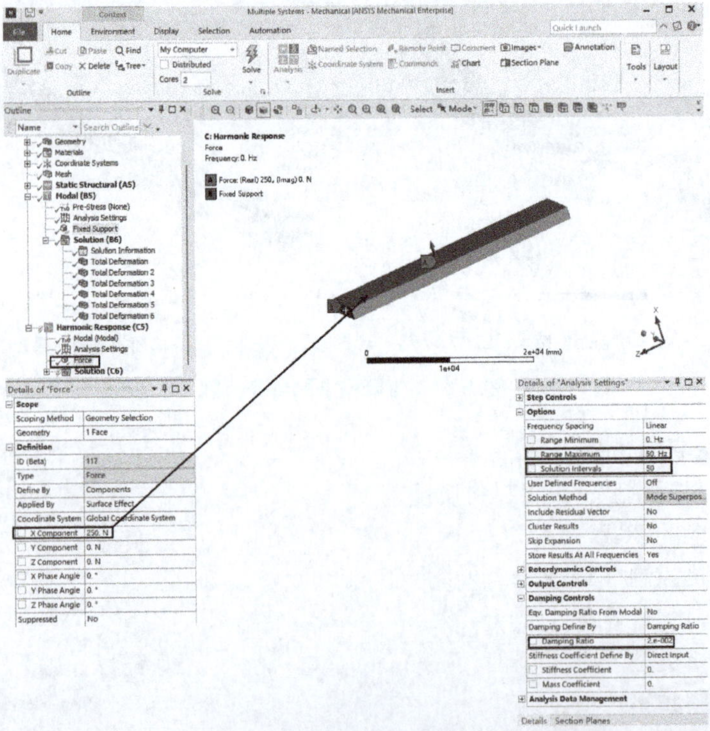

图 3.70　加载与分析设置

右击“Harmonic Response（C5）”，在弹出的快捷菜单中选择“Insert”→“Frequency Response”→“Deformation”，选中梁的上面，设置“Spatial Resolution”为“Use Maximum”，设置“Orientation”为“X Axis”，如图 3.71 所示。

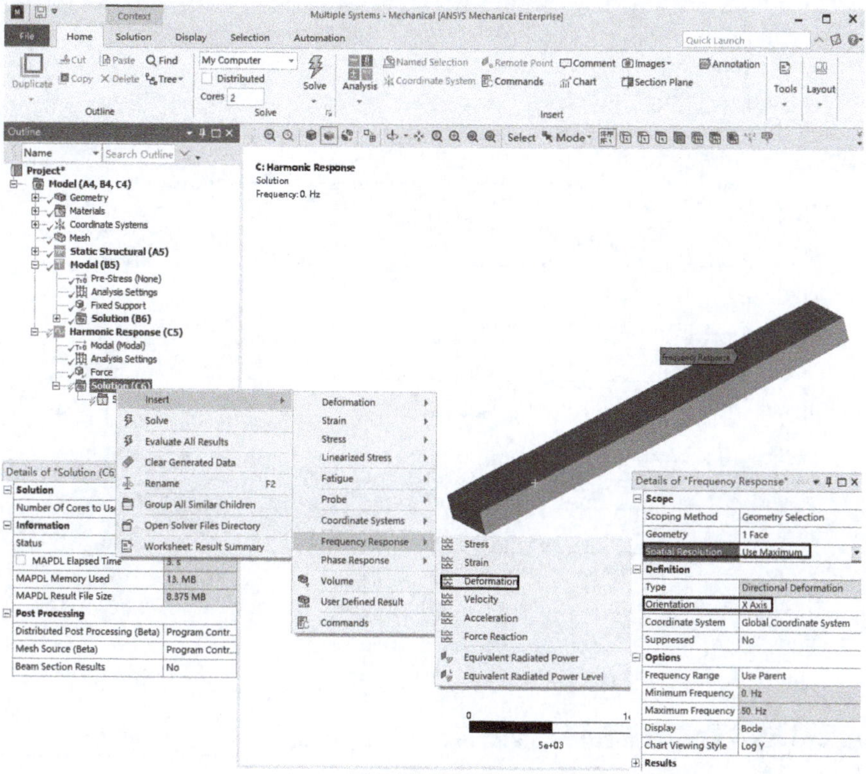

图 3.71　求解频率变形响应

单击“Home”菜单中的“Solve”按钮进行求解，频率变形响应结果如图 3.72 所示。

单击“Harmonic Response（C5）”中的“Force”按钮，更改属性窗口中的“X Phase Angle”为“90°”，如图 3.73 所示。

进行求解后查看更改“X Phase Angle”后的频率变形反应的结果，如图 3.74 所示。

3.2.5　瞬态动力学分析

1. 瞬态动力学分析概述

瞬态动力学分析也称时程分析，是用于确定承受任意随时间变化的载荷结构的动力学响应的一种方法，用于确定结构在稳态载荷、瞬态载荷和简谐载荷的随意组合下随时间变化的位移、应变、应力及力。惯性力和阻尼在瞬态动力学中非常重要，如果惯性力和阻尼可以忽略，则可以用静力学分析代替瞬态分析。在学习瞬态动力学分析前，必须做到以下四点：

1）模型简化。若采用梁、壳、质点等模型代替实体模型，则可以减少硬件消耗，而且更易理解动力学概念。直接使用不简化的三维工程实体模型进行瞬态动力学分析，是不可取的。

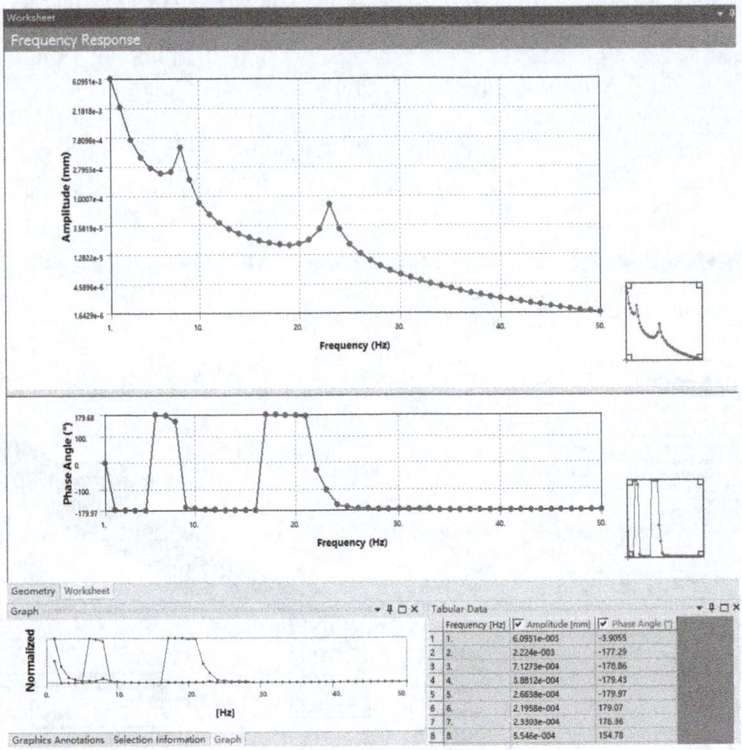

图 3.72 频率变形响应

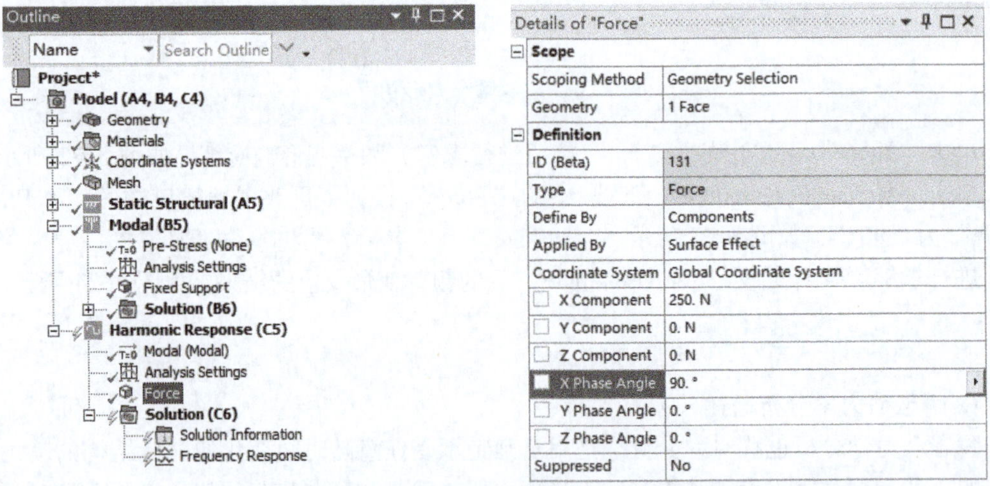

图 3.73 更改“X Phase Angle”

2）如果包括材料非线性和状态非线性，则应该先进行静力学分析，了解非线性问题的收敛特征后再进行瞬态动力学分析，以避免在瞬态动力学分析时进行大量且极度耗时的调试。对于几何非线性（屈曲），虽然瞬态动力学分析比静力学分析更容易收敛，但是瞬态动力学在计算结构刚度反转造成的软化响应过程中，不能反映屈曲全部现象，因此采用瞬态动力学分析未必强于静力学分析。

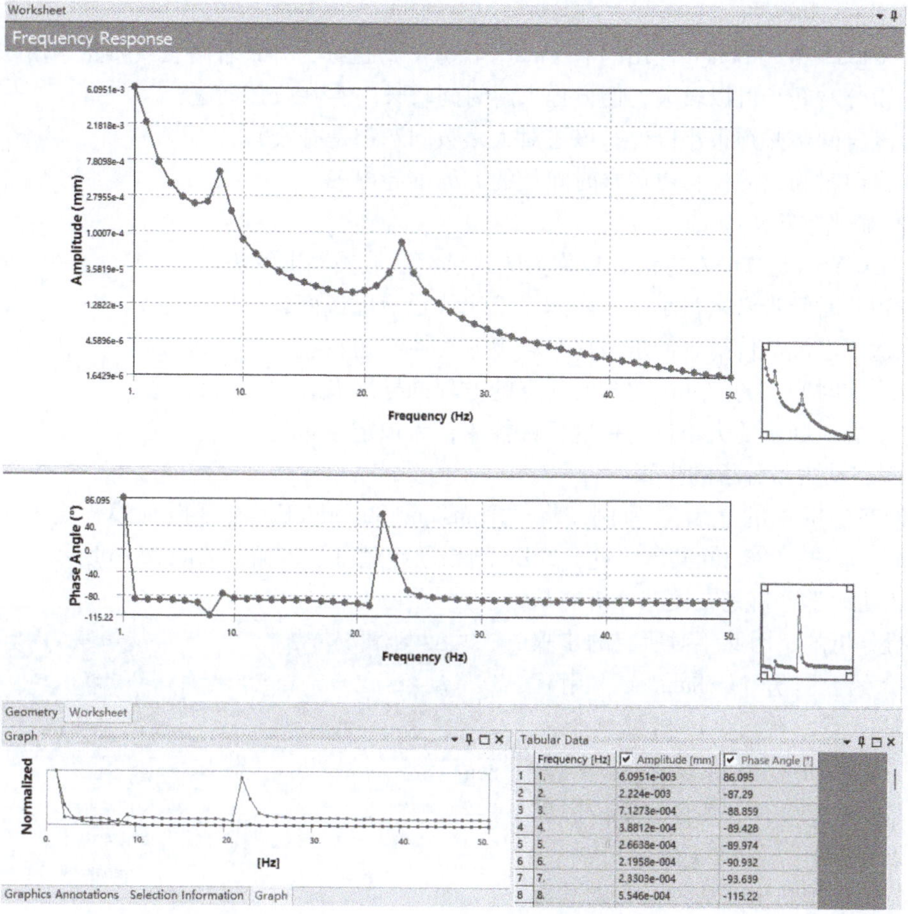

图 3.74　频率变形反应的结果

3）必须掌握结构动力学的特征分析方法。例如采用模态分析可以计算结构的固有频率和振型，而且固有频率对于瞬态动力学分析中时间步长的定义非常重要。

4）如图 3.75 所示，项目 D 为 ANSYS Workbench 进行瞬态动力学分析的流程，同样也是在模态分析的基础上完成操作的。

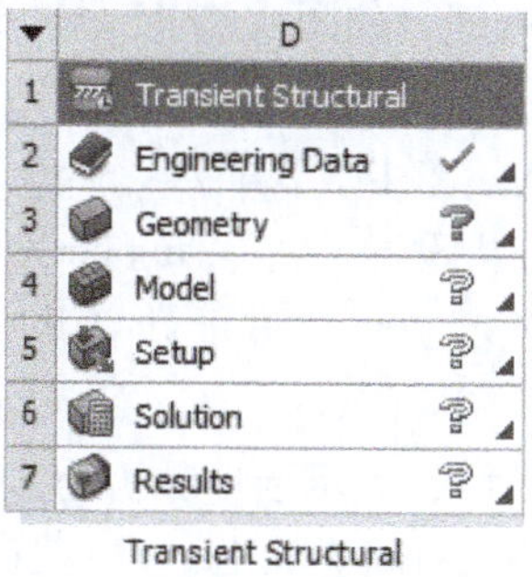

图 3.75　瞬态动力学分析流程

2. 瞬态动力学分析基础

瞬态动力学分析的基本方程为

$$\boldsymbol{M}\ddot{\boldsymbol{x}}+\boldsymbol{C}\dot{\boldsymbol{x}}+\boldsymbol{K}\boldsymbol{x}=\boldsymbol{F}(t)$$

$$\gamma_i=\boldsymbol{x}_i^{\mathrm{T}}\mathrm{MD}$$

$$\boldsymbol{x}_i^{\mathrm{T}}\boldsymbol{M}x_i=1$$

$$M_{ei}=\gamma_i^2=\frac{\gamma_i^2}{\boldsymbol{x}_i^{\mathrm{T}}\boldsymbol{M}x_i}$$

式中，$\boldsymbol{M}$ 为质量矩阵；$\boldsymbol{C}$ 为阻尼矩阵；$\boldsymbol{K}$ 为刚度矩阵；$\boldsymbol{x}$ 为位移；$\boldsymbol{F}(t)$ 为力；$\dot{\boldsymbol{x}}$ 为速度；$\ddot{\boldsymbol{x}}$ 为加速度。

ANSYS Workbench 有两种方法求解上述方程，即隐式求解法和显式求解法。

(1) 隐式求解法

1) ANSYS Workbench 使用的 Newmark 积分法，也称为开式求解法或修正求解法。

2) 积分时间步可以较大，但方程求解时间较长（存在收敛问题）。

3) 除时间步必须很小以外，该法对大多数问题都是有效的。

4) 当前时间点的位移由包含时间点的方程推导出来。

(2) 显式求解法

1) ANSYS-LS/DYNA 方法，也称为闭式求解法或预测求解法。

2) 积分时间步必须很小，求解速度很快（没有收敛问题）。

3) 适用于波的传播、冲击载荷和高度非线性问题。

4) 当前时间点的位移由包含时间点的方程推导出来。

5) 积分时间步的大小仅受精度条件控制，无稳定性问题。

3. 瞬态动力学分析的步骤

以模态分析中的悬臂梁为例，将“Transient Structural”项目拖到模态分析模块的“Solution”上进行 B2-B6 共享，此时，B6 结果已经进行了传输，如图 3.76 所示。

瞬态动力学分析是在模态分析的基础上进行分析的，因此不对所有的步骤做详细介绍。打开 Mechanical 应用程序，此时模型、材料、网格处均显示“√”，说明不需要再次设置。由于共享了“Modal（B5）”中的结果，因此约束设置、各阶模态的结果也被传输到谐响应分析的项目中。该项目与谐响应分析相互独立，互不影响。

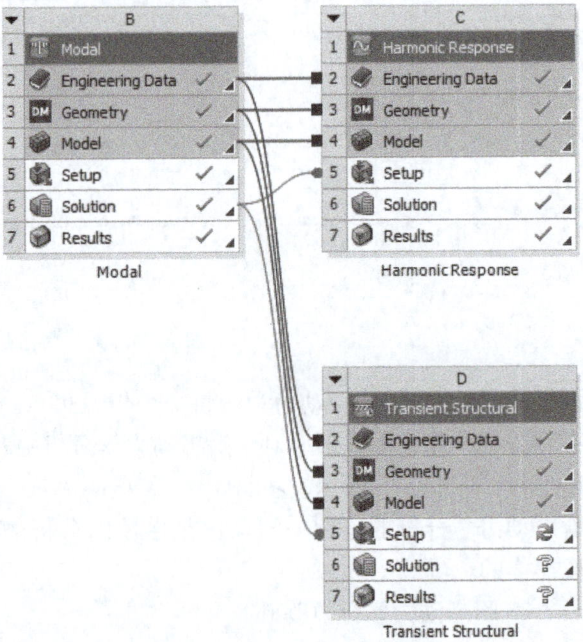

图 3.76 建立瞬态动力学分析

对悬臂梁添加一个大小为 1kN 动态载荷。右击“Transient（D5）”，在弹出的快捷菜单中选择“Insert”→“Force”，如图 3.77 所示。单击梁的上面，选择“Apply”，完成载荷的施加。应用后单击“Analysis Settings”按钮进行分析设置。在“Number Of Steps”栏中输入“3”，表示计算共有 3 个分析步。在“Current Step Number”栏中输入“1”，表示当前分析为步骤 1。在“Step End Time”栏中输入“0.1s”，表示这个分析步持续时间为 0.1s。在“Time Step”栏中输入“1.e-002s”，表示时间步为 0.01s。

以同样的方式对另外两个分析步进行设置。在“Current Step Number”栏中输入“2”，表示当前分析为步骤 2；在“Step End Time”栏中输入“2s”，表示这个分析步持续时间为 2s。在“Current Step Number”栏中输入“3”，表示当前分析为步骤 3；在“Step End Time”栏中输入“8s”，表示这个分析步持续时间为 8s。设置好的动态载荷时程如图 3.78 所示。

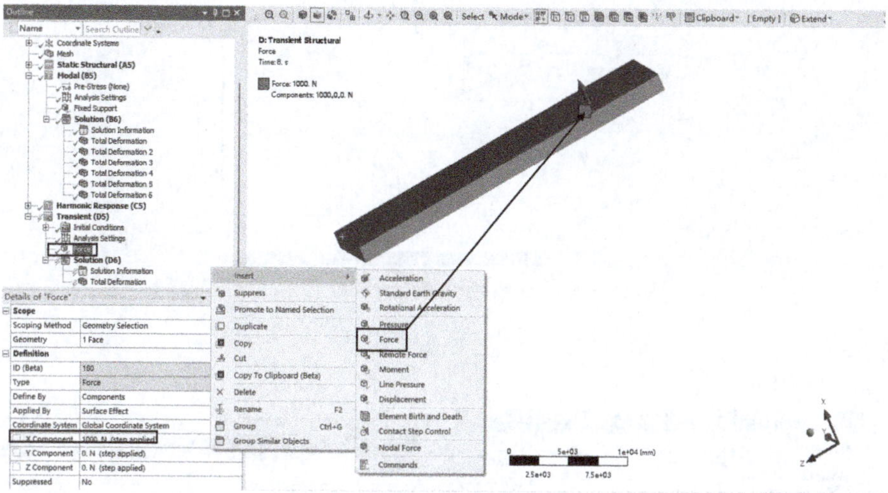

图 3.77　施加载荷

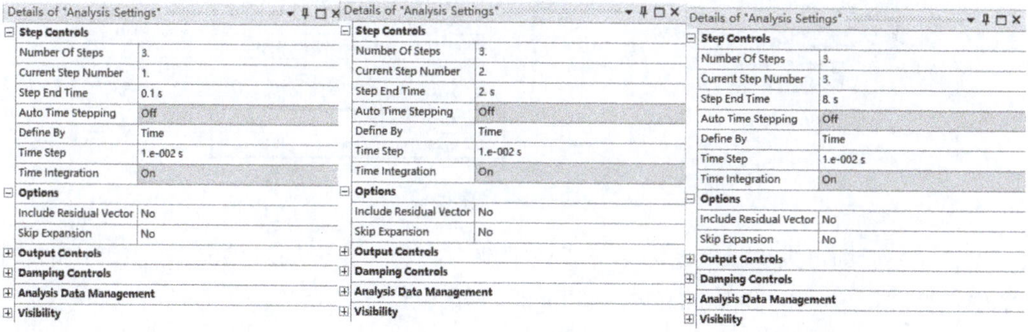

图 3.78　设置分析步

返回单击“Force”按钮，弹出一个 Tabular Date 的表格，按照表 3.4 载荷时间表中的数值进行修改，可以获得图 3.79 所示的载荷时程曲线。

表 3.4　载荷时间表

Steps	Time/s	*X*/N	*Y*/N	*Z*/N
1	0	0	0	0
1	0.1	1000	0	0
2	2	1000	0	0
3	8	0	0	0

如图 3.80 所示，选择“Transient（D5）”→“Analysis Settings”，在出现的“Details of ‘Analysis Settings’”属性窗口中进行如下设置：

在“Numerical Damping”栏中选择“Manual”选项

在“Numerical Damping Value”栏中将阻尼比改成“0.5”。

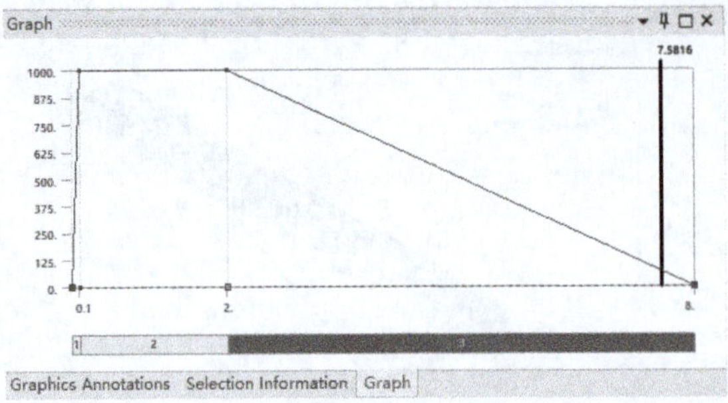

图 3.79　载荷时程曲线

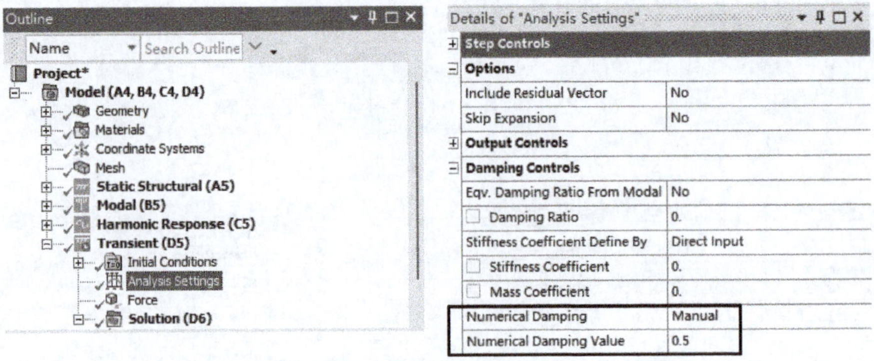

图 3.80　设置阻尼比

设置完成后即可进行瞬态动力学分析的求解，右击“Solution（D6）”，在弹出的快捷菜单中选择“Insert”→“Deformation”→“Total”，如图 3.81 所示。

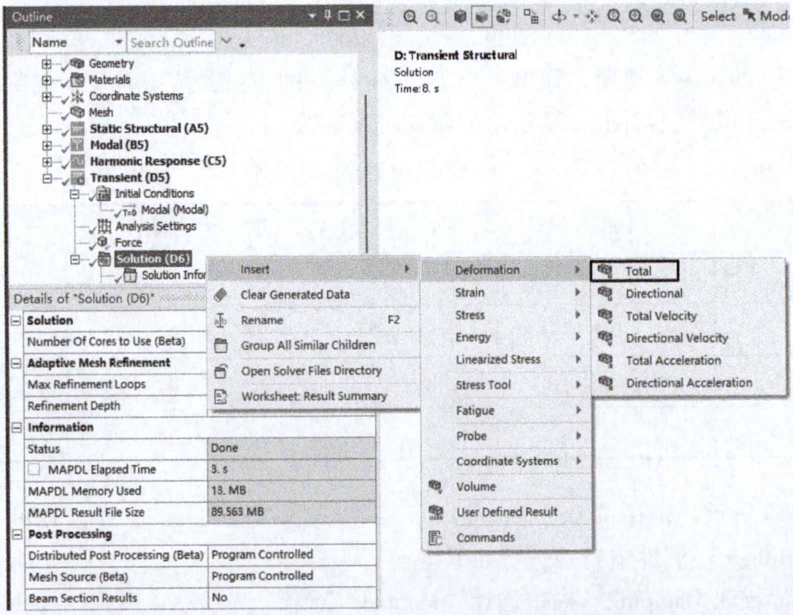

图 3.81　添加“Deformation”命令

再次求解后选择“Solution（D6）”→“Total Deformation”，在图形窗口会显示悬臂梁的变形云图，在下方会显示位移响应曲线，如图 3.82 所示。

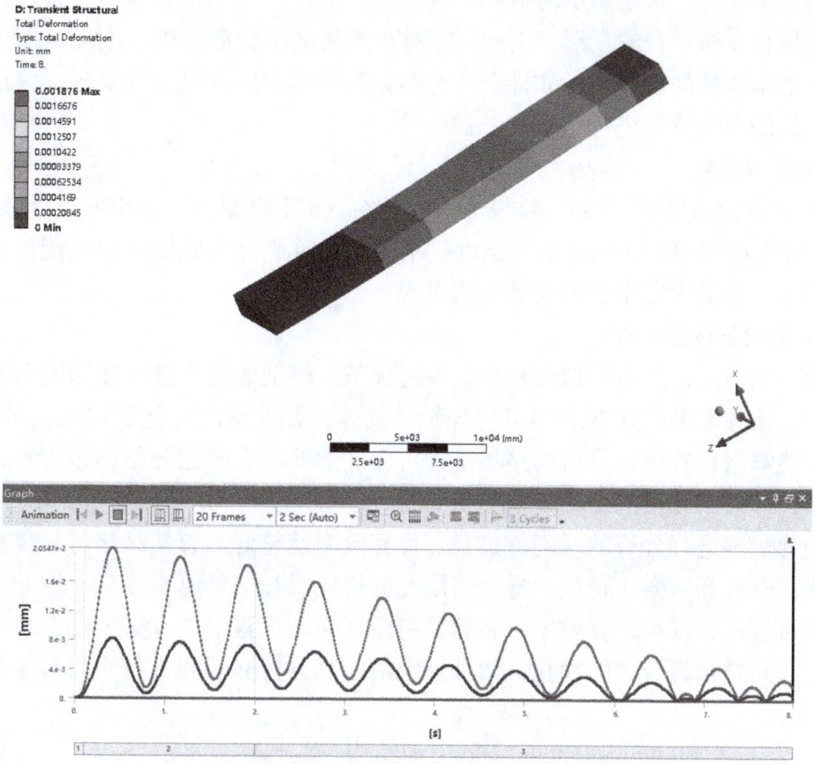

图 3.82　悬臂梁的变形云图与位移响应曲线

至此，本节静力学分析、模态分析、谐响应分析以及瞬态动力学分析的基本知识与分析流程已经讲解完毕，需要注意的是，本节所分析的悬臂梁的各种结果仅供参考，并不具有实际的意义，仅仅是为了讲解每种分析的流程，具体问题需要根据分析需求进行具体研究。

3.3　结构有限元分析应用实例

前文介绍了有限元软件 ANSYS Workbench 的基本模块，主要描述其理论与整体分析方法。在实际工程应用中机械结构比较复杂，对其进行静力学分析、模态分析、谐响应分析和瞬态动力学分析是一项十分烦杂的工作。本章将以几种典型的机械结构为例，采用 ANSYS Workbench 有限元软件进行问题的求解分析，从而使读者熟练掌握有限元软件的使用，奠定有限元法实际应用的基础。

3.3.1　模切机刀架静力学分析

实例

旋转模切机是一种纸包装和印刷后道机械设备，主要用于纸板、瓦楞纸板、不干胶、EVA、双面胶、电子和手机胶垫等的模切（全断、半断)、压痕和烫金作业、自动排废等，是印后包装加工成型的重要设备。整机主要由机架、传动带装置、刀架系统等几大部分构成。

当模切机工作时，若模切压力过小，则无法达到产品的加工制造需求，过大则可能会引起两侧墙板和支撑平台的变形，刀架甚至整个机架的结构静强度、刚度可能无法满足要求，使得整个系统的静性能、可靠性及疲劳寿命等指标难以满足设计要求。为此，需要对模切机刀架的静力学特性进行分析。

1. 结构计算说明

计算所用单元为实体单元。结构材料参数：弹性模量 $E=210\text{GPa}$，剪切模量 $G=81\text{GPa}$，泊松比 $\mu=0.3$。计算准则：强度、刚度计算时要符合所依据的规范；结构最不利工况时的局部应力集中要小于材料的屈服极限。

2. 基本假设与模型简化

三维模型的建立是数值模拟分析中的关键环节，模型的优劣会直接影响仿真结果是否和实际相近。实体模型的建立应尽可能详细、具体，并能够准确地反映结构的真实情况，只有这样才能够保证有限元分析的结果准确可靠。然而在有限元分析的过程中，存在一个固有的矛盾，即有限元模型的精度和计算效率之间的矛盾：有限元模型越精确、越详尽，则利用有限元软件进行分析的时间就越长，计算效率就越低。刀架结构特征复杂，螺栓孔及螺纹众多，存在局部微小特征，导致有限元分析耗时长，计算精度低。因此，为了有效地利用计算机资源，提高计算效率，在建立有限元模型过程中，有必要在符合结构力学特性的前提下，对结构做合理的简化，以便后续的仿真分析能顺利进行。对其主要简化说明如下：

1）用三维建模软件 SpaceClaim 去除刀架结构上的装配孔，处理时只保留相互连接处的重要孔及较大的工艺孔。

2）去除各螺栓及螺纹，直接采用绑定接触处理。

3）去除内部支撑轴承，分析时采用等效轴承力代替。

4）为了减小模型求解规模，分析时，将刀架底部支撑结构简化为刚性约束。

等效后的刀架结构模型如图 3.83 所示。

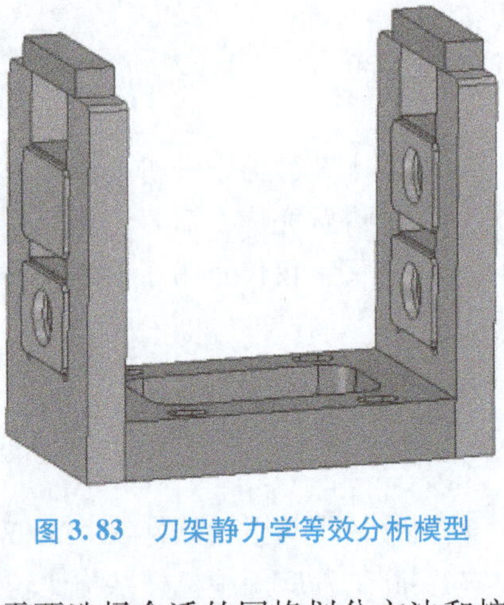

图 3.83 刀架静力学等效分析模型

3. 有限元网格划分

有限元网格划分同样对分析结果有很大的影响，需要选择合适的网格划分方法和控制恰当的网格大小，进而提高计算效率和保证结果的可行性。根据单元翘曲角、单元长宽比、雅各比值等网格标准要求，通过不断循环测试，选择合适的网格单元和划分方式，进行高质量有限元网格模型的创建，为后续结构静力学分析奠定基础。

将简化后的刀架模型导入 ANSYS Workbench 中，采用自动绑定接触算法建立模型内部的接触对。采用六面体网格占优的方法进行网格划分，手动控制网格大小，细化局部区域网格，不断调试获得高效可行的刀架有限元网格模型，如图 3.84 所示。

划分网格后生成：节点数 115419 个，单元数 27292 个。

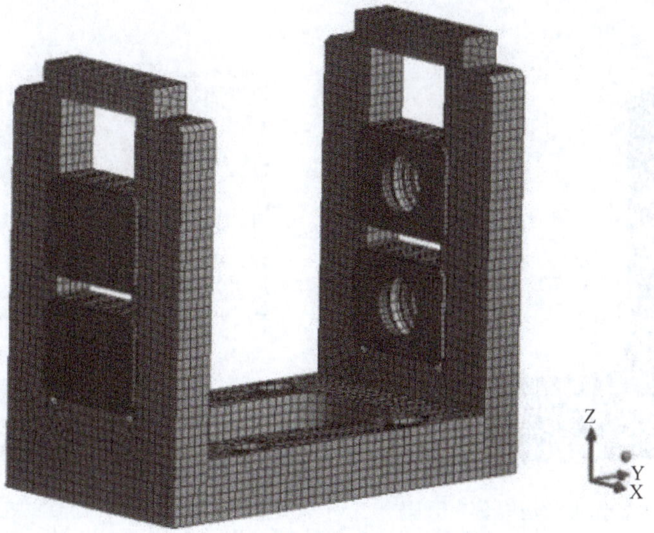

图 3.84　刀架网格划分模型

4. 边界条件施加

根据刀架真实工作情况，对刀架底部设置固定副约束，模拟刀架被固定在地面上；添加重力，竖直向下；轴承力分别被施加在四个位置，如图 3.85 所示，其大小为 130kN。

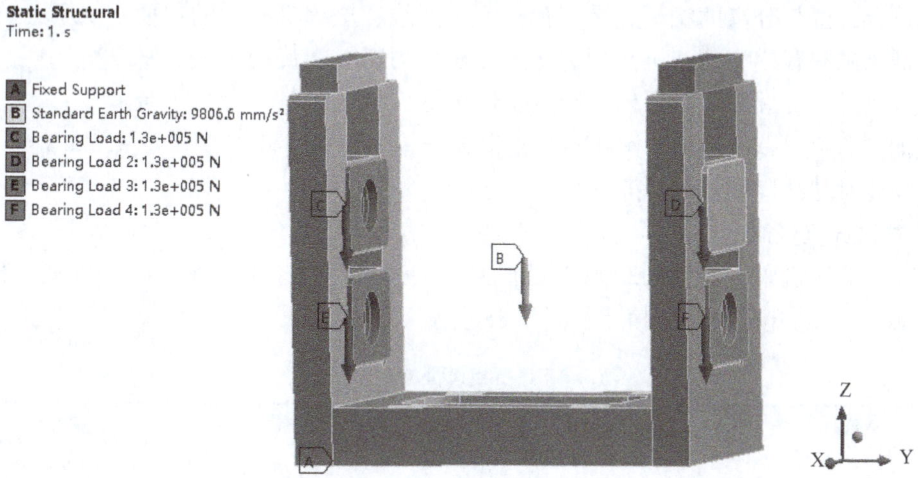

图 3.85　刀架边界条件

5. 计算结果分析

在后处理模块提取刀架整体等效应力分布云图如图 3.86 所示。

由图 3.86 结果可知：该工况下刀架结构大部分应力集中在 100MPa 以下，最大应力约为 217MPa，出现在轴承支撑部位，该计算结果包含焊缝区域未处理造成的计算误差，实际应力会小于该最大值。因此，刀架在该工况下计算结果小于材料的许用应力极限，结构强度满足设计要求，发生强度失效的概率不大。

提取刀架整体变形分布云图如图 3.87 所示。

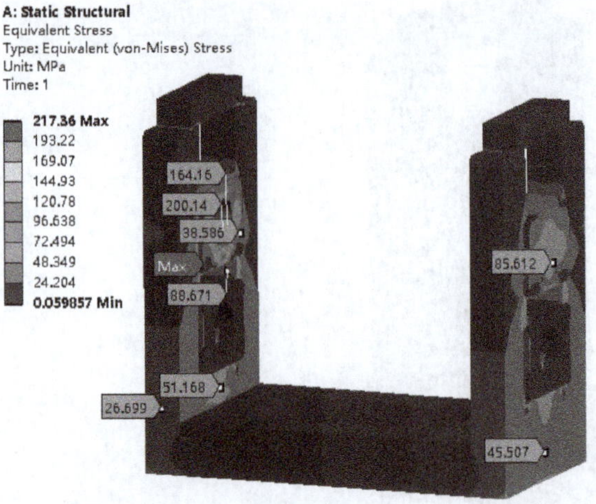

图 3.86 刀架整体等效应力分布云图

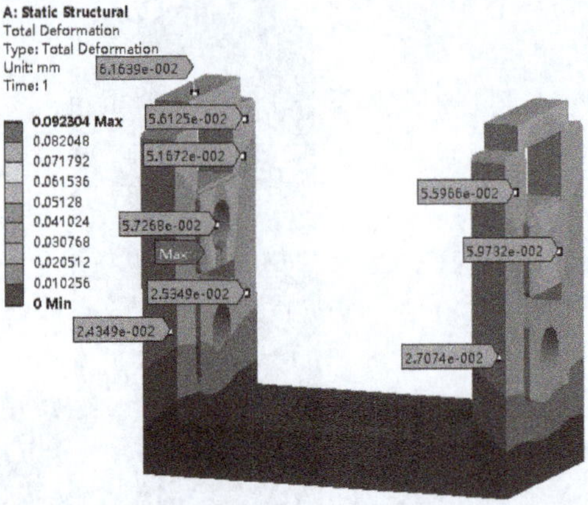

图 3.87 刀架整体变形分布云图

图 3.87 所示刀架最大变形量为 0.09mm，同样发生在轴承支撑部位，整体变形不大，基本上处于 0.05mm 以下，整体变形分布合理，能够满足结构刚度要求。

3.3.2 重型锻压机床钢结构静力学分析

实例

重型锻压机是我国大型、超大型锻件生产的关键设备，是指在锻压过程中进行成型与分离的机械，是现代大型生产线、工程机械中的主要部件。锻压机械有成型锤、机械压力机、液压压力机、螺旋压力机、平锻机、开卷机、矫直机、剪切机、锻造操作机等。锻压机是一种用于金属冲压加工的重要设备，其工作状态的模拟和参数的设计与计算是其安全、可靠的关键。因此，需要对其结构静力学进行分析。

1. 结构计算说明

基于某锻压机床厂的 RZU2000 型锻压机图纸进行三维建模，锻压机三维模型的主要参数见表 3.5。绘制机体三维模型如图 3.88 所示。

表 3.5 锻压机模型的主要参数

项目	长/m	宽/m	高/m
整机模型	7.96	4.15	10.96
上横梁	6.83	4.18	2.00
立柱	0.85	0.70	5.34
工作台	5.00	2.60	—
底座	7.96	4.15	2.60

计算所用单元为实体单元。结构材料选用钢材料，密度 $\rho=7890\text{kg/m}^3$，泊松比 $\mu=0.3$。

2. 基本假设与模型简化

在数值模拟分析中，建立三维模型是非常重要的一个环节，模型的好坏将直接影响模拟的效果。在建立实体模型时，要尽量做到详细、具体，并能较好地反映结构的实际状况，以确保有限元计算的精度和可靠性。但是，有限元法存在着一个内在的矛盾，即有限元模型的精度与计算效率的矛盾，模型的精度越高，使用有限元软件所需要的时间就越多，计算效率也就越低。锻压机床钢结构特征复杂，螺栓孔、螺纹、焊接坡口小孔、退刀槽、定位孔、小凸台及小沉孔等众多，存在局部微小特征，导致有限元分析耗时长，计算精度低。因此，为了充分利用计算机资源，提高计算效率，必须在满足结构力学性能的基础上，对其进行合理的等效简化，以便后续的模拟计算能够顺利进行。以下是本案例的基本等效简化说明：

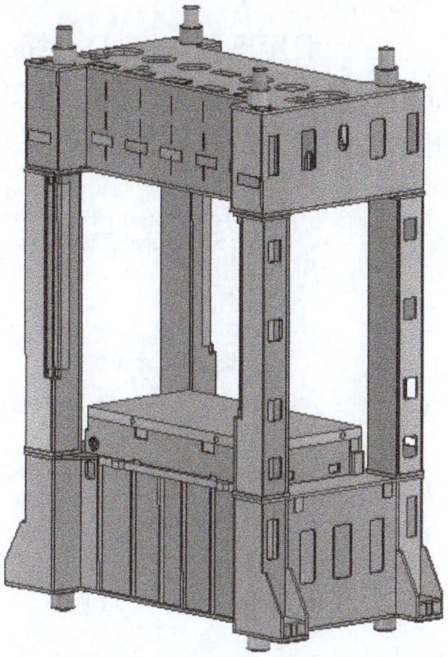

图 3.88　机体三维模型

1）在加工过程中，去掉了机械结构上的安装孔，仅保留了重要的孔洞和较大的加工孔洞。

2）去除各螺栓及螺纹，直接采用绑定接触处理。

3）忽略焊缝对分析结构的影响，去除焊接坡口。

4）为了减小模型求解规模，分析时，将机床钢结构底部支撑结构简化为刚性支撑约束，压块对机体的作用可以用分布力来代替。

5）简化油缸的结构，将其等效为 2000t 产生的压力。

3. 有限元网格划分

有限元网格划分直接影响数值模拟的精度，因此必须合理地选取网格划分方法，并对适当的网格尺寸进行控制，从而提高计算效率，确保结果的有效性。其主要内容有：网格的种类、网格的大小、网格的特性、网格的材质。有限元网格的选择对分析的准确性有很大的影响，应按实际情况选择。

在 ANSYS Workbench 中，采用六面体网格占优的方法进行网格划分，并手动控制网格尺寸，细化局部网格，并通过反复调整得到有效的、切实可行的机体有限元模型，如图 3.89 所示。

模型网格划分之后生成：节点数 305118 个，单元数 59699 个。

4. 边界条件施加

在约束以及受力定义的时候，由于 ANSYS Workbench 自动功能的有限性，因此对一些结构进行受力简化，比如油缸的结构简化为 2000t 产生的压力，拉杆的约束简化为连接上梁、支柱及下梁的固定压力。模型的坐标方向：向右为 X 轴正向、向上为 Y 轴正向、向前为 Z 轴正向。

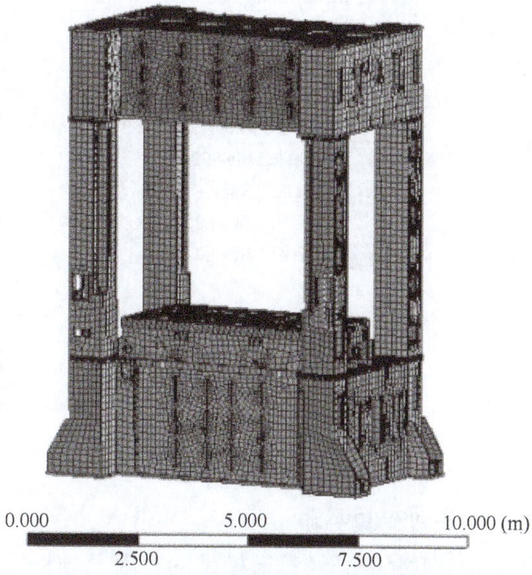

图 3.89　模型网格划分示意图

对锻压机床进行两种工况下的静力学分析：不工作工况（工况一）和产生最大公称力的工况（工况二）。

工况为锻压机不工作时，对锻压机床底部进行固定副约束，模拟机床放置在地面上，同时锻压机床受到重力作用。锻压机受到预紧力，其数值大小为 2.548×10^7N，锻压机施加载荷和约束详情如图 3.90 所示。

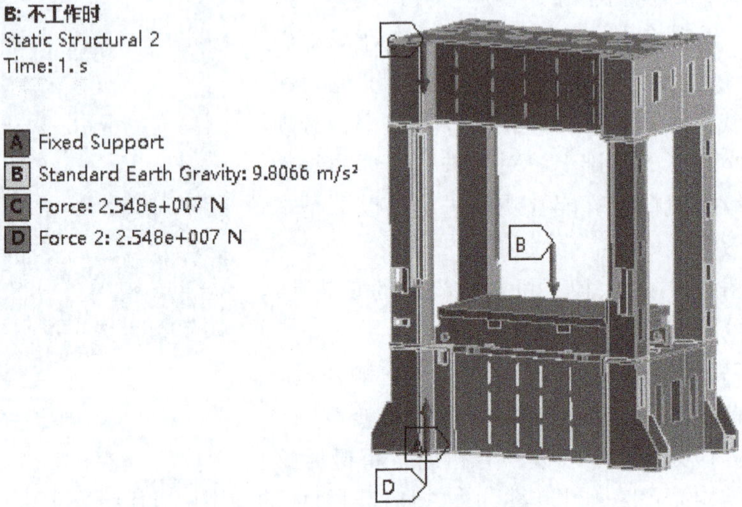

图 3.90 工况一模型约束及加载图

工况为锻压机产生最大公称力时，对锻压机床底部设置固定副约束，模拟机床放置在地面上，同时锻压机床受到重力作用。锻压机受到预紧力，其数值大小为 2.548×10^7N，工作过程中，锻压力最大数值为 1.96×10^7N，锻压机施加载荷和约束详情如图 3.91 所示。

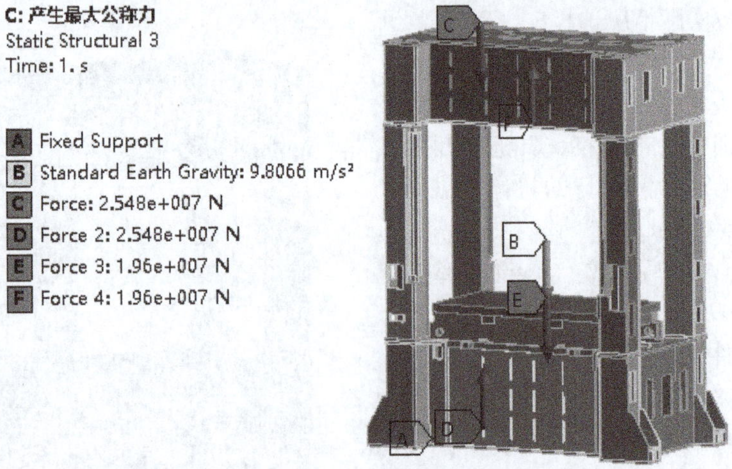

图 3.91 工况二模型约束及加载图

5. 计算结果分析

对于工况一，经过对模型的有限元分析处理计算后，在后处理模块提取模型整体变形分布云图和等效应力分布云图，如图 3.92 和图 3.93 所示。

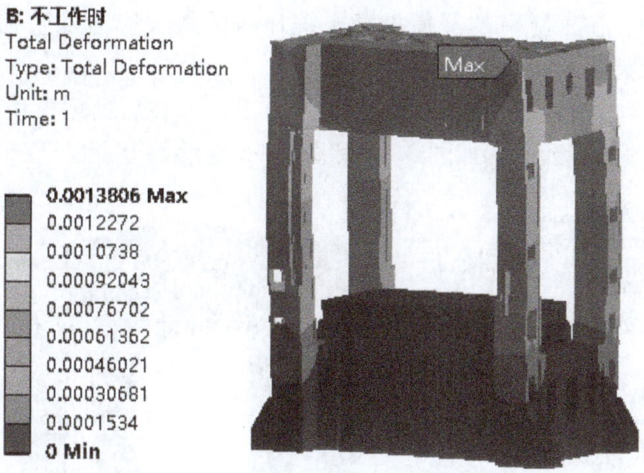

图 3.92　工况一模型整体变形分布云图

由图 3.92 可知，在工况一的载荷加载下锻压机的最大变形发生在上横梁螺栓孔处，约 1.38mm。

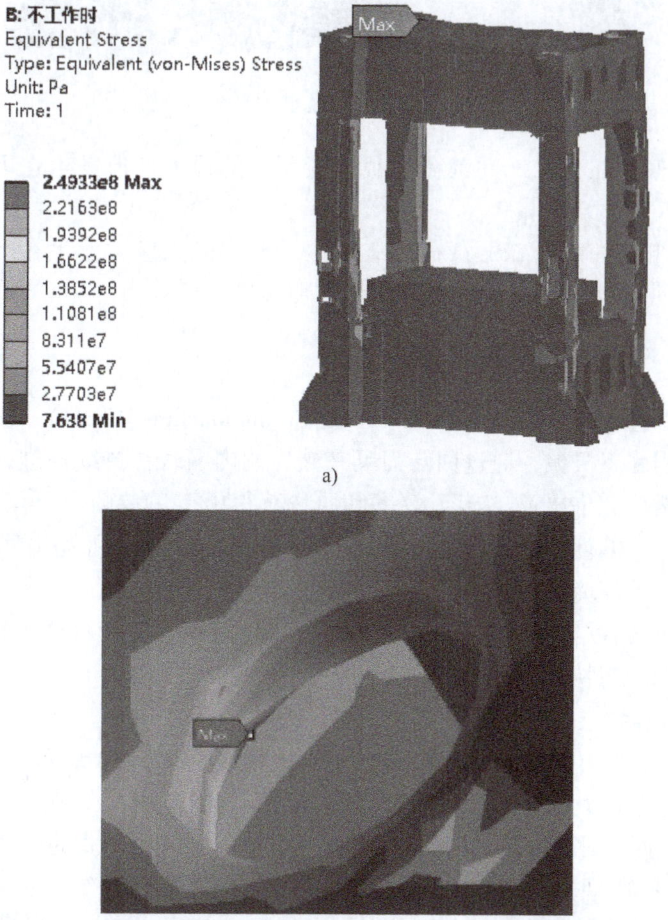

a)

b)

图 3.93　工况一模型等效应力分布云图

由图 3. 93 可知，在工况一的载荷加载下锻压机的最大应力发生在上横梁螺栓孔处，约为 249MPa，数值趋近材料屈服强度。

对于工况二，经过对模型的有限元分析处理计算后，在后处理模块提取模型整体变形分布云图和等效应力分布云图，如图 3. 94 和图 3. 95 所示。

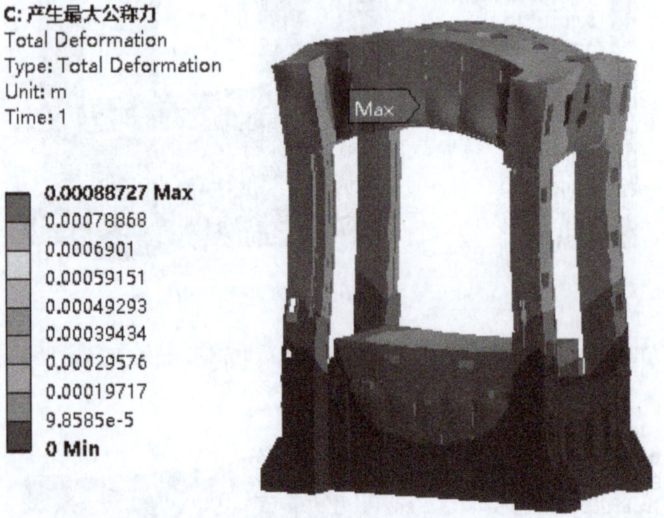

图 3. 94　工况二模型整体变形分布云图

由图 3. 94 可知，在工况二的载荷加载下锻压机的最大变形发生在上横梁油缸孔处，约为 0. 88mm。

由图 3. 95 可知，在工况二的载荷加载下锻压机的最大应力发生在上横梁螺栓孔处，约为 296MPa，区域不大，整体情况低于材料屈服强度。

3. 3. 3　硬岩盾构刀盘盘体模态分析

实例

全断面隧道掘进机（Full Face Rock Tunnel Boring Machine，TBM）属于高端的地下工程施工机械，通过回转刀具来破碎洞内围岩并持续掘进，实现岩石隧道开凿，凭借极高的施工效率和质量获得施工单位的广泛认可。整机的核心工作部件是硬岩刀盘，系统内部结构及连接关系都相当复杂，再加上 TBM 实际工作的围岩地质环境的恶劣性及掘进参数的多变性，使得系统承受空间分布载荷，振动问题尤其突出，导致结构非正常失效。因此，需要对硬岩刀盘盘体进行振动特性分析，以提高硬岩刀盘的动态特性和可靠性。

1. 结构计算说明

目前，普遍应用的刀盘盘体有辐条式和面板式两种。面板式构造为焊接箱体的盘面，整体强度、刚度均存在较大优势，刀盘面板上刀具可布置的范围广，掘进效率可得到明显提高，同时其运输方便，可以分块运输到工作地点。因此，采用面板式的刀盘盘体进行研究。

根据德国威尔特现有的刀盘，配合相关掘进参数进行三维建模，刀盘主直径为 8416mm，如图 3. 96 所示。将三维模型导入 ANSYS Workbench 中，进行几何结构、材料、链接方式的确定。

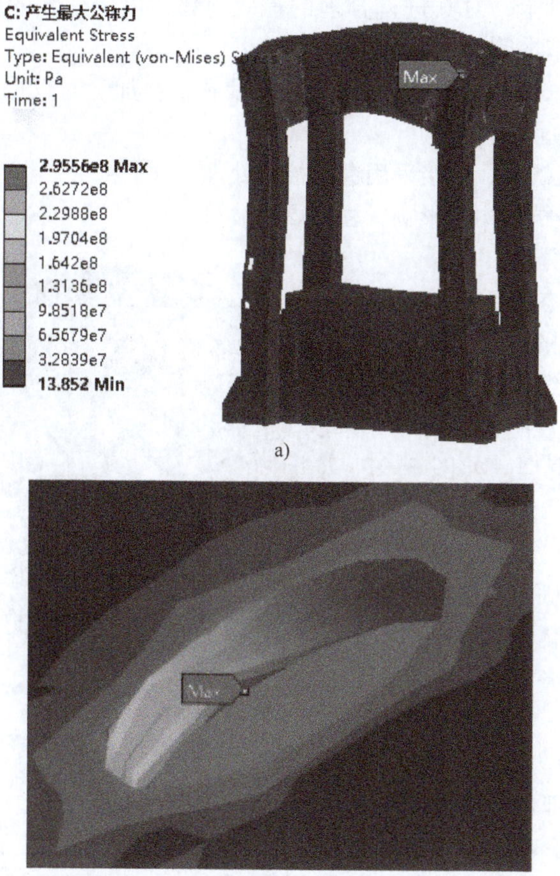

a)

b)

图 3.95　工况二模型等效应力分布云图

2. 基本假设与模型简化

在数值模拟分析中，建立三维模型是非常重要的一个环节，模型的好坏将直接影响模拟的效果。在建立实体模型时，要尽量做到详细、具体，并能较好地反映结构的实际状况，以确保有限元计算的精度和可靠性。但是，有限元法存在着一个内在的矛盾，即有限元模型的精度与计算效率的矛盾，模型的精度越高，使用有限元软件所需要的时间就越多，计算效率也就越低。硬岩刀盘盘体结构特征复杂，焊接坡口小孔、定位孔、小凸台及小沉孔等众多，存在局部微小特征，导致有限元分析耗时长，计算精度低。因此，为了充分利用计算机资源，提高计算效率，必须在满

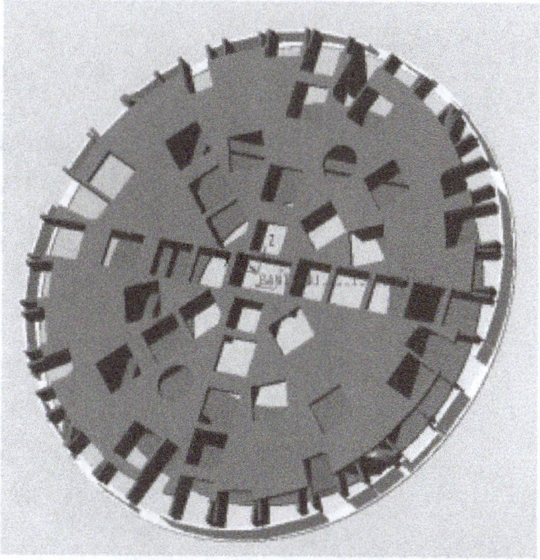

图 3.96　刀盘三维模型

足结构力学性能的基础上，对其进行合理的等效简化，以便后续的模拟计算能够顺利进行。以下是本案例的基本等效简化说明：

1）在加工过程中，去掉了机械结构上的安装孔，在加工时仅保留重要的孔洞和较大的加工孔洞。

2）去除各螺栓及螺纹，直接采用绑定接触处理。

3）忽略焊缝对分析结构的影响，去除焊接坡口。

3. 有限元网格划分

进行刀盘结构模态分析时，需要对刀盘进行有限元网格划分，通过手动控制网格尺寸，精细局部网格，并通过反复调整得到有效的、切实可行的刀盘盘体有限元模型，如图 3.97 所示。

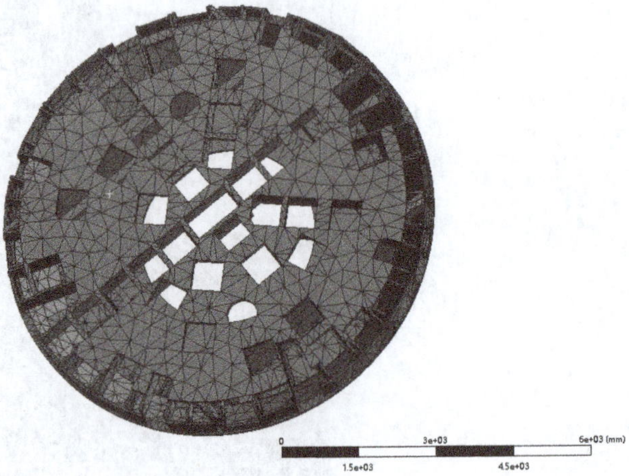

图 3.97　刀盘盘体网格划分

4. 边界条件施加

刀盘盘体结构的固有特性是当不存在外部激励时，盘体本身产生的自由振动只与刀盘内部各组成构件的质量以及支撑刚度有关，与系统所受负载形式及大小均无关。确定刀盘盘体设计中的结构及主要部件的振动特性，可以避免振动带来的影响。当刀盘开挖的振动频率数值同结构的固有频率数值接近或相等时，就会产生共振，共振会在一定程度上破坏刀盘结构，对施工过程产生影响，因而要避免施工过程中产生共振。

将划分网格后的刀盘进行边界约束，采用固定副约束，固定硬岩刀盘盘体，如图 3.98 所示，求解 TBM 刀盘结构的前六阶固有频率及对应的固有振型。

图 3.98　刀盘边界约束

5. 计算结果分析

求解结果见表 3.6，依据表 3.6 可以得出硬岩刀盘的前六阶固有频率及其对应的固有振型，如图 3.99~图 3.104 所示。

表 3.6　刀盘结构的前六阶固有频率及对应固有振型

模态阶数	固有频率	固有振型
一	85.71	绕中心竖直轴线摆动
二	119.47	绕中心竖直轴线摆动
三	123.46	沿轴线方向振动
四	135.95	绕中心轴线摆动
五	143.23	绕中心轴线扭转振动
六	146.00	绕中心轴线摆动

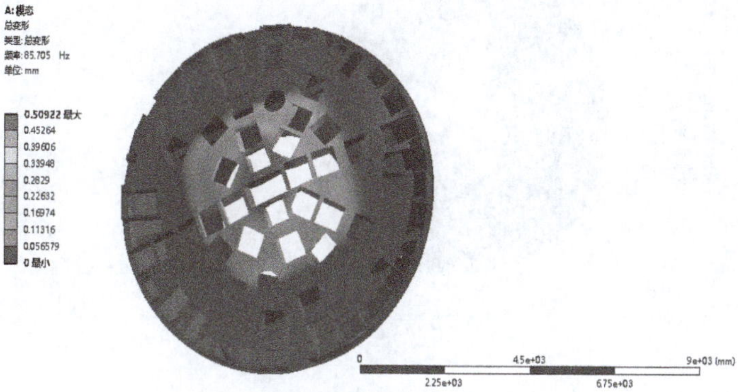

图 3.99　模态一阶振型

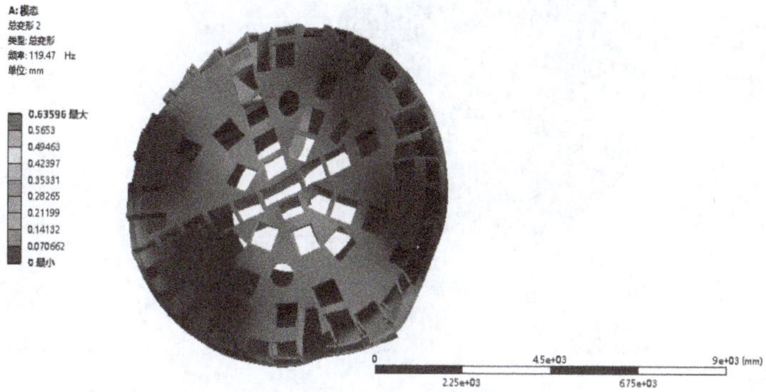

图 3.100　模态二阶振型

根据上述模态分析的刀盘结果可得到以下结论：

1）硬岩刀盘固有振型分析：刀盘前六阶振动均以绕中心平面的弯曲振动为主，同实际工作情况一致。

2）一般情况下，比对刀盘固有频率与掘进机切割硬岩频率，可以对刀盘共振与否进行判断。由模态分析可知，85.71Hz 约为此硬岩刀盘一阶的固有频率。而掘进机滚刀切割某类岩石时频率为 2~10Hz。TBM 正常工作时频率较低，且负载激励在刀盘转速较低的情况下频率基本无法达到一阶固有频率，因此不会产生刀盘共振。

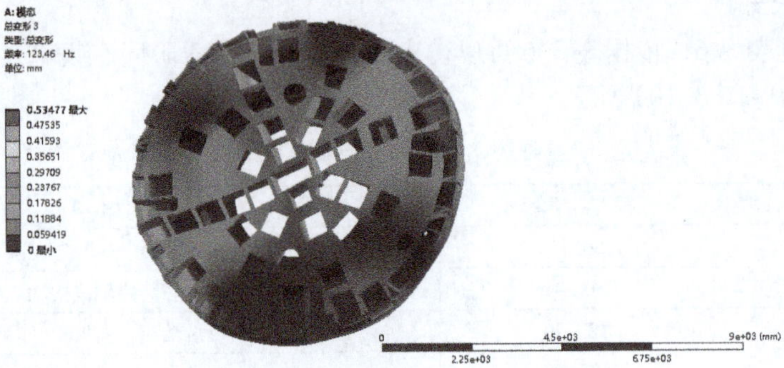

图 3.101　模态三阶振型

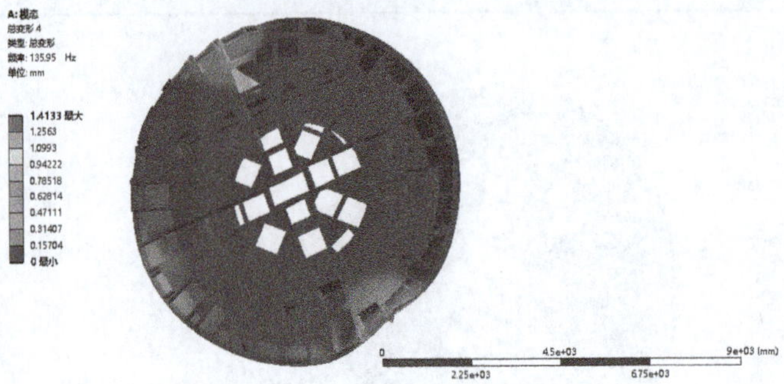

图 3.102　模态四阶振型

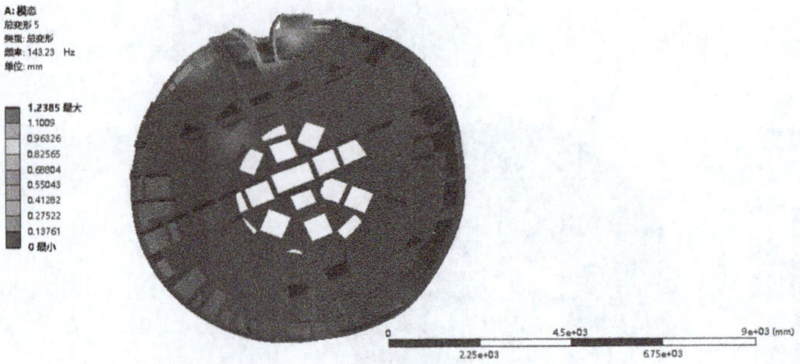

图 3.103　模态五阶振型

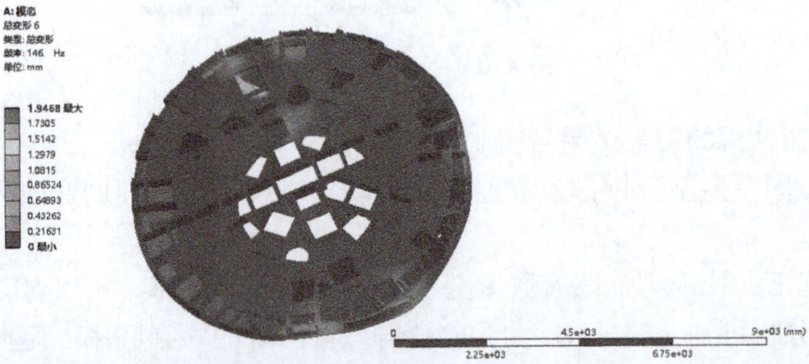

图 3.104　模态六阶振型

3.3.4　硬岩盾构刀盘盘体谐响应分析

硬岩刀盘的动态特征不仅有固有特性，还有在载荷频率下工作过程中体现出来的频域响应特征。频域响应分析是求解硬岩刀盘盘体钢结构在接近固有频率下的共振响应曲线，通过这些曲线找到峰值响应，从而分析硬岩刀盘在峰值频率下的响应特征。本案例探究不同工况下的硬岩刀盘在实际简谐载荷作用下刀盘结构的共振响应大小。

实例

1. 结构计算说明

模型采用 3.3.3 节案例建模完成的刀盘模型，即根据德国威尔特现有的刀盘，配合相关掘进参数进行建模，刀盘主直径为 8416mm。

2. 基本假设与模型简化

在数值模拟分析中，建立三维模型是非常重要的一个环节，模型的好坏将直接影响模拟的效果。在建立实体模型时，要尽量做到详细、具体，并能较好地反映结构的实际状况，以确保有限元计算的精度和可靠性。但是，有限元法存在着一个内在的矛盾，即有限元模型的精度与计算效率的矛盾，模型的精度越高，使用有限元软件所需要的时间就越多，计算效率也就越低。硬岩刀盘盘体结构特征复杂，焊接坡口小孔、定位孔、小凸台及小沉孔等众多，存在局部微小特征，导致有限元分析耗时长，计算精度低。因此，为了充分利用计算机资源，提高计算效率，必须在满足结构力学性能的基础上，对其进行合理的等效简化，以便后续的模拟计算能够顺利进行。以下是本案例的基本等效简化说明：

1）在加工过程中，去掉了机械结构上的安装孔，在加工时仅保留重要的孔洞和较大的加工孔洞。

2）去除各螺栓及螺纹，直接采用绑定接触处理。

3）忽略焊缝对分析结构的影响，去除焊接坡口。

3. 有限元网格划分

进行刀盘结构谐响应分析时，需要对刀盘进行有限元网格划分，通过手动控制网格尺寸，精细局部网格，并通过反复调整得到有效的、切实可行的刀盘盘体有限元模型。

4. 边界条件施加

硬岩刀盘在工作中包含四种典型工况：最大推力工况、最大倾覆力矩工况、转弯纠偏工况和脱困工况。

1）最大推力工况指在均一地质下沿直线掘进，掘进机刀盘承受的轴向推力达到峰值。硬岩刀盘在掘进中，参照实质工作的载荷分布，在 ANSYS Workbench 谐响应分析时最大推力工况可以认为按均一地质开凿，刀盘盘面所受空间载荷均匀分布。

2）最大倾覆力矩工况指当掘进机在土壤和岩石交错的地层或不稳定岩石层开凿时，刀盘承受最大倾覆力矩的峰值。硬岩刀盘在掘进中，参照实质工作的载荷分布，在 ANSYS Workbench 谐响应分析时，最大倾覆力矩工况可以认为按不稳定岩石层开凿，刀盘盘面各滚刀所受空间载荷和力矩都不相同。

3）转弯纠偏工况指刀盘盘面和开凿面为一定角度，只有部分盘面和刀座上的滚刀受力，是受力最不均的工况。硬岩刀盘在掘进中，根据实质工作时的载荷分布情况，发现转弯纠偏工况屡屡出现。在 ANSYS Workbench 谐响应分析时，转弯纠偏工况可以认为纠正前进方向开凿，刀盘盘面多数滚刀所受空间载荷和力矩都不相同。

4）脱困工况指掘进机行进时碰到孤石或边刀卡死等工况。此时刀盘承受最大扭矩（脱困扭矩）的峰值。

通过计算，可以获得各个工况下刀盘载荷情况，见表 3.7。

表 3.7　各个工况下刀盘载荷情况

工 况 类 型	轴向力/kN	径向力/kN	倾覆力矩/(kN·m)	扭矩/(kN·m)
最大推力	14682	126	1156	5763
最大倾覆力矩	7319	623	9921	3065
转弯纠偏	1444	331	5002	1000
脱困	1444	2694	5002	10500

谐响应分析采用模态叠加法进行计算，边界约束条件与模态分析一致，即在硬岩刀盘最下端面法兰附近做全约束处理。不同工况下的受载情况如图 3.105～图 3.108 所示。

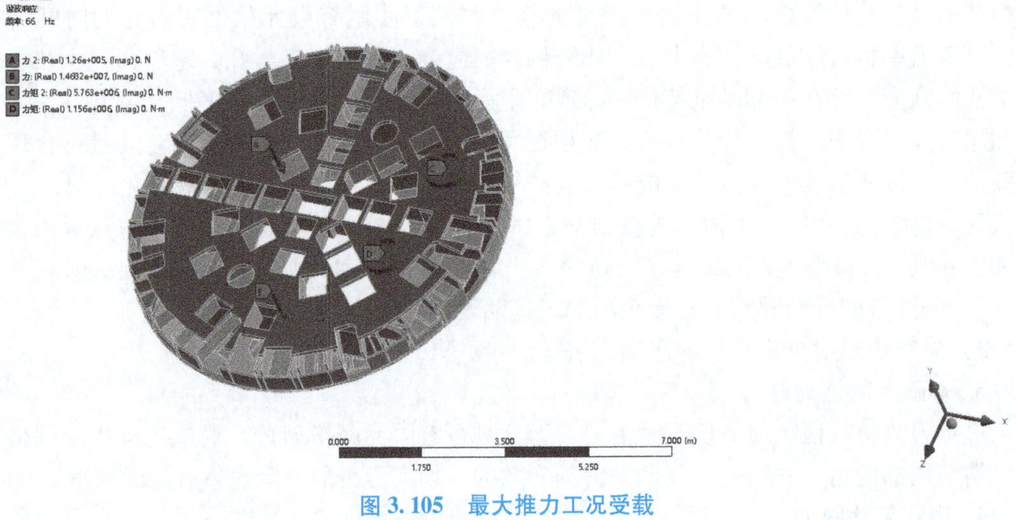

图 3.105　最大推力工况受载

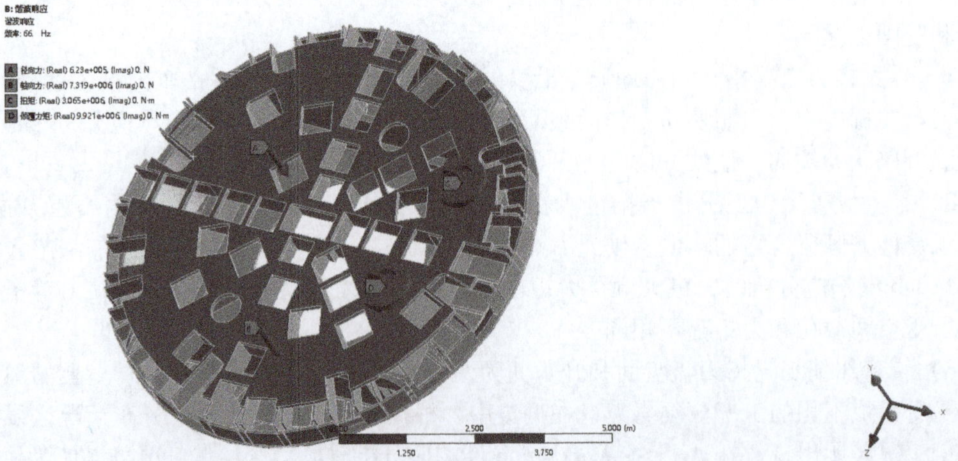

图 3.106　最大倾覆力矩工况受载

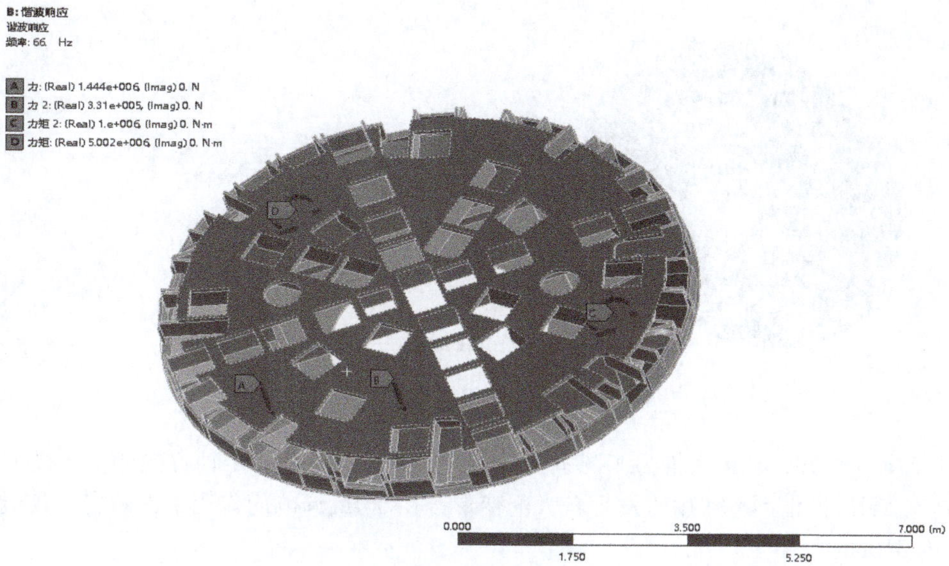

图 3.107 转弯纠偏工况受载

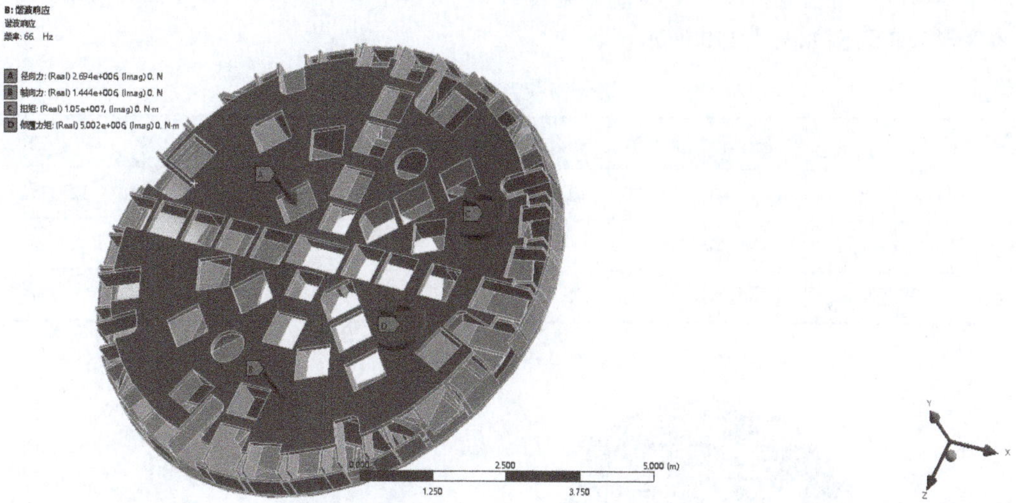

图 3.108 脱困工况受载

5. 计算结果分析

最大推力工况下（频率范围为 66~166Hz），分 10 步计算 X、Y、Z 轴三个方向的响应位移情况，分析其振动响应峰值，见表 3.8。刀盘主体钢结构在 86Hz 简谐载荷作用下整体变形分布云图如图 3.109 所示。

表 3.8 最大推力工况下刀盘位移

方　向	最 小 值	最 大 值	平 均 值	峰值频率	幅　值
轴向（Z）/mm	0.008	16.519	2.104	146	16.519
水平径向（X）/mm	0.018	4.747	1.077	86	4.747
垂直径向（Y）/mm	0.096	36.310	4.384	86	36.310

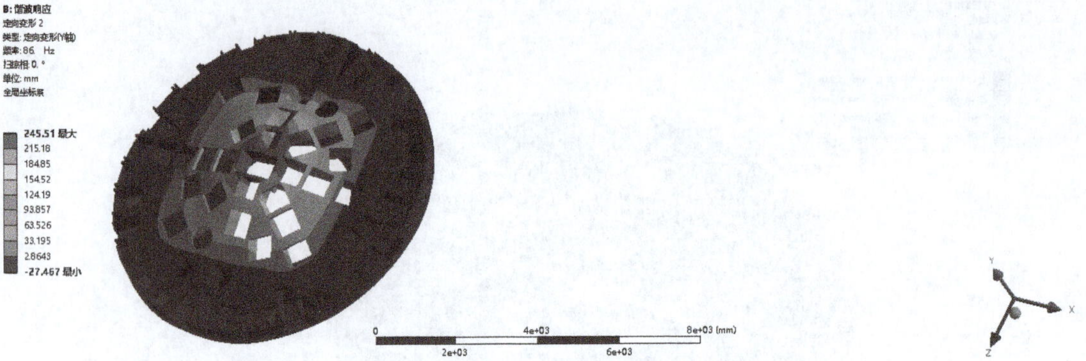

图 3.109 最大推力工况下整体变形分布云图

由表 3.8 可知，在最大推力工况下刀盘 Z、Y 轴方向振动较 X 轴方向明显。硬岩刀盘钢结构在 86Hz 简谐频率作用时发生较大的变形，在 86Hz 谐响应作用下，硬岩刀盘最大变形为 36.310mm。

最大倾覆力矩工况下（频率范围为 66~166Hz），分 10 步计算 X、Y、Z 轴三个方向的响应位移情况，分析其振动响应峰值，见表 3.9。刀盘主体钢结构在 86Hz 简谐载荷作用下整体变形分布云图如图 3.110 所示。

表 3.9 最大倾覆力矩工况下刀盘位移

方向	最小值	最大值	平均值	峰值频率	幅值
轴向（Z）/mm	0.001	12.334	1.479	146	12.334
水平径向（X）/mm	0.006	2.538	0.575	86	2.538
垂直径向（Y）/mm	0.052	19.477	2.387	86	19.477

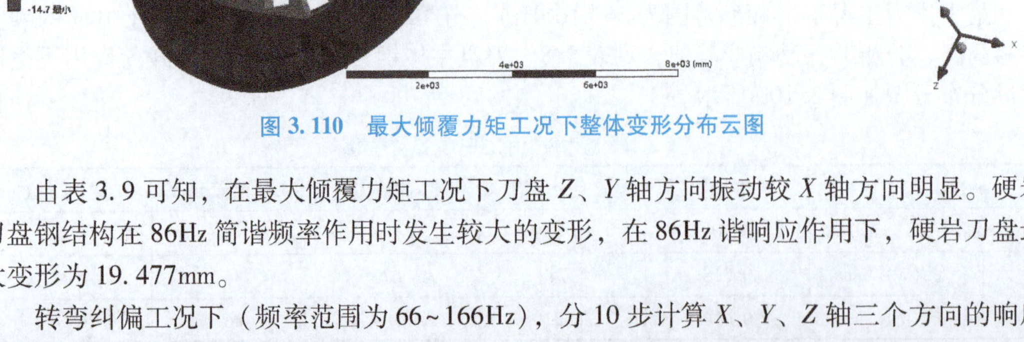

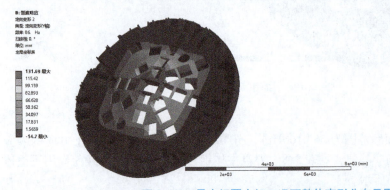

图 3.110 最大倾覆力矩工况下整体变形分布云图

由表 3.9 可知，在最大倾覆力矩工况下刀盘 Z、Y 轴方向振动较 X 轴方向明显。硬岩刀盘钢结构在 86Hz 简谐频率作用时发生较大的变形，在 86Hz 谐响应作用下，硬岩刀盘最大变形为 19.477mm。

转弯纠偏工况下（频率范围为 66~166Hz），分 10 步计算 X、Y、Z 轴三个方向的响应位移情况，分析其振动响应峰值，见表 3.10。刀盘主体钢结构在 146Hz 简谐载荷作用下整体变形分布云图如图 3.111 所示。

表 3.10 转弯纠偏工况下刀盘位移

方 向	最 小 值	最 大 值	平 均 值	峰值频率	幅 值
轴向（Z）/mm	0.001	9.839	1.041	146	9.839
水平径向（X）/mm	0.00003	0.564	0.148	86	0.564
垂直径向（Y）/mm	0.012	4.354	0.571	86	4.354

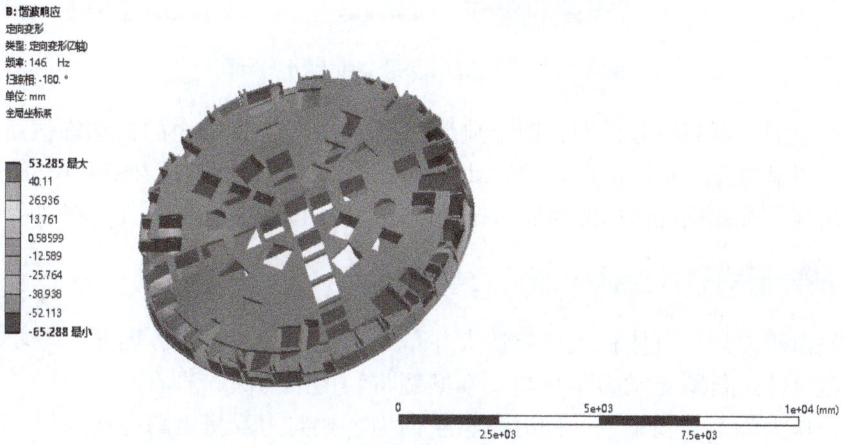

图 3.111 转弯纠偏工况下整体变形分布云图

由表 3.10 可知，在转弯纠偏工况下刀盘 Z、Y 轴方向振动较 X 轴方向明显。硬岩刀盘钢结构在 146Hz 简谐频率作用时发生较大的变形，在 146Hz 谐响应作用下，硬岩刀盘最大变形为 9.839mm。

脱困工况下（频率范围为 66~166Hz），分 10 步计算 X、Y、Z 轴三个方向位置的响应位移情况，分析其振动响应峰值，见表 3.11。刀盘主体钢结构在 146Hz 简谐载荷作用下整体变形分布云图如图 3.112 所示。

表 3.11 脱困工况下刀盘位移

方 向	最 小 值	最 大 值	平 均 值	峰值频率	幅 值
轴向（Z）/mm	0.003	26.387	2.772	146	26.387
水平径向（X）/mm	0.0007	1.315	0.358	86	1.314
垂直径向（Y）/mm	0.028	10.150	1.348	86	10.150

由表 3.11 可知，在脱困工况下刀盘 Z、Y 轴方向振动较 X 轴方向明显。硬岩刀盘钢结构在 146Hz 简谐频率作用时发生较大的变形，在 146Hz 谐响应作用下，硬岩刀盘最大变形为 26.387mm。

通过对上述四种硬岩刀盘等效简化模型的振动分析，可知刀盘的动态特征可以由外部激励影响产生，而外部激励主要由多把滚刀切割岩石的载荷同时作用，在空间上是分布的

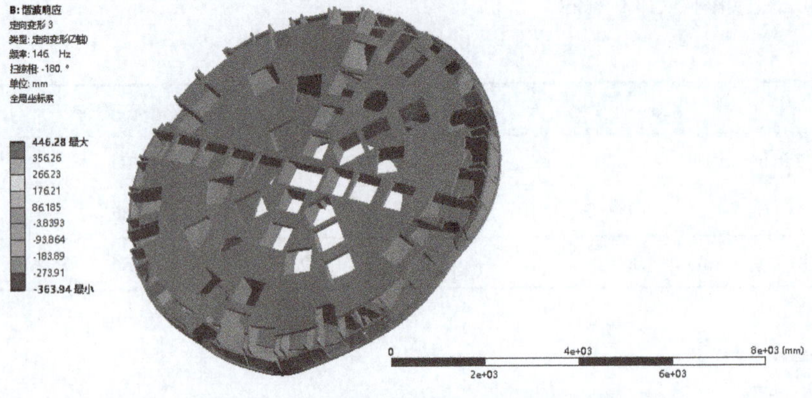

图 3.112 脱困工况下整体变形分布云图

载荷作用产生的。谐响应分析中，四个典型工况 X、Y、Z 轴方向的振动峰值所处频率均有所不同，刀盘响应平移振动在 0~36.310mm 之间，轴向振动位移在 0~26.387mm 之间。刀盘表现出与外载变化规律相似的简谐振动形式，说明研究符合现实工作条件。

3.3.5 硬岩盾构刀盘盘体瞬态动力学分析

实例

本案例由于刀盘具有体积大、质量大并承受冲击载荷的特点，因此需要对刀盘盘体进行瞬态动力学分析。本案例将利用滚刀破碎岩石时所受冲击载荷作为瞬态载荷输入，同时考察轴向力、径向力及扭矩瞬态变化对刀盘结构应力及振动位移随时间的变化情况，进而分析刀盘承载规律、振动响应特性以及承载的薄弱位置等，对刀盘承受冲击载荷的能力进行评估。

1. 结构计算说明

模型采用 3.3.4 节案例建模完成的刀盘模型，即根据德国威尔特现有的刀盘，配合相关掘进参数进行建模，刀盘主直径为 8416mm。

2. 基本假设与模型简化

在数值模拟分析中，建立三维模型是非常重要的一个环节，模型的好坏将直接影响模拟的效果。在建立实体模型时，要尽量做到详细、具体，并能较好地反映结构的实际状况，以确保有限元计算的精度和可靠性。但是，有限元法存在着一个内在的矛盾，即有限元模型的精度与计算效率的矛盾，模型的精度越高，使用有限元软件所需要的时间就越多，计算效率也就越低。硬岩刀盘盘体结构特征复杂，焊接坡口小孔、定位孔、小凸台及小沉孔等众多，存在局部微小特征，导致有限元分析耗时长，计算精度低。因此，为了充分利用计算机资源，提高计算效率，必须在满足结构力学性能的基础上，对其进行合理的等效简化，以便后续的模拟计算能够顺利进行。以下是本案例的基本等效简化说明：

1）在加工过程中，去掉了机械结构上的安装孔，在加工时仅保留重要的孔洞和较大的加工孔洞。

2）去除各螺栓及螺纹，直接采用绑定接触处理。

3）忽略焊缝对分析结构的影响，去除焊接坡口。

3. 有限元网格划分

进行刀盘结构的瞬态动力学分析时，需要对刀盘进行有限元网格划分，通过手动控制网格尺寸，精细局部网格，并通过反复调整得到有效的、切实可行的刀盘盘体有限元模型。

4. 建立载荷时间历程

以刀盘推进系统所能提供的最大推力估算瞬态轴向载荷的最大值，刀盘最大推力取 21000kN。设冲击系数为 1.5，即轴向力的最大振幅为均值的 100%。从而确定每把滚刀上承受的轴向力均值为 260kN，最大值为 390kN（即轴向力变化幅度为 130kN）。滚刀上载荷变化规律可根据试验台测试结果统计获得。图 3.113 所示为美国科罗拉多大学所做的 19 寸滚刀切削 V 类围岩的载荷时间历程。

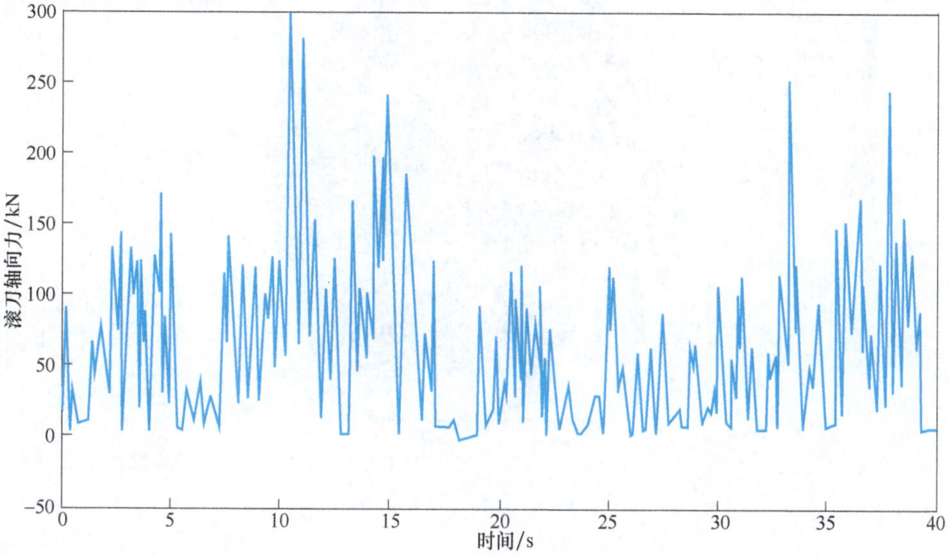

图 3.113　19 寸滚刀切削 V 类围岩的载荷时间历程

根据该载荷时间历程可得，滚刀切削岩石所受动态载荷服从威布尔分布，将该统计数据作为本案例中各滚刀动态载荷统计参数，模拟的 19 寸滚刀载荷时间历程如图 3.114 所示。

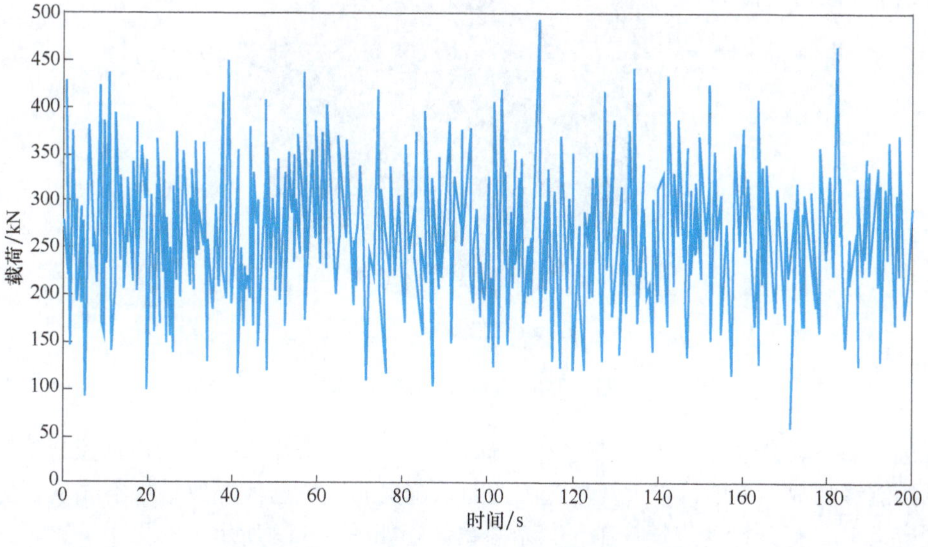

图 3.114　模拟的 19 寸滚刀载荷时间历程

5. 边界条件施加

瞬态动力学分析边界约束条件与模态分析一致，即在硬岩刀盘最下端面法兰附近做全约束处理，考察的工况为最大推力（工况一）、地质不均（工况二）、最大转向（工况三）及脱困（工况四）四种。加载方式为每把刀上施加垂直力、侧向力和滚动力，如图 3.115~图 3.118 所示。

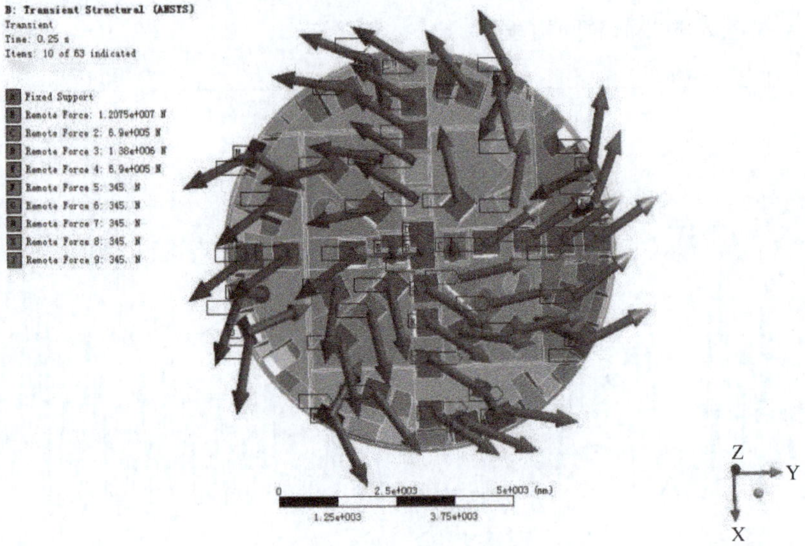

图 3.115　工况一的加载方案

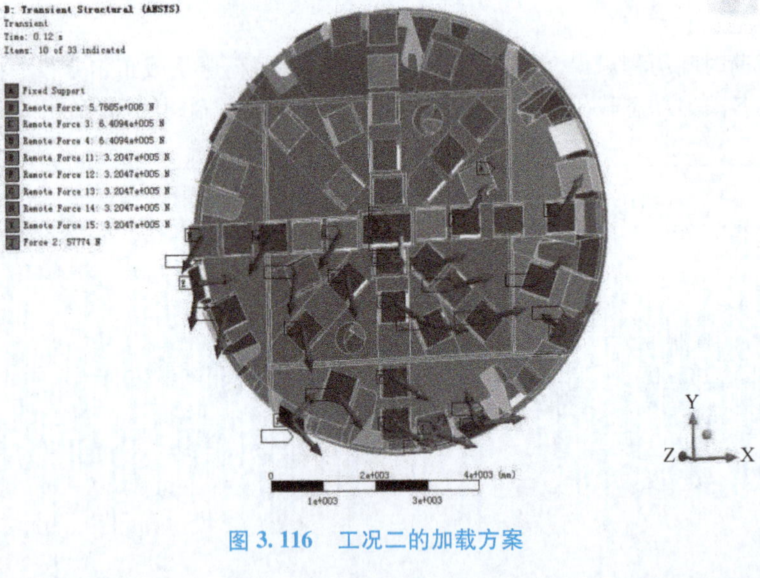

图 3.116　工况二的加载方案

在进行瞬态动力学分析前，需定义仿真时间、步长（或步数）以及仿真控制参数，为了使结构能够收敛，本项目将大变形选项关闭，避免非线性迭代导致结果不收敛，仿真分析时间定义 1s，打开自动步长控制，其余参数设置如图 3.119 所示。

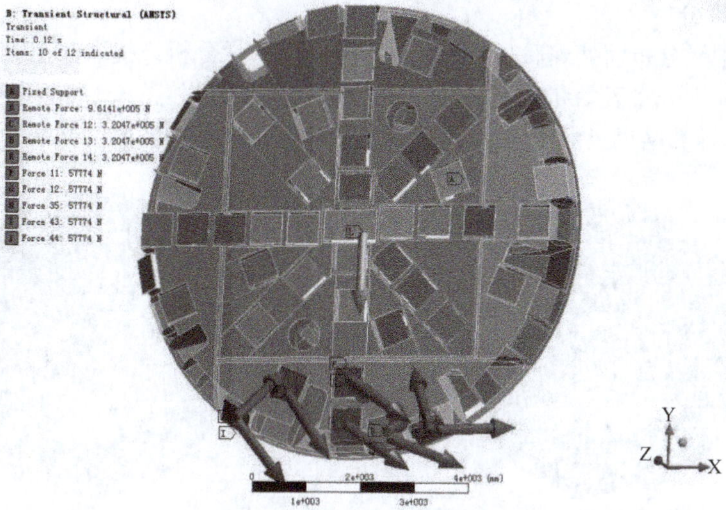

图 3.117　工况三的加载方案

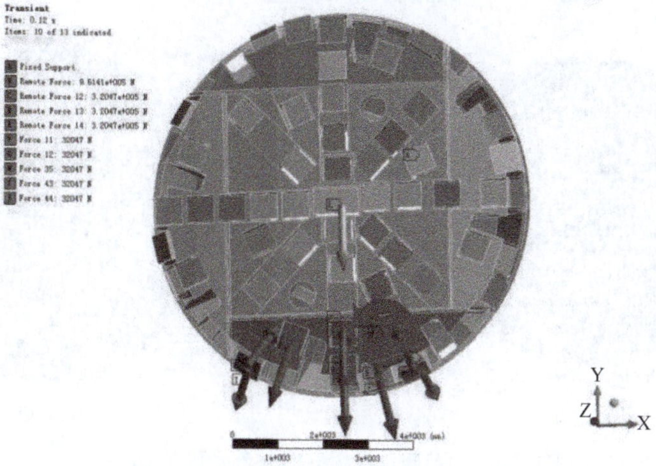

图 3.118　工况四的加载方案

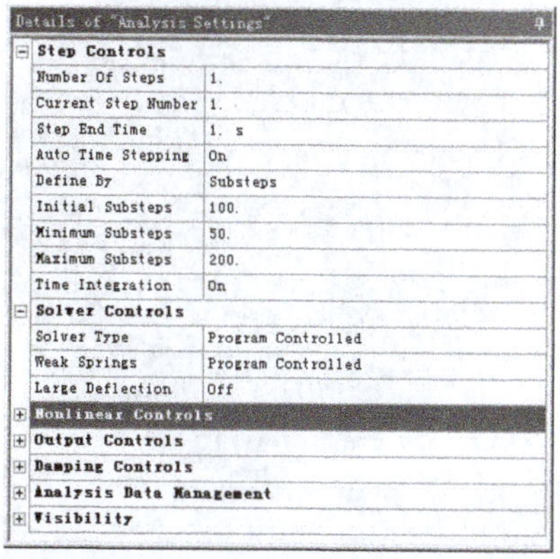

Details of "Analysis Settings"

Step Controls	
Number Of Steps	1.
Current Step Number	1.
Step End Time	1. s
Auto Time Stepping	On
Define By	Substeps
Initial Substeps	100.
Minimum Substeps	50.
Maximum Substeps	200.
Time Integration	On
Solver Controls	
Solver Type	Program Controlled
Weak Springs	Program Controlled
Large Deflection	Off
Nonlinear Controls	
Output Controls	
Damping Controls	
Analysis Data Management	
Visibility	

图 3.119　瞬态动力学分析参数设置

6. 计算结果分析

设置完有限元分析前处理后，对刀盘进行瞬态动力学分析，提取整个时域历程内刀盘结构整体最大应力分布云图和最大变形分布云图，分析结果如图 3. 120~图 3. 131。

1）工况一计算结果。由图 3. 120~图 3. 122 计算结果可知：该工况下刀盘产生的最大

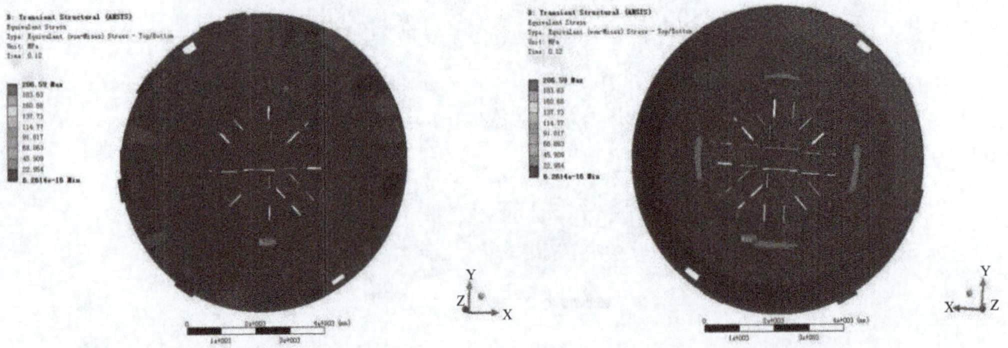

a) 正面　　b) 背面

图 3. 120　刀盘整体最大应力分布云图（工况一）

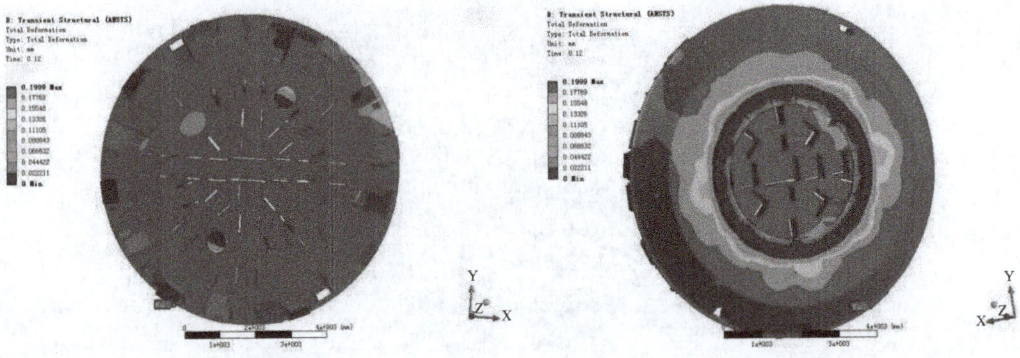

a) 正面　　b) 背面

图 3. 121　刀盘整体最大变形分布云图（工况一）

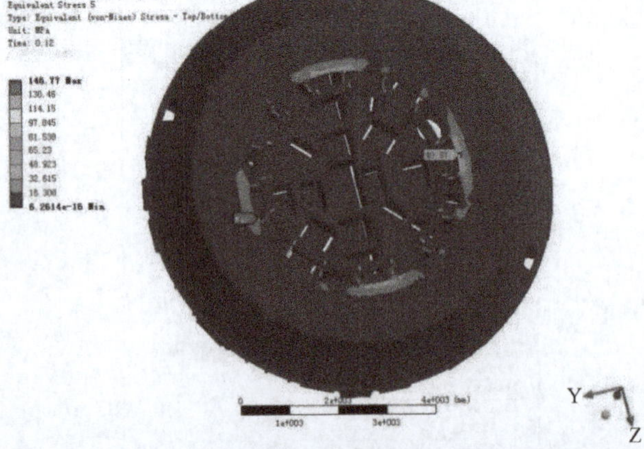

图 3. 122　刀盘应力分布云图（除法兰外）（工况一）

等效应力约为 207MPa，出现位置在法兰与支撑筋的焊接处；除法兰外，刀盘组件最大等效应力出现在与法兰焊接的支撑筋接触部位（法兰最大应力处的对应位置），刀盘大部分区域应力在 16MPa 以下，结构能够满足许用应力极限，强度满足设计要求。法兰与支撑筋连接处应力较大的原因是，支撑筋为满足螺栓把合的需要做了开槽处理，这导致开槽处与法兰的焊接面积过小，设计中应考虑加以改进。

2）工况二计算结果。由图 3. 123～图 3. 125 计算结果可知：该工况下刀盘产生的最大等效应力约为 182MPa，出现位置在法兰与支撑筋的焊接处；除法兰外，刀盘组件最大等

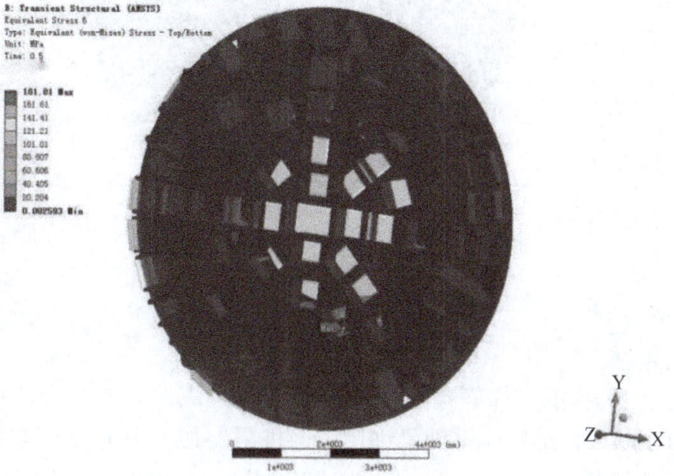

图 3. 123　刀盘整体最大应力分布云图（工况二）

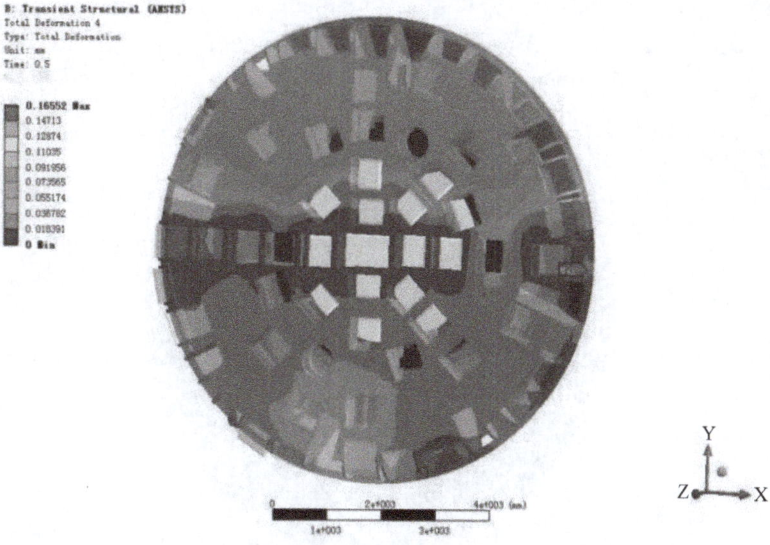

图 3. 124　刀盘整体最大变形分布云图（工况二）

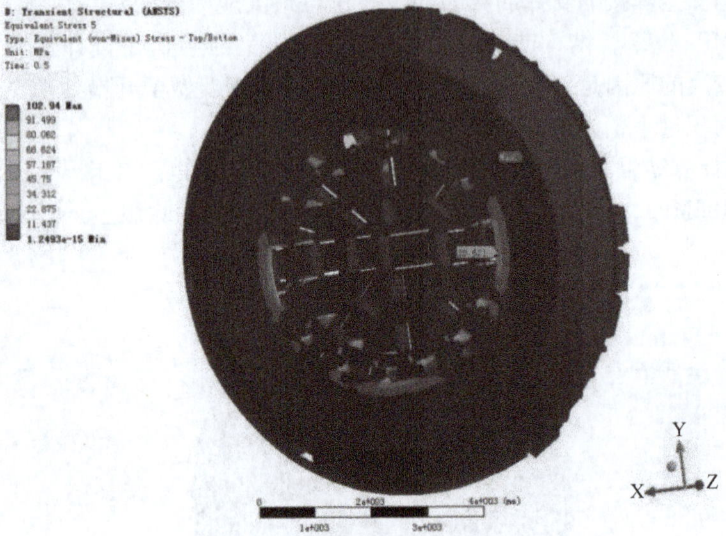

图 3.125　刀盘应力分布云图（除法兰外）（工况二）

效应力出现在与法兰焊接的支撑筋接触部位（法兰最大应力处的对应位置），刀盘大部分区域应力在 11MPa 以下，结构能够满足许用应力极限，强度满足设计要求。

3）工况三计算结果。由图 3.126~图 3.128 计算结果可知：该工况下刀盘产生的最大等效应力约为 88MPa，出现位置在法兰与支撑筋的焊接处；除法兰外，刀盘组件最大等效应力出现在与法兰焊接的支撑筋接触部位（法兰最大应力处的对应位置），刀盘大部分区域应力在 5MPa 以下，结构能够满足许用应力极限，强度满足设计要求。

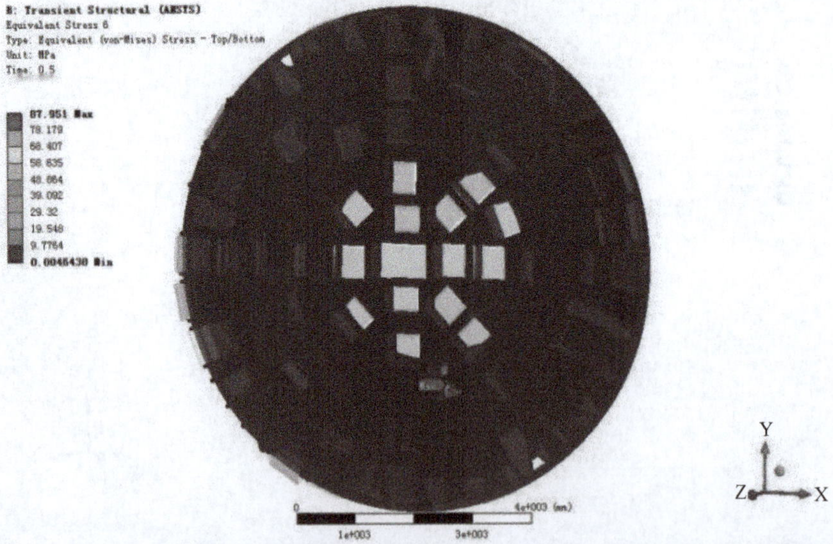

图 3.126　刀盘整体最大应力分布云图（工况三）

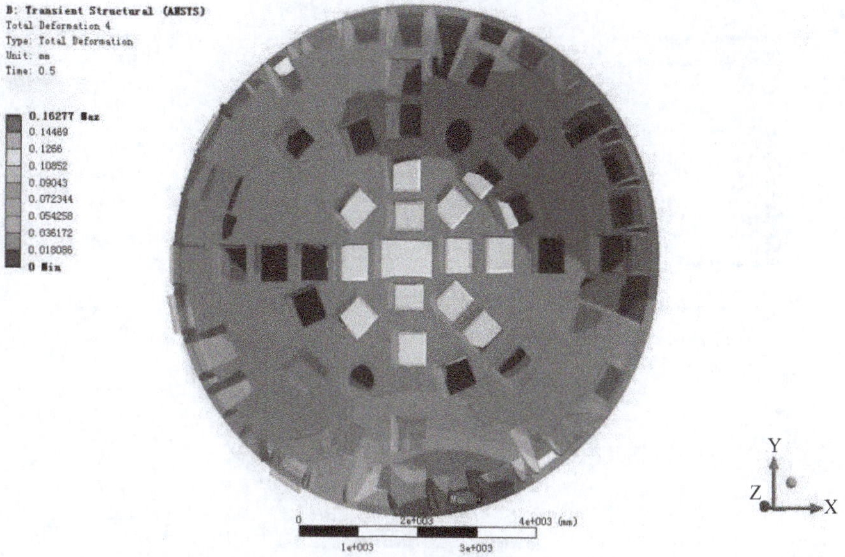

图 3.127　刀盘整体最大变形分布云图（工况三）

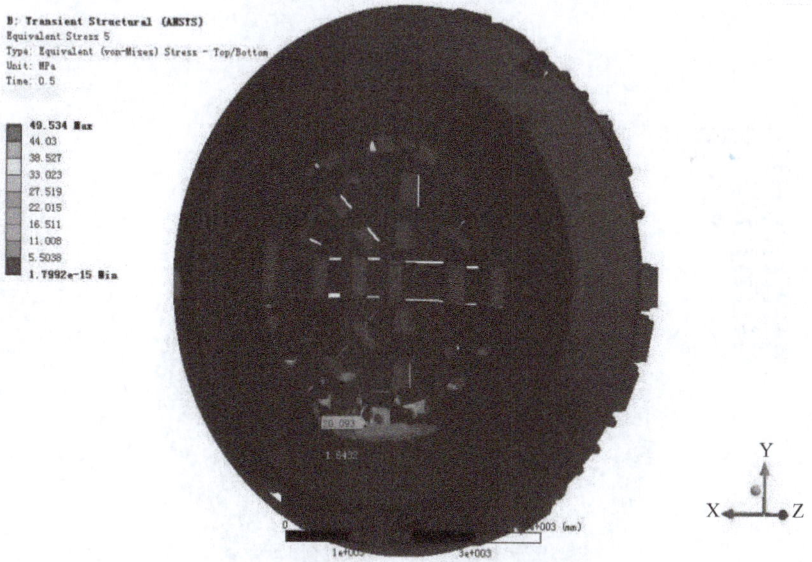

图 3.128　刀盘应力分布云图（除法兰外）（工况三）

4）工况四计算结果。由图 3.129～图 3.131 计算结果可知：该工况下刀盘产生的最大等效应力约为 91MPa，出现位置在法兰与支撑筋的焊接处；除法兰外，刀盘组件最大等效应力出现在与法兰焊接的支撑筋接触部位（法兰最大应力处的对应位置），刀盘大部分区域应力在 10MPa 以下，结构能够满足许用应力极限，强度满足设计要求。

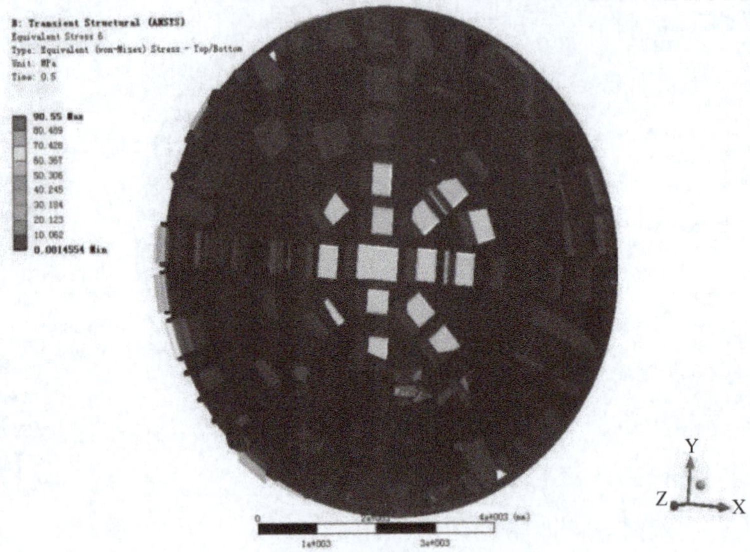

图 3.129 刀盘整体最大应力分布云图（工况四）

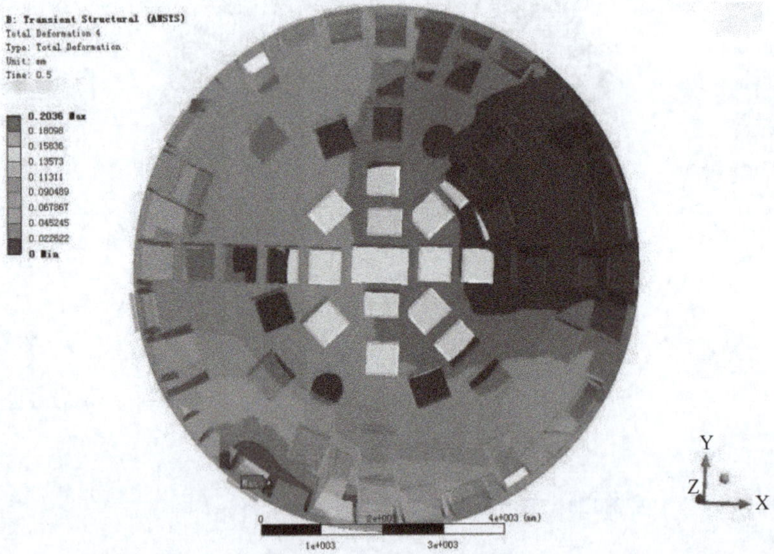

图 3.130 刀盘整体最大变形分布云图（工况四）

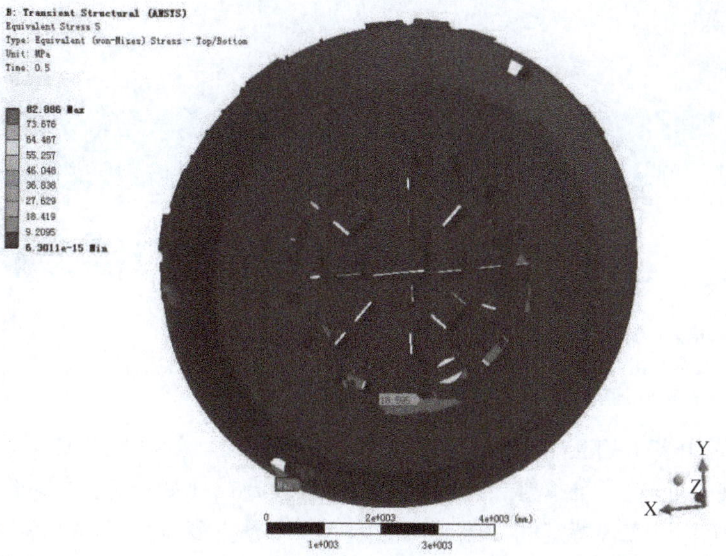

图 3.131　刀盘应力分布云图（除法兰外）（工况四）

习　题

1. 有限元法的基本思想是什么？
2. 求解静力学问题时，有限元法的主要步骤是什么？
3. 什么是刚度矩阵？在有限元法中如何构建刚度矩阵？
4. 结构动力学问题中的有限元法与静力学问题中的有限元法有何区别？
5. 在结构动力学有限元分析中，如何评估数值结果的精度和稳定性？

科学家科学史
“两弹一星”功勋
科学家：王希季

第 4 章

多体系统动力学分析及应用

PPT 课件　　课程视频

多体系统是由多个相互作用的刚体或柔体组成的系统。这些刚体或柔体可以是各种机械构件，如连杆、齿轮、轴承等，它们通过各种连接方式（如铰链、滑块等）相互连接形成一个整体系统，以实现特定的功能或执行特定的任务。多体系统动力学一般分为多刚体系统动力学和多柔体系统动力学。多刚体系统动力学认为系统中所有构件都是不发生变形的刚体，当需要考虑系统变形时，则需要将所有构件视为柔体进行分析，即多柔体系统动力学。在分析时只将部分受力变形构件视为柔体，其余构件视为刚体进行分析，以减小计算复杂度，这样的系统称为刚柔耦合系统。在实际研究中一般把多柔体系统和刚柔耦合系统统称为多柔体系统。

多体系统动力学分析是对由多个相互作用的机械构件组成的系统进行力学研究的过程。这种分析旨在理解系统中每个构件的运动行为以及它们之间的相互作用，从而揭示系统的整体动态特性。动力学分析涉及建立系统的运动方程并进行求解，以确定系统在外部作用下的响应和行为。下面就从多体系统的动力学建模开始介绍如何对多体系统进行动力学分析和应用。

4.1　多体系统动力学基本建模理论

4.1.1　多刚体系统运动学

1. 平面运动多刚体系统位形描述

图 4.1 所示为笛卡儿坐标系下由 N 个刚体组成的平面多刚体系统位形描述示意图。首先在系统运动平面上定义一公共基 $\boldsymbol{e}=(\boldsymbol{x},\boldsymbol{y})^{\mathrm{T}}$，基点记为 O，用于描述平面上点的绝对位置。在刚体 B_i $(i=1,\cdots,N)$ 上固结一连体基 $\boldsymbol{e}_i=(\boldsymbol{x}_i,\boldsymbol{y}_i)^{\mathrm{T}}$，基点为 C_i，通过该基点建立起刚体 B_i 与公共基 $\boldsymbol{e}$ 之间的联系。基点 C_i 在公共基 $\boldsymbol{e}$ 上的坐标为 $\boldsymbol{r}_i=(x_i,y_i)^{\mathrm{T}}$，连体基 $\boldsymbol{e}_i$ 的基矢量 $\boldsymbol{x}_i$ 的正向与公共基 $\boldsymbol{e}$ 的基矢量 $\boldsymbol{x}$ 的正向之间的夹角为 θ_i。其中，$\boldsymbol{r}_i$ 称

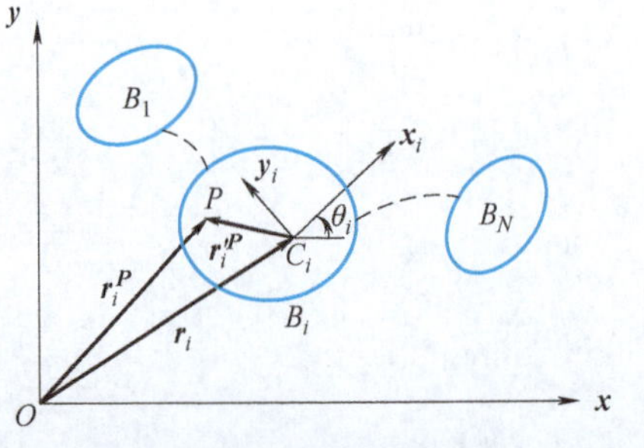

图 4.1　平面运动多刚体系统位形描述示意图

为刚体 B_i 的坐标阵，θ_i 称为刚体 B_i 的姿态角。那么，刚体 B_i 的位形坐标阵可以描述为

$$\boldsymbol{q}_i=(\boldsymbol{r}_i^{\mathrm{T}},\theta_i)^{\mathrm{T}}=(x_i,y_i,\theta_i)^{\mathrm{T}} \tag{4.1}$$

对于由 N 个刚体组成的多刚体系统的位形坐标列阵可以描述为

$$\boldsymbol{q}=(\boldsymbol{q}_1^{\mathrm{T}},\boldsymbol{q}_2^{\mathrm{T}},\cdots,\boldsymbol{q}_N^{\mathrm{T}})^{\mathrm{T}} \tag{4.2}$$

对于刚体 B_i 上任意一点 P，其在连体基 $\boldsymbol{e}_i$ 上的坐标为 $\boldsymbol{r}_i'^P=(x_i'^P,y_i'^P)^{\mathrm{T}}$，则其在公共基 $\boldsymbol{e}$ 上的坐标可以表示为

$$\boldsymbol{r}_i^P=\boldsymbol{r}_i+\boldsymbol{A}_i\boldsymbol{r}_i'^P \tag{4.3}$$

式中，$\boldsymbol{A}_i$ 为连体基 $\boldsymbol{e}_i$ 关于公共基 $\boldsymbol{e}$ 的方向余弦阵，即

$$\boldsymbol{A}_i=\begin{pmatrix}\cos\theta_i & -\sin\theta_i\\ \sin\theta_i & \cos\theta_i\end{pmatrix} \tag{4.4}$$

2. 空间运动多刚体系统位形描述

图 4.2 所示为笛卡儿坐标系下由 N 个刚体组成的空间多刚体系统位形描述示意图。与平面问题类似，定义公共基 $\boldsymbol{e}=(\boldsymbol{x},\boldsymbol{y},\boldsymbol{z})^{\mathrm{T}}$，基点为 O；在刚体 B_i（$i=1,\cdots,N$）上固结一连体基 $\boldsymbol{e}_i=(\boldsymbol{x}_i,\boldsymbol{y}_i,\boldsymbol{z}_i)^{\mathrm{T}}$，基点为 C_i。那么，刚体 B_i 在公共基 $\boldsymbol{e}$ 上的坐标阵为 $\boldsymbol{r}_i=(x_i,y_i,z_i)^{\mathrm{T}}$。然而，要确定刚体 B_i 在公共基 $\boldsymbol{e}$ 上的位形坐标阵，还需要知道刚体 B_i 的姿态信息，也就是连体基 $\boldsymbol{e}_i$ 相对于公共基 $\boldsymbol{e}$ 的旋转关系。三维坐标系的旋转无法像二维坐标系那样简单地用一个姿态角 θ_i 来描述，对于刚体姿态的描述略微复杂，下面介绍用于描述刚体姿态的常用坐标变换方法——欧拉角。

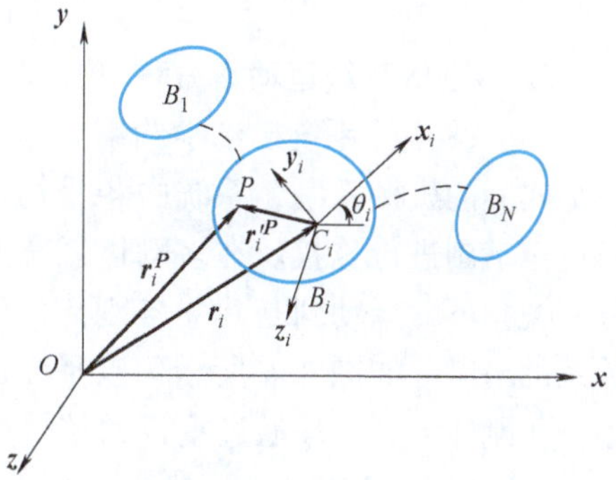

图 4.2　空间运动多刚体系统位形描述示意图

欧拉角是一种将任何空间坐标系表示为参考坐标系的三次定轴转动的方法。一般情况下，默认采用 z—x—z 约定来描述这三次定轴转动，即将公共基 $\boldsymbol{e}$ 依次绕 z—x—z 进行定轴转动后得到连体基 $\boldsymbol{e}_i$，如图 4.3 所示。三次定轴转动的角度依次为进动角 ψ_i、章动角 θ_i 和自转角 ϕ_i，则刚体 B_i 的旋转坐标阵为

$$\boldsymbol{\pi}_i=(\psi_i,\theta_i,\phi_i)^{\mathrm{T}} \tag{4.5}$$

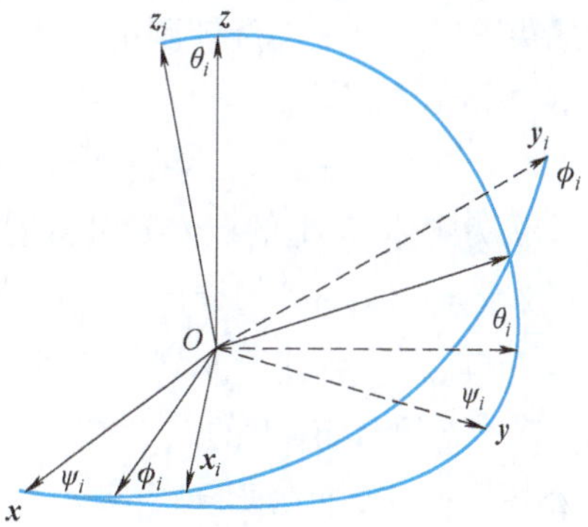

图 4.3　欧拉角坐标系

因此，在欧拉角描述下，刚体 B_i 的位形坐标阵可以写为

$$\boldsymbol{q}_i=(\boldsymbol{r}_i^{\mathrm{T}},\boldsymbol{\pi}_i^{\mathrm{T}})^{\mathrm{T}}=(x_i,y_i,z_i,\psi_i,\theta_i,\phi_i)^{\mathrm{T}} \tag{4.6}$$

坐标变换方法的不同会影响到旋转坐标阵的表达，在欧拉角描述下，对于刚体 B_i 上的任意一点 P，其在连体基 $\boldsymbol{e}_i$ 上的坐标为 $\boldsymbol{r}_i'^P=(x_i'^P,y_i'^P,z_i'^P)^{\mathrm{T}}$，则其在公共基 $\boldsymbol{e}$ 上的坐标可以表示为

$$\boldsymbol{r}_i^P=\boldsymbol{r}_i+\boldsymbol{A}_i\boldsymbol{r}_i'^P$$

但方向余弦阵 $\boldsymbol{A}_i$ 变为

$$\boldsymbol{A}_i=\boldsymbol{A}_i^1\boldsymbol{A}_i^2\boldsymbol{A}_i^3 \tag{4.7}$$

其中，

$$\boldsymbol{A}_i^1=\begin{pmatrix}\cos\psi_i & -\sin\psi_i & 0\\ \sin\psi_i & \cos\psi_i & 0\\ 0 & 0 & 1\end{pmatrix}$$

$$\boldsymbol{A}_i^2=\begin{pmatrix}1 & 0 & 0\\ 0 & \cos\theta_i & -\sin\theta_i\\ 0 & \sin\theta_i & \cos\theta_i\end{pmatrix}$$

$$\boldsymbol{A}_i^3=\begin{pmatrix}\cos\phi_i & -\sin\phi_i & 0\\ \sin\phi_i & \cos\phi_i & 0\\ 0 & 0 & 1\end{pmatrix} \tag{4.8}$$

3. 多刚体系统运动学方程

（1）多刚体系统运动学约束方程　对于一个实际的机械系统，系统中各个构件之间通过运动副进行连接。在多刚体系统运动学分析视角下，运动副是建立各刚体之间约束关系的桥梁。如图 4.4 所示，以平面旋转副为例，刚体 B_1 与 B_2 通过重合的铰接点 P 和 Q 相连。建立公共基 $\boldsymbol{e}=(\boldsymbol{x},\boldsymbol{y})^{\mathrm{T}}$，基点为 O，建立连体基 $\boldsymbol{e}_1=(\boldsymbol{x}_1,\boldsymbol{y}_1)^{\mathrm{T}}$ 与 $\boldsymbol{e}_2=(\boldsymbol{x}_2,\boldsymbol{y}_2)^{\mathrm{T}}$，基点分别为 C_1、C_2。那么，这两个刚体的运动学约束可以通过平面旋转副的铰接点 P 和 Q 的重合来构建，即

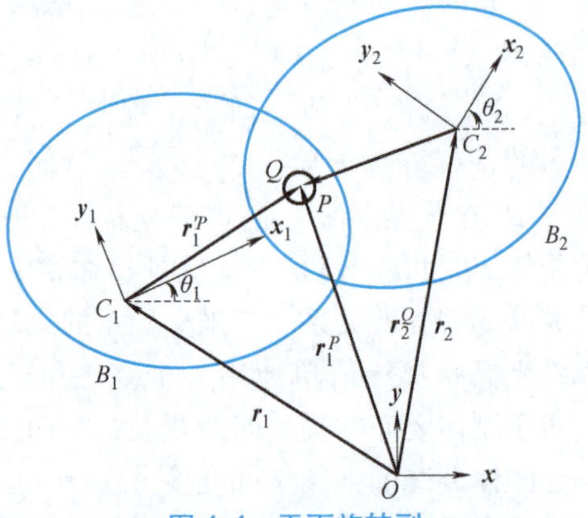

图 4.4　平面旋转副

$$\boldsymbol{\Phi}^K=\boldsymbol{r}_1^P-\boldsymbol{r}_2^Q=\boldsymbol{r}_1+\boldsymbol{A}_1\boldsymbol{r}_1'^P-(\boldsymbol{r}_2+\boldsymbol{A}_2\boldsymbol{r}_2'^Q)=\boldsymbol{0} \tag{4.9}$$

式中，$\boldsymbol{r}_1^P$ 为刚体 B_1 上的点 P 在公共基 $\boldsymbol{e}$ 上的坐标阵；$\boldsymbol{r}_2^Q$ 为刚体 B_2 上的点 Q 在公共基 $\boldsymbol{e}$ 上的坐标阵；$\boldsymbol{r}_1=(x_1,y_1)^{\mathrm{T}}$，$\boldsymbol{r}_2=(x_2,y_2)^{\mathrm{T}}$ 分别为连体基 $\boldsymbol{e}_1$ 和 $\boldsymbol{e}_2$ 的基点 C_1 与 C_2 在公共基 $\boldsymbol{e}$ 上的坐标阵；$\boldsymbol{r}_1'^P=(x_1'^P,y_1'^P)^{\mathrm{T}}$ 为刚体 B_1 上的点 P 在连体基 $\boldsymbol{e}_1$ 上的坐标阵；$\boldsymbol{r}_2'^Q=(x_2'^Q,y_2'^Q)^{\mathrm{T}}$ 为刚体 B_2 上的点 Q 在连体基 $\boldsymbol{e}_2$ 上的坐标阵；$\boldsymbol{A}_1$、$\boldsymbol{A}_2$ 分别为连体基 $\boldsymbol{e}_1$ 和 $\boldsymbol{e}_2$ 相对于公共基 $\boldsymbol{e}$ 的方向余弦阵，即

$\boldsymbol{A}_1$、$\boldsymbol{A}_2$ 的表达式为

$$\boldsymbol{A}_1=\begin{pmatrix}\cos\theta_1 & -\sin\theta_1\\ \sin\theta_1 & \cos\theta_1\end{pmatrix} \tag{4.10}$$

$$\boldsymbol{A}_2=\begin{pmatrix}\cos\theta_2 & -\sin\theta_2\\ \sin\theta_2 & \cos\theta_2\end{pmatrix} \tag{4.11}$$

式中，θ_1 和 θ_2 分别为连体基 $\boldsymbol{e}_1$ 和 $\boldsymbol{e}_2$ 相对于公共基 $\boldsymbol{e}$ 的姿态角。

将式（4.9）展开可得

$$\boldsymbol{\Phi}^K=\begin{pmatrix}\boldsymbol{\Phi}_1^K\\ \boldsymbol{\Phi}_2^K\end{pmatrix}=\begin{pmatrix}x_1+x_1'^P\cos\theta_1-y_1'^P\sin\theta_1-x_2-x_2'^Q\cos\theta_2+y_2'^Q\sin\theta_2\\ y_1+x_1'^P\sin\theta_1+y_1'^P\cos\theta_1-y_2-x_2'^Q\sin\theta_2-y_2'^Q\cos\theta_2\end{pmatrix}=\begin{pmatrix}0\\0\end{pmatrix} \tag{4.12}$$

其他类型的运动副，不论是平面问题还是空间问题，都可以按照上面的方法构建约束方程。因此，对于多刚体系统，其运动学约束方程组一般可以表示为

$$\boldsymbol{\Phi}^K(\boldsymbol{q})=\left(\boldsymbol{\Phi}_1^K(\boldsymbol{q}),\boldsymbol{\Phi}_2^K(\boldsymbol{q}),\cdots,\boldsymbol{\Phi}_s^K(\boldsymbol{q})\right)^{\mathrm{T}}=\boldsymbol{0} \tag{4.13}$$

式中，s 为约束方程个数。

对于空间问题，系统自由度 $\delta=6N-s$，若为平面问题，系统自由度 $\delta=3N-s$。此外，值得注意的是，式（4.13）为定常完整约束系统的约束方程，若为非定常约束，则约束方程中显含时间项。

（2）多刚体系统驱动约束方程　对于一个自由度为 δ 的多刚体系统，为了使系统具有确定的运动，可以通过为系统添加 δ 个附加驱动约束的方式让系统自由度变为零，之后对约束方程进行求解即可得到系统位形坐标随时间变化的规律。

在运动学分析中，为了得到确定的系统位形坐标随时间变化的规律，对系统添加与自由度 δ 相同个数的附加驱动约束，该约束方程一般形式为

$$\boldsymbol{\Phi}^D(\boldsymbol{q},t)=(\boldsymbol{\Phi}_1^D,\cdots,\boldsymbol{\Phi}_\delta^D)^{\mathrm{T}}=\boldsymbol{0} \tag{4.14}$$

将运动学约束方程与驱动约束方程组合在一起就构成了多刚体系统的新的位形约束方程：

$$\boldsymbol{\Phi}(\boldsymbol{q},t)=\begin{pmatrix}\boldsymbol{\Phi}^K(\boldsymbol{q})\\ \boldsymbol{\Phi}^D(\boldsymbol{q},t)\end{pmatrix}=\boldsymbol{0} \tag{4.15}$$

该方程组的个数为 n，即系统的位形坐标个数为 n。对式（4.15）进行求解，便可以得到多刚体系统位形坐标阵 $\boldsymbol{q}$ 随时间变化的曲线，即系统位形坐标的位移曲线。

（3）速度与加速度约束方程　为了得到系统的位形速度列阵，将式（4.15）对时间 t 求导，得

$$\dot{\boldsymbol{\Phi}}(\boldsymbol{q},\dot{\boldsymbol{q}},t)=\boldsymbol{\Phi}_q(\boldsymbol{q},t)\dot{\boldsymbol{q}}+\boldsymbol{\Phi}_t(\boldsymbol{q},t)=\boldsymbol{0} \tag{4.16}$$

式中，$\boldsymbol{\Phi}_q$ 为约束方程的雅可比矩阵；$\boldsymbol{\Phi}_t$ 为约束方程 $\boldsymbol{\Phi}$ 对时间 t 的偏导数。

$\boldsymbol{\Phi}_q$，$\boldsymbol{\Phi}_t$ 表达式分别为

$$\boldsymbol{\Phi}_q(\boldsymbol{q},t)=\frac{\partial\boldsymbol{\Phi}(\boldsymbol{q},t)}{\partial\boldsymbol{q}}=\begin{pmatrix}\dfrac{\partial\boldsymbol{\Phi}_1}{\partial q_1} & \cdots & \dfrac{\partial\boldsymbol{\Phi}_1}{\partial q_n}\\ \vdots & & \vdots\\ \dfrac{\partial\boldsymbol{\Phi}_n}{\partial q_1} & \cdots & \dfrac{\partial\boldsymbol{\Phi}_n}{\partial q_n}\end{pmatrix} \tag{4.17}$$

$$\boldsymbol{\Phi}_t(\boldsymbol{q},t)=\frac{\partial\boldsymbol{\Phi}}{\partial t}=\left(\frac{\partial\boldsymbol{\Phi}_1}{\partial t},\cdots,\frac{\partial\boldsymbol{\Phi}_n}{\partial t}\right)^{\mathrm{T}} \tag{4.18}$$

令 $\boldsymbol{\nu}=-\boldsymbol{\Phi}_t$，将式（4.16）改写为

$$\boldsymbol{\Phi}_q\dot{\boldsymbol{q}}=\boldsymbol{\nu} \tag{4.19}$$

式（4.19）是关于系统位形速度列阵 $\dot{\boldsymbol{q}}=(\dot{\boldsymbol{q}}_1,\cdots,\dot{\boldsymbol{q}}_n)^{\mathrm{T}}$ 的线性代数方程组，对式（4.19）进行求解即可得到系统位形速度列阵 $\dot{\boldsymbol{q}}$ 随时间变化的历程。

同理，再将式（4.16）对时间 t 进行求导，可以得到系统的加速度约束方程：

$$\ddot{\boldsymbol{\Phi}}(\boldsymbol{q},\dot{\boldsymbol{q}},\ddot{\boldsymbol{q}},t)=\boldsymbol{\Phi}_q\ddot{\boldsymbol{q}}+(\boldsymbol{\Phi}_q\dot{\boldsymbol{q}})_q\dot{\boldsymbol{q}}+2\boldsymbol{\Phi}_{qt}\dot{\boldsymbol{q}}+\boldsymbol{\Phi}_{tt}=\boldsymbol{0} \tag{4.20}$$

令 $\boldsymbol{\gamma}=-\left((\boldsymbol{\Phi}_q\dot{\boldsymbol{q}})_q\dot{\boldsymbol{q}}+2\boldsymbol{\Phi}_{qt}\dot{\boldsymbol{q}}+\boldsymbol{\Phi}_{tt}\right)$，式（4.20）改写为

$$\boldsymbol{\Phi}_q\ddot{\boldsymbol{q}}=\boldsymbol{\gamma} \tag{4.21}$$

式（4.21）是关于系统位形加速度列阵 $\ddot{\boldsymbol{q}}=(\ddot{\boldsymbol{q}}_1,\cdots,\ddot{\boldsymbol{q}}_n)^{\mathrm{T}}$ 的线性代数方程组，对式（4.21）进行求解即可得到系统的位形加速度列阵 $\ddot{\boldsymbol{q}}$ 随时间变化的历程。

4.1.2 多刚体系统动力学

1. 平面运动多刚体系统动力学方程

前面提到多刚体系统位形描述中，连体基的基点可以选在刚体上任意一点，然而在动力学问题中，将基点选在刚体质心位置会使推导和计算更加简单。对于一个质量为 m_i 的刚体 B_i，连体基基点选在质心位置，刚体对质心的转动惯量为 J_i'。那么，通过虚功原理可以得到刚体 B_i 受理想约束的变分运动方程为

$$\delta\boldsymbol{q}_i^{\mathrm{T}}(\boldsymbol{Z}_i\ddot{\boldsymbol{q}}_i-\boldsymbol{F}_i^{\mathrm{a}})=\boldsymbol{0} \tag{4.22}$$

式中，$\boldsymbol{q}_i$ 为刚体 B_i 的位形坐标阵，$\boldsymbol{q}_i=(x_i,y_i,\theta_i)^{\mathrm{T}}$；$\ddot{\boldsymbol{q}}_i$ 为位形加速度坐标阵，$\ddot{\boldsymbol{q}}_i=(\ddot{x}_i,\ddot{y}_i,\ddot{\theta}_i)^{\mathrm{T}}$；$\boldsymbol{Z}_i$ 为质量矩阵，$\boldsymbol{Z}_i=\mathrm{diag}(m_i,m_i,J_i')$；$\boldsymbol{F}_i^{\mathrm{a}}$ 为广义主动力阵，$\boldsymbol{F}_i^{\mathrm{a}}=(F_{ix},F_{iy},M_i)^{\mathrm{T}}$；$F_{ix}$、$F_{iy}$ 分别为力矢在公共基 $\boldsymbol{e}$ 的 $\boldsymbol{x}$ 和 $\boldsymbol{y}$ 方向的坐标，M_i 为该力矢在刚体 B_i 质心上的主矩。

由式（4.22）对多刚体系统的 N 个构件的变分运动方程进行组集，可以得到系统的变分运动方程的矩阵形式为

$$\delta\boldsymbol{q}^{\mathrm{T}}(\boldsymbol{Z}\ddot{\boldsymbol{q}}-\boldsymbol{F}^{\mathrm{a}})=\boldsymbol{0} \tag{4.23}$$

式中，$\boldsymbol{q}$、$\ddot{\boldsymbol{q}}$ 分别为多刚体系统的位形坐标列阵和位形加速度列阵，$\boldsymbol{q}=(\boldsymbol{q}_1^{\mathrm{T}},\cdots,\boldsymbol{q}_N^{\mathrm{T}})^{\mathrm{T}}$，$\ddot{\boldsymbol{q}}=(\ddot{\boldsymbol{q}}_1^{\mathrm{T}},\cdots,\ddot{\boldsymbol{q}}_N^{\mathrm{T}})^{\mathrm{T}}$；$\boldsymbol{Z}$、$\boldsymbol{F}^{\mathrm{a}}$ 分别为系统的广义质量阵和广义主动力阵，$\boldsymbol{Z}=\mathrm{diag}(\boldsymbol{Z}_1,\cdots,\boldsymbol{Z}_N)$，$\boldsymbol{F}^{\mathrm{a}}=(\boldsymbol{F}_1^{\mathrm{aT}},\cdots,\boldsymbol{F}_N^{\mathrm{aT}})^{\mathrm{T}}$。

对于实际系统，还需考虑系统受到的约束情况。系统的位形约束方程见式（4.15），约束方程个数为 ζ（$\zeta<3N$）。值得注意的是，在运动学分析中提到，为了使系统具有确定的运动需要附加驱动约束让系统自由度为零。而在动力学分析中，系统的约束方程个数不需要与系统位形坐标个数相同便可得到确定的运动状况，只要有对系统施加的广义主动力即可在初始条件下求得系统各个变量随时间的历程。

与多刚体系统运动学方程类似，系统的速度和加速度约束方程的形式为式（4.18）与式（4.20）。

对式（4.16）进行微分得到系统位形约束方程的变分形式：

$$\boldsymbol{\Phi}_q\delta\boldsymbol{q}=\boldsymbol{0} \tag{4.24}$$

式（4.23）与式（4.24）共同构成受约束条件的机械系统的变分运动方程。此外，为了得到更加通用的形式，运用拉格朗日乘子定理对式（4.23）和式（4.24）进行处理。对于任意的虚位移 $\delta\boldsymbol{q}$，存在拉格朗日乘子 $\boldsymbol{\lambda}$，满足：

$$(\boldsymbol{Z}\ddot{\boldsymbol{q}}-\boldsymbol{F}^{\mathrm{a}})^{\mathrm{T}}\delta\boldsymbol{q}+\boldsymbol{\lambda}\boldsymbol{\Phi}_q\delta\boldsymbol{q}=\boldsymbol{0} \tag{4.25}$$

式中，$\boldsymbol{\lambda}=(\lambda_1,\cdots,\lambda_\zeta)^{\mathrm{T}}$。

对式（4.25）进行整理可以得到受约束条件的机械系统的变分运动方程的拉格朗日乘子形式：

$$\boldsymbol{Z}\ddot{\boldsymbol{q}}+\boldsymbol{\Phi}_q^{\mathrm{T}}\boldsymbol{\lambda}=\boldsymbol{F}^{\mathrm{a}} \tag{4.26}$$

式（4.26）也称为约束多刚体系统的第一类拉格朗日方程。

通常，在对系统动力学方程进行求解时，仅将三个约束方程中的一个与式（4.26）进行联合求解。在数值计算中，常采用微分指标，定义为经过简单运算将微分代数方程转化为一般常微分方程的最少求导次数，则多体系统的第一类拉格朗日方程［式（4.26）］与位形加速度约束方程［式（4.18）］的联合方程组称为指标 1（Index-1）微分代数方程；式（4.26）与系统的位形速度约束方程［式（4.24）］的联合方程组称为指标 2（Index-2）微分代数方程；式（4.26）与系统的位形约束方程［式（4.14）］的联合方程组称为指标 3（Index-3）微分代数方程。系统不同指标的微分代数方程组略有差异，本章以最常使用的指标 3（Index-3）微分代数方程为例，其标准形式为

$$\begin{cases}\boldsymbol{Z}\ddot{\boldsymbol{q}}+\boldsymbol{\Phi}_q^{\mathrm{T}}\boldsymbol{\lambda}=\boldsymbol{F}^{\mathrm{a}}\\ \boldsymbol{\Phi}(\boldsymbol{q},t)=\boldsymbol{0}\end{cases} \tag{4.27}$$

对于上述方程，具体的数值求解方法将在 4.3 节中介绍。

2. 空间运动多刚体系统运动学描述

与平面问题不同，三维系统更加复杂，空间运动多刚体系统的角速度与姿态坐标关于时间导数之间的关系不是简单的线性关系。因此，在讨论空间运动多刚体系统动力学方程之前，我们先来介绍空间运动多刚体的角速度与姿态坐标的关系。

如图 4.5 所示，对于由 N 个空间运动刚体组成的多刚体系统，与空间运动多刚体系统位形描述类似，定义公共基 $\boldsymbol{e}$，基点为 O，在刚体 B_i 上定义连体基 $\boldsymbol{e}_i$，基点为刚体的质心 C_i。对于固结在刚体 B_i 上的任一点 P，有

$$\boldsymbol{r}_i^P=\boldsymbol{r}_i+\boldsymbol{A}_i\boldsymbol{r}_i'^P \tag{4.28}$$

式中，$\boldsymbol{r}_i^P$ 为点 P 在公共基 $\boldsymbol{e}$ 上的坐标阵，$\boldsymbol{r}_i^P=(x_i^P,y_i^P,z_i^P)^{\mathrm{T}}$；$\boldsymbol{r}_i$ 为刚体 B_i 的基点 C_i 在公共基 $\boldsymbol{e}$ 上的坐标阵；$\boldsymbol{r}_i'^P$ 为点 P 在连体基 $\boldsymbol{e}_i$ 上的坐标阵，$\boldsymbol{r}_i'^P=(x_i'^P,y_i'^P,z_i'^P)^{\mathrm{T}}$；$\boldsymbol{A}_i$ 为方向余弦阵。

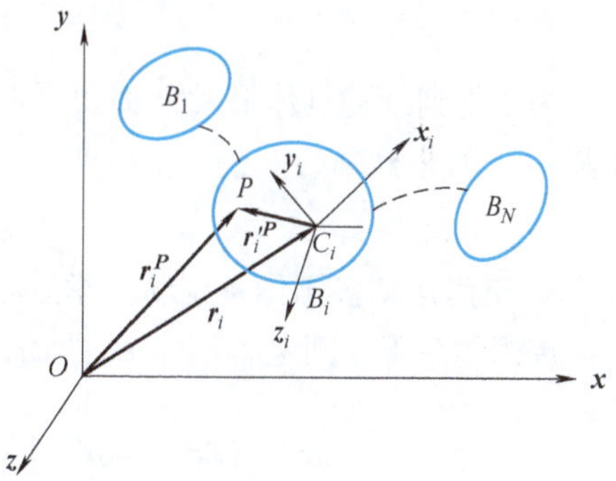

图 4.5　空间运动多刚体系统

对式（4.28）关于时间求一阶导可得

$$\dot{\boldsymbol{r}}_i^P=\dot{\boldsymbol{r}}_i-\boldsymbol{A}_i\tilde{\boldsymbol{r}}_i'^P\boldsymbol{\omega}_i' \tag{4.29}$$

式中，$\tilde{\boldsymbol{r}}_i'^P$ 为 $\boldsymbol{r}_i'^P$ 的坐标方阵；$\boldsymbol{\omega}_i'$ 是角速度矢量在连体基 $\boldsymbol{e}_i$ 上的坐标阵。

$\tilde{\boldsymbol{r}}_i'^P$ 与 $\boldsymbol{\omega}_i'$ 的表达式为

$$\tilde{\boldsymbol{r}}_i'^P=\begin{pmatrix}0 & -z_i'^P & y_i'^P\\ z_i'^P & 0 & -x_i'^P\\ -y_i'^P & x_i'^P & 0\end{pmatrix} \tag{4.30}$$

$$\boldsymbol{\omega}_i'=(\omega_x',\omega_y',\omega_z')^{\mathrm{T}} \tag{4.31}$$

值得注意的是，由于在采用欧拉角或卡尔丹角对刚体姿态坐标进行描述过程中，三个姿态角并不都是相对于公共基 $\boldsymbol{e}$ 旋转得到的，而是分别绕三个轴进行定轴旋转。也就意味着后两次旋转所围绕的轴不属于公共基 $\boldsymbol{e}$ 的基矢量。这里我们直接给出公式，刚体角速度矢量 $\boldsymbol{\omega}_i$ 在连体基 $\boldsymbol{e}_i$ 上的坐标阵为

$$\boldsymbol{\omega}_i'=\boldsymbol{D}_i\dot{\boldsymbol{\pi}}_i \tag{4.32}$$

其中，对于欧拉角描述：

$$\boldsymbol{D}_i=\begin{pmatrix}\sin\theta_i\sin\phi_i & \cos\phi_i & 0\\ \sin\theta_i\cos\phi_i & -\sin\phi_i & 0\\ \cos\theta_i & 0 & 1\end{pmatrix} \tag{4.33}$$

对于卡尔丹角描述：

$$\boldsymbol{D}_i=\begin{pmatrix}\cos\beta_i\cos\gamma_i & \sin\gamma_i & 0\\ -\cos\beta_i\sin\gamma_i & \cos\gamma_i & 0\\ \sin\beta_i & 0 & 1\end{pmatrix} \tag{4.34}$$

对式（4.29）关于时间求二阶导数，得

$$\ddot{\boldsymbol{r}}_i^P=\ddot{\boldsymbol{r}}_i-\boldsymbol{A}_i\tilde{\boldsymbol{r}}_i'^P\dot{\boldsymbol{\omega}}_i'+\boldsymbol{A}_i\tilde{\boldsymbol{\omega}}_i'\tilde{\boldsymbol{\omega}}_i'\boldsymbol{r}_i'^P \tag{4.35}$$

式中，$\dot{\boldsymbol{\omega}}_i'$是刚体 B_i 的角加速度矢量在连体基 $\boldsymbol{e}_i$ 上的坐标阵，$\dot{\boldsymbol{\omega}}_i'=(\dot{\omega}_x',\dot{\omega}_y',\dot{\omega}_z')^{\mathrm{T}}$；$\tilde{\boldsymbol{\omega}}_i'$是 $\boldsymbol{\omega}_i'$的坐标方阵，即

$$\tilde{\boldsymbol{\omega}}_i'=\begin{pmatrix}0 & -\omega_z' & \omega_y'\\ \omega_z' & 0 & -\omega_x'\\ -\omega_y' & \omega_x' & 0\end{pmatrix} \tag{4.36}$$

为了得到$\dot{\boldsymbol{\omega}}_i'$的具体形式，将式（4.32）关于时间求导，得到刚体 B_i 的角加速度在连体基 $\boldsymbol{e}_i$ 上的坐标阵为

$$\dot{\boldsymbol{\omega}}_i'=\boldsymbol{D}_i\ddot{\boldsymbol{\pi}}_i+\dot{\boldsymbol{D}}_i\dot{\boldsymbol{\pi}}_i \tag{4.37}$$

3. 空间运动多刚体系统动力学方程

理想约束下空间运动刚体 B_i 的动力学变分方程为

$$(\delta\boldsymbol{r}_i^{\mathrm{T}}\quad \delta\boldsymbol{\omega}_i'^{\mathrm{T}})\left(-\boldsymbol{Z}_i\begin{pmatrix}\ddot{\boldsymbol{r}}_i\\ \dot{\boldsymbol{\omega}}_i'\end{pmatrix}+\begin{pmatrix}\boldsymbol{0}\\ -\tilde{\boldsymbol{\omega}}_i'\boldsymbol{J}'\boldsymbol{\omega}_i'\end{pmatrix}+\boldsymbol{F}_i^{\mathrm{a}}\right)=0 \tag{4.38}$$

其中，

$$\boldsymbol{Z}_i=\begin{pmatrix}m_i\boldsymbol{I} & 0\\ 0 & \boldsymbol{J}_i'\end{pmatrix} \tag{4.39}$$

式中，$\boldsymbol{I}$ 为 3×3 单位矩阵；$\boldsymbol{J}_i'$为刚体 B_i 关于基点为质心的连体基 $\boldsymbol{e}$ 的转动惯量张量在连体基上的坐标阵，特别的，当连体基的基矢量 $\boldsymbol{x}_i$、$\boldsymbol{y}_i$、$\boldsymbol{z}_i$ 为刚体 B_i 的中心惯性主轴时，有 $\boldsymbol{J}_i'=\mathrm{diag}(J_x,J_y,J_z)$。

那么，对于含有 N 个空间运动刚体的系统，系统的动力学变分方程可表示为

$$\sum_{i=1}^{N}(\delta\boldsymbol{r}_i^{\mathrm{T}}\quad \delta\boldsymbol{\omega}_i'^{\mathrm{T}})\left(-\boldsymbol{Z}_i\begin{pmatrix}\ddot{\boldsymbol{r}}_i\\ \dot{\boldsymbol{\omega}}_i'\end{pmatrix}+\begin{pmatrix}\boldsymbol{0}\\ -\tilde{\boldsymbol{\omega}}_i'\boldsymbol{J}'\boldsymbol{\omega}_i'\end{pmatrix}+\boldsymbol{F}_i^{\mathrm{a}}\right)=0 \tag{4.40}$$

同时，对式（4.32）进行变分，可得

$$\delta\boldsymbol{\omega}_i'=\boldsymbol{D}_i\delta\dot{\boldsymbol{\pi}}_i \tag{4.41}$$

那么，将$\delta\boldsymbol{\omega}_i'$与$\delta\dot{\boldsymbol{r}}_i$组合写成矩阵形式，有

$$\begin{pmatrix}\delta\dot{\boldsymbol{r}}_i\\ \delta\boldsymbol{\omega}_i'\end{pmatrix}=\boldsymbol{H}_i\delta\dot{\boldsymbol{q}}_i \tag{4.42}$$

其中，在欧拉角或卡尔丹角描述下，有

$$\boldsymbol{q}_i=(\boldsymbol{r}_i^{\mathrm{T}},\boldsymbol{\pi}_i^{\mathrm{T}})^{\mathrm{T}} \tag{4.43}$$

$$\boldsymbol{H}_i=\begin{pmatrix}\boldsymbol{I} & 0\\ 0 & \boldsymbol{D}_i\end{pmatrix} \tag{4.44}$$

对于刚体的加速度$\ddot{\boldsymbol{r}}_i$与$\dot{\boldsymbol{\omega}}_i'$也可以组合写成矩阵形式：

$$\begin{pmatrix}\ddot{\boldsymbol{r}}_i\\ \dot{\boldsymbol{\omega}}_i'\end{pmatrix}=\boldsymbol{H}_i\ddot{\boldsymbol{q}}_i+\boldsymbol{h}_i \tag{4.45}$$

其中，

$$\boldsymbol{h}_i=\begin{pmatrix}\boldsymbol{0}\\ \dot{\boldsymbol{D}}_i\dot{\boldsymbol{\pi}}_i\end{pmatrix} \tag{4.46}$$

将式（4.43）与式（4.45）代入系统的动力学变分方程［式（4.40）］中，可得

$$\sum_{i=1}^{N}\delta\dot{\boldsymbol{q}}^{\mathrm{T}}\boldsymbol{H}_i^{\mathrm{T}}\left(-\boldsymbol{Z}_i(\boldsymbol{H}_i\ddot{\boldsymbol{q}}_i+\boldsymbol{h}_i)+\boldsymbol{F}_i^{\mathrm{i}}+\boldsymbol{F}_i^{\mathrm{a}}\right)=0 \tag{4.47}$$

式中，$\boldsymbol{H}=\mathrm{diag}(\boldsymbol{H}_i,\cdots,\boldsymbol{H}_N)$；$\boldsymbol{h}=(\boldsymbol{h}_1^{\mathrm{T}},\cdots,\boldsymbol{h}_N^{\mathrm{T}})^{\mathrm{T}}$；$\boldsymbol{q}=(\boldsymbol{q}_1^{\mathrm{T}},\cdots,\boldsymbol{q}_N^{\mathrm{T}})^{\mathrm{T}}$；$\boldsymbol{Z}=\mathrm{diag}(\boldsymbol{Z}_1,\cdots,\boldsymbol{Z}_N)^{\mathrm{T}}$；$\boldsymbol{F}^{\mathrm{a}}=(\boldsymbol{F}_1^{\mathrm{aT}},\cdots,\boldsymbol{F}_N^{\mathrm{aT}})^{\mathrm{T}}$；$\boldsymbol{F}^{\mathrm{i}}=(\boldsymbol{F}_1^{\mathrm{iT}},\cdots,\boldsymbol{F}_N^{\mathrm{iT}})^{\mathrm{T}}$。

其中，

$$\boldsymbol{F}_i^{\mathrm{i}}=\begin{pmatrix}\boldsymbol{0}\\ -\tilde{\boldsymbol{\omega}}_i'\boldsymbol{J}_i'\boldsymbol{\omega}_i'\end{pmatrix} \tag{4.48}$$

为简化式（4.47），令

$$\boldsymbol{M}=\boldsymbol{H}^{\mathrm{T}}\boldsymbol{Z}\boldsymbol{H} \tag{4.49}$$

$$\boldsymbol{Q}=\boldsymbol{H}^{\mathrm{T}}(\boldsymbol{F}^{\mathrm{a}}+\boldsymbol{F}^{\mathrm{i}}-\boldsymbol{Z}\boldsymbol{H}) \tag{4.50}$$

可以得到空间多刚体系统简洁的动力学变分方程：

$$\delta\dot{\boldsymbol{q}}^{\mathrm{T}}(-\boldsymbol{M}\ddot{\boldsymbol{q}}+\boldsymbol{Q})=\boldsymbol{0} \tag{4.51}$$

同时，得到位形约束方程：

$$\boldsymbol{\Phi}(\boldsymbol{q},t)=\boldsymbol{0} \tag{4.52}$$

对位形约束方程（4.52）变分得

$$\boldsymbol{\Phi}_q\delta\boldsymbol{q}=\boldsymbol{0} \tag{4.53}$$

式（4.50）与式（4.52）共同构成受约束条件的机械系统的变分运动方程。与平面运动多刚体系统动力学方程类似，根据拉格朗日乘子定理得到约束多刚体系统的第一类拉格朗日方程：

$$\boldsymbol{M}\ddot{\boldsymbol{q}}+\boldsymbol{\Phi}_q^{\mathrm{T}}\boldsymbol{\lambda}=\boldsymbol{Q} \tag{4.54}$$

式中，$\boldsymbol{\lambda}=(\lambda_1,\cdots,\lambda_\zeta)^{\mathrm{T}}$，其中，$\zeta$为约束方程的个数。

将式（4.54）与位形约束方程（4.52）组合，得到约束空间运动多刚体系统的指标 3（Index-3）微分代数方程：

$$\begin{cases}\boldsymbol{M}\ddot{\boldsymbol{q}}+\boldsymbol{\Phi}_q^{\mathrm{T}}\boldsymbol{\lambda}=\boldsymbol{Q}\\ \boldsymbol{\Phi}(\boldsymbol{q},t)=\boldsymbol{0}\end{cases} \tag{4.55}$$

4.1.3　多柔体系统动力学

当多体系统中物体变形对系统运动的影响不可忽略时，需要考虑构件的柔性作用，用柔性多体模型代替多刚体模型。在小变形假设前提下，可以将物体的运动视为大范围刚体运动与小范围变形的叠加，这就是浮动坐标法的基本思路。而对于大变形问题，则需要采用如绝对节点坐标法这样直接在惯性坐标系中描述变形体位移的方法。本小节主要针对小变形问题介绍经典的描述柔性系统的浮动坐标法。

1. 浮动坐标系

在前面介绍多刚体系统位形描述时，采用连体基来确定刚体的位形坐标和姿态。然而，柔体在运动过程中各个质点之间都存在相对位移，因此任何参考系都无法与变形体固结。为了确定变形体的位置与姿态，可以将柔体在空间中的运动视为刚体大范围运动和小变形的叠加，在假想的刚体上建立一个“浮动”坐标系。柔体的运动就变为浮动坐标系的大范围刚体运动与相对于此坐标系的变形运动的合成。

如图 4.6 所示，建立公共基 $\boldsymbol{e}=(\boldsymbol{x},\boldsymbol{y},\boldsymbol{z})^{\mathrm{T}}$，基点为 O，在柔体 B_i 上建立浮动坐标系 $\boldsymbol{e}_i=(\boldsymbol{x}_i,\boldsymbol{y}_i,\boldsymbol{z}_i)^{\mathrm{T}}$，基点为 C_i，注意该浮动坐标系基点并不是柔体内某一确定的点。浮动基 $\boldsymbol{e}_i$ 的基点 C_i 在公共基 $\boldsymbol{e}$ 上的坐标为 $\boldsymbol{r}_i$，设点 P 为柔体 B_i 上的任意一点，$\boldsymbol{r}_i^P$ 为点 P 在公共基 $\boldsymbol{e}$ 上的坐标，$\boldsymbol{r}_i'^P$ 为点 P 在浮动基 $\boldsymbol{e}_i$ 上的坐标。P_0 为点 P 在柔体变形前的位置，$\boldsymbol{r}_i^{P_0}$ 为点 P_0 在公共基 $\boldsymbol{e}$ 上的坐标，$\boldsymbol{r}_i'^{P_0}$ 为点 P_0 在浮动基 $\boldsymbol{e}_i$ 上的坐标。那么，点 P 的位形坐标 $\boldsymbol{r}_i^P$ 可以表示为

$$\boldsymbol{r}_i^P=\boldsymbol{r}_i+\boldsymbol{A}_i\boldsymbol{r}_i'^P \tag{4.56}$$

$$\boldsymbol{r}_i'^P=\boldsymbol{r}_i'^{P_0}+\boldsymbol{u}_i'^P \tag{4.57}$$

式中，$\boldsymbol{u}_i'^P$ 为从点 P_0 到点 P 的相对位移，即点 P 的变形量。

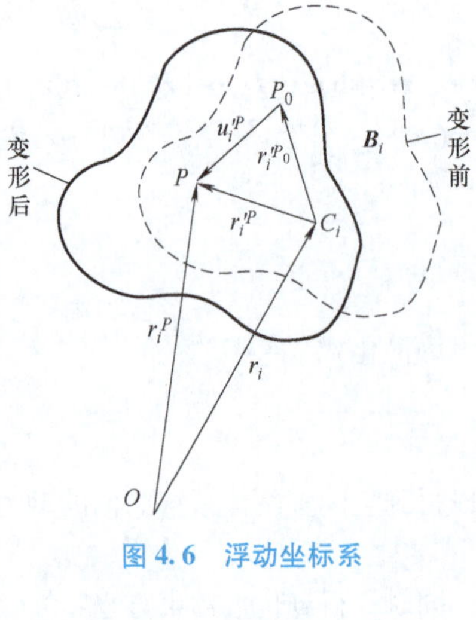

图 4.6　浮动坐标系

通过模态分析的方法可以将 $\boldsymbol{u}_i'^P$ 用平移模态矩阵 $\boldsymbol{\Phi}_i'^P$ 和模态坐标 $\boldsymbol{a}_i$ 表示：

$$\boldsymbol{u}_i'^P=\boldsymbol{\Phi}_i'^P\boldsymbol{a}_i \tag{4.58}$$

那么，柔体 B_i 的位形坐标阵可以写为

$$\boldsymbol{q}_i=(\boldsymbol{r}_i^{\mathrm{T}},\boldsymbol{\pi}_i^{\mathrm{T}},\boldsymbol{a}_i^{\mathrm{T}})^{\mathrm{T}}\quad(i=1,\cdots,N) \tag{4.59}$$

式中，$\boldsymbol{\pi}_i$ 为浮动基 $\boldsymbol{e}_i$ 的姿态角。

组集全部 N 个柔体，得到多柔体系统的系统位形坐标列阵：

$$\boldsymbol{q}=(\boldsymbol{q}_i^{\mathrm{T}},\cdots,\boldsymbol{q}_N^{\mathrm{T}})^{\mathrm{T}} \tag{4.60}$$

2. 多柔体系统质量矩阵与刚度矩阵

将式（4.56）对时间求一阶导，可以得到点 P 的位形速度坐标阵为

$$\dot{\boldsymbol{r}}_i^P=\dot{\boldsymbol{r}}_i+\boldsymbol{A}_i(\dot{\boldsymbol{u}}_i'^P+\tilde{\boldsymbol{r}}_i'^{PT}\boldsymbol{\omega}_i') \tag{4.61}$$

式中，$\tilde{\boldsymbol{r}}_i'^P$ 为 $\boldsymbol{r}_i'^P$ 的坐标方阵；$\boldsymbol{\omega}_i'$ 为柔体 B_i 的角速度在浮动基 $\boldsymbol{e}_i$ 上的坐标阵，与式（4.32）形式相同；$\dot{\boldsymbol{r}}_i$ 为浮动基 $\boldsymbol{e}_i$ 基点 C_i 相对于公共基 $\boldsymbol{e}$ 的位形速度坐标阵；$\dot{\boldsymbol{u}}_i'^P$ 为点 P 相对于浮动基 $\boldsymbol{e}_i$ 的相对变形速度；$\boldsymbol{A}_i$ 为浮动基 $\boldsymbol{e}_i$ 的方向余弦矩阵。

将式（4.61）展开后写为关于柔体位形速度坐标阵 $\dot{\boldsymbol{q}}_i$ 的形式：

$$\dot{\boldsymbol{r}}_i^P=\boldsymbol{L}_i\dot{\boldsymbol{q}}_i \tag{4.62}$$

其中，

$$\boldsymbol{L}_i^P=(\boldsymbol{I},\boldsymbol{A}_i\tilde{\boldsymbol{r}}_i'^{PT}\boldsymbol{D}_i,\boldsymbol{A}_i\boldsymbol{\Phi}_i'^P) \tag{4.63}$$

对式（4.62）关于时间求导，得到 P 点的位形加速度坐标为

$$\ddot{\boldsymbol{r}}_i^P=\boldsymbol{L}_i\ddot{\boldsymbol{q}}_i+\boldsymbol{L}_i^{0P} \tag{4.64}$$

其中，$\boldsymbol{L}_i^{0P}$ 为科氏加速度与向心加速度部分，即

$$\boldsymbol{L}_i^{0P}=\boldsymbol{A}_i(2\tilde{\boldsymbol{\omega}}_i'\boldsymbol{\Phi}_i'^P\dot{\boldsymbol{a}}_i+\tilde{\boldsymbol{\omega}}_i'\tilde{\boldsymbol{\omega}}_i'\boldsymbol{r}_i'^P) \tag{4.65}$$

式中，$\tilde{\boldsymbol{\omega}}_i'$ 参考式（4.36）；$\dot{\boldsymbol{a}}_i$ 为模态坐标 $\boldsymbol{a}_i$ 关于时间的一阶导数。

根据柔体上任意一点 P 的速度［式（4.62）］，可以计算柔体 B_i 的动能：

$$T=\frac{1}{2}\rho\int_V\dot{\boldsymbol{r}}_i^{PT}\dot{\boldsymbol{r}}_i^P\mathrm{d}V=\frac{1}{2}\dot{\boldsymbol{q}}_i^{\mathrm{T}}\left(\rho\int_V\boldsymbol{L}_i^{PT}\boldsymbol{L}_i^P\mathrm{d}V\right)\dot{\boldsymbol{q}}_i=\frac{1}{2}\dot{\boldsymbol{q}}_i^{\mathrm{T}}\boldsymbol{M}_i\dot{\boldsymbol{q}}_i \tag{4.66}$$

其中，

$$\boldsymbol{M}_i=\rho\int_V\boldsymbol{L}_i^{PT}\boldsymbol{L}_i^P\mathrm{d}V=\begin{pmatrix}\boldsymbol{m}_i^{rr} & \boldsymbol{m}_i^{r\theta} & \boldsymbol{m}_i^{rd}\\ \boldsymbol{m}_i^{r\theta} & \boldsymbol{m}_i^{\theta\theta} & \boldsymbol{m}_i^{\theta d}\\ \boldsymbol{m}_i^{rd} & \boldsymbol{m}_i^{\theta d} & \boldsymbol{m}_i^{dd}\end{pmatrix} \tag{4.67}$$

根据式（4.67）即可得到柔体 B_i 的质量矩阵 $\boldsymbol{M}_i$，其中，各子项为

$$\begin{cases}\boldsymbol{m}_i^{rr}=m_i\boldsymbol{I}\\ \boldsymbol{m}_i^{r\theta}=\boldsymbol{A}_i\left(\rho\int_V\tilde{\boldsymbol{r}}_i'^{PT}\mathrm{d}V\right)\boldsymbol{D}_i\\ \boldsymbol{m}_i^{rd}=\boldsymbol{A}_i\rho\int_V\boldsymbol{\Phi}_i'^P\mathrm{d}V\\ \boldsymbol{m}_i^{\theta\theta}=\boldsymbol{D}_i^{\mathrm{T}}\boldsymbol{J}_i'\boldsymbol{D}_i\\ \boldsymbol{m}_i^{\theta d}=\boldsymbol{D}_i^{\mathrm{T}}\left(\rho\int_V\tilde{\boldsymbol{r}}_i'^{PT}\boldsymbol{\Phi}_i'^P\mathrm{d}V\right)\\ \boldsymbol{m}_i^{dd}=\rho\int_V\boldsymbol{\Phi}_i'^{PT}\boldsymbol{\Phi}_i'^P\mathrm{d}V\end{cases} \tag{4.68}$$

式中，m_i 为柔体 B_i 的质量；ρ 为柔体 B_i 的密度；$\boldsymbol{J}_i'$ 为柔体变形后相对于浮动基基点 C_i 的转动惯量矩阵，即

$$\boldsymbol{J}_i'=\rho\int_V\tilde{\boldsymbol{r}}_i'^P\tilde{\boldsymbol{r}}_i'^{PT}\mathrm{d}V=\rho\int_V\left((\boldsymbol{r}_i'^P)^2\boldsymbol{I}-\boldsymbol{r}_i'^P\boldsymbol{r}_i'^{PT}\right)\mathrm{d}V \tag{4.69}$$

特别的，当浮动基的基点与质心重合时，矩阵 $\boldsymbol{m}_i^{r\theta}$ 为零。

下面考虑两种特殊情况，当系统不发生变形时，即当作刚性考虑时，模态坐标 $\boldsymbol{a}_i$ 为零，系统动能由式（4.66）简化为

$$T_i=\frac{1}{2}(m_i\dot{\boldsymbol{r}}_i^{\mathrm{T}}\dot{\boldsymbol{r}}_i+\boldsymbol{\omega}_i^{\mathrm{T}}\boldsymbol{J}_i'\boldsymbol{\omega}_i) \tag{4.70}$$

与刚体的动能表达式相同。

当柔体 B_i 只发生弹性变形而没有刚体运动时，$\dot{\boldsymbol{r}}_i^P$ 与 $\dot{\boldsymbol{\pi}}_i$ 等于零，系统动能由式（4.66）简化为

$$T_i=\frac{1}{2}\dot{\boldsymbol{a}}_i^{\mathrm{T}}\boldsymbol{m}_i^{dd}\dot{\boldsymbol{a}}_i=\frac{1}{2}\dot{\boldsymbol{a}}_i^{\mathrm{T}}\left(\rho\int_V\boldsymbol{\Phi}_i'^{P\mathrm{T}}\boldsymbol{\Phi}_i'^{P}\mathrm{d}V\right)\dot{\boldsymbol{a}}_i \tag{4.71}$$

假设柔体的弹性力具备线性、各向同性的性质，且不发生塑形变形，则柔体的弹性力的虚功可写为

$$\delta W_i^{\mathrm{e}}=\int_V(\delta\boldsymbol{\varepsilon}_i^{P\mathrm{T}}\boldsymbol{\sigma}_i^{P})\mathrm{d}V \tag{4.72}$$

在小应变的假设下，应力 $\boldsymbol{\sigma}_i'^P$ 与应变 $\boldsymbol{\varepsilon}_i'^P$ 之间、应变 $\boldsymbol{\sigma}_i'^P$ 与变形量 $\boldsymbol{u}_i'^P$ 之间满足线性关系：

$$\boldsymbol{\sigma}_i'^P=\hat{\boldsymbol{E}}_i\boldsymbol{\varepsilon}_i'^P \tag{4.73}$$

$$\boldsymbol{\varepsilon}_i'^P=\hat{\boldsymbol{D}}_i\boldsymbol{u}_i'^P \tag{4.74}$$

其中，

$$\hat{\boldsymbol{E}}_i=\begin{pmatrix}\hat{\lambda}+2\mu & \hat{\lambda} & \hat{\lambda} & 0 & 0 & 0\\ \hat{\lambda} & \hat{\lambda}+2\mu & \hat{\lambda} & 0 & 0 & 0\\ \hat{\lambda} & \hat{\lambda} & \hat{\lambda}+2\mu & 0 & 0 & 0\\ 0 & 0 & 0 & 2\mu & 0 & 0\\ 0 & 0 & 0 & 0 & 2\mu & 0\\ 0 & 0 & 0 & 0 & 0 & 2\mu\end{pmatrix} \tag{4.75}$$

$$\hat{\boldsymbol{D}}_i=\frac{1}{2}\begin{pmatrix}2\dfrac{\partial}{\partial x} & 0 & 0 & \dfrac{\partial}{\partial y} & \dfrac{\partial}{\partial z} & 0\\ 0 & 2\dfrac{\partial}{\partial y} & 0 & \dfrac{\partial}{\partial x} & 0 & \dfrac{\partial}{\partial z}\\ 0 & 0 & 2\dfrac{\partial}{\partial z} & 0 & \dfrac{\partial}{\partial x} & \dfrac{\partial}{\partial y}\end{pmatrix} \tag{4.76}$$

式中，$\hat{\lambda}$ 为拉梅系数；μ 为泊松比。

将式（4.73）和式（4.74）代入式（4.72）中，得

$$\delta W_i^{\mathrm{e}}=\delta\boldsymbol{a}_i^{\mathrm{T}}\left(\int_V(\hat{\boldsymbol{D}}_i\boldsymbol{\Phi}_i'^P)^{\mathrm{T}}\hat{\boldsymbol{E}}_i\hat{\boldsymbol{D}}_i\boldsymbol{\Phi}_i'^P\mathrm{d}V\right)\boldsymbol{a}_i=\delta\boldsymbol{a}_i^{\mathrm{T}}\boldsymbol{K}_i\boldsymbol{a}_i \tag{4.77}$$

式中，$\boldsymbol{K}_i$ 为柔体 B_i 的刚度矩阵，即

$$\boldsymbol{K}_i=\int_V(\hat{\boldsymbol{D}}_i\boldsymbol{\Phi}_i'^P)^{\mathrm{T}}\hat{\boldsymbol{E}}_i\hat{\boldsymbol{D}}_i\boldsymbol{\Phi}_i'^P\mathrm{d}V \tag{4.78}$$

3. 多柔体系统动力学方程

下面通过虚功率原理推导多柔体系统的动力学方程。柔体 B_i 的总虚功率为

$$\delta\dot{\boldsymbol{r}}_i^P\rho\int_V(\ddot{\boldsymbol{r}}_i^P-\boldsymbol{g})\mathrm{d}V-\delta\dot{\boldsymbol{r}}_i^{\mathrm{a}}\boldsymbol{F}_i^{\mathrm{a}}+\delta P_i^{\mathrm{e}}=0 \tag{4.79}$$

式（4.79）中第一项为惯性力与重力对 $\delta\dot{\boldsymbol{r}}_i^P$ 的虚功率，第二项为力元与运动副的主动力对作用点虚速度 $\delta\dot{\boldsymbol{r}}_i^{\mathrm{a}}$ 的虚功率，第三项为弹性力对变形速率的虚功：

$$\delta P_i^{\mathrm{e}}=\int_V(\delta\dot{\boldsymbol{\varepsilon}}_i^{P\mathrm{T}}\boldsymbol{\sigma}_i^P)\mathrm{d}V=\delta\dot{\boldsymbol{a}}_i^{\mathrm{T}}\boldsymbol{K}_i\boldsymbol{a}_i \tag{4.80}$$

将式（4.80）、式（4.63）和式（4.65）代入式（4.79）中，可得

$$\delta\dot{\boldsymbol{q}}_i^{\mathrm{T}}\left(\rho\int_V\boldsymbol{L}_i^{P\mathrm{T}}(\boldsymbol{L}_i^P\ddot{\boldsymbol{q}}_i+\boldsymbol{L}_i^{0P}-\boldsymbol{g})\mathrm{d}V-\boldsymbol{L}_i^{\mathrm{aT}}\boldsymbol{F}_i^{\mathrm{a}}\right)-\delta\dot{\boldsymbol{a}}_i^{\mathrm{T}}\boldsymbol{K}\dot{\boldsymbol{a}}_i=0 \tag{4.81}$$

式中，$\boldsymbol{L}_i^{\mathrm{a}}$ 为集中力 $\boldsymbol{F}_i^{\mathrm{a}}$ 作用点处的矩阵。

式（4.81）可以化简为

$$\delta\dot{\boldsymbol{q}}_i^{\mathrm{T}}(\boldsymbol{M}_i\ddot{\boldsymbol{q}}_i-\boldsymbol{F}_i)=0 \tag{4.82}$$

其中，

$$\boldsymbol{F}_i=\rho\int_V\boldsymbol{L}_i^{P\mathrm{T}}(\boldsymbol{g}-\boldsymbol{L}_i^{0P})\mathrm{d}V+\boldsymbol{L}_i^{\mathrm{aT}}\boldsymbol{F}_i^{\mathrm{a}}+(\boldsymbol{0},\boldsymbol{0},\dot{\boldsymbol{a}}_i^{\mathrm{T}}\boldsymbol{K}^{\mathrm{T}})^{\mathrm{T}} \tag{4.83}$$

将 N 个柔体的式（4.82）组集在一起，得

$$\delta\dot{\boldsymbol{q}}^{\mathrm{T}}(\boldsymbol{M}\ddot{\boldsymbol{q}}-\boldsymbol{Q})=0 \tag{4.84}$$

式中，$\boldsymbol{q}=(\boldsymbol{q}_1^{\mathrm{T}},\cdots,\boldsymbol{q}_N^{\mathrm{T}})^{\mathrm{T}}$；$\boldsymbol{M}=\mathrm{diag}(\boldsymbol{M}_1,\cdots,\boldsymbol{M}_N)$；$\boldsymbol{Q}=(\boldsymbol{F}_1^{\mathrm{T}},\cdots,\boldsymbol{F}_N^{\mathrm{T}})^{\mathrm{T}}$。

根据拉格朗日乘子定理得到约束多刚体系统的第一类拉格朗日方程：

$$\boldsymbol{M}\ddot{\boldsymbol{q}}+\boldsymbol{\Phi}_q^{\mathrm{T}}\boldsymbol{\lambda}=\boldsymbol{Q} \tag{4.85}$$

则多柔体系统的指标 3（Index-3）微分代数方程为

$$\begin{cases}\boldsymbol{M}\ddot{\boldsymbol{q}}+\boldsymbol{\Phi}_q^{\mathrm{T}}\boldsymbol{\lambda}=\boldsymbol{Q}\\ \boldsymbol{\Phi}(\boldsymbol{q},t)=\boldsymbol{0}\end{cases} \tag{4.86}$$

4.2　多体系统动力学方程求解算法

在对多体系统动力学建模的介绍中，我们得到了系统的指标 3（Index-3）微分代数方程，对该方程进行求解即可得到系统的位形坐标、位形速度关于时间的历程。对于实际多体系统而言，该方程较为复杂，通常没有解析解或难以求得，一般采用数值求解的方法。下面介绍多体系统动力学方程的数值求解算法，指标 3（Index-3）微分代数方程的标准形式为

$$\begin{cases}\boldsymbol{M}(\boldsymbol{q},t)\ddot{\boldsymbol{q}}+\boldsymbol{\Phi}_q^{\mathrm{T}}(\boldsymbol{q},t)\boldsymbol{\lambda}=\boldsymbol{Q}(\boldsymbol{q},\dot{\boldsymbol{q}},t)\\ \boldsymbol{\Phi}(\boldsymbol{q},t)=\boldsymbol{0}\end{cases} \tag{4.87}$$

动力学求解的目标可以描述为：在给定初始条件 $\boldsymbol{q}_0$、$\dot{\boldsymbol{q}}_0$ 下求解系统在时间域 t 内的动力学响应 $\boldsymbol{q}_t$、$\dot{\boldsymbol{q}}_t$、$\ddot{\boldsymbol{q}}_t$。为了提高求解的精度，将时间进行离散，k 时刻求得的解作为 $k+1$ 时刻的初始条件。那么，我们取其中的一步为研究对象，求解目标变为：给定 k 时刻初始条件 $\boldsymbol{q}_k$、$\dot{\boldsymbol{q}}_k$，求解 $k+1$ 时刻的动力学响应 $\boldsymbol{q}_{k+1}$、$\dot{\boldsymbol{q}}_{k+1}$、$\ddot{\boldsymbol{q}}_{k+1}$，时间步长为 h。式（4.87）的离散形式为

$$\begin{cases}\boldsymbol{M}(\boldsymbol{q}_{k+1},t_{k+1})\ddot{\boldsymbol{q}}_{k+1}+\boldsymbol{\Phi}_{\boldsymbol{q}_{k+1}}^{\mathrm{T}}(\boldsymbol{q}_{k+1},t_{k+1})\boldsymbol{\lambda}_{k+1}=\boldsymbol{Q}(\boldsymbol{q}_{k+1},\dot{\boldsymbol{q}}_{k+1},t_{k+1})\\ \boldsymbol{\Phi}(\boldsymbol{q}_{k+1},t_{k+1})=\boldsymbol{0}\end{cases} \tag{4.88}$$

下面介绍几种常见的机械系统动力学方程数值求解算法，以实现上述离散时间步的求解目标。

4.2.1 Newmark 积分法

Newmark 积分法假设的标准形式为

$$\begin{cases}\boldsymbol{q}_{k+1}=\boldsymbol{q}_k+h\dot{\boldsymbol{q}}_k+\left(\dfrac{1}{2}-\beta\right)h^2\ddot{\boldsymbol{q}}_k+\beta h^2\ddot{\boldsymbol{q}}_{k+1}\\ \dot{\boldsymbol{q}}_{k+1}=\dot{\boldsymbol{q}}_k+(1-\gamma)h\ddot{\boldsymbol{q}}_k+\gamma h\ddot{\boldsymbol{q}}_{k+1}\end{cases} \tag{4.89}$$

式中，β、γ 为区间［0，1］上的两个常数。

把 Newmark 假设［式（4.89）］代入离散微分代数方程［式（4.88）］中，再进行变换，得

$$\begin{cases}\boldsymbol{M}(\ddot{\boldsymbol{q}}_{k+1},t_{k+1})\ddot{\boldsymbol{q}}_{k+1}+\boldsymbol{\Phi}_{\boldsymbol{q}_{k+1}}^{\mathrm{T}}(\ddot{\boldsymbol{q}}_{k+1},t_{k+1})\boldsymbol{\lambda}_{k+1}-\boldsymbol{Q}(\ddot{\boldsymbol{q}}_{k+1},t_{k+1})=\boldsymbol{0}\\ \boldsymbol{\Phi}(\ddot{\boldsymbol{q}}_{k+1},t_{k+1})/\beta h^2=\boldsymbol{0}\end{cases} \tag{4.90}$$

式（4.90）中为了使算法稳定将约束方程乘以 $1/\beta h^2$。对非线性微分代数方程［式（4.90）］进行求解即可得到 $k+1$ 时刻的系统位形加速度 $\ddot{\boldsymbol{q}}_{k+1}$，然后再代回式（4.89）即可求得 $k+1$ 时刻的系统位形坐标 $\boldsymbol{q}_{k+1}$ 和位形速度 $\dot{\boldsymbol{q}}_{k+1}$。求解该非线性微分代数方程一般可采用 Newton-Raphson 迭代算法，下面简要介绍 Newton-Raphson 迭代算法的流程。

1. Newton-Raphson 迭代算法

令

$$\boldsymbol{G}(\boldsymbol{q}_{k+1},\boldsymbol{\lambda}_{k+1})=\begin{pmatrix}\boldsymbol{G}_1\\ \boldsymbol{G}_2\end{pmatrix}=\begin{pmatrix}\boldsymbol{M}(\boldsymbol{q}_{k+1},t_{k+1})\ddot{\boldsymbol{q}}_{k+1}+\boldsymbol{\Phi}_{\boldsymbol{q}_{k+1}}^{\mathrm{T}}(\boldsymbol{q}_{k+1},t_{k+1})\boldsymbol{\lambda}_{k+1}\\ -\boldsymbol{Q}(\boldsymbol{q}_{k+1},\dot{\boldsymbol{q}}_{k+1},t_{k+1})\\ \boldsymbol{\Phi}(\boldsymbol{q}_{k+1},t_{k+1})/\beta h^2\end{pmatrix} \tag{4.91}$$

定义迭代变量为 $\boldsymbol{X}=(\ddot{\boldsymbol{q}}_{k+1}^{\mathrm{T}},\boldsymbol{\lambda}_{k+1}^{\mathrm{T}})^{\mathrm{T}}$，则非线性方程的求解问题变为求 $\boldsymbol{G}(\boldsymbol{q}_{k+1},\boldsymbol{\lambda}_{k+1})=\boldsymbol{0}$ 时 $\boldsymbol{X}$ 的值。对于迭代初值有

$$\boldsymbol{X}^{(0)}=\left((\ddot{\boldsymbol{q}}_{k+1}^{\mathrm{T}})^{(0)},(\boldsymbol{\lambda}_k^{\mathrm{T}})^{(0)}\right)^{\mathrm{T}}=(\ddot{\boldsymbol{q}}_k^{\mathrm{T}},\boldsymbol{\lambda}_k^{\mathrm{T}})^{\mathrm{T}} \tag{4.92}$$

将加速度迭代初值 $(\ddot{\boldsymbol{q}}_{k+1}^{\mathrm{T}})^{(0)}$ 代入式（4.89）可得到位形坐标 $(\boldsymbol{q}_{k+1}^{\mathrm{T}})^{(0)}$ 和位形速度 $(\dot{\boldsymbol{q}}_{k+1}^{\mathrm{T}})^{(0)}$ 的迭代初值。再把所有迭代初值代入式（4.91）中，可以得到函数 $\boldsymbol{G}(\boldsymbol{q}_{k+1},\boldsymbol{\lambda}_{k+1})$ 在 $\boldsymbol{X}^{(0)}$ 处的初值 $\boldsymbol{G}^{(0)}$，则函数 $\boldsymbol{G}(\boldsymbol{q}_{k+1},\boldsymbol{\lambda}_{k+1})$ 在 $\boldsymbol{X}^{(0)}$ 处的切线可写为

$$\boldsymbol{Y}^{(0)}=\boldsymbol{G}^{(0)}+\boldsymbol{J}^{(0)}(X-X^{(0)}) \tag{4.93}$$

其中，$\boldsymbol{J}$ 为雅可比矩阵：

$$\boldsymbol{J}=\begin{pmatrix}\dfrac{\partial \boldsymbol{G}_1}{\partial \ddot{\boldsymbol{q}}_{k+1}} & \dfrac{\partial \boldsymbol{G}_1}{\partial \boldsymbol{\lambda}_{k+1}}\\ \dfrac{\partial \boldsymbol{G}_2}{\partial \ddot{\boldsymbol{q}}_{k+1}} & \dfrac{\partial \boldsymbol{G}_2}{\partial \boldsymbol{\lambda}_{k+1}}\end{pmatrix} \tag{4.94}$$

$$\begin{cases}\dfrac{\partial \boldsymbol{G}_1}{\partial \ddot{\boldsymbol{q}}_{k+1}}=\boldsymbol{M}+\left(\dfrac{\partial \boldsymbol{M}\ddot{\boldsymbol{q}}_{k+1}}{\partial \boldsymbol{q}_{k+1}}+\dfrac{\partial \boldsymbol{\Phi}_{\boldsymbol{q}_{k+1}}^{\mathrm{T}}}{\partial \boldsymbol{q}_{k+1}}-\dfrac{\partial \boldsymbol{Q}}{\partial \boldsymbol{q}_{k+1}}\right)\beta h^2 \\ \dfrac{\partial \boldsymbol{G}_2}{\partial \ddot{\boldsymbol{q}}_{k+1}}=\boldsymbol{\Phi}_{\boldsymbol{q}_{k+1}} \\ \dfrac{\partial \boldsymbol{G}_1}{\partial \boldsymbol{\lambda}_{k+1}}=\boldsymbol{\Phi}_{\boldsymbol{q}_{k+1}}^{\mathrm{T}} \\ \dfrac{\partial \boldsymbol{G}_2}{\partial \boldsymbol{\lambda}_{k+1}}=\boldsymbol{0}\end{cases} \tag{4.95}$$

令 $\boldsymbol{Y}^{(0)}=\boldsymbol{0}$，可以得到下一个迭代值 $\boldsymbol{X}^{(1)}$，然后重复上述步骤得到下一个迭代值 $\boldsymbol{X}^{(2)}$，如此循环往复直到迭代值的精度满足

$$\|\boldsymbol{G}^{(i)}\|_2<\varepsilon \tag{4.96}$$

式中，ε 为最大容差；i 为迭代次数。

那么，可以得到 $k+1$ 时刻系统的数值近似解：

$$\boldsymbol{X}^{(i)}=(\hat{\ddot{\boldsymbol{q}}}_{k+1}^{\mathrm{T}},\hat{\boldsymbol{\lambda}}_{k+1}^{\mathrm{T}})^{\mathrm{T}} \tag{4.97}$$

式中，$\hat{\ddot{\boldsymbol{q}}}_{k+1}^{\mathrm{T}}$、$\hat{\boldsymbol{\lambda}}_{k+1}^{\mathrm{T}}$为 $k+1$ 时刻多体系统位形加速度和拉格朗日乘子的数值近似解。

在此过程中，可以将迭代过程以增量的形式表示为

$$\boldsymbol{J}^{(i)}\begin{pmatrix}\Delta\ddot{\boldsymbol{q}}_{k+1}\\ \Delta\boldsymbol{\lambda}_{k+1}\end{pmatrix}^{(i)}=-\begin{pmatrix}\boldsymbol{G}_1\\ \boldsymbol{G}_2\end{pmatrix}^{(i)} \tag{4.98}$$

迭代变量 $\boldsymbol{X}$ 的迭代式为

$$\begin{pmatrix}\ddot{\boldsymbol{q}}_{k+1}\\ \boldsymbol{\lambda}_{k+1}\end{pmatrix}^{(i)}=\begin{pmatrix}\ddot{\boldsymbol{q}}_{k+1}\\ \boldsymbol{\lambda}_{k+1}\end{pmatrix}^{(i)}-\begin{pmatrix}\Delta\ddot{\boldsymbol{q}}_{k+1}\\ \Delta\boldsymbol{\lambda}_{k+1}\end{pmatrix}^{(i)} \tag{4.99}$$

2. Newmark 积分法参数

在式（4.89）中，我们引入了两个参数 β、γ，这两个参数的取值决定了该方法数值积分的精度和稳定性。当 $\beta\leqslant1/2$ 且 $\gamma\geqslant1/2$ 时，Newmark 积分法具有条件稳定性，积分步长需要满足

$$h\leqslant\frac{1}{\omega_{\max}\sqrt{0.5\gamma-\beta}} \tag{4.100}$$

式中，$\omega_{\max}$ 为系统最大固有频率。

当 $2\beta\geqslant\gamma\geqslant1/2$ 时，Newmark 积分法无条件稳定性，原则上积分步长不受限制，通常情况下取积分步长小于系统最短周期成分的 1/10。

参数 β、γ 的特定取值也代表着几种古典的积分方法：①当 $\beta=1/4$、$\gamma=1/2$ 时，Newmark 积分法变为古典的平均加速度法，即假定加速度在时间（$k,k+1$）上为定值，取两端点的平均值，$\ddot{\boldsymbol{q}}_{\xi}=(\ddot{\boldsymbol{q}}_k+\ddot{\boldsymbol{q}}_{k+1})/2$；②当 $\beta=1/6$、$\gamma=1/2$ 时，Newmark 积分法称为线性加速度法；③当 $\beta=0$、$\gamma=1/2$ 时，Newmark 积分法等价于中心差分法。

4.2.2 广义 α 法

在 Newmark 积分法的基础上，广义 α 法引入新的算法矢量 $\boldsymbol{\alpha}$，将动力学方程式（4.89）

改写为

$$\begin{cases}\boldsymbol{q}_{k+1}=\boldsymbol{q}_k+h\dot{\boldsymbol{q}}_k+\left(\dfrac{1}{2}-\beta\right)h^2\boldsymbol{\alpha}_k+\beta h^2\boldsymbol{\alpha}_{k+1}\\ \dot{\boldsymbol{q}}_{k+1}=\dot{\boldsymbol{q}}_k+(1-\gamma)h\boldsymbol{\alpha}_k+\gamma h\boldsymbol{\alpha}_{k+1}\end{cases} \tag{4.101}$$

其中，矢量 $\boldsymbol{\alpha}$ 满足以下关系：

$$\begin{cases}\boldsymbol{\alpha}_0=\dot{\boldsymbol{q}}_0\\ (1-\alpha_{\mathrm{m}})\boldsymbol{\alpha}_{k+1}+\alpha_{\mathrm{m}}\boldsymbol{\alpha}_k=(1-\alpha_{\mathrm{f}})\ddot{\boldsymbol{q}}_{k+1}+\alpha_{\mathrm{f}}\ddot{\boldsymbol{q}}_k\end{cases} \tag{4.102}$$

参数一般可以按照下面的方法选取：

$$\alpha_{\mathrm{m}}=\frac{2\rho-1}{\rho+1}$$

$$\alpha_{\mathrm{f}}=\frac{\rho}{\rho+1}$$

$$\beta=\frac{1}{4}(1+\alpha_{\mathrm{f}}-\alpha_{\mathrm{m}})^2$$

$$\gamma=\frac{1}{2}+\alpha_{\mathrm{f}}-\alpha_{\mathrm{m}} \tag{4.103}$$

式中，$\rho\in[0,1]$，为算法的谱半径，代表算法的数值耗散，ρ 值越大，数值耗散越小。

当 $\rho=1$ 时，广义 α 法退化为梯度算法，系统不产生能量耗散。当 $\alpha_{\mathrm{f}}=\alpha_{\mathrm{m}}=0$ 时，有 $\boldsymbol{\alpha}_{k+1}=\ddot{\boldsymbol{q}}_{k+1}$，$\boldsymbol{\alpha}_k=\ddot{\boldsymbol{q}}_k$，则广义 α 法退化为 Newmark 积分法。

再将式（4.101）与式（4.102）代入多体系统的离散方程［式（4.88）］，并引入常数 $(1-\alpha_{\mathrm{m}})/\beta h^2(1-\alpha_{\mathrm{f}})$ 使算法稳定，可以得到未知变量为 $\boldsymbol{X}=(\ddot{\boldsymbol{q}}_{k+1}^{\mathrm{T}},\boldsymbol{\lambda}_{k+1}^{\mathrm{T}})^{\mathrm{T}}$ 的非线性方程组：

$$\begin{cases}\boldsymbol{M}(\ddot{\boldsymbol{q}}_{k+1},t_{k+1})\ddot{\boldsymbol{q}}_{k+1}+\boldsymbol{\Phi}_{\boldsymbol{q}_{k+1}}^{\mathrm{T}}(\ddot{\boldsymbol{q}}_{k+1},t_{k+1})\boldsymbol{\lambda}_{k+1}-\boldsymbol{Q}(\ddot{\boldsymbol{q}}_{k+1},t_{k+1})=\boldsymbol{0}\\ \boldsymbol{\Phi}(\ddot{\boldsymbol{q}}_{k+1},t_{k+1})(1-\alpha_{\mathrm{m}})/\beta h^2(1-\alpha_{\mathrm{f}})=\boldsymbol{0}\end{cases} \tag{4.104}$$

对该方程组进行求解即可得到 $\ddot{\boldsymbol{q}}_{k+1}$ 与 $\boldsymbol{\lambda}_{k+1}$，再代回式（4.109）和式（4.110），即可得到 $\boldsymbol{q}_{k+1}$、$\dot{\boldsymbol{q}}_{k+1}$、$\boldsymbol{\alpha}_{k+1}$，然后进行下一积分步求解。

广义 α 法在每个离散时刻的解也可以使用 Newton-Raphson 迭代算法进行迭代求解，其流程与 Newmark 积分法情况类似，在此不再赘述。

4.2.3 保辛算法

有研究表明，当动力学微分方程的差分计算格式满足保辛要求时，得到的数值结果能够保持长时间的稳定性，且系统中原有的守恒量在时间格点上能够保持长时间的守恒。下面首先简单介绍保辛算法的基本概念。

辛矩阵是指满足以下特定数学结构的矩阵：

$$\boldsymbol{S}^{\mathrm{T}}\boldsymbol{J}\boldsymbol{S}=\boldsymbol{S} \tag{4.105}$$

式中，$\boldsymbol{S}$ 为辛矩阵；$\boldsymbol{J}$ 为单位反对称矩阵。

对于非线性动力学系统 $f(z)=0$，z 为状态向量，在通过某数值算法对系统进行离散后，相邻时刻状态变量的关系可以表示为

$$z_{k+1}=g(z_k) \tag{4.106}$$

定义映射函数 g 的雅可比矩阵为

$$\boldsymbol{K}=\frac{\partial z_{k+1}}{\partial z_k} \tag{4.107}$$

当矩阵 $\boldsymbol{K}$ 满足辛矩阵的数学结构［式（4.105）］时，该数值算法保辛。

下面对保辛算法原理进行简要介绍，我们仍以前面推导得到的多体系统的指标 3（Index-3）微分代数方程为例，其形式为

$$\begin{cases}\boldsymbol{M}(\boldsymbol{q},t)\ddot{\boldsymbol{q}}+\boldsymbol{\Phi}_q^{\mathrm{T}}(\boldsymbol{q},t)\boldsymbol{\lambda}=\boldsymbol{Q}(\boldsymbol{q},\dot{\boldsymbol{q}},t)\\ \boldsymbol{\Phi}(\boldsymbol{q},t)=\boldsymbol{0}\end{cases} \tag{4.108}$$

同时，建立多体系统的第二类拉格朗日方程：

$$\frac{\mathrm{d}}{\mathrm{d}t}\left(\frac{\partial L(\boldsymbol{q},\dot{\boldsymbol{q}})}{\partial \dot{\boldsymbol{q}}}\right)-\frac{\partial L(\boldsymbol{q},\dot{\boldsymbol{q}})}{\partial \boldsymbol{q}}=\boldsymbol{Q}_L(\boldsymbol{q},\dot{\boldsymbol{q}},t) \tag{4.109}$$

其中，$\boldsymbol{Q}_L$ 为系统的广义力，包括保守力和非保守力，L 为拉格朗日函数；

$$L(\boldsymbol{q},\dot{\boldsymbol{q}})=\frac{1}{2}\dot{\boldsymbol{q}}^{\mathrm{T}}\boldsymbol{M}\dot{\boldsymbol{q}}-\boldsymbol{\Phi}^{\mathrm{T}}(\boldsymbol{q},t)\boldsymbol{\lambda}-U(\boldsymbol{q}) \tag{4.110}$$

式中，$U(\boldsymbol{q})$ 为多体系统的势能，包括重力势能和弹性势能。

把式（4.110）代入式（4.109）中可得到由第二类拉格朗日方法得到的系统动力学方程：

$$\boldsymbol{M}(\boldsymbol{q},t)\ddot{\boldsymbol{q}}+\boldsymbol{\Phi}_q^{\mathrm{T}}(\boldsymbol{q},t)\boldsymbol{\lambda}=\boldsymbol{Q}_L(\boldsymbol{q},\dot{\boldsymbol{q}},t)-U_q^{\mathrm{T}}(\boldsymbol{q}) \tag{4.111}$$

比较式（4.111）与式（4.108），可以得到系统广义力的形式为

$$\boldsymbol{Q}_L(\boldsymbol{q},\dot{\boldsymbol{q}},t)=\boldsymbol{Q}(\boldsymbol{q},\dot{\boldsymbol{q}},t)+U_q^{\mathrm{T}}(\boldsymbol{q}) \tag{4.112}$$

对系统进行离散，积分步长为 h，考虑时间区间 $[k,k+1]$。基于拉格朗日-达朗贝尔原理可以得到时间区间内的作用量的变分为

$$\delta S(\boldsymbol{q},\dot{\boldsymbol{q}})=\delta\int_k^{k+1}L(\boldsymbol{q},\dot{\boldsymbol{q}})\mathrm{d}t+\int_k^{k+1}\delta\boldsymbol{q}^{\mathrm{T}}\boldsymbol{Q}_L(\boldsymbol{q},\dot{\boldsymbol{q}},t)\mathrm{d}t=0 \tag{4.113}$$

以时间区间的端点 $\boldsymbol{q}_{k+1}$、$\dot{\boldsymbol{q}}_{k+1}$ 为未知量，采用线性插值，得

$$\begin{cases}\boldsymbol{q}=(1-\alpha)\boldsymbol{q}_k+\alpha\boldsymbol{q}_{k+1}\\ \dot{\boldsymbol{q}}=(\boldsymbol{q}_k-\boldsymbol{q}_{k+1})/h\end{cases} \tag{4.114}$$

式中，$\alpha\in[0,1]$。

取 $\alpha=1/2$，将式（4.114）代入式（4.113）可得

$$\delta S(\boldsymbol{q},\dot{\boldsymbol{q}})=\delta\int_k^{k+1}L(\tilde{\boldsymbol{q}},\tilde{\dot{\boldsymbol{q}}})\mathrm{d}t+\int_k^{k+1}\delta\tilde{\boldsymbol{q}}^{\mathrm{T}}\boldsymbol{Q}_L(\tilde{\boldsymbol{q}},\tilde{\dot{\boldsymbol{q}}},t)\mathrm{d}t=0 \tag{4.115}$$

在代入线性插值后，式（4.115）的作用量 S 只与 $\boldsymbol{q}_{k+1}$、$\dot{\boldsymbol{q}}_{k+1}$ 相关。下面根据变分原理，可得到如下相邻时间步的状态正则变换方程：

$$\begin{cases}\boldsymbol{p}_k=-\dfrac{\partial S(\boldsymbol{q}_k,\boldsymbol{q}_{k+1})}{\partial \boldsymbol{q}_k}=-\displaystyle\int_k^{k+1}\frac{\partial L(\tilde{\boldsymbol{q}},\tilde{\dot{\boldsymbol{q}}})}{\partial \boldsymbol{q}_k}\mathrm{d}t-\frac{1}{2}\int_k^{k+1}\boldsymbol{Q}_L(\tilde{\boldsymbol{q}},\tilde{\dot{\boldsymbol{q}}})\mathrm{d}t\\ \boldsymbol{p}_{k+1}=\dfrac{\partial S(\boldsymbol{q}_k,\boldsymbol{q}_{k+1})}{\partial \boldsymbol{q}_{k+1}}=\displaystyle\int_k^{k+1}\frac{\partial L(\tilde{\boldsymbol{q}},\tilde{\dot{\boldsymbol{q}}})}{\partial \boldsymbol{q}_{k+1}}\mathrm{d}t+\frac{1}{2}\int_k^{k+1}\boldsymbol{Q}_L(\tilde{\boldsymbol{q}},\tilde{\dot{\boldsymbol{q}}})\mathrm{d}t\end{cases} \tag{4.116}$$

其初始值为

$$\begin{cases}\boldsymbol{p}_0=\boldsymbol{M}(\boldsymbol{q}_0,t_0)\dot{\boldsymbol{q}}_0\\ \boldsymbol{p}_1=\boldsymbol{M}(\boldsymbol{q}_0)\dot{\boldsymbol{q}}_1\end{cases}\tag{4.117}$$

将式（4.110）和式（4.112）代入式（4.116），再考虑系统约束方程可以得到如下微分代数方程组：

$$\begin{cases}\boldsymbol{p}_k-\boldsymbol{M}\tilde{\dot{\boldsymbol{q}}}-\dfrac{h}{2}\boldsymbol{\Phi}_q^{\mathrm{T}}(\tilde{\boldsymbol{q}})\boldsymbol{\lambda}_{k+1}+\dfrac{h}{2}\boldsymbol{Q}(\tilde{\boldsymbol{q}},\tilde{\dot{\boldsymbol{q}}})=\boldsymbol{0}\\ -\boldsymbol{p}_{k+1}+\boldsymbol{M}\tilde{\dot{\boldsymbol{q}}}-\dfrac{h}{2}\boldsymbol{\Phi}_q^{\mathrm{T}}(\tilde{\boldsymbol{q}})\boldsymbol{\lambda}_{k+1}+\dfrac{h}{2}\boldsymbol{Q}(\tilde{\boldsymbol{q}},\tilde{\dot{\boldsymbol{q}}})=\boldsymbol{0}\\ \boldsymbol{\Phi}(\boldsymbol{q}_{k+1},t_{k+1})=\boldsymbol{0}\end{cases}\tag{4.118}$$

式（4.118）的第一个方程和第三个方程包含的未知量仅有 $\boldsymbol{\lambda}_{k+1}$ 和 $\boldsymbol{q}_{k+1}$，对这两个方程联合求解，使用前面介绍的 Newton-Raphson 迭代算法可以很方便地进行求解。得到 $\boldsymbol{q}_{k+1}$ 和 $\boldsymbol{\lambda}_{k+1}$ 后，将二者再代入式（4.118）的第二个方程中，即可得到 $\boldsymbol{p}_{k+1}$，然后进入下一个时间步的计算。

4.3　多体系统动力学应用实例

本小节通过两个例子介绍多体动力学的应用。

4.3.1　多连杆压力机动力学仿真

多连杆压力机是一种典型的机械系统，它可以提供最佳的滑块运动轨迹以满足冲压过程中的工艺需求，广泛应用于汽车制造领域、航空航天制造领域、电子产品制造和家电领域的零部件的冲压、拉伸成型，如笔记本外壳、空调外壳、车门、车顶、机翼等的制造。图 4.7 所示为一种常见的多连杆压力机的机构简图，由 1 个曲柄、3 个连杆和 3 个滑块组成，其中主滑块 7 负责完成成型工艺。在对多连杆压力机进行动力学分析时，可以将其抽象成由多个刚性杆件组成的平面多刚体系统。

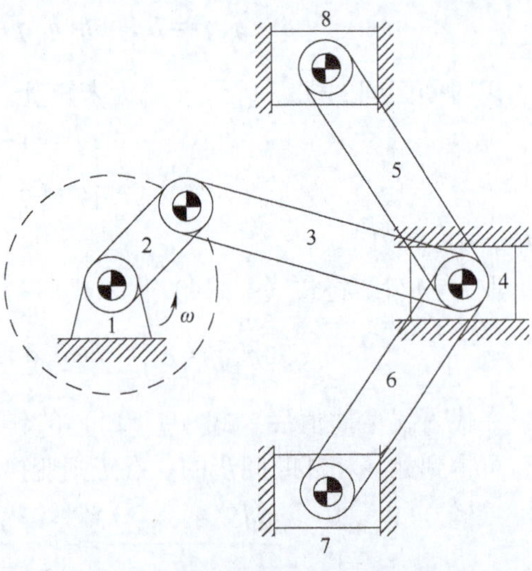

图 4.7　多连杆压力机机构简图

1—机架　2—曲柄　3、5、6—连杆　4—滑块　7—主滑块　8—副滑块

根据前面介绍的平面多刚体系统位形描述方法，在机架 1 与曲柄 2 关节中心点建立系统的公共基 $\boldsymbol{e}=(\boldsymbol{x},\boldsymbol{y})^{\mathrm{T}}$，基点为 O，在其他各构件的质心位置建立连体基 $\boldsymbol{e}_i=(\boldsymbol{x}_i,\boldsymbol{y}_i)^{\mathrm{T}}$ $(i=2,\cdots,8)$，基点为 C_i。基点 C_i 在公共基 $\boldsymbol{e}$ 上的坐标为 $\boldsymbol{r}_i=(x_i,y_i)^{\mathrm{T}}$，连体基 $\boldsymbol{e}_i$ 的基矢量 $\boldsymbol{x}_i$ 的正向与公共基 $\boldsymbol{e}$ 的基矢量 $\boldsymbol{x}$ 的正向之间的夹角为 θ_i。那么多连杆系统的位形坐标阵为

$$\boldsymbol{q}=(\boldsymbol{q}_2^{\mathrm{T}},\boldsymbol{q}_3^{\mathrm{T}},\cdots,\boldsymbol{q}_8^{\mathrm{T}})^{\mathrm{T}} \tag{4.119}$$

$$\boldsymbol{q}_i=(\boldsymbol{r}_i^{\mathrm{T}},\theta_i)^{\mathrm{T}}=(x_i,y_i,\theta_i)^{\mathrm{T}}$$

建立多体系统的位形约束方程。该系统包含的约束只有旋转铰约束和平面滑动约束。系统的位形约束方程可以写为

$$\boldsymbol{\Phi}^{\mathrm{K}}=(\boldsymbol{\Phi}_{21}^{\mathrm{T}},\boldsymbol{\Phi}_{32}^{\mathrm{T}},\boldsymbol{\Phi}_{43}^{\mathrm{T}},\boldsymbol{\Phi}_{64}^{\mathrm{T}},\boldsymbol{\Phi}_{76}^{\mathrm{T}},\boldsymbol{\Phi}_{54}^{\mathrm{T}},\boldsymbol{\Phi}_{85}^{\mathrm{T}},\boldsymbol{\Phi}_{4}^{\mathrm{T}},\boldsymbol{\Phi}_{7}^{\mathrm{T}},\boldsymbol{\Phi}_{8}^{\mathrm{T}})^{\mathrm{T}}=\boldsymbol{0} \tag{4.120}$$

其中，

$$\begin{cases}
\boldsymbol{\Phi}_{21}=(x_2-l_{s_2}\cos\theta_2,y_2-l_{s_2}\sin\theta_2)^{\mathrm{T}}\\
\boldsymbol{\Phi}_{32}=\big(x_3-l_{s_3}\cos\theta_3-(x_2+l_{s_2}\cos\theta_2),y_3-l_{s_3}\sin\theta_3-(y_2+l_{s_2}\sin\theta_2)\big)^{\mathrm{T}}\\
\boldsymbol{\Phi}_{43}=\big(x_4-(x_3+l_{s_3}\cos\theta_3),y_4-(y_3+l_{s_3}\sin\theta_3)\big)^{\mathrm{T}}\\
\boldsymbol{\Phi}_{64}=(x_6-l_{s_6}\cos\theta_6-x_4,y_6-l_{s_6}\sin\theta_6-y_4)^{\mathrm{T}}\\
\boldsymbol{\Phi}_{76}=\big(x_7-(x_6+l_{s_6}\cos\theta_6),y_7-(y_6+l_{s_6}\sin\theta_6)\big)^{\mathrm{T}}\\
\boldsymbol{\Phi}_{54}=(x_5-l_{s_5}\cos\theta_5-x_4,y_5-l_{s_5}\sin\theta_5-y_4)^{\mathrm{T}}\\
\boldsymbol{\Phi}_{85}=\big(x_8-(x_5+l_{s_5}\cos\theta_5),y_8-(y_5+l_{s_5}\sin\theta_5)\big)^{\mathrm{T}}\\
\boldsymbol{\Phi}_{4}=(y_4,\theta_4)^{\mathrm{T}}\\
\boldsymbol{\Phi}_{7}=(x_7-x_7^{\mathrm{o}},\theta_7)^{\mathrm{T}}\\
\boldsymbol{\Phi}_{8}=(x_8-x_8^{\mathrm{o}},\theta_8)^{\mathrm{T}}
\end{cases} \tag{4.121}$$

式中，$l_{s_i}=l_i/2$，l_i 为刚体 B_i 的长度；x_7^{o}，x_8^{o} 分别为刚体 B_7 和 B_8 质心与公共基 $\boldsymbol{e}$ 的 $\boldsymbol{x}$ 向距离。

考虑系统的驱动约束为

$$\boldsymbol{\Phi}^{\mathrm{D}}=\theta_2-\omega_2 t \tag{4.122}$$

式中，ω_2 为曲柄 B_2 的角速度。

考虑系统附加驱动的位形约束方程为

$$\boldsymbol{\Phi}(\boldsymbol{q},t)=\begin{pmatrix}\boldsymbol{\Phi}^{\mathrm{K}}(\boldsymbol{q})\\ \boldsymbol{\Phi}^{\mathrm{D}}(\boldsymbol{q},t)\end{pmatrix}=\boldsymbol{0} \tag{4.123}$$

得到系统的位形速度约束方程和位形加速度约束方程：

$$\boldsymbol{\Phi}_q\dot{\boldsymbol{q}}=\boldsymbol{\nu} \tag{4.124}$$

其中，

$$\boldsymbol{\nu}=-\boldsymbol{\Phi}_t$$

$$\boldsymbol{\Phi}_q\ddot{\boldsymbol{q}}=\boldsymbol{\gamma} \tag{4.125}$$

其中，

$$\boldsymbol{\gamma}=-\big((\boldsymbol{\Phi}_q\dot{\boldsymbol{q}})_q\dot{\boldsymbol{q}}+2\boldsymbol{\Phi}_{qt}\dot{\boldsymbol{q}}+\boldsymbol{\Phi}_{tt}\big)$$

接着，建立约束系统动力学方程，写出系统的指标 3（Index-3）微分代数方程组：

$$\begin{cases}\boldsymbol{M}\ddot{\boldsymbol{q}}+\boldsymbol{\Phi}_q^{\mathrm{T}}(\boldsymbol{q},t)\boldsymbol{\lambda}=\boldsymbol{Q}(\boldsymbol{q},\dot{\boldsymbol{q}},t)\\ \boldsymbol{\Phi}(\boldsymbol{q},t)=\boldsymbol{0}\end{cases} \tag{4.126}$$

式中，$\boldsymbol{M}=\mathrm{diag}(\boldsymbol{M}_1,\cdots,\boldsymbol{M}_N)$，$\boldsymbol{M}_i=\mathrm{diag}(m_i,m_i,J_i')$，$m_i$ 与 J_i' 分别为刚体 B_i 的质量和关于质心的转动惯量；$\boldsymbol{Q}=(\boldsymbol{F}_1^{\mathrm{aT}},\cdots,\boldsymbol{F}_N^{\mathrm{aT}})^{\mathrm{T}}$，$\boldsymbol{F}_i^{\mathrm{a}}=(F_{ix},F_{iy},M_i)^{\mathrm{T}}$，此处只考虑系统受到的重力，因

此 $\boldsymbol{F}_i^{\mathrm{a}}=(0,m_i g,0)^{\mathrm{T}}$。

多连杆压力机机构参数在表 4.1 中给出。

表 4.1 多连杆压力机机构参数

名 称	质量 m/kg	长度 L/m	转动惯量 J/(kg·m²)
曲柄 2	17.31	0.0178	0.0174
连杆 3	4.11	0.1965	0.0351
滑块 4	6.42	—	—
连杆 5	3.12	0.1075	0.0174
连杆 6	0.88	0.1075	0.0599
主滑块 7	121.43	—	—
副滑块 8	107.05	—	—
x_7^{o}	—	0.15	—
x_8^{o}	—	0.15	—

在完成对多连杆压力机系统的动力学建模后，我们使用前面介绍的 Newmark 积分法对系统数值积分，使用 Newton-Raphson 迭代算法求数值解。表 4.2 为仿真参数设置。

表 4.2 仿真参数设置

参 数	值	参 数	值
主轴初始转角	0	主轴转速	200r/min
仿真步长	0.0001s	仿真时间	0.6s
β	0.3	γ	0.5

图 4.8 为多连杆系统下滑块 B_7 的响应曲线，图 4.8a 为下滑块位移曲线，由此可知系统在曲柄匀速转动时，末端滑块输出的位移曲线近似为三角曲线，当我们需要特定形状的位移输出曲线时，需要对控制量进行修改，也就是对驱动约束项进行更改。图 4.8b 为下滑的速度曲线，图 4.8c 为下滑块加速度曲线。图 4.9 所示为空载情况下曲柄 2 与机架 1 的旋转铰约束的约束力，图 4.9a 为公共基 $\boldsymbol{x}$ 方向的约束力，图 4.9b 为公共基 $\boldsymbol{y}$ 方向的约束力。也可以通过反求约束力得到所有约束的约束力。在对系统进行仿真后，通过得到的约束可以对系统结构强度进行校验或者进行结构优化。在实际分析时，可以对系统的驱动约束进行更改，也可以施加负载来观测系统在工作情况下各构件的受力情况，或对系统的动力学模型进行更改，如考虑柔性影响来分析杆件在工作过程中的应力、应变。以施加负载为例，考虑一种简单的负载模型，当下滑块在向下运动，且位移低于 95mm 时，认为下滑块与加工件进行接触，假设力是线性的，每压缩 1mm，受到 1000N 的力。当滑块上升时，滑块与加工件分离，没有负载力。得到的曲柄 2 与机架 1 的旋转铰约束的约束力如图 4.10 所示，力的响应曲线更加复杂，力的最大值也会发生变化。在实际进行仿真时，需要采用更精确的负载模型以得到准确的响应。

在对不同工况下的系统进行充分的仿真分析以后，便可以根据系统的分析结果进行优化设计，如改变某构件的结构，进行轻量化设计，减轻其质量，或增加某构件的强度来防止系统在工作过程中的损伤。

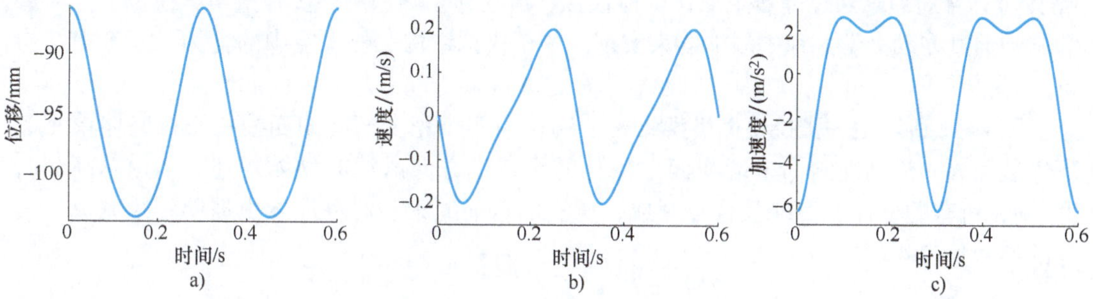

图 4.8　多连杆系统下滑块响应曲线

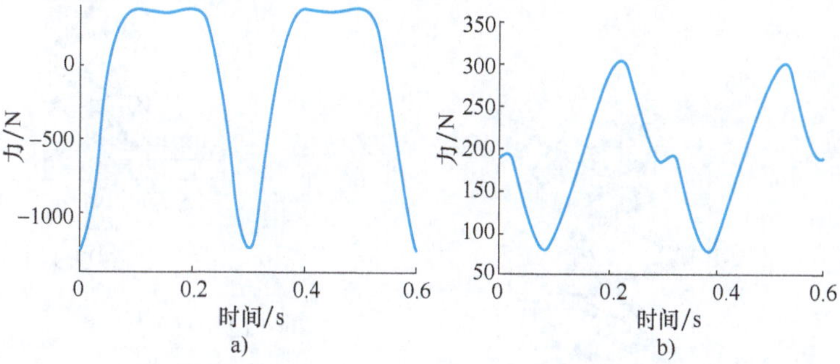

图 4.9　空载情况下曲柄 2 与机架 1 的旋转铰约束的约束力

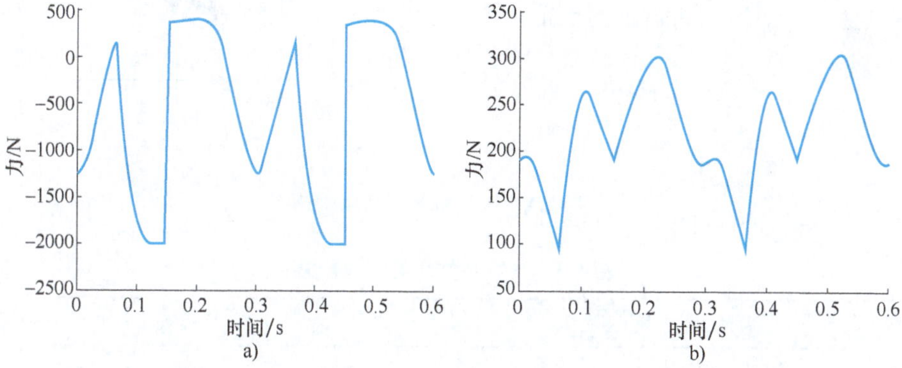

图 4.10　负载情况下曲柄 2 与机架 1 的旋转铰约束的约束力

4.3.2　张拉整体结构折叠仿真

张拉整体是一种由若干连续的受拉构件作用于一组离散受压构件而形成的稳定自平衡系统，其作为一种奇特而富有魅力的结构形式，近些年来越来越受到多领域学者的关注。受张拉整体概念启发，结构工程师设计出了类张拉整体结构的人行桥和索穹顶；航空航天领域学者设计了可展开塔状天线和反射天线；NASA 的研究者研制了灵巧的球形张拉整体机器人用于未来的太空星球登陆和勘测。张拉整体结构的易变性使其成为软体机器人的一种优秀设计方案。

本节采用计算多体动力学的方法研究张拉整体塔架系统的折叠过程。将杆件视为物体（刚体），普通绳索通过弹簧阻尼作动器模拟，滑动绳索则采用多段弹簧串联模拟，作动点的驱动通过在动力学方程中添加约束实现。为了模拟结构在外太空中的行为，不考虑结构自重。

图 4.11 所示为一张拉整体塔架结构。结构由四个完全相同的四棱柱张拉整体单元上下组装而成，滑动绳索的末端与四个额外的沿特定方向滑动的物体相连。结构总高 2m、宽 1m，所有的杆件由 TC4 钛合金制成，所有的普通绳索和滑动绳索由玻璃纤维制成。具体的参数见表 4.3。

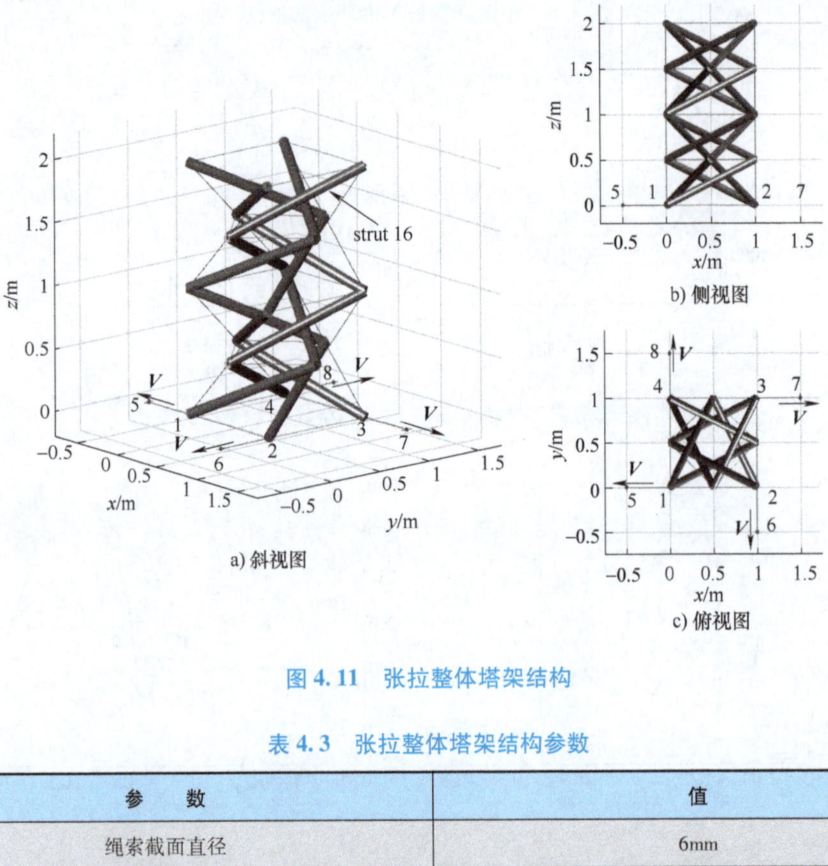

图 4.11 张拉整体塔架结构

表 4.3 张拉整体塔架结构参数

参　数	值
绳索截面直径	6mm
绳索弹性模量	73GPa
杆件的截面直径	2.5cm
杆件的长度	122cm
杆件的弹性模量	110GPa
绳索的密度	2450kg/m³
杆件的密度	4500kg/m³

在初始时刻，结构中无任何外加力和自应力，所有的构件均处于各自的自由状态。底部杆件的末端点 1-4 固定在地面，由球铰模拟。采用基于绳索的驱动策略以控制结构的折叠和展开过程。考虑折叠过程，以恒定的速度 v 驱动点 5-8 向外运动，直到达到指定的驱动值，之后迅速锁死。对于展开分析，可以在结构折叠状态施加相反的过程实现。在本算例中，我们只关注结构的折叠过程。

首先考虑准静态折叠分析。准静态折叠分析将杆件视为刚体，假设驱动点 5-8 的驱动速度无限小，以致动力效应可以忽略，然后采用多体动力学方法通过直接求解系统的静平衡方程得到准静态分析的结果。然后采用动力松弛法进行对比。为了同时验证杆件的刚体假设，动力松弛法中采用真实的杆件刚度。

图 4.12 给出了杆件 16 在 z 方向的质心位置与驱动值之间的关系图。结果表明杆件的最大伸长量在 1×10^{-5}m 量级，验证了当前模型假设条件的正确性。当驱动值达到 0.7m 时，结构压缩了 1.23m，达到原始完全展开高度的 38%。计算表明在最终折叠状态下普通绳索和滑动绳索的最大拉应力分别为 9.32MPa 和 4.08MPa，杆件的最大压应力为 1.08MPa，均远低于相应材料的极限应力；杆件的最大压力为 0.53kN，远小于根据欧拉失稳公式计算出的屈曲载荷值。因此结构中的各构件均处于安全工作范围。在最终折叠状态下，杆件之间的最小轴线间距为 5.93cm，大于杆件的直径，因此杆件不会发生碰撞。

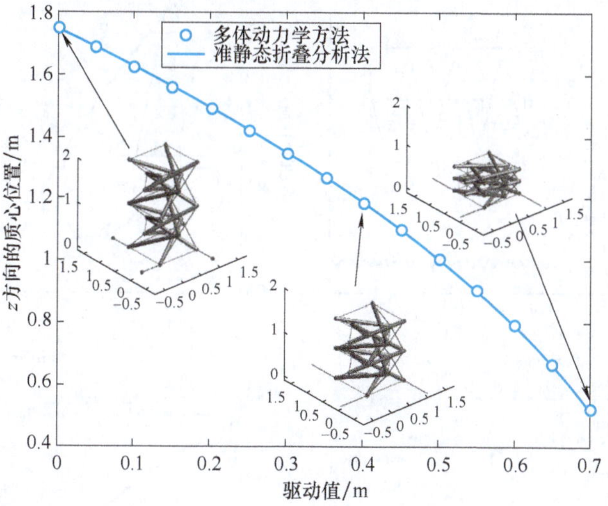

图 4.12　杆件 16 在 z 方向的质心位置与驱动值之间的关系图

接下来，我们考虑动力驱动分析。假设以一定的驱动速度 v 驱动绳索末端点 5-8 运动。简单起见我们将驱动速度设为常值，不考虑时变的驱动速度。考虑四种备选的驱动速度：0.005m/s、0.01m/s、0.05m/s、0.1m/s，相应的驱动时间分别为 140s、70s、14s 和 7s。各种情况下的分析时间为驱动时间的两倍。分析中不考虑绳索的阻尼，采用 Newmark 积分法求解动力学方程，算法参数为 $\alpha=0.5$ 和 $\delta=0.25$，时间步长和收敛误差分别为 0.005s 和 1×10^{-6}。

图 4.13a~c 给出了各种情况下杆件 16 的 z 方向质心位置时程曲线，以及相应的准静态结果。可以看到，系统的运动特性与驱动速度有着紧密的关系。在相对低速的驱动下

（v=0.005m/s 和 v=0.01m/s），时程曲线基本上沿着准静态的结果振荡，结构会折叠到一定的程度，然后在最终状态下轻微振荡。振幅与驱动速度呈正相关。对于稍大的驱动速度（v=0.05m/s 和 v=0.1m/s），在初始驱动阶段运动曲线伴随着一定的振幅大体上沿着准静态的结果。但是，一旦驱动停滞，质心的时程曲线将迅速偏离平衡构型并达到零值以下。这在物理上是非真实的，显然杆件会发生碰撞。关于此现象的简要解释是：随着驱动的不断施加，由于不考虑杆件之间的碰撞系统在理论上将到达一个极限平衡状态，此状态正对应于零高度。而设计的指定折叠状态较为接近这一极限平衡状态，在动力驱动下，即使驱动停滞，结构由于惯性也会继续振动。高速驱动下，较大的惯性效应会使结构达到并穿越上述平衡构型，并以此为基准进行大幅度的振动。图 4.13d 给出了杆件在各种情况下的最小间距时程曲线。对于驱动速度 v=0.005m/s 和 v=0.01m/s 的情况，时程曲线数值均高于杆件的直径，表明这两种驱动速度下结构在折叠的过程中不会发生杆件碰撞。对于驱动速度为 v=0.05m/s 和 v=0.1m/s 的情况，时程曲线多次穿越反映杆件直径的警戒线，甚至达到零值，表明在这两种驱动速度下，杆件不仅发生碰撞甚至会发生完全穿透。根据上述讨论，可以发现 v=0.1m/s 或许是一个较合适的驱动速度。我们从材料失效的角度进行了验

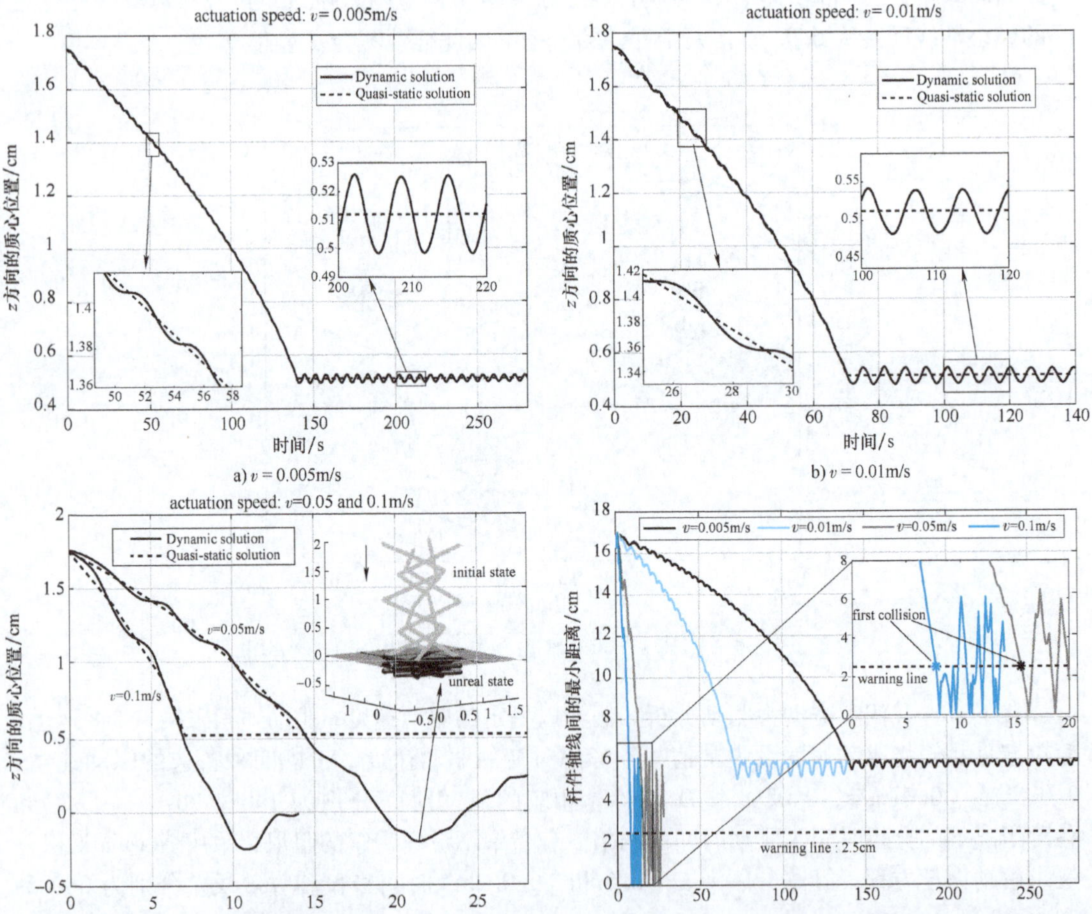

a) v = 0.005m/s
b) v = 0.01m/s
c) v = 0.05m/s和0.1m/s
d) 各驱动速度下杆件轴线间的最小距离

图 4.13 杆件 16 在 z 方向质心位置的时程曲线图

证。杆件的最大轴向压力为 0.54kN，最大应力为 1.10MPa。普通绳索和滑动绳索的最大拉力分别为 4.24MPa 和 1.10MPa。这些值均非常接近准静态驱动下的结果，且远小于响应的许用值。各构件均处于正常工作范围。因此，$v=0.1\text{m/s}$ 的确为一个可行的驱动速度，在此情况下结构最快可以在 2min 内被折叠。

习　题

1. 指标 1、指标 2 与指标 3 的微分代数方程有什么区别？试思考其解可能存在的差异及原因。

2. 写出平面双摆的运动学位移、速度、加速度约束方程。

3. 写出平面滑移运动副的约束方程。

4. 图 4.14 所示为一曲柄滑块机构，曲柄和连杆的长度和质量分别为 l_1、l_2 和 m_1、m_2，滑块的质量为 m_3，曲柄以大小为 ω 的角速度逆时针匀速旋转，各构件视为刚体，试写出该多体系统的指标 3（Index-3）微分代数方程。

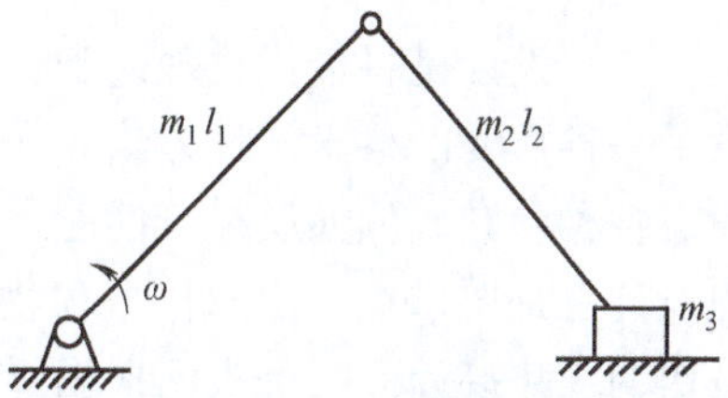

图 4.14　曲柄滑块机构

5. 试采用 Newmark 积分法和 Newton-Raphson 迭代算法，通过编写计算机程序求解习题 4 得到的动力学方程，得到滑块的位移、速度、加速度曲线，时域为 10s，曲柄角度以 0 为初始位置。

机构参数取值为：$l_1=0.5\text{m}$，$l_2=1\text{m}$，$m_1=2\text{kg}$，$m_2=4\text{kg}$，$m_3=4\text{kg}$，$\omega=1\text{rad/s}$；Newmark 积分参数取 $\beta=1/4$，$\gamma=1/2$，迭代最大容差取 1×10^{-5}。

6. 将图 4.14 所示的曲柄滑块机构的驱动由曲柄的角速度改为对滑块施加一个向左的大小为 $F=5\sin t$ 的变化的力，初始位置改为曲柄角度为 $\pi/2$，求曲柄的角度和角速度随时间变化的历程。

科学家科学史
“两弹一星”功勋
科学家：孙家栋

第 5 章

优化设计建模及应用

PPT 课件　　课程视频

优化设计是将最优化理论和计算技术应用于设计领域的一门新学科，它为工程设计提供了一种重要的科学设计方法。在工程设计过程中，常常需要根据产品的设计要求，合理确定各种参数，例如质量、性能、成本等，以期达到最佳的设计目标。这就是说，一项工程设计总是要求在一定的技术和物质条件下，取得一个技术经济指标为最佳的设计方案。最初的优化设计方案是人们根据经验知识，对几组备选方案进行评选获得的。由于对每种方案需要进行可行性研究，因而需根据性能指标对每种方案进行求解，从而获得最优解。由于计算耗时和资源的限制，这类优化设计方法不能满足现代设计的要求。随着计算技术和计算机技术的高度发展，优化设计方法获得了迅速的发展。很快这门新兴的基础学科便渗透到各个技术领域，形成了优化设计技术这门应用学科。20 世纪 80 年代，优化设计技术开始广泛应用于各个工程技术领域。

机械优化设计就是将机械工程设计问题转化为最优化问题，然后借助最优化数值计算方法和计算机技术，从满足要求的可行设计方案中自动寻找最优设计方案。机械优化设计方法可以使复杂的设计问题取得最优方案，提高设计质量和设计效率，改进产品的性能，取得较大的经济效益，已成为现代机械设计理论与方法的一个非常重要的组成部分。本章首先对优化设计的基本理论进行阐述，然后再介绍几类常见的优化设计方法，最后给出优化设计建模及应用实例。

5.1 优化设计基本理论

优化设计时，首先必须将实际问题加以数学描述，形成一组由数学表达式组成的数学模型，然后选择一种最优化数值计算方法和计算机程序，在计算机上运算求解，得到一组最佳的设计参数，这组设计参数就是设计的最优解。因此，本节将从优化设计问题的数学模型、基本解法及数学基础三个方面对优化设计基本理论进行阐述。

5.1.1 优化设计问题的数学模型

数学模型是对实际问题的数学描述和概括，是进行优化设计的基础。优化问题的计算求解完全是围绕数学模型进行的，也就是说，优化计算所得的最优解实际上只是数学模型的最优解。此解是否满足实际问题的要求，是否就是实际问题的最优解，完全取决于数学模型与实际问题的符合程度。因此，根据设计问题的具体要求和条件建立完备的数学模型是优化设计成败的关键。机械优化设计建立数学模型的三个基本要素是：设计变量、约束条件、目标函数。

1. 设计变量

工程问题的一个设计方案通常是用特征参数表示的，一组特征参数值代表一个具体的设计方案。在这些参数中，有的参数是根据工艺、安装和使用要求等预先确定的，在设计过程中不变的量，称为设计常量；有的参数则需要在设计过程中进行调整和变化，称为设计变量。设计变量的全体实际上是一组变量，变量的个数称为设计的维数，有几个设计变量，则称为几维优化设计问题。将 n 个设计变量按一定的次序排列起来，构成一个 n 维向量 $\boldsymbol{X}$，即

$$\boldsymbol{X}=\begin{pmatrix} x_1 \\ x_2 \\ \vdots \\ x_n \end{pmatrix}=(x_1,x_2,\cdots,x_n)^{\mathrm{T}} \tag{5.1}$$

在优化设计中，这种以 n 个设计变量为坐标轴组成的实空间称为 n 维实空间，用 R^n 表示，它是以设计变量 $x_1,x_2,\cdots,x_n$ 为坐标轴的 n 维空间。设计空间包含该项设计所有可能的设计方案，而每一个设计方案则对应着设计空间的一个设计向量或者说一个设计点 $\boldsymbol{X}$。

任何一项产品都可通过众多设计变量来描述其结构，变量多可以更加详尽地描述产品结构，但会增加建模的难度，造成优化规模过大。因此，选取设计变量时，对产品性能和结构影响大的参数可取为设计变量，影响小的可先根据经验取为试探性的常量，有的甚至可以不考虑。

2. 约束条件

设计空间是所有设计方案的集合，但这些设计方案有些是工程上不可接受的，例如几何尺寸取负值。若一个设计方案满足所有对它提出的要求，就称为可行（或可接受）设计方案，反之则称为不可行（或不可接受）设计方案。

可行设计方案必须满足某些设计限制条件，这些限制条件称作约束条件，简称约束。按照约束的性质，可以将其分成性能约束和侧面约束两大类。性能约束是针对性能要求提出的限制条件，例如，选择某些结构必须满足强度、刚度或稳定性等要求，桁架某点变形不超过给定值等。侧面约束则是对设计变量的取值范围加以限制的约束，这类约束也称为边界约束。

从数学表达形式上，约束又可分为等式约束和不等式约束两种，用设计变量的数学函数分别表示如下。

等式约束：

$$h_k(\boldsymbol{X})=0,\quad k=1,2,\cdots,l \tag{5.2}$$

l 表示等式约束的个数。这类约束要求设计点在 n 维设计空间的约束曲面上。

不等式约束：

$$g_j(\boldsymbol{X})\leqslant 0,\quad j=1,2,\cdots,m \tag{5.3}$$

m 表示不等式约束的个数。这类约束要求设计点在设计空间的约束曲面 $g(\boldsymbol{X})=0$ 的一侧（包括曲面本身）。当设计问题的不等式约束条件要求为 $g(\boldsymbol{X})\geqslant 0$ 时，可以用 $-g(\boldsymbol{X})\leqslant 0$ 的等价形式来代替。

约束函数有的可以表示成显式形式，即反映设计变量之间明显的函数关系，这类约束称作显式约束。有的只能表示成隐式形式，需要通过有限元法等仿真计算求得，这类约束称作隐式约束。

约束是对设计点在设计空间中的活动范围所加的限制。每一个不等式约束都把设计空间划分成两部分：一部分满足该不等式约束条件，另一部分则不满足。两部分的分界面称作约束面。一个优化设计问题的所有不等式约束的边界将组成一个复合约束边界，复合约束边界内的区域是满足所有不等式约束条件的部分，在这个区域中所选择的设计变量是允许采用的，这个区域称为设计可行域，简称可行域。图 5.1 所示为具有三个不等式约束的二维优化设计问题的可行域。据此，可行域内的任何设计点都代表一个允许采用的设计方案，这样的点称作可行解或内点，在约束边界上的点称为极限设计点或边界点，此时这个边界所代表的约束则称为适时约束或起作用约束。

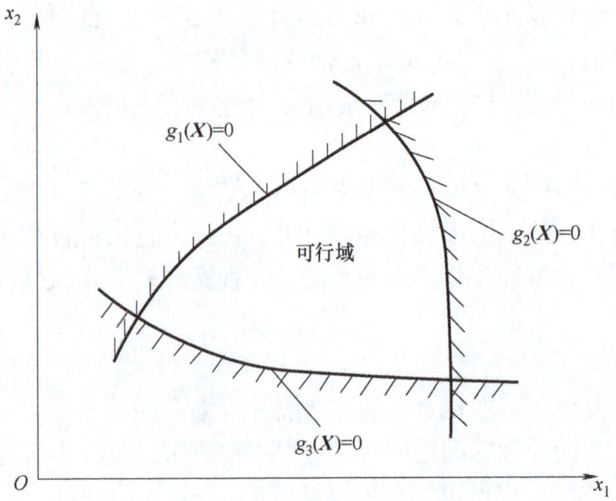

图 5.1　某二维优化设计问题的可行域

3. 目标函数

每一个工程设计问题，都有一个或多个设计中所追求的目标，它们可以用设计变量的函数来加以描述，在优化设计中称它们为目标函数或者评价函数，记作 $f(\boldsymbol{X})$。当给定一组设计变量值时，就可计算出相应的目标函数值，因此，在优化设计中，就是用目标函数值的大小来衡量设计方案的优劣。优化设计的目的就是要找出一组设计变量，使目标函数值达到最优值。目标函数可以是结构的质量、体积、产量、成本或其他性能指标、经济指标等。

建立目标函数是优化设计过程中比较重要的问题。在工程优化设计问题中，设计所追求的目标可能是各式各样的，当目标函数只包含一项设计指标优化时，称为单目标优化设计问题。当目标函数包含多项设计指标优化时，则称为多目标优化设计问题。例如，设计一个产品，通常都期望用最低的成本获得最好的产品性能。

目标函数是 n 维设计变量的函数，其函数图像只能在 $n+1$ 维空间中进行描述。因此，为了能在 n 维设计空间中反映目标函数的变化情况，常采用目标函数等值面（线），其数学表达式如下：

$$f(\boldsymbol{X})=c \tag{5.4}$$

式中，c 为系列常数。

式（5.4）代表一族 n 维超曲面。例如，对于某二维优化设计问题，$f(x_1,x_2)=c$ 代表该问题的二维设计空间中的一族曲线。

4. 优化问题的数学模型

优化问题的数学模型是实际优化设计问题的数学抽象，由设计变量、约束条件和目标函数三部分组成，可写成以下统一形式：

求设计变量向量 $\boldsymbol{X}=(x_1,x_2,\cdots,x_n)^{\mathrm{T}}$，使

$$f(\boldsymbol{X})\to\min \tag{5.5}$$

且满足约束条件

$$h_k(\boldsymbol{X})=0,\quad k=1,2,\cdots,l$$

$$g_j(\boldsymbol{X})\leqslant 0,\quad j=1,2,\cdots,m$$

若设同时满足约束条件的设计点集合为 R，即 R 为优化问题的可行域，则优化问题的数学模型可简化为求 $\boldsymbol{X}$，使

$$\min_{X\in R} f(\boldsymbol{X}) \tag{5.6}$$

最优值可能是极大值，也可能是极小值，由于求目标函数 $f(\boldsymbol{X})$ 的极大值等价于求目标函数 $-f(\boldsymbol{X})$ 的极小值，因此，为了算法和程序的统一，通常最优化就是指极小值 $f(\boldsymbol{X})\to\min$。

在建立数学模型时，目标函数与约束函数不是绝对的；对于同一对象的优化设计问题（如减速器优化设计），不同的设计要求（如要求承载能力大或质量最轻等）反映在数学模型上就是选择不同的目标函数和约束函数，设定不同的约束边界值。也就是说，目标函数和约束函数都是设计问题的性能函数，只是在数学模型中允许不同的角色。

优化问题可从不同的角度进行分类。当数学模型中的目标函数均为设计变量的线性函数时，称此设计问题为线性优化问题或线性规划问题；当目标函数和约束函数中至少有一个为非线性函数时，称此设计问题为非线性优化问题或非线性规划问题。若按其有无约束条件则可分为无约束优化问题和约束优化问题。

5. 优化问题的几何意义

无约束优化问题的求解就是在没有约束条件的限制下，对设计变量求目标函数的极值点。在设计空间内，目标函数可用等值面（线）的形式表示，因此无约束优化问题的极值点即为等值面（线）的中心。图 5.2 所示为某二维无约束优化问题目标函数的等值线，$\boldsymbol{X}^*$ 为极值点。

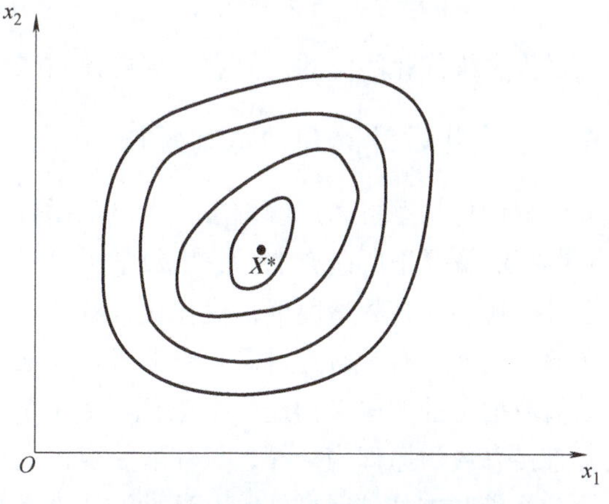

图 5.2　某二维无约束优化问题目标函数的等值线和极值点

约束优化问题的求解是在约束条件的限制下，即可行域内，对设计变量求目标函数的极值点，该点在可行域内或在可行域边界上。图 5. 3a 和 b 分别给出了某二维约束优化问题极值点 $\boldsymbol{X}^*$ 处于可行域内和在可行域边界上的情况。

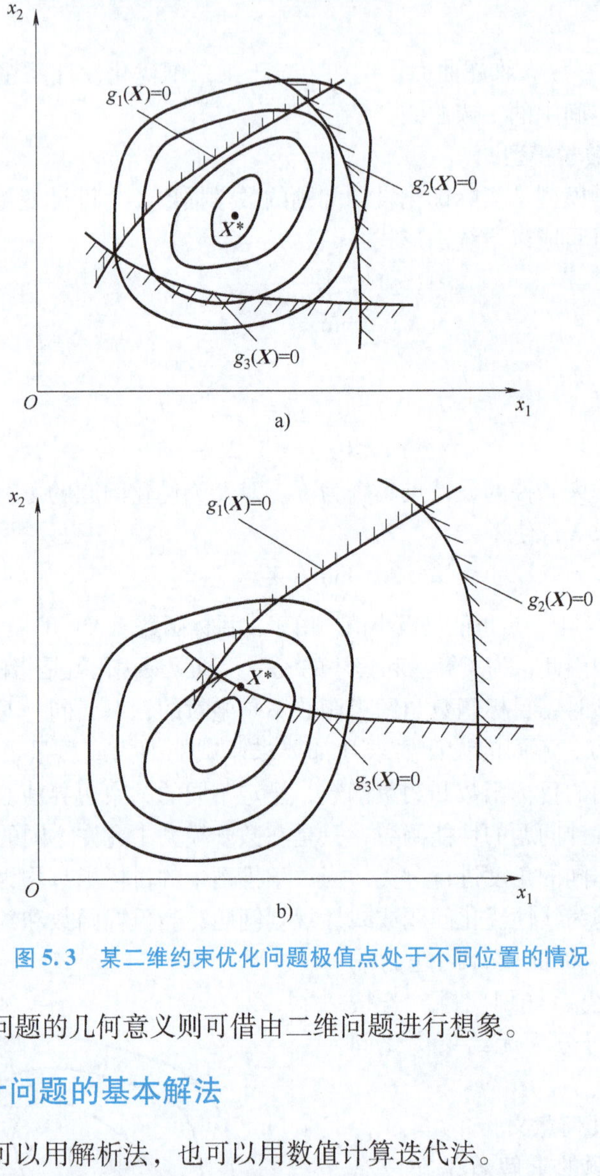

图 5. 3 某二维约束优化问题极值点处于不同位置的情况

对于多维优化问题的几何意义则可借由二维问题进行想象。

5. 1. 2 优化设计问题的基本解法

求解优化问题可以用解析法，也可以用数值计算迭代法。

解析法就是把所研究的对象用数学模型描述出来，然后再用微分、变分等数学解析法求出最优解。但多数情况下，优化设计的数学模型比较复杂，不便于甚至不可能用解析法来求解。此外，有时研究对象本身的机理无法用数学表达式描述，只能通过大量试验数据用插值或拟合的方法来构造一个近似函数式，再求该函数的最优解，并通过试验来验证；或者直接以数学原理为指导，从任取一点出发通过少量探索性的计算，并根据计算结果的比较，逐步改进来求得最优解，这种方法就是数值计算迭代法。它既可以用于求复杂函数的最优解，也可以用于处理那些无法给出数学解析表达式的优化设计问题。因此，这类方法是实际问题中最常用的方法。目前有非常多的具体方法，并且还在不断发展中。需要说明的是，对于复杂问题，由于参数太多，无法完全进行考虑并表示出来，通常只能给出一个近似的最优化的数学描述，所以采用近似的数值解法对其进行求解，并不会影响问题的精确性。

1. 数值计算迭代法的基本思路

数值计算迭代法的基本思路是：在设计空间从一个初始设计点 $\boldsymbol{X}^{(0)}$ 开始，运用某一规定的算法，沿某一方向 $\boldsymbol{d}^{(0)}$ 和步长 $\alpha^{(0)}$，得到一个改进的设计点 $\boldsymbol{X}^{(1)}$ 使得 $f(\boldsymbol{X}^{(1)})<f(\boldsymbol{X}^{(0)})$，然后再从 $\boldsymbol{X}^{(1)}$ 点开始，仍采用同一算法，沿某一方向 $\boldsymbol{d}^{(1)}$ 和步长 $\alpha^{(1)}$，得到一个新的改进的设计点 $\boldsymbol{X}^{(2)}$，使得 $f(\boldsymbol{X}^{(2)})<f(\boldsymbol{X}^{(1)})$，这样一步步地搜索下去，使目标函数值步步下降，直至得到满足所规定精度要求的、逼近理论最优点的 $\boldsymbol{X}^*$ 点为止。图 5.4 所示为某二维最优化设计问题的数值计算迭代过程示意图。

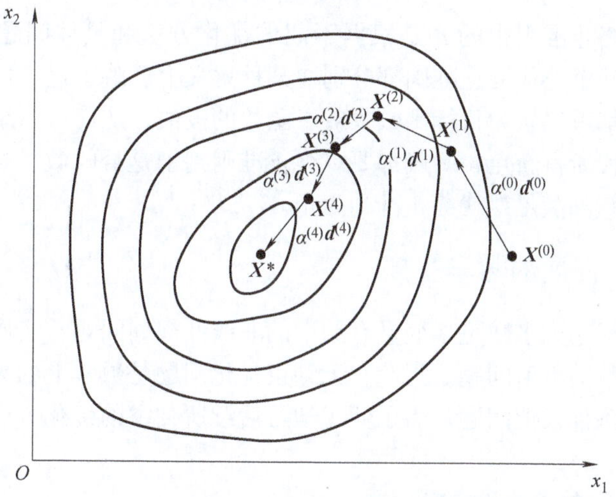

图 5.4　某二维最优化设计问题的数值计算迭代过程示意图

这类方法中，多数算法都是沿着某个搜索方向 $\boldsymbol{d}$，以适当步长 α 向前搜索的，迭代公式可表示为

$$\boldsymbol{X}^{(k+1)}=\boldsymbol{X}^{(k)}+\alpha^{(k)}\boldsymbol{d}^{(k)}\quad k=0,1,2,\cdots \tag{5.7}$$

式中，k 为迭代的步数；$\boldsymbol{X}^{(k)}$ 为第 k 步迭代的出发点；$\boldsymbol{d}^{(k)}$ 为第 k 步迭代的搜索方向；$\alpha^{(k)}$ 为第 k 步迭代的步长。

2. 迭代计算的终止准则

由于数值计算迭代是通过逐步逼近最优点来获得近似解的，所以需要考虑优化问题解的收敛性以及迭代过程的终止条件。理论上迭代过程要进行到最终迭代点到达理论最优点，或者使最终迭代点与理论最优点之间的距离足够小到允许的精度才终止迭代。但对于一个实际工程优化问题，大多数情况下并不知道其理论最优点在哪里，只能从迭代过程获得的迭代点序列所提供的信息，再根据一定的准则判断出已获得足够精确的近似最优点时，迭代才终止。

一般常用的有以下三种迭代终止准则。

（1）点距准则　当相邻两迭代点 $\boldsymbol{X}^{(k)}$ 和 $\boldsymbol{X}^{(k+1)}$ 之间的距离已达充分小，即小于或等于

某一给定的很小的正数 ε 时，迭代终止。一般用向量模来计算这一距离，即

$$\|\boldsymbol{X}^{(k+1)}-\boldsymbol{X}^{(k)}\|\leqslant\varepsilon \tag{5.8}$$

（2）函数下降量准则　当相邻两迭代点 $\boldsymbol{X}^{(k)}$ 和 $\boldsymbol{X}^{(k+1)}$ 的目标函数值的下降量已达充分小，即小于或等于某一给定的很小的正数 ε 时，迭代终止。一般用目标函数值下降量的绝对值来表示，即

$$|f(\boldsymbol{X}^{(k+1)})-f(\boldsymbol{X}^{(k)})|\leqslant\varepsilon \tag{5.9}$$

或用其相对值表示，即

$$\left|\frac{f(\boldsymbol{X}^{(k+1)})-f(\boldsymbol{X}^{(k)})}{f(\boldsymbol{X}^{(k)})}\right|\leqslant\varepsilon \tag{5.10}$$

（3）梯度准则　当迭代点的目标函数值的梯度已达到充分小，即小于或等于某一给定的很小的正数 ε 时，迭代终止，即

$$\|\nabla f(\boldsymbol{X}^{(k)})\|\leqslant\varepsilon \tag{5.11}$$

上述三种迭代终止准则中的 ε 是根据不同的优化方法和具体问题对精度的要求而定的。一般来说，这几个迭代终止准则都分别在某种意义上反映了逼近极值点的程度，只要满足其中任一个，都可以认为目标函数收敛于函数的极值，从而可以结束迭代计算。迭代过程中，每一步迭代所得新点，一般都要以终止准则判别是否收敛。如果不满足，则应再进行下一步迭代，直到满足迭代终止准则为止。

5.1.3　优化设计问题的数学基础

机械优化设计问题大多数是多变量有约束的非线性规划问题，实质上其数学本质是求解多变量非线性函数的极值问题。因此，无约束优化问题是数学上的无条件极值问题，而约束优化问题则是条件极值问题。为了便于学习后续所列举的优化方法，本节将对极值理论进行简要的介绍。

1. 多元函数的方向导数和梯度

一般来说，只有二元函数的等值线能从几何图形上定性直观地反映出函数的变化规律。对于多元函数，为了便于了解函数的变化特性，需要利用函数的方向导数和梯度。

由数学分析可知，函数 $f(\boldsymbol{X})$ 在点 $\boldsymbol{X}^{(k)}$ 处沿任意给定方向 $\boldsymbol{s}$ 的变化率称为函数 $f(\boldsymbol{X})$ 在点 $\boldsymbol{X}^{(k)}$ 处沿方向 $\boldsymbol{s}$ 的方向导数，记为 $\dfrac{\mathrm{d}f(\boldsymbol{X}^{(k)})}{\mathrm{d}\boldsymbol{s}}$，且

$$\begin{aligned}\frac{\mathrm{d}f(\boldsymbol{X}^{(k)})}{\mathrm{d}\boldsymbol{s}}&=\frac{\partial f(\boldsymbol{X}^{(k)})}{\partial x_1}\cos\theta_1+\frac{\partial f(\boldsymbol{X}^{(k)})}{\partial x_2}\cos\theta_2+\cdots+\frac{\partial f(\boldsymbol{X}^{(k)})}{\partial x_n}\cos\theta_n\\&=\sum_{i=1}^{n}\frac{\partial f(\boldsymbol{X}^{(k)})}{\partial x_i}\cos\theta_i\end{aligned} \tag{5.12}$$

式中，$\dfrac{\partial f(\boldsymbol{X}^{(k)})}{\partial x_i}$ 为函数对各坐标轴的偏导数；$\theta_i(i=1,2,\cdots,n)$ 为方向 $\boldsymbol{s}$ 与坐标轴 x_i 的夹角。

上述方向导数给出了函数在给定点 $\boldsymbol{X}^{(k)}$ 沿某一方向 $\boldsymbol{s}$ 的变化率。在同一点处，函数沿不同方向的变化率一般是不同的。工程优化设计问题更关注的是函数变化率最大的方向。

式（5.12）所描述的方向导数可改写为矩阵形式：

$$\frac{\mathrm{d}f(\boldsymbol{X}^{(k)})}{\mathrm{d}\boldsymbol{s}}=\left(\frac{\partial f(\boldsymbol{X}^{(k)})}{\partial x_1},\frac{\partial f(\boldsymbol{X}^{(k)})}{\partial x_2},\cdots,\frac{\partial f(\boldsymbol{X}^{(k)})}{\partial x_n}\right)\begin{pmatrix}\cos\theta_1\\ \cos\theta_2\\ \vdots\\ \cos\theta_n\end{pmatrix} \tag{5.13}$$

式中，向量$\left(\frac{\partial f(\boldsymbol{X}^{(k)})}{\partial x_1},\frac{\partial f(\boldsymbol{X}^{(k)})}{\partial x_2},\cdots,\frac{\partial f(\boldsymbol{X}^{(k)})}{\partial x_n}\right)$为函数$f(\boldsymbol{X})$在点$\boldsymbol{X}^{(k)}$处的梯度，它与方向$\boldsymbol{s}$无关。

$f(\boldsymbol{X}^{(k)})$梯度记作

$$\nabla f(\boldsymbol{X}^{(k)})=\begin{pmatrix}\dfrac{\partial f(\boldsymbol{X}^{(k)})}{\partial x_1}\\ \dfrac{\partial f(\boldsymbol{X}^{(k)})}{\partial x_2}\\ \vdots\\ \dfrac{\partial f(\boldsymbol{X}^{(k)})}{\partial x_n}\end{pmatrix}=\left(\frac{\partial f(\boldsymbol{X}^{(k)})}{\partial x_1},\frac{\partial f(\boldsymbol{X}^{(k)})}{\partial x_2},\cdots,\frac{\partial f(\boldsymbol{X}^{(k)})}{\partial x_n}\right)^{\mathrm{T}} \tag{5.14}$$

其模为

$$\|\nabla f(\boldsymbol{X}^{(k)})\|=\sqrt{\left(\frac{\partial f(\boldsymbol{X}^{(k)})}{\partial x_1}\right)^2+\left(\frac{\partial f(\boldsymbol{X}^{(k)})}{\partial x_2}\right)^2+\cdots+\left(\frac{\partial f(\boldsymbol{X}^{(k)})}{\partial x_n}\right)^2} \tag{5.15}$$

由式（5.13）可知，当$\boldsymbol{s}$与梯度$\nabla f(\boldsymbol{X}^{(k)})$方向相同时，$\theta=0$，则$\cos\theta=1$，$\frac{\mathrm{d}f(\boldsymbol{X}^{(k)})}{\mathrm{d}\boldsymbol{s}}$取最大值$\|\nabla f(\boldsymbol{X}^{(k)})\|$；而当$\boldsymbol{s}$与负梯度［$-\nabla f(\boldsymbol{X}^{(k)})$］方向相同时，$\theta=\pi$，则$\cos\theta=-1$，$\frac{\mathrm{d}f(\boldsymbol{X}^{(k)})}{\mathrm{d}\boldsymbol{s}}$取最小值$-\|\nabla f(\boldsymbol{X}^{(k)})\|$。因此，梯度$\nabla f(\boldsymbol{X}^{(k)})$方向为函数变化率取最大值方向，也就是最速上升方向；负梯度［$-\nabla f(\boldsymbol{X}^{(k)})$］方向为函数变化率取最小值方向，也就是最速下降方向。由此可进一步得出结论：函数与梯度成锐角的方向是函数上升方向；与梯度成钝角的方向为函数下降方向，如图 5.5 所示。由于梯度的模是随着给定点的不同而变化的，因此函数在不同点上的最大变化率不同。梯度是函数的一种局部性质，它在优化设计方法中具有重要意义。

2. 多元函数的泰勒展开

多元函数的泰勒展开在最优化方法中十分重要，许多方法及其收敛性证明都是从它出发的。考查复杂函数的极值问题时，常用泰勒展开式得到目标函数在所讨论点的近似表达式，最常用的是线性近似和二次近似。

设n元函数$f(\boldsymbol{X})$在$\boldsymbol{X}^{(k)}$点处至少具有$n+1$阶连续的偏导数，则在该点的某邻域内进行泰勒展开，有

$$f(\boldsymbol{X})\approx f(\boldsymbol{X}^{(k)})+\sum_{i=1}^{n}\frac{\partial f(\boldsymbol{X}^{(k)})}{\partial x_i}(x_i-x_i^{(k)})+\frac{1}{2}\sum_{i,j=1}^{n}\frac{\partial f(\boldsymbol{X}^{(k)})}{\partial x_i\partial x_j}(x_i-x_i^{(k)})(x_j-x_j^{(k)})+\cdots \tag{5.16a}$$

将式（5.16a）写成矩阵形式，得

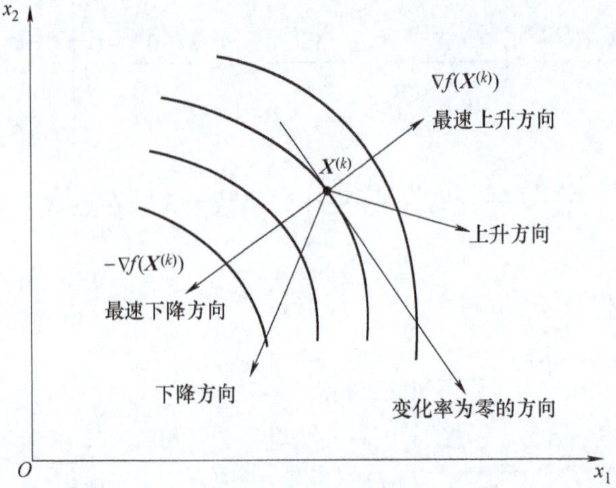

图 5.5 梯度方向与等值线的关系

$$f(\boldsymbol{X}) \approx f(\boldsymbol{X}^{(k)}) + \left(\nabla f(\boldsymbol{X}^{(k)})\right)^{\mathrm{T}}(\boldsymbol{X}-\boldsymbol{X}^{(k)}) + \frac{1}{2}(\boldsymbol{X}-\boldsymbol{X}^{(k)})^{\mathrm{T}}\nabla^2 f(\boldsymbol{X}^{(k)})(\boldsymbol{X}-\boldsymbol{X}^{(k)}) + \cdots \tag{5.16b}$$

其中，

$$\nabla^2 f(\boldsymbol{X}) = H(\boldsymbol{X}) = \begin{pmatrix} \dfrac{\partial^2 f(\boldsymbol{X})}{\partial x_1^2} & \cdots & \dfrac{\partial^2 f(\boldsymbol{X})}{\partial x_1 \partial x_n} \\ \vdots & & \vdots \\ \dfrac{\partial^2 f(\boldsymbol{X})}{\partial x_n \partial x_1} & \cdots & \dfrac{\partial^2 f(\boldsymbol{X})}{\partial x_n^2} \end{pmatrix} \tag{5.17}$$

$H(\boldsymbol{X})$ 为 $f(\boldsymbol{X})$ 的 n 阶导数矩阵，称作 $f(\boldsymbol{X})$ 在 $\boldsymbol{X}^{(k)}$ 点处的海森矩阵。由于函数的二阶连续性，有

$$\frac{\partial^2 f(\boldsymbol{X})}{\partial x_i \partial x_j} = \frac{\partial^2 f(\boldsymbol{X})}{\partial x_j \partial x_i}$$

故 $H(\boldsymbol{X})$ 为对称矩阵。

若将函数的泰勒展开式只取到线性项，即取

$$Z(\boldsymbol{X}) \approx f(\boldsymbol{X}^{(k)}) + \left(\nabla f(\boldsymbol{X}^{(k)})\right)^{\mathrm{T}}(\boldsymbol{X}-\boldsymbol{X}^{(k)}) \tag{5.18}$$

则 $Z(\boldsymbol{X})$ 为过 $\boldsymbol{X}^{(k)}$ 点与函数 $f(\boldsymbol{X})$ 所代表的超曲面相切的切平面。当将函数进行二阶泰勒展开时，则得到二次函数形式。优化计算常常把目标函数表示为二次函数而简化问题的分析。线性代数中将二次齐次函数称作二次型，其矩阵形式为

$$f(\boldsymbol{X}) = \boldsymbol{X}^{\mathrm{T}}\boldsymbol{H}\boldsymbol{X} \tag{5.19}$$

式中，$\boldsymbol{H}$ 为对称矩阵。

在优化计算中，当某点附近的函数值采用泰勒展开式做近似表达时，研究该点邻域的极值问题需要分析二次型函数是否正定。对任意非零向量 $\boldsymbol{X}$，使

$$f(\boldsymbol{X}) = \boldsymbol{X}^{\mathrm{T}}\boldsymbol{H}\boldsymbol{X} > 0 \tag{5.20}$$

则二次型函数正定，$\boldsymbol{H}$ 为正定矩阵。

3. 无约束优化问题的极值条件

无约束优化问题的极值条件是指使目标函数取得极值时极值点应满足的条件。由微分学可知，n 元函数在 Ω^n 中存在极值点 $\boldsymbol{X}^*$ 的必要条件为

$$\nabla f(\boldsymbol{X}^*)=\left(\frac{\partial f(\boldsymbol{X}^*)}{\partial x_1},\frac{\partial f(\boldsymbol{X}^*)}{\partial x_2},\cdots,\frac{\partial f(\boldsymbol{X}^*)}{\partial x_n}\right)^{\mathrm{T}}=\boldsymbol{0} \tag{5.21}$$

即函数 $f(\boldsymbol{X})$ 在极值点处的梯度为 n 维零向量。满足式（5.21）的点称为驻点，函数的极值必定在驻点处取得。但驻点不一定就是极值点，所以此条件不是充分条件。一般可用驻点的二阶或更高阶导数来判断其是否为极值点。

若 $\boldsymbol{X}^*$ 为驻点，将式（5.21）代入式（5.16b）得

$$f(\boldsymbol{X})-f(\boldsymbol{X}^*)\approx\frac{1}{2}(\boldsymbol{X}-\boldsymbol{X}^*)^{\mathrm{T}}\nabla^2 f(\boldsymbol{X}^*)(\boldsymbol{X}-\boldsymbol{X}^*)$$

为使 $\boldsymbol{X}^*$ 为极小点，即在点 $\boldsymbol{X}^*$ 附近，有 $f(\boldsymbol{X})-f(\boldsymbol{X}^*)>0$，于是有

$$(\boldsymbol{X}-\boldsymbol{X}^*)^{\mathrm{T}}\nabla^2 f(\boldsymbol{X}^*)(\boldsymbol{X}-\boldsymbol{X}^*)=(\boldsymbol{X}-\boldsymbol{X}^*)^{\mathrm{T}}H(\boldsymbol{X}^*)(\boldsymbol{X}-\boldsymbol{X}^*)>0 \tag{5.22}$$

故 $\boldsymbol{X}^*$ 为极小点的充分条件是要求在该点处的海森矩阵 $H(\boldsymbol{X}^*)$ 为正定。

同理，若 $(\boldsymbol{X}-\boldsymbol{X}^*)^{\mathrm{T}}H(\boldsymbol{X}^*)(\boldsymbol{X}-\boldsymbol{X}^*)<0$，即 $H(\boldsymbol{X}^*)$ 为负定，则 $\boldsymbol{X}^*$ 为极大点。而当 $(\boldsymbol{X}-\boldsymbol{X}^*)^{\mathrm{T}}H(\boldsymbol{X}^*)(\boldsymbol{X}-\boldsymbol{X}^*)=0$，即 $H(\boldsymbol{X}^*)$ 为不定时，$\boldsymbol{X}^*$ 为鞍点。另外，需要指出的是，充分条件式（5.22）并不是必要的，也就是说，可能存在极值点并不满足式（5.22）的情况。

4. 约束优化问题的极值条件

约束优化问题的极值条件是指目标函数在约束条件下所求得的极值点需要满足的条件。

对于具有 l 个等式约束的 n 维优化问题

$$\begin{cases}\min f(\boldsymbol{X})\\ \text{s. t. } h_k(\boldsymbol{X})=0\quad(k=1,2,\cdots,l)\end{cases} \tag{5.23}$$

可通过把目标函数 $f(\boldsymbol{X})$ 改成如下形式的新的目标函数，将约束极值条件转换为无约束函数极值条件：

$$L(\boldsymbol{X},\lambda)=f(\boldsymbol{X})+\sum_{k=1}^{l}\lambda_k h_k(\boldsymbol{X}) \tag{5.24}$$

式中，系数 λ_k 为拉格朗日乘子；$L(\boldsymbol{X},\lambda)$ 为拉格朗日函数。

这种方法就是求解等式约束优化问题的经典方法——拉格朗日乘子法。

根据目标函数的无约束极值条件，拉格朗日函数 $L(\boldsymbol{X},\lambda)$ 存在极值的必要条件是

$$\begin{cases}\dfrac{\partial L(\boldsymbol{X})}{\partial x_i}=0\quad(i=1,2,\cdots,n)\\[2ex] \dfrac{\partial L(\boldsymbol{X})}{\partial \lambda_k}=0\quad(k=1,2,\cdots,l)\end{cases} \tag{5.25}$$

式（5.25）中包含 l 个待定系数 λ_k 和 n 个变量 x_i，故式（5.25）所描述的极值条件共有（$l+n$）个方程，由方程组可解得原目标函数的极小点 $x_i^*(i=1,2,\cdots,n)$ 和目标函数、约束函数两者变化的比率 $\lambda_k^*(k=1,2,\cdots,l)$。

拉格朗日乘子法不仅适用于求解等式约束优化问题，同样可推广到具有不等式约束优化问题中。此时，需要引入松弛变量使不等式约束变成等式约束。

对于具有 m 个不等式约束的 n 维优化问题

$$\begin{cases}\min f(\boldsymbol{X}) \\ \text{s. t. } g_j(\boldsymbol{X}) \leqslant 0 \quad (j=1,2,\cdots,m)\end{cases} \tag{5.26}$$

现引入 m 个松弛变量 $\overline{\boldsymbol{X}}=[x_{n+1},x_{n+2},\cdots,x_{n+m}]^{\mathrm{T}}$，使不等式约束 $g_j(\boldsymbol{X})\leqslant 0(j=1,2,\cdots,m)$ 变成等式约束 $g_j(\boldsymbol{X})+x_{n+j}^2=0(j=1,2,\cdots,m)$，于是可得到拉格朗日函数如下：

$$L(\boldsymbol{X},\overline{\boldsymbol{X}},\boldsymbol{\lambda})=f(\boldsymbol{X})+\sum_{j=1}^{m}\lambda_j\left(g_j(\boldsymbol{X})+x_{n+j}^2\right) \tag{5.27}$$

式中，λ_j 为拉格朗日乘子，为非负因子。

根据无约束极值条件，同理可推出具有不等式约束多元函数极值的必要条件：

$$\begin{cases}\dfrac{\partial f(\boldsymbol{X}^*)}{\partial x_i}+\displaystyle\sum_{j=1}^{m}\lambda_j\dfrac{\partial g(\boldsymbol{X}^*)}{\partial x_i}=0 \quad (i=1,2,\cdots,n) \\ \lambda_j g_j(\boldsymbol{X}^*)=0 \quad (j=1,2,\cdots,m) \\ \lambda_j\geqslant 0 \quad (j=1,2,\cdots,m)\end{cases} \tag{5.28}$$

这就是著名的库恩-塔克条件，它是判别约束最优点的必要非充分条件。当优化问题属于凸规划问题时，该条件为有约束优化问题最优解的充要条件。此时，局部最优解即为全局最优解。

5. 凸集、凸函数和凸规划

函数在整个可行域上可能有不止一个的极值点，这些点均称为局部极值点。在这些局部极值点中，有一个最小（或最大）的极值点，这个点就称为全局极值点。

（1）凸集　对于一个点集，如果连接其中任意两点 $\boldsymbol{X}^{(1)}$ 和 $\boldsymbol{X}^{(2)}$ 的线段全部包含在该集合中，则称该点集为凸集，否则称为非凸集，如图 5.6 所示。

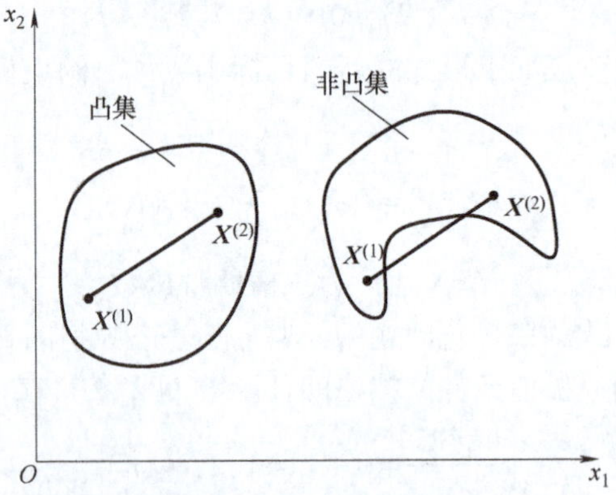

图 5.6　凸集和非凸集

（2）凸函数　设函数 $f(\boldsymbol{X})$ 的定义域为凸集 $\boldsymbol{G}$，$\boldsymbol{X}^{(1)}$ 和 $\boldsymbol{X}^{(2)}$ 为 $\boldsymbol{G}$ 上的任意两点，若函数 $f(\boldsymbol{X})$ 在线段 $\boldsymbol{X}^{(1)}\boldsymbol{X}^{(2)}$ 上的函数值总小于或等于用 $f(\boldsymbol{X}^{(1)})$ 和 $f(\boldsymbol{X}^{(2)})$ 作线性内插所得的值，则函数为凸集 $\boldsymbol{G}$ 上的凸函数，即满足

$$f[\alpha\boldsymbol{X}^{(1)}+(1-\alpha)\boldsymbol{X}^{(2)}]\leqslant\alpha f(\boldsymbol{X}^{(1)})+(1-\alpha)f(\boldsymbol{X}^{(2)}) \quad (\boldsymbol{X}\in\boldsymbol{G},0\leqslant\alpha\leqslant 1) \tag{5.29}$$

(3) 凸规划　对于式 (5.23) 所描述的约束最优化问题，若目标函数 $f(\boldsymbol{X})$ 和约束函数 $g_j(\boldsymbol{X})\leqslant 0(j=1,2,\cdots,m)$ 均为凸函数，则称该约束最优化问题为凸规划。凸规划的任何局部最优解就是全局最优解。

5.2 优化设计方法概述

当优化设计问题的数学模型确定以后，求其最优解实质上属于求解目标函数的极值问题。由上文的叙述可知，优化设计问题的基本解法大致可分为两类：解析法和数值计算迭代法。由于解析法仅适用于求解目标函数具有简单且明确的数学形式的非线性规划问题，而对于工程问题中普遍存在的、目标函数复杂甚至无明确的数学表达式的情况，大多采用的是数值计算迭代法，所以本节主要对该类方法进行介绍。

5.2.1 无约束优化设计方法

PPT 课件　　课程视频

无约束优化设计方法是优化设计方法中最为重要和基础的方法，因为约束优化问题可以转化为无约束优化问题来求解，即可通过一系列无约束优化方法来求解约束优化问题。

目前，无约束优化设计方法主要包括两大类：一类是利用几个已知点上目标函数值的比较构造搜索方向的算法，称为直接法，又称为模式法；另一类是利用目标函数的一阶和二阶导数的信息构造搜索方向的算法，称为间接法，又称为梯度法。

1. 直接法

无约束优化设计方法的直接法只需计算目标函数值，无须对目标函数求导，因此这类方法对于难以求导的较复杂的目标函数的优化问题非常有利。但是由于这类方法构成搜索方向的信息仅仅是几个有限点上的目标函数值，因此难以得到较理想的搜索方向，收敛速度较慢。下面介绍两种常用的无约束直接优化方法：坐标轮换法和 Powell 法。

(1) 坐标轮换法　坐标轮换法又称为降维法，是一种方法简单、易于理解的优化计算迭代法。它是把一个 n 维优化问题转换为依次沿相应的 n 个坐标轴方向的一维优化问题，通过若干轮的迭代，求得最优解的方法。

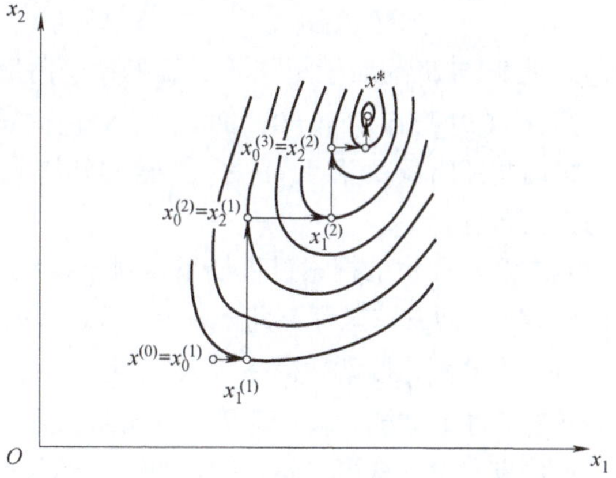

图 5.7　某二维优化问题的坐标轮换法搜索过程

对 n 维优化问题，先将 $(n-1)$ 个变量固定不变，只对目标函数的一个变量进行一维搜索，得到 $x_1^{(1)}$；再使其余变量固定不变，对第二个变量进行一维搜索，得 $x_2^{(1)}$；这样，每次都固定 $(n-1)$ 个变量不变，只对目标函数的一个变量进行一维搜索，当 n 个变量都经过一次搜索以后，即完成一轮迭代计算。若未收敛，则又从前一轮的最末点开始，进行下一轮迭代计算，如此继续下去，直至收敛到最优点为止。图 5.7所示为求解某二维优化问题的坐标轮换法搜索过程。

根据上述原理，坐标轮换法第 k 轮迭代的计算公式为

$$x_i^{(k)}=x_{i-1}^{(k)}+\alpha_i^{(k)}\boldsymbol{S}_i^{(k)}\quad(i=1,2,\cdots,n)\tag{5.30}$$

式中，$\alpha_i^{(k)}$ 为第 k 轮第 i 次搜索的步长因子，通常利用一维最优化搜索方法来确定，此时 $\alpha_i^{(k)}$ 为最优步长因子；$\boldsymbol{S}_i^{(k)}$ 为第 k 轮第 i 次迭代的搜索方向，为第 i 个变量的坐标方向：

$$\boldsymbol{S}_i^{(k)}=\boldsymbol{e}_i=\begin{vmatrix}\vdots\\1\\\vdots\end{vmatrix}\tag{5.31}$$

即 $\boldsymbol{S}_i^{(k)}$ 的第 i 个坐标方向上的分量为 1，其余均为 0。

坐标轮换法的迭代计算步骤如下：

步骤 1：给定初始点 $x^{(0)}$、收敛精度 ε、维数 n。

步骤 2：置 $k=1$，$i=1$。

步骤 3：置 $x_{i-1}^{(k)}=x^{(0)}$。

步骤 4：从 $x_{i-1}^{(k)}$ 出发，沿 $\boldsymbol{S}_i^{(k)}$ 方向对步长 $\alpha^{(k)}$ 进行一维搜索，确定最优步长 $\alpha_i^{(k)}$，使 $\min f(x_{i-1}^{(k)}+\alpha^{(k)}\boldsymbol{S}_i^{(k)})=f(x_{i-1}^{(k)}+\alpha_i^{(k)}\boldsymbol{S}_i^{(k)})$，置 $x_{i-1}^{(k)}+\alpha_i^{(k)}\boldsymbol{S}_i^{(k)}$。

步骤 5：判断是否满足 $i=n$，若满足则进行步骤 6；若不满足则置 $i=i+1$，返回步骤 4。

步骤 6：检查是否满足迭代终止条件 $\|x_n^{(k)}-x_0^{(k)}\|\leqslant\varepsilon$，若满足则停止迭代，得到最优解 $x^*=x_n^{(k)}$，$f^*=f(x_n^{(k)})$；否则置 $x^{(0)}=x_n^{(k)}$，$\boldsymbol{S}_i^{(k+1)}=\boldsymbol{S}_i^{(k)}(i=1,2,\cdots,n)$，置 $k=k+1$，$i=1$，返回步骤 3。

（2）Powell 法　如何选择搜索方向是最优化方法中研究的重要问题之一，上述的坐标轮换法并不是一种好的搜索策略，原因在于它所选定的搜索方向是一些完全不考虑目标函数性态的固定方向，致使其收敛速度较慢。若要提高收敛速度，则搜索方向应尽可能指向目标函数的极小点，共轭方向就是具有这种效能的方向，Powell 法是利用共轭方向作为搜索方向的一种最优化算法。

设 $\boldsymbol{A}$ 为 $n\times n$ 阶实对称正定矩阵，若一组非零的 n 维向量 $\boldsymbol{S}_1,\boldsymbol{S}_2,\cdots,\boldsymbol{S}_n$ 满足

$$\boldsymbol{S}_i^{\mathrm{T}}\boldsymbol{A}\boldsymbol{S}_j=0\quad(i\neq j)\tag{5.32}$$

则称向量 $\boldsymbol{S}_i$ 与 $\boldsymbol{S}_j$ 为对于矩阵 $\boldsymbol{A}$ 共轭的两个向量，而共轭向量的方向称为共轭方向。

当 $\boldsymbol{A}=\boldsymbol{I}$ 时，有 $\boldsymbol{S}_i^{\mathrm{T}}\boldsymbol{S}_j=0$，即 $\boldsymbol{S}_i$ 与 $\boldsymbol{S}_j$ 两向量为正交（垂直）。因此，从几何意义来理解，将两共轭向量 $\boldsymbol{S}_i$ 和 $\boldsymbol{S}_j$ 中的一个经过矩阵 $\boldsymbol{A}$ 进行线性变换后，得到的向量与另一个向量为正交向量。

基本 Powell 法的搜索过程如下：对于 n 维目标函数 $f(\boldsymbol{X})$，先用一组线性无关的初始方向组 $\boldsymbol{S}_i^{(k)}$（通常取坐标方向 e_i，$i=1,2,\cdots,n$），从 $x_0^{(k)}$ 出发，依次沿此方向组的各个方向进行一维最优化搜索，得终点 $x_n^{(k)}$；以初始点 $x_0^{(k)}$ 和终点 $x_n^{(k)}$ 的连线作为新产生的共轭方向 $\boldsymbol{S}_{n+1}^{(k)}$，将 $\boldsymbol{S}_{n+1}^{(k)}$ 方向添加到 $\boldsymbol{S}_i^{(k)}$ 方向组的末尾，同时去掉第一个方向 $\boldsymbol{S}_1^{(k)}$，这样构成下一轮迭代方向组，从第二轮开始，每一轮迭代产生的新方向与前一轮迭代产生的新方向为共轭方向，将本轮迭代产生的新方向添加到本轮迭代方向组的末尾并去掉第一个方向，得到的新方向组，即第 k 轮方向组：$\boldsymbol{S}_1^{(k)},\boldsymbol{S}_2^{(k)},\boldsymbol{S}_3^{(k)},\cdots,\boldsymbol{S}_{n-2}^{(k)},\boldsymbol{S}_{n-1}^{(k)},\boldsymbol{S}_n^{(k)}$；第 $k+1$ 轮方向组：$\boldsymbol{S}_2^{(k)},\boldsymbol{S}_3^{(k)},\cdots,\boldsymbol{S}_{n-2}^{(k)},\boldsymbol{S}_{n-1}^{(k)},\boldsymbol{S}_n^{(k)},\boldsymbol{S}_{n+1}^{(k)}$。

这样经过 n 轮迭代以后，原方向组将完全由新产生的一组共轭方向所代替。

若 n 次搜索得到的点还不满足收敛条件，则以该点作为新的初始点，重新以 n 个坐标方向单位向量构成的方向组开始，进行新的迭代和方向替换，直到满足收敛条件为止。

上述的基本 Powell 法要求每一轮迭代的方向组的 n 个向量 $\boldsymbol{S}_1^{(k)},\boldsymbol{S}_2^{(k)},\cdots,\boldsymbol{S}_n^{(k)}$ 是线性无关的，但是实际迭代过程中，用上述方法产生的 n 个向量有可能出现线性相关或近似线性相关的情况。这是因为第 k 轮迭代产生的新方向为

$$\boldsymbol{S}_{n+1}^{(k)}=x_n^{(k)}-x_0^{(k)}=\alpha_1^{(k)}\boldsymbol{S}_1^{(k)}+\alpha_2^{(k)}\boldsymbol{S}_2^{(k)}+\cdots+\alpha_n^{(k)}\boldsymbol{S}_n^{(k)} \tag{5.33}$$

倘若在搜索中出现 $\alpha_1^{(k)}=0$（或 $\alpha_1^{(k)}\approx 0$）的情况，则 $\boldsymbol{S}_{n+1}^{(k)}=\alpha_2^{(k)}\boldsymbol{S}_2^{(k)}+\cdots+\alpha_n^{(k)}\boldsymbol{S}_n^{(k)}$，这表示 $\boldsymbol{S}_2^{(k)},\cdots,\boldsymbol{S}_n^{(k)},\boldsymbol{S}_{n+1}^{(k)}$ 是一组线性相关的向量，而这一组向量就是第 $k+1$ 轮迭代的搜索方向组，这使得以后各轮迭代搜索将在维数下降了的空间内进行，从而导致计算不能收敛到真正的最优点上。

为了克服基本 Powell 法的这一缺点，提出了改进的 Powell 法，其改进之处在于：在构成第 $k+1$ 轮迭代的搜索方向组时，不是一味地去掉前一轮方向组的第一个向量 $\boldsymbol{S}_1^{(k)}$ 并将新方向 $\boldsymbol{S}_{n+1}^{(k)}$ 补于最后，而是首先判断前一轮的方向组是否需要更换，如需要更换，则去掉一维搜索时函数下降量最大的那个方向，再将新方向补于最后，以这种方法避免新方向组中的各方向出现线性相关的情形。为此给出组成新的搜索方向组的两个判别条件：

$$\begin{cases} f(x_{n+1}^{(k)})<f(x_0^{(k)}) \\ \left(f(x_0^{(k)})-2f(x_n^{(k)})+f(x_{n+1}^{(k)})\right)\times\left(f(x_0^{(k)})-f(x_n^{(k)})-\Delta_m\right)^2<\dfrac{1}{2}\Delta_m\left(f(x_0^{(k)})_1-f(x_{n+1}^{(k)})\right)^2 \end{cases} \tag{5.34}$$

其中，

$$\Delta_m=\max\{f(x_{i-1}^{(k)})-f(x_i^{(k)})\}=f(x_{m-1}^{(k)})-f(x_m^{(k)})\quad(i=1,2,\cdots,n)$$

式中，Δ_m 为第 k 轮沿搜索方向组的各次一维搜索中函数值下降量的最大值，对应的搜索方向为 $\boldsymbol{S}_m^{(k)}$。

若两个条件同时成立，则去掉原第 k 轮方向组中函数值下降量最大的方向 $\boldsymbol{S}_m^{(k)}$，将第 k 轮产生的新方向补于第 k 轮方向组的最后，构成第 $k+1$ 轮的方向组；否则第 $k+1$ 轮的方向组仍用第 k 轮的方向组。

改进的 Powell 法在计算上虽然稍微复杂一些，但它保证了对于非线性函数计算的可靠的收敛性。不仅从理论上证明对于正定二次型函数具有较高的收敛速度，而且计算实践证明，对于许多工程设计中的多种多样的目标函数来说，也是很有效的。

改进的 Powell 法的迭代计算步骤可描述如下：

步骤 1：给定初始点 $x^{(0)}$、计算精度 ε、维数 n、初始方向组 $\boldsymbol{S}_i^{(1)}=\boldsymbol{e}_i(i=1,2,\cdots,n)$。

步骤 2：置迭代轮数 $k=1$。

步骤 3：置搜索方向标记 $i=1$、搜索起点 $x_{i-1}^{(k)}=x^{(0)}$。

步骤 4：从 $x_{i-1}^{(k)}$ 点出发，沿 $\boldsymbol{S}_i^{(k)}$ 方向做一维最优搜索，求得

$$f(x_{i-1}^{(k)}+\alpha_i^{(k)}\boldsymbol{S}_i^{(k)})=\min f(x_{i-1}^{(k)}+\alpha^{(k)}\boldsymbol{S}_i^{(k)})$$

$$x_i^{(k)}=x_{i-1}^{(k)}+\alpha_i^{(k)}\boldsymbol{S}_i^{(k)}$$

步骤 5：判断是否满足 $i=n$，若满足则进行步骤 6，否则置 $i=i+1$，返回步骤 4。

步骤 6：计算映射点 $x_{n+1}^{(k)}=2x_n^{(k)}-x_0^{(k)}$。

步骤 7：求出第 k 轮迭代中各方向上目标函数的下降值 $f(x_{i-1}^{(k)})-f(x_i^{(k)})\ (i=1,2,\cdots,n)$，并找出其中的最大值 $\Delta_m=\max\{f(x_{i-1}^{(k)})-f(x_i^{(k)})\}\ (i=1,2,\cdots,n)$，记下对应的搜索方向 $\boldsymbol{S}_m^{(k)}$。

步骤 8：计算 $x_0^{(k)}$、$x_n^{(k)}$、$x_{n+1}^{(k)}$ 三点的函数值 f_1、f_2、f_3。

步骤 9：判断式（5.31）是否成立，若两个条件式都成立，则进行步骤 10；否则第 $k+1$ 轮迭代仍用第 k 轮迭代的方向组，即 $\boldsymbol{S}_i^{(k+1)}=\boldsymbol{S}_i^{(k)}\ (i=1,2,\cdots,n)$。第 $k+1$ 轮迭代的初始点 $x_0^{(k+1)}$ 选取点 $x_n^{(k)}$ 和 $x_{n+1}^{(k)}$ 中函数值小的那个点，转向步骤 13。

步骤 10：计算新产生的共轭方向 $\boldsymbol{S}_{n+1}^{(k)}=x_n^{(k)}-x_0^{(k)}$。

步骤 11：从 $x_n^{(k)}$ 出发，沿 $\boldsymbol{S}_{n+1}^{(k)}$ 方向进行最优化搜索，求得该方向的极小点 $x^{(k)}$。

步骤 12：以 $x^{(k)}$ 作为第 $k+1$ 轮迭代的起始点，确定第 $k+1$ 轮迭代的搜索方向组：从第 k 轮迭代方向组中去掉对应于函数值下降量最大的方向 $\boldsymbol{S}_m^{(k)}$，将新方向 $\boldsymbol{S}_{n+1}^{(k)}$ 置于第 k 轮迭代方向组的最后，即令

$$\begin{cases}\boldsymbol{S}_i^{(k+1)}=\boldsymbol{S}_i^{(k)} & (i=1,2,\cdots,m-1)\\ \boldsymbol{S}_i^{(k+1)}=\boldsymbol{S}_{i+1}^{(k)} & (i=m,m+1,\cdots,n-1)\\ \boldsymbol{S}_n^{(k+1)}=\boldsymbol{S}_{n+1}^{(k)} & \end{cases}$$

步骤 13：检查是否满足终止迭代条件 $\|x_0^{(k+1)}-x_0^{(k)}\|\leqslant\varepsilon$，若满足则停止迭代，得最优点 $x_0^{(k+1)}$，输出 $x^*=x_0^{(k+1)}$，$f^*=f(x^*)$；若不满足，置 $x^{(0)}=x_0^{(k+1)}$，$k=k+1$，返回步骤 3 进行下一轮迭代计算。

2. 间接法

间接法是以梯度法为基础的数值解法，由于要计算目标函数的一阶或二阶导数，故要求目标函数连续可导。梯度法与直接法的主要区别之一就是：梯度法要用到目标函数的导数，直接法只用到目标函数值，不必计算导数。由于目标函数的梯度矩阵包含了所求解问题的丰富的信息，故梯度法在很多情况下比直接法的求解效率更高。下面介绍三种常用的基于梯度的间接优化方法：柯西法、Newton-Raphson 迭代算法和变尺度法。

（1）柯西法　柯西法是应用目标函数的负梯度方向作为每一步迭代的搜索方向。由于每一步都取负梯度方向的最优步长，故又称为最优梯度法或最速下降法。该方法最早于 1847 年由法国数学家柯西提出，后来经库里等人做了进一步研究，现在已成为一种最基本的算法。它对其他算法的研究也很有启发作用，因此在最优化方法中占有重要地位。

设经过第 $k-1$ 次迭代，获得 $\boldsymbol{X}^{(k)}$ 点，目标函数在点 $\boldsymbol{X}^{(k)}$ 的梯度为

$$\nabla f(\boldsymbol{X}^{(k)})=\left(\frac{\partial f(\boldsymbol{X}^{(k)})}{\partial x_1},\frac{\partial f(\boldsymbol{X}^{(k)})}{\partial x_2},\cdots,\frac{\partial f(\boldsymbol{X}^{(k)})}{\partial x_n}\right)^{\mathrm{T}} \tag{5.35}$$

若求目标函数的最小点，由于函数沿负梯度方向下降最快，故在 $\boldsymbol{X}^{(k)}$ 点的搜索方向应取该点的负梯度方向，即

$$\boldsymbol{S}^{(k)}=-\frac{\nabla f(\boldsymbol{X}^{(k)})}{\|\nabla f(\boldsymbol{X}^{(k)})\|} \tag{5.36}$$

式中，$\boldsymbol{S}^{(k)}$ 为单位向量。

于是第 $k+1$ 次迭代计算所得的新点为

$$\begin{aligned}\boldsymbol{X}^{(k+1)}&=\boldsymbol{X}^{(k)}+\lambda^{(k)}\boldsymbol{S}^{(k)}\\&=\boldsymbol{X}^{(k)}-\frac{\lambda^{(k)}\nabla f(\boldsymbol{X}^{(k)})}{\|\nabla f(\boldsymbol{X}^{(k)})\|}\end{aligned} \tag{5.37}$$

式（5.34）中，步长 $\lambda^{(k)}$ 有两种取值方法：一种方法是任意给定一个初始步长，使其满足 $f(\boldsymbol{X}^{(k)}+\lambda^{(k)}\boldsymbol{S}^{(k)})<f(\boldsymbol{X}^{(k)})$；另一种方法是在 $\boldsymbol{X}^{(k)}$ 点处对目标函数求极值，来得到最优步长。

柯西法的计算步骤可描述如下：

步骤1：设定最大迭代步数 N，取初始点 $\boldsymbol{X}^{(0)}$ 作为计算开始点，允许误差取 $\varepsilon_1>0$，令 $k=0$。

步骤2：根据式（5.35）和式（5.36），计算点 $\boldsymbol{X}^{(k)}$ 处的梯度 $\nabla f(\boldsymbol{X}^{(k)})$ 及该点的搜索方向 $\boldsymbol{S}^{(k)}$。

步骤3：检验是否满足收敛准则 $\|\nabla f(\boldsymbol{X}^{(k)})\|\leqslant\varepsilon_1$，或检验迭代步数是否溢出 $k\geqslant N$，若满足则终止迭代；否则，转步骤4。

步骤4：进行一维搜索，求最优步长 $\lambda^{(k)}$。

步骤5：检验是否满足收敛准则

$$\frac{\|f(\boldsymbol{X}^{(k)})-f(\boldsymbol{X}^{(k-1)})\|}{\|f(\boldsymbol{X}^{(k)})\|}\leqslant\varepsilon_1$$

若满足则终止迭代；否则置下一个迭代点 $\boldsymbol{X}^{(k+1)}=\boldsymbol{X}^{(k)}+\lambda^{(k)}\boldsymbol{S}^{(k)}$，并令 $k=k+1$，转步骤2。

（2）Newton-Raphson 迭代算法　Newton-Raphson 迭代算法又叫二阶梯度法，同柯西法一样，Newton-Raphson 迭代算法也是求解极值问题比较经典的算法之一。它不仅利用了目标函数在搜索点的一阶导数，还用到了目标函数的二阶导数，考虑了梯度变化的趋势。因此，该方法与柯西法相比，能更快地搜索到最优点。

Newton-Raphson 迭代算法的基本思想是在求目标函数 $f(\boldsymbol{X})$ 的极小值时，先将它在 $\boldsymbol{X}^{(k)}$ 点的某邻域内展开成二阶泰勒级数，然后求出该二次函数的极小点，并以此点作为待求目标函数的极小点 $\boldsymbol{X}^*$ 的一次近似值。Newton-Raphson 迭代算法迭代公式的推导过程如下：

设目标函数 $f(\boldsymbol{X})$ 为二阶连续可微函数，将其在迭代点 $\boldsymbol{X}^{(k)}$ 处展开成二阶泰勒级数，作为每次计算时逼近目标函数的二次曲线的函数表达式，即

$$\begin{aligned} f(\boldsymbol{X})\approx\varphi(\boldsymbol{X}^{(k)})=f(\boldsymbol{X}^{(k)})+\left(\nabla f(\boldsymbol{X}^{(k)})\right)^{\mathrm{T}}(\boldsymbol{X}-\boldsymbol{X}^{(k)})+\\ \frac{1}{2}(\boldsymbol{X}-\boldsymbol{X}^{(k)})^{\mathrm{T}}\boldsymbol{H}(\boldsymbol{X}^{(k)})(\boldsymbol{X}-\boldsymbol{X}^{(k)}) \end{aligned} \tag{5.38}$$

对于二次函数 $\varphi(\boldsymbol{X})$，当 $\nabla\varphi(\boldsymbol{X})=0$ 时，所求得的 $\boldsymbol{X}^*$ 即为 $\boldsymbol{X}_{\min}$。于是由式（5.38）可得

$$\nabla\varphi(\boldsymbol{X}^{(k)})=\nabla f(\boldsymbol{X}^{(k)})+\boldsymbol{H}(\boldsymbol{X}^{(k)})(\boldsymbol{X}-\boldsymbol{X}^{(k)})=0$$

故得

$$\boldsymbol{X}_{\min}=\boldsymbol{X}^{(k)}-\left(\boldsymbol{H}(\boldsymbol{X}^{(k)})\right)^{-1}\nabla f(\boldsymbol{X}^{(k)}) \tag{5.39}$$

式中，$\left(\boldsymbol{H}(\boldsymbol{X}^{(k)})\right)^{-1}$ 为海森矩阵的逆矩阵。

一般情况下，$f(\boldsymbol{X})$ 不一定是二次函数，故 $\boldsymbol{X}_{\min}$ 也不一定是 $f(\boldsymbol{X})$ 的极值点。但在 $\boldsymbol{X}^{(k)}$ 点附近，$\varphi(\boldsymbol{X})$ 与 $f(\boldsymbol{X})$ 是近似的，故可用 $\boldsymbol{X}_{\min}$ 点作为下一步迭代的点 $\boldsymbol{X}^{(k+1)}$，即

$$\boldsymbol{X}^{(k+1)}=\boldsymbol{X}^{(k)}-\left(\boldsymbol{H}(\boldsymbol{X}^{(k)})\right)^{-1}\nabla f(\boldsymbol{X}^{(k)}) \tag{5.40}$$

式中，$-\left(\boldsymbol{H}(\boldsymbol{X}^{(k)})\right)^{-1}\nabla f(\boldsymbol{X}^{(k)})$为牛顿迭代方向，通过迭代，逐步向极小点$\boldsymbol{X}^*$逼近。

对于上述经典的Newton-Raphson迭代算法，当目标函数严重非线性时，用式（5.40）进行迭代不能保证目标函数一定收敛，即迭代中可能出现$f(\boldsymbol{X}^{(k+1)})>f(\boldsymbol{X}^{(k)})$，此时新点显然不如原来的点好。另外，初始点选择不当除了出现上述的情况外，还可能导致收敛到鞍点或不收敛。

为了克服上述缺点，出现了修正Newton-Raphson迭代算法，通常又称为广义Newton-Raphson迭代算法或阻尼Newton-Raphson迭代算法。该方法将迭代公式（5.40）修正为

$$\boldsymbol{X}^{(k+1)}=\boldsymbol{X}^{(k)}-\lambda^{(k)}\left(\boldsymbol{H}(\boldsymbol{X}^{(k)})\right)^{-1}\nabla f(\boldsymbol{X}^{(k)}) \tag{5.41}$$

式中，$\lambda^{(k)}$为最优步长因子，可通过一维搜索得到。

这种修正的方法既保持了Newton-Raphson迭代算法收敛快的特性又放宽了对初始点选取的要求，并能保证每次迭代都使目标函数值下降。但在实际应用中，由于要求海森矩阵非奇异，且求逆矩阵的计算工作量很大，尤其是当目标函数的维数较高时，计算量与数据存储量均呈n^2增长。可见，要使Newton-Raphson迭代算法比梯度法更有效、收敛更快，其前提条件是初始点$\boldsymbol{X}^{(0)}$与最优点$\boldsymbol{X}^*$比较接近，且两点的海森矩阵比较接近。

修正Newton-Raphson迭代算法的迭代步骤可描述如下：

步骤1：选取初始点$\boldsymbol{X}^{(0)}$，设定收敛精度$\varepsilon>0$，令$k=0$。

步骤2：分别计算$\nabla f(\boldsymbol{X}^{(k)})$和$\left(\boldsymbol{H}(\boldsymbol{X}^{(k)})\right)^{-1}$。

步骤3：检验收敛条件$\|\nabla f(\boldsymbol{X}^{(k)})\|\leqslant\varepsilon$，若满足则终止迭代，否则转入下一步。

步骤4：令$\boldsymbol{S}^{(k)}=-\left(\boldsymbol{H}(\boldsymbol{X}^{(k)})\right)^{-1}\nabla f(\boldsymbol{X}^{(k)})$。

步骤5：求$\lambda^{(k)}$，使$\min\limits_{\lambda>0}f(\boldsymbol{X}^{(k)}+\lambda\boldsymbol{S}^{(k)})=f(\boldsymbol{X}^{(k)}+\lambda^{(k)}\boldsymbol{S}^{(k)})$。

步骤6：令$\boldsymbol{X}^{(k+1)}=\boldsymbol{X}^{(k)}+\lambda^{(k)}\boldsymbol{S}^{(k)}$，$k=k+1$，转向步骤2。

（3）变尺度法　变尺度法是在Newton-Raphson迭代算法的基础上发展起来的，又称拟Newton-Raphson迭代算法，被公认为是求解无约束极值问题最有效的算法之一。该方法有多种算法形式，其中最具代表性的一种是DFP法，它最初于1959年由Davidon提出，Fletcher与Powell对其进行了改进。下面对DFP变尺度法的基本原理及迭代步骤进行简单介绍。

前面讨论的梯度法与Newton-Raphson迭代算法，其迭代方程可以看作下列公式的特例：

$$\boldsymbol{X}^{(k+1)}=\boldsymbol{X}^{(k)}-\lambda^{(k)}\left(\boldsymbol{A}(\boldsymbol{X}^{(k)})\right)^{-1}\nabla f(\boldsymbol{X}^{(k)}) \tag{5.42}$$

对于式（5.42），若$\boldsymbol{A}(\boldsymbol{X}^{(k)})=\boldsymbol{I}$，则为梯度法；若$\boldsymbol{A}(\boldsymbol{X}^{(k)})=\left(\boldsymbol{H}(\boldsymbol{X}^{(k)})\right)^{-1}$，则为修正Newton-Raphson迭代算法。前者收敛较慢，后者须计算二阶偏导矩阵的逆矩阵，且计算量大。变尺度法就是一种充分发挥二者优点而克服其不足的改进算法，它是对Newton-Raphson迭代算法的修正，其基本思想是设法构造一个对称正定矩阵$\boldsymbol{A}(\boldsymbol{X}^{(k)})$来代替海森矩阵$\left(\boldsymbol{H}(\boldsymbol{X}^{(k)})\right)^{-1}$，并在迭代过程中使其逐渐逼近$\left(\boldsymbol{H}(\boldsymbol{X}^{(k)})\right)^{-1}$。因此，至极值点附近后，可达到Newton-Raphson迭代算法的收敛速度，同时又避开了烦琐的矩阵求逆计算。

由于$\boldsymbol{A}(\boldsymbol{X}^{(k)})$在迭代过程中不断被修正改变，对梯度$\nabla f(\boldsymbol{X}^{(k)})$起到改变尺度的作用，

故称 $\boldsymbol{A}(\boldsymbol{X}^{(k)})$ 为变尺度矩阵。

构造矩阵 $\boldsymbol{A}(\boldsymbol{X}^{(k)})$ 时需注意以下事项：首先，为使 $\boldsymbol{S}^{(k)}$ 为函数值的下降方向，要求 $\boldsymbol{S}^{(k)}$ 与 $-\nabla f(\boldsymbol{X}^{(k)})$ 之间的夹角小于 $\pi/2$，即 $-\boldsymbol{S}^{(k)}\nabla f(\boldsymbol{X}^{(k)})>0$；其次，为使 $\boldsymbol{A}(\boldsymbol{X}^{(k)})$ 逐渐逼近 $\left(\boldsymbol{H}(\boldsymbol{X}^{(k)})\right)^{-1}$，构造矩阵还需满足变尺度法条件，即 $\boldsymbol{A}(\boldsymbol{X}^{(k+1)})\Delta\boldsymbol{g}^{(k)}=\Delta\boldsymbol{X}^{(k)}$，其中 $\Delta\boldsymbol{X}^{(k)}=\boldsymbol{X}^{(k+1)}-\boldsymbol{X}^{(k)}$，$\boldsymbol{g}^{(k)}=\nabla f(\boldsymbol{X}^{(k)})$，$\Delta\boldsymbol{g}^{(k)}=\boldsymbol{g}^{(k+1)}-\boldsymbol{g}^{(k)}$；最后，为了用于迭代运算，可将变尺度矩阵写作如下递推形式：

$$\boldsymbol{A}(\boldsymbol{X}^{(k+1)})=\boldsymbol{A}(\boldsymbol{X}^{(k)})+\boldsymbol{e}(\boldsymbol{X}^{(k)})\quad(k=0,1,2,\cdots)\tag{5.43}$$

式中，$\boldsymbol{e}(\boldsymbol{X}^{(k)})$ 为第 k 次校正矩阵。

若取 $\boldsymbol{A}(\boldsymbol{X}^{(0)})=\boldsymbol{I}$，在 $\boldsymbol{A}(\boldsymbol{X}^{(k+1)})$ 满足变尺度法条件下，经推导，可得校正矩阵 $\boldsymbol{e}(\boldsymbol{X}^{(k)})$ 的计算式为

$$\boldsymbol{e}(\boldsymbol{X}^{(k)})=\frac{\Delta\boldsymbol{X}^{(k)}(\Delta\boldsymbol{X}^{(k)})^{\mathrm{T}}}{(\Delta\boldsymbol{g}^{(k)})^{\mathrm{T}}\Delta\boldsymbol{X}^{(k)}}-\frac{\boldsymbol{A}(\boldsymbol{X}^{(k)})\Delta\boldsymbol{g}^{(k)}(\Delta\boldsymbol{g}^{(k)})^{\mathrm{T}}\boldsymbol{A}(\boldsymbol{X}^{(k)})}{(\Delta\boldsymbol{g}^{(k)})^{\mathrm{T}}\boldsymbol{A}(\boldsymbol{X}^{(k)})\Delta\boldsymbol{g}^{(k)}}\tag{5.44}$$

DFP 变尺度法的计算步骤可描述如下：

步骤 1：选取初始点 $\boldsymbol{X}^{(0)}$，设定收敛精度 $\varepsilon>0$，令 $k=0$。

步骤 2：置 $\boldsymbol{A}(\boldsymbol{X}^{(0)})=\boldsymbol{I}$，分别计算 $\nabla f(\boldsymbol{X}^{(k)})$ 和变尺度法方向 $\boldsymbol{S}^{(k)}=-\boldsymbol{A}(\boldsymbol{X}^{(k)})\nabla f(\boldsymbol{X}^{(k)})$。

步骤 3：进行一维搜索求 $\lambda^{(k)}$，使 $\min\limits_{\lambda>0} f(\boldsymbol{X}^{(k)}+\lambda\boldsymbol{S}^{(k)})=f(\boldsymbol{X}^{(k)}+\lambda^{(k)}\boldsymbol{S}^{(k)})$，并求得 $\boldsymbol{X}^{(k+1)}=\boldsymbol{X}^{(k)}+\lambda^{(k)}\boldsymbol{S}^{(k)}$。

步骤 4：计算 $\nabla f(\boldsymbol{X}^{(k+1)})$，检验是否收敛，若 $\|\nabla f(\boldsymbol{X}^{(k)})\|\leqslant\varepsilon$，则 $\boldsymbol{X}^{*}\approx\boldsymbol{X}^{(k+1)}$，终止迭代；否则转向下一步。

步骤 5：检验迭代步数，若 $k=n$，则重置，从负梯度方向开始，并取 $\boldsymbol{X}^{(0)}=\boldsymbol{X}^{(k+1)}$；否则转向下一步。

步骤 6：构造新的搜索方向 $\boldsymbol{S}^{(k+1)}=-\boldsymbol{A}(\boldsymbol{X}^{(k+1)})\nabla f(\boldsymbol{X}^{(k+1)})$，其中 $\boldsymbol{A}(\boldsymbol{X}^{(k+1)})$ 根据式（5.43）和式（5.44）求得。令 $k=k+1$，转向步骤 3。

5.2.2　约束优化设计方法

PPT 课件　课程视频

前面讨论的都是无约束条件下目标函数寻优方法，而实际工程问题大多数属于有约束条件的优化设计问题。按照对约束条件的处理方法的不同，约束优化设计问题的最优化求解方法可分为直接解法和间接解法两大类。

直接解法通常适用于仅含不等式约束条件的最优化问题。若有等式约束条件，则要求该等式约束函数不是复杂的隐式函数，且消元过程容易实现，才能使用该方法。其基本思路是：在 m 个不等式约束条件所确定的可行域内，首先选择一个初始点 $\boldsymbol{X}^{(0)}$，以及可行搜索方向 $\boldsymbol{S}$，然后以适当的步长 α 沿 $\boldsymbol{S}$ 方向进行搜索，最后得到一个使目标函数值下降的可行点 $\boldsymbol{X}^{(1)}$，完成一次迭代。再以新点为起点，重复上述过程，直到满足收敛条件为止。迭代计算的基本公式如下：

$$\boldsymbol{X}^{(k+1)}=\boldsymbol{X}^{(k)}+\alpha^{(k)}\boldsymbol{S}^{(k)}\quad(k=1,2,\cdots)\tag{5.45}$$

式中，$\alpha^{(k)}$ 为步长；$\boldsymbol{S}^{(k)}$ 为可行搜索方向，它是指当设计点沿该方向做微量移动时，目标函数值将下降，且不会越出可行域。

不同的直接解法生成可行搜索方向的方法也不同。属于直接解法的约束优化设计方法主要包括：随机方向法、复合形法和可行方向法等。

间接解法的基本思路是：按照一定的原则构造一个包含原目标函数和约束条件的新目标函数，将有约束优化问题转化为一个或一系列无约束优化问题进行求解。转化后新的无约束目标函数可表示为

$$F(\boldsymbol{X},\mu_1,\mu_2)=f(\boldsymbol{X})+\mu_1\sum_{j=1}^{m}G\left(g_j(\boldsymbol{X})\right)+\mu_2\sum_{k=1}^{l}H\left(h_k(\boldsymbol{X})\right) \tag{5.46}$$

式中，$F(\boldsymbol{X},\mu_1,\mu_2)$ 为转化后的新目标函数；$G\left(g_j(\boldsymbol{X})\right)$、$H\left(h_k(\boldsymbol{X})\right)$ 分别为约束条件 $g_j(\boldsymbol{X})$ 与 $h_k(\boldsymbol{X})$ 的泛函；μ_1 和 μ_2 为加权因子。

显然，有约束问题通过上述转化，就可以采用前面介绍的一些求解无约束优化问题的方法进行处理。该方法对于不等式约束和等式约束问题均有效，因而在工程优化问题中得到了广泛的应用。属于间接解法的有约束优化方法主要包括：惩罚函数法、增广拉格朗日乘子法等。

下面分别介绍两种常用的约束优化设计方法：属于直接解法的随机方向法和属于间接解法的惩罚函数法。

1. 随机方向法

随机方向法是一种在可行域内利用随机产生的可行方向进行寻优搜索的约束优化问题的直接解法。其基本思路为：在可行域内选择一个初始点 $\boldsymbol{X}^{(0)}$；利用随机数的概率特性，在约束范围内以合适的步长沿 $\boldsymbol{X}^{(0)}$ 点周围产生若干个随机方向，从中选择一个能使目标函数值下降最快的随机方向作为可行搜索方向，记作：$\boldsymbol{S}^{(1)}=\boldsymbol{X}^{(L)}-\boldsymbol{X}^{(0)}$。从 $\boldsymbol{X}^{(0)}$ 出发沿 $\boldsymbol{S}^{(1)}$ 方向以一定的步长 λ 向前搜索，得到新点：$\boldsymbol{X}^{(1)}=\boldsymbol{X}^{(0)}+\lambda(\boldsymbol{X}^{(L)}-\boldsymbol{X}^{(0)})$，新点需满足约束条件且使 $f(\boldsymbol{X}^{(1)})<f(\boldsymbol{X}^{(0)})$。将初始点移至 $\boldsymbol{X}^{(1)}$，重复上述过程，直至达到收敛条件为止。

对于随机方向法初始点的选择，当约束条件比较简单时，可以人为地在可行域内确定一个初始点。若约束条件比较复杂，则采用随机选择方法，即利用计算机产生的伪随机数来生成一个可行的初始点 $\boldsymbol{X}^{(0)}$。此时需要输入设计变量的估计上下限值，即

$$a_i\leqslant x_i\leqslant b_i \quad (i=1,2,\cdots,n)$$

在区间［0,1］内产生 n 个服从均匀分布的伪随机数 r_i，于是得初始点的各分量为

$$x_i^{(0)}=a_i+r_i(b_i-a_i) \quad (i=1,2,\cdots,n)$$

这样生成的初始点还要进一步进行可行性条件检验，判断是否满足约束条件。

对于步长的选择，有两种方法：一种是定步长，即只要所得新点的目标函数值是下降的且满足约束条件，就继续以该步长进行搜索；另一种是变步长，即根据约束条件随机选择步长，以便充分利用 $\boldsymbol{S}$ 方向，减少计算工作量，提高搜索效率。

利用计算机产生伪随机数后，则可用不同的方法来产生随机搜索方向。对于 n 维设计问题，利用［-1,1］之间产生的 n 个随机数 $r_1,r_2,\cdots,r_n$，若 $(r_1^2+r_2^2+\cdots+r_n^2)^{1/2}\leqslant 1$，则可按下式构造随机方向单位向量：

$$\boldsymbol{e}^{(k)}=\frac{1}{(r_1^2+r_2^2+\cdots+r_n^2)^{1/2}}\begin{pmatrix} r_1\\ r_2\\ \vdots\\ r_n\end{pmatrix} \tag{5.47}$$

若 $(r_1^2+r_2^2+\cdots+r_n^2)^{1/2}>1$，则淘汰该组随机数，重新生成一组。

取得 N 个随机方向单位向量后，即可按下式产生 N 个随机试验点：

$$\boldsymbol{X}^{(k)}=\boldsymbol{X}^{(0)}+H_0\boldsymbol{e}^{(k)}\quad(k=1,2,\cdots,N)\tag{5.48}$$

式中，H_0 为试验步长，一般可取 0.1、0.01 等。

然后检查随机试验点是否为可行点，计算其函数值，找出目标函数值最小的点 $\boldsymbol{X}^{(\mathrm{L})}$，即

$$f(\boldsymbol{X}^{(\mathrm{L})})=\min\{f(\boldsymbol{X}^{(k)})\}\quad(k=1,2,\cdots,N)\tag{5.49}$$

若 $\boldsymbol{X}^{(\mathrm{L})}$ 为可行点，且满足 $f(\boldsymbol{X}^{(\mathrm{L})})<f(\boldsymbol{X}^{(0)})$，则搜索方向 $\boldsymbol{S}=\boldsymbol{X}^{(\mathrm{L})}-\boldsymbol{X}^{(0)}$。

随机方向法的计算步骤归纳如下：

步骤 1：随机生成初始可行点 $\boldsymbol{X}^{(0)}$，给定试验步长 H_0。

步骤 2：根据式（5.47）构造 N 个随机单位向量 $\boldsymbol{e}^{(k)}$，按式（5.48）在以 $\boldsymbol{X}^{(0)}$ 点为中心、H_0 为半径的超球面上产生 N 个随机试验点。

步骤 3：计算各随机试验点的函数值并选出其中最小值的点 $\boldsymbol{X}^{(\mathrm{L})}$。

步骤 4：判断 $\boldsymbol{X}^{(\mathrm{L})}$ 是否为可行点，且满足 $f(\boldsymbol{X}^{(\mathrm{L})})<f(\boldsymbol{X}^{(0)})$。若满足条件则取搜索方向为 $\boldsymbol{S}=\boldsymbol{X}^{(\mathrm{L})}-\boldsymbol{X}^{(0)}$，置 $\boldsymbol{X}^{(\mathrm{M})}=\boldsymbol{X}^{(0)}$，并加大试验步长，令 $H_0=\beta_1H_0$，β_1 为步长加大系数，且 $1<\beta_1<2$；否则减小试验步长，令 $H_0=\beta_2H_0$，β_2 为步长减小系数，且 $0.5<\beta_2<1$，转步骤 2。

步骤 5：从当前点 $\boldsymbol{X}^{(\mathrm{M})}$ 点出发沿 $\boldsymbol{S}$ 方向进行搜索，获得新点 $\boldsymbol{X}$。

步骤 6：检验新点 $\boldsymbol{X}$ 是否满足可行性要求。若满足，则转步骤 7；否则减小试验步长，令 $H_0=\beta_2H_0$，转步骤 5。

步骤 7：检验新点 $\boldsymbol{X}$ 是否满足函数值下降的要求。若满足，则继续沿 $\boldsymbol{S}$ 方向进行搜索，置 $\boldsymbol{X}^{(\mathrm{M})}=\boldsymbol{X}$，转步骤 5；否则转步骤 8。

步骤 8：判断初始点 $\boldsymbol{X}^{(0)}$ 与新点 $\boldsymbol{X}$ 的函数值是否满足收敛条件：

$$\begin{cases}\left|\dfrac{f(\boldsymbol{X})-f(\boldsymbol{X}^{(0)})}{f(\boldsymbol{X}^{(0)})}\right|\leqslant\varepsilon_1\\ \|\boldsymbol{X}-\boldsymbol{X}^{(0)}\|\leqslant\varepsilon_2\end{cases}$$

若满足收敛条件，则终止迭代计算，并取最优解 $\boldsymbol{X}^*=\boldsymbol{X}$，$f(\boldsymbol{X}^*)=f(\boldsymbol{X})$；否则，置 $\boldsymbol{X}^{(0)}=\boldsymbol{X}$，转步骤 2。

2. 惩罚函数法

惩罚函数法是一种常用的约束优化设计问题的间接解法，其基本原理是：把约束优化问题中的不等式约束条件和等式约束条件乘上加权因子，将原目标函数转化为新的目标函数，再求解新目标函数的无约束最优解，以获得原目标函数的有约束最优解。这一新目标函数又称为惩罚函数，可表示为

$$\boldsymbol{\Phi}(\boldsymbol{X},r_1^{(k)},r_2^{(k)})=f(\boldsymbol{X})+r_1^{(k)}\sum_{j=1}^{m}G\left(g_j(\boldsymbol{X})\right)+r_2^{(k)}\sum_{k=1}^{l}H\left(h_k(\boldsymbol{X})\right)\tag{5.50}$$

式中，$r_1^{(k)}$、$r_2^{(k)}$ 为加权因子，也称为惩罚因子；$r_1^{(k)}\sum\limits_{j=1}^{m}G\left(g_j(\boldsymbol{X})\right)$、$r_2^{(k)}\sum\limits_{k=1}^{l}H\left(h_k(\boldsymbol{X})\right)$ 分别为不等式加权转化项和等式加权转化项，根据它们在新目标函数中的作用，又分别称为障碍项和惩罚项。

障碍项的作用是当迭代点在可行域内时，阻止迭代点在迭代过程中越出可行域；惩罚项的作用是当迭代点在非可行域或不满足等式约束条件时，在迭代过程中迫使迭代点逼近约束边界或等式约束面。惩罚函数法求解的关键是，恰当地构造新目标函数的泛函项，并通过调整惩罚因子，使新目标函数的最优解不断趋近原有约束最优化问题的最优解。

根据迭代过程是否在可行域内进行，惩罚函数法可分为内点法、外点法和混合法三种。

(1) 内点法 内点法在求解不等式约束优化问题时非常有效，但不能处理等式约束条件。内点法的基本思想是将新目标函数定义于可行域内，序列迭代点在可行域内逐步逼近约束边界上的最优点。

内点法的基本原理如下：

当目标函数 $f(\boldsymbol{X})$ 的约束条件为 $g_j(\boldsymbol{X})\leqslant 0\ (j=1,2,\cdots,m)$ 时，转化为惩罚函数形式，即

$$\Phi(\boldsymbol{X},r^{(k)})=f(\boldsymbol{X})-r^{(k)}\sum_{j=1}^{m}\frac{1}{g_j(\boldsymbol{X})} \tag{5.51}$$

或

$$\Phi(\boldsymbol{X},r^{(k)})=f(\boldsymbol{X})-r^{(k)}\sum_{j=1}^{m}\ln\left(-g_j(\boldsymbol{X})\right) \tag{5.52}$$

式中，$r^{(k)}$ 为惩罚因子，呈递减趋近于0；$\dfrac{1}{g_j(\boldsymbol{X})}$、$\ln\left(-g_j(\boldsymbol{X})\right)$ 为障碍项。

内点法的迭代过程发生在可行域内，障碍项的作用是防止迭代点越出可行域。当迭代点趋近约束边界时，障碍项的函数值趋于零，而整个障碍项的取值则剧增并趋近于无穷大，正如在可行域的边界上树起了一道高墙，阻止迭代点穿越可行域。显然，该方法只有在惩罚因子 $r^{(k)}\to 0$ 时，才能在约束边界上取得最优解。

内点法的迭代计算步骤可描述如下：

步骤1：选取初始可行点 $\boldsymbol{X}^{(0)}$、惩罚因子初值 $r^{(0)}$，收敛精度 $\varepsilon_1>0$，$\varepsilon_2>0$，令 $k=1$。

步骤2：选择合适的无约束优化方法，求解惩罚函数 $\Phi(\boldsymbol{X},\ r^{(k)})$ 的极值点 $\boldsymbol{X}^*(r^{(k)})$。

步骤3：检验迭代终止条件，若满足

$$\left\|\boldsymbol{X}^*(r^{(k)})-\boldsymbol{X}^*(r^{(k-1)})\right\|\leqslant\varepsilon_1$$

或

$$\left\|\frac{\Phi(\boldsymbol{X}^*(r^{(k)}),r^{(k)})-\Phi(\boldsymbol{X}^*(r^{(k-1)}),r^{(k-1)})}{\Phi(\boldsymbol{X}^*(r^{(k-1)}),r^{(k-1)})}\right\|\leqslant\varepsilon_2$$

则终止迭代，约束最优解为 $\boldsymbol{X}^*(r^{(k+1)})$；否则转入下一步。一般地，$\varepsilon_1=10^{-7}\sim10^{-5}$，$\varepsilon_2=10^{-4}\sim10^{-3}$。

步骤4：令 $r^{(k+1)}=Cr^{(k)}$，$\boldsymbol{X}^{(0)}=\boldsymbol{X}^*(r^{(k)})$，$k=k+1$，$C$ 为缩减系数，$C=0.1\sim0.5$，一般取 $C=0.1$，也可取 $C=0.02$。

采用内点法时有几点注意事项需要考虑：首先，初始点 $\boldsymbol{X}^{(0)}$ 应在可行域内选取一个离约束边界较远的点；其次，$r^{(0)}$ 的取值应适当，否则将影响寻优迭代运算的正常进行，对于复杂的问题，需要经过多次试算，才能找到一个合适的 $r^{(0)}$，可先取 $r^{(0)}=1\sim50$，多数情况取 $r^{(0)}=1$，再根据试算结果，适当增减 $r^{(0)}$ 的值。也可根据经验公式取 $r^{(0)}$ 的值。

(2) 外点法 外点法可用来求解同时含不等式和等式约束条件的工程优化设计问题。与内点法不同，外点法的基本思想是将惩罚函数定义于可行域外，序列迭代点由可行域外

部逐步逼近约束边界上的原目标函数的最优解。

外点法的基本原理可描述如下：

对于约束优化设计问题，利用外点法求解时，转化后的惩罚函数的一般形式为

$$\Phi(\boldsymbol{X},r_1^{(k)},r_2^{(k)})=f(\boldsymbol{X})+r_1^{(k)}\sum_{j=1}^{m}\max\left(g_j(\boldsymbol{X}),0\right)^{\alpha}+r_2^{(k)}\sum_{k=1}^{l}H\left(h_k(\boldsymbol{X})\right)^{\alpha} \tag{5.53}$$

式中，$r_i^{(k)}(i=1,2)$ 为惩罚因子，是一个大于零的递增数列；$\sum_{j=1}^{m}\max\left(g_j(\boldsymbol{X}),0\right)^{\alpha}$、$\sum_{k=1}^{l}H\left(h_k(\boldsymbol{X})\right)^{\alpha}$ 分别为不等式约束和等式约束条件的惩罚项；α 为构造惩罚函数项的指数，一般取 $\alpha=2$。

由于外点法的迭代过程发生在可行域外，而惩罚项的作用是迫使迭代点逼近约束边界，若迭代点 $\boldsymbol{X}$ 为不可行点，则惩罚项的值将大于零，使得 $\Phi(\boldsymbol{X},r_1^{(k)},r_2^{(k)})$ 大于原目标函数，这可视为对迭代点不满足约束条件的一种惩罚。并且迭代点离约束边界越远，惩罚项的值越大，惩罚越重。但当迭代点靠近约束边界时，惩罚项的值会减小并趋近于零；随着惩罚项作用的逐渐消失，迭代点趋近于约束边界上的最优点。

由于外点法的迭代计算步骤与内点法相近，此处就不再赘述了。这两种方法相比，各有优缺点。首先，内点法要求整个搜索过程发生在可行域内，故需先给出初始内点，这对于约束条件较多且较复杂的问题，初始点的选取比较困难；外点法无此要求，可在整个求解空间进行，故易于选取初始点。其次，内点法只能用于不等式约束问题而不能用于等式约束问题；而外点法既适用于不等式约束问题，也适用于等式约束问题。但外点法对惩罚函数的可微阶数有一定的要求，而内点法则不受这种限制。此外，内点法的另一优点是迭代点列均为可行解，故有一系列逐步改进的、可接受的设计方案可供选择，而外点法只有到最后才能得到一个符合约束条件的最优解。

（3）混合法　由于内点法与外点法各有优缺点，于是有了将内点法与外点法结合起来的混合法。该方法可用来求解同时具有不等式约束和等式约束条件的最优化问题。

根据混合法的基本原理，对于约束优化问题，混合法惩罚函数的一般表达式为

$$\Phi(\boldsymbol{X},r_1^{(k)},r_2^{(k)})=f(\boldsymbol{X})-r^{(k)}\sum_{j=1}^{m}\frac{1}{g_j(\boldsymbol{X})}+\frac{1}{\sqrt{r^{(k)}}}\sum_{k=1}^{l}\left(h_k(\boldsymbol{X})\right)^2 \tag{5.54}$$

式中，$r^{(k)}\sum_{j=1}^{m}\frac{1}{g_j(\boldsymbol{X})}$为障碍项，惩罚因子 $r^{(k)}$ 按内点法选取，即呈递减趋近于零；$\frac{1}{\sqrt{r^{(k)}}}\sum_{k=1}^{l}\left(h_k(\boldsymbol{X})\right)^2$ 为惩罚项，惩罚因子$\frac{1}{\sqrt{r^{(k)}}}$按外点法选取，即呈递增趋近于$+\infty$。

混合法具有内点法的求解特点，即迭代过程发生在可行域内，故初始可行点 $\boldsymbol{X}^{(0)}$、惩罚因子初值 $r^{(0)}$ 及收敛精度 ε_1 和 ε_2 等的选取均可参考内点法。计算步骤及计算流程图也与内点法相类似。

5.2.3　优化设计智能算法

上述介绍的无约束优化设计方法和约束优化设计方法都属于以数学规划为基础的确定性搜索方法，该类方

PPT 课件　课程视频

法都是从一个初始设计出发，按照某种方法确定一个可以使目标函数得到改进且满足某种要求的搜索方向，然后再决定沿该方向前进的最合适的搜索步长，从而得到一个改进的新设计点。判断新的设计点是否满足收敛准则，若不满足，则从新的设计点出发重复上述搜索过程，直至获得满足收敛准则的设计点为止。

确定性搜索方法一般要求优化函数连续，有的方法还需要求解目标函数及约束条件的导数。但实际工程优化设计问题中的目标函数和约束函数往往很复杂，有时甚至难以给出数学表达式，这使得利用这类基于数学规划的确定性搜索方法求解这些问题变得非常困难。此外，实际工程问题中还可能包含离散设计变量，这也增加了求解的难度。确定性搜索方法的局限性促进了适合不同优化问题的新方法的研究。智能优化算法，一般也称为启发式方法，就是其中非常重要的一类方法，该类方法通常按照一定的规则并采取随机搜索的方式来模拟生物进化、物理现象、动物行为等自然现象，以此生成新的设计点，再通过比较不同的设计点的优化目标值来选择最优设计点，整个搜索过程不要求函数连续、可微。目前，这类方法有很多种，包括遗传算法、进化策略、粒子群优化算法等。下面将分别对几种常见的智能优化算法进行介绍。

1. 遗传算法

遗传算法是模拟自然界中生物遗传进化过程而形成的一种全局优化概率搜索算法。它早在20世纪60年代，就由美国Holland教授首先提出的。之后在20世纪80年代经Goldberg归纳总结，形成了遗传算法的基本框架。从那以后，涌现出了大量关于遗传算法的理论研究及工程应用。遗传算法由于不受搜索空间的限制性假设的约束，不必要求诸如连续性、导数存在和单峰等假设，故其具有解决极其复杂问题的能力，已经在最优化领域得到了越来越广泛的应用。它作为一种有效的优化方法，在机械优化设计问题上的应用也非常成功，并且很有希望用于解决复杂非线性多模态的优化设计问题。

遗传算法通过模拟自然进化过程中适者生存的原理进行优化搜索。在其运算过程中，它以多个个体所组成的集合为运算对象，经过一个反复迭代的过程，不断地对这些个体施加遗传和进化操作，并且每次都按适者生存的原则将适应度较高的个体的基因更多地遗传到下一代，这样最终将会得到一个最优个体。下面将分别对遗传算法的基本实现技术进行介绍。

（1）编码　遗传算法在运行过程中，并不直接对所求解问题的设计变量进行操作，而是对代表可行解的遗传个体施加遗传操作，并通过这些遗传操作来达到优化求解的目的。在遗传算法中把优化问题的设计变量从其参数空间转换到遗传算法所能处理的搜索空间的转换方法称为编码。将 n 个设计变量 $\boldsymbol{X}=(x_1,x_2,\cdots,x_n)^{\mathrm{T}}$ 用 n 个记号 $E_i(i=1,2,\cdots,n)$ 所组成的符号串 C 来表示，即

$$C:E_1E_2\cdots E_n$$

把每一个 E_i 看作一个遗传基因，它的所有可能取值称为等位基因，这样，C 就可看作由 n 个遗传基因所组成的一个染色体。染色体 C 也称为个体 C。对问题最优解的搜索是通过对染色体 C 的搜索来进行的，于是所有的染色体就组成了问题的搜索空间。等位基因可以有不同的表示方法，这样就有了不同的编码方式。一般来说，有三大类编码方式：二进制编码方式、浮点数编码方式、符号编码方式。

二进制编码方式是遗传算法中最常用的一种编码方式，它使用二进制符号0和1所组成的二值符号集｛0，1｝作为编码符号集来表示等位基因，它所构成的染色体就是一个二

进制编码符号串。二进制编码符号串的长度决定了优化问题的求解精度。假设某一优化问题中的设计变量 x_i 的二进制编码符号串的长度为 l，则该设计变量的求解精度 δ 为

$$\delta=\frac{x_i^{\mathrm{U}}-x_i^{\mathrm{L}}}{2^l-1} \tag{5.55}$$

若假设该设计变量的二进制编码为 $b_l b_{l-1} b_{l-2} \cdots b_2 b_1$，则其对应的解码公式为

$$x_i=x_i^{\mathrm{L}}+\left(\sum_{i=1}^{l} b_i \cdot 2^{i-1}\right) \cdot \frac{x_i^{\mathrm{U}}-x_i^{\mathrm{L}}}{2^l-1} \tag{5.56}$$

例如，对于 $x\in[-10,15.5]$，若用 8 位长的二进制编码来表示该参数，则符号串：11010010 所对应的参数值是 $x = 32$。此时的求解精度为 $\delta=0.1$。

采用二进制编码方式进行编码、解码操作简单易行，对用其编码的个体进行交叉、变异等遗传操作时便于实现。但这种编码方式对问题的求解精度受编码串长度的限制，使用较长的编码串虽然能提高求解精度，但却会使遗传算法的搜索空间急剧扩大。

（2）适应度　在自然界中生物对于其生存环境的适应程度可以用适应度来度量。对生存环境适应程度较高的物种将有更多的繁殖机会；而对生存环境适应程度较低的物种，其繁殖机会就相对较少，甚至会逐渐灭绝。与此相类似，遗传算法中也使用适应度这个概念来度量群体中各个个体在优化计算中有可能达到或接近于或有助于找到最优解的优良程度。适应度较高的个体遗传到下一代的概率就较大；而适应度较低的个体遗传到下一代的概率就相对小一些。

个体适应度值一般是根据优化问题的类型，由目标函数值按一定的转换规则求得的。

（3）选择　为了模仿生物的遗传和自然进化过程中自然选择的过程，遗传算法使用选择算子来对群体中的个体进行优胜劣汰操作：适应度较高的个体被遗传到下一代群体中的概率较大；适应度较低的个体被遗传到下一代群体中的概率较小。遗传算法中的选择操作就是用来确定如何从父代群体中按某种方法选取哪些个体遗传到子代群体中的一种遗传运算。它为遗传算法提供了驱动力，其主要目的是避免基因缺失，提高全局收敛性和计算效率。

选择算子的作用是从当代群体中选出一些比较优良的个体，并将其复制到下一代群体中。目前，有多种选择算子，包括轮盘赌选择、竞争选择、排序选择等。

Holland 提出的轮盘赌选择是最常用和最基本的选择算子，其基本原理是根据每个个体适应度在全部个体的适应度之和中所占的比例来确定该个体的选择概率。该算子的具体执行过程是：首先，计算出群体中所有个体的适应度的总和；然后，计算出每个个体的相对适应度的大小，并将其作为各个个体被遗传到下一代群体中的概率；最后，再用模拟赌盘操作（即生成 0 到 1 之间的随机数）来确定各个个体被选中的次数。

（4）交叉　遗传算法中的交叉运算是模仿生物自然进化过程中，两个同源染色体通过交配重组来产生新的染色体的过程。指对两个相互配对的染色体按某种方式相互交换其部分基因，从而形成两个新的个体。交叉运算是遗传算法区别于其他进化算法的重要特征，它在遗传算法中起着关键作用，是产生新个体的主要方法，它决定了遗传算法的全局搜索能力。

设计交叉算子时主要需要考虑两个方面内容：一是交叉点的确定；二是部分基因的交

换方法。它一般要和个体编码设计统一考虑，要求既不要太多地破坏个体编码串中优良模式，又能够有效地产生一些新的优良模式。适用于二进制编码的常用的交叉算子有单点交叉和均匀交叉，而适用于浮点数编码的常用的交叉算子有算术交叉和混合交叉。

单点交叉是一种最简单也是最常用的交叉算子。它首先对群体中的两个配对个体随机设置一个交叉点，然后交换这两个配对个体在该点之后的部分染色体。这种交叉算子由于简单所以能较好地保护个体编码串中的优良基因模式。

单点交叉算子的运算过程如图 5.8 所示。

A：11010100110 | 10　　单点交叉 →　　A′：11010100110 | 01

B：01001101001 | 01　　　　　　　　　B′：01001101001 | 10

交叉点

图 5.8　单点交叉算子的运算过程

（5）变异　在生物的遗传和自然进化过程中，生物的某些基因发生某种变异，从而产生新的染色体，表现出新的生物性状。虽然发生这种变异的可能性比较小，但它是产生新物种的一个不可忽视的原因。遗传算法中的所谓变异运算，就是模仿这一变异环节，将个体染色体编码串中的某些基因座上的基因值用该基因座的其他等位基因来替换，从而得到一个新的个体。虽然变异运算只是产生新个体的辅助方法，但它决定了遗传算法的局部搜索能力，并且还可以维持群体的多样性，防止出现早熟现象。

设计变异算子时也需要考虑两个方面内容：一是变异点位置的确定；二是基因值的替换方法。常用的变异算子有位变异、均匀变异和非均匀变异。

位变异算子是最简单和最基本的变异操作算子，对于遗传算法中用二进制编码符号串所表示的个体，若其需要变异的某基因位上的原基因值为 0，则经过该算子的变异操作这一基因值将变为 1；反之，若原基因值为 1，则变异操作后其变为 0。位变异算子的运算过程如图 5.9 所示。

A：110101[0]011010　　位变异 →　　A′：110101[1]011010

变异点

图 5.9　位变异算子的运算过程

（6）基本遗传算法的应用步骤　遗传算法为求解复杂工程优化问题提供了一个通用的框架，对任何一个需要进行优化求解的实际工程问题，均可按照下述步骤来构造求解该问题的遗传算法。

步骤 1：确定设计变量及各种约束条件，即确定个体的表现型 $\boldsymbol{X}$ 和问题的可行解空间。

步骤 2：建立优化模型，即确定目标函数的数学描述形式。

步骤 3：确定表示可行解的染色体编码方法，即确定个体的基因型 $\boldsymbol{X}'$ 及遗传算法的搜索空间。

步骤 4：确定解码方法，即确定由个体基因型 $\boldsymbol{X}'$ 到表现型 $\boldsymbol{X}$ 的对应关系或转换方法。

步骤 5：确定个体适应度的量化评价方法，即确定由目标函数值到个体适应度的转换规则。

步骤 6：设计遗传操作算子，即确定选择、交叉、变异等遗传运算的具体操作方式。

步骤 7：确定遗传算法的相关运行参数，包括种群大小 M、遗传运算终止进化的代数 T、交叉概率 p_c 和变异概率 p_m。

由于编码方法和遗传操作算子与具体问题密切相关，所以为了使遗传算法可以达到最佳的求解效果，可能对于不同的优化问题需要使用不同的编码方法和遗传操作算子。

2. 进化策略

进化策略也是一种基于对生物进化机制模仿的优化计算方法。与遗传算法相比，它更适用于求解多峰值非线性最优化问题，它的主要特点包括：①进化策略以 n 维实数空间上的优化问题为主要处理对象；②进化策略的个体中包含随机扰动因素；③进化策略中个体的变异运算是主要搜索技术，交叉运算只是辅助搜索技术；④进化策略中的选择运算是按照确定的方式进行的，每次都是选择最好的个体保留到下一代种群中。

进化策略所包含的主要实现技术如下：

（1）个体表示法　在进化策略中，组成进化种群的每一个个体都由两部分组成：一部分是可以取连续值的向量；另一部分是一个微小的变动量。这个变动量由步长 σ 和回转角 $\boldsymbol{\alpha}$ 组成，可用来调整对个体进行变异操作时变异量的大小和方向，即种群中个体 $\boldsymbol{X}$ 可表示为 $\boldsymbol{X}=\{\boldsymbol{x},\boldsymbol{\sigma},\boldsymbol{\alpha}\}$，一般情况下可以不考虑回转角，即 $\boldsymbol{X}=\{\boldsymbol{x},\boldsymbol{\sigma}\}$。

（2）变异算子　在进化策略中，变异操作是产生新个体的主要方法。设群体中某个体 $\boldsymbol{X}=\{\boldsymbol{x},\boldsymbol{\sigma}\}$ 经变异运算后得到新个体 $\boldsymbol{X}'=\{\boldsymbol{x}',\boldsymbol{\sigma}'\}$，其中

$$\begin{aligned}&\sigma_i'=\sigma_i\cdot\exp[\tau\cdot N(0,1)+\tau'\cdot N_i(0,1)]\quad(i=1,2,\cdots,n)\\&x_i'=x_i+\sigma_i'\cdot N_i(0,1)\quad(i=1,2,\cdots,n)\end{aligned}\tag{5.57}$$

式中，$N(0,1)$ 为均值是 0、方差是 1 的正态分布随机数；$N_i(0,1)$ 为针对第 i 分量重新产生的符合标准正态分布的随机数；τ，τ' 分别为全局系数和局部系数，通常均取 1。

（3）交叉算子　在进化策略中，交叉操作只是作为一种辅助搜索运算。若种群中有两个随机配对的个体 $\boldsymbol{X}_a=\{\boldsymbol{x}_a,\boldsymbol{\sigma}_a\}$ 和 $\boldsymbol{X}_b=\{\boldsymbol{x}_b,\boldsymbol{\sigma}_b\}$，则对它们进行交叉操作后产生一新个体 $\boldsymbol{X}_a'=\{\boldsymbol{x}_a',\boldsymbol{\sigma}_a\}$，其中 $\boldsymbol{x}_a'$ 可由加权平均交叉运算来得到，即 $\boldsymbol{x}_a'=\boldsymbol{x}_a+\delta(\boldsymbol{x}_b-\boldsymbol{x}_a)$（$\delta$ 为 $[0,1]$ 范围内的随机数），也可以由直接交叉运算来得到，即

$$\boldsymbol{x}_a'=\begin{cases}\boldsymbol{x}_a & 若\ \mathrm{random}(0,1)=0\\ \boldsymbol{x}_b & 若\ \mathrm{random}(0,1)=1\end{cases}\tag{5.58}$$

（4）选择算子　进化策略中的选择操作是按照一种确定的方式来进行的。目前，主要有两类选择方法：一类是从 λ 个父代个体中选择出 $\mu(1\leqslant\mu\leqslant\lambda)$ 个适应度最高的个体，将它们保留到子代种群中，这类方法称为 (μ,λ)-ES 进化策略；另一类是将 μ 个父代个体和 λ 个子代个体合并为一个具有 $\mu+\lambda$ 个个体的大种群，并从中选取 μ 个适应度最高的个体，将它们保留到子代种群中，这类方法记为 $(\mu+\lambda)$-ES 进化策略。

（5）进化策略的运行步骤　进化策略的运行步骤可描述如下：

步骤 1：确定问题的表达方式。

步骤 2：随机生成初始种群，并计算每个个体的适应度值。

步骤 3：根据进化策略的主要实现技术，生成子代种群，并计算个体适应度值。

步骤 4：检验是否达到终止条件，如果是，则选择当前的最佳个体作为最终结果输出；否则，选择 μ 个适应度最高的个体作为新的父代种群，转步骤 3。

3. 粒子群优化算法

粒子群优化（Particle Swarm Optimization，PSO）算法来源于对简化的社会模型的模拟，是在鸟群、鱼群和人类社会的行为规律的启发下提出的。PSO 算法的基本思想是随机初始化一群没有体积没有质量的粒子，将每个粒子看作优化问题的一个可行解，粒子的优劣由一个事先设定好的适应度函数来确定。每个粒子将在可行解空间中运动，并由一个速度变量决定其方向和距离。通常粒子将追随当前的最优粒子，并经迭代搜索最后得到最优解。在每一代中，粒子将跟踪两个极值：一个是粒子本身迄今为止找到的最优解；另一个是整个群体迄今为止找到的最优解。

假设一个由 M 个粒子组成的群体，在 N 维搜索空间以一定的速度飞行。粒子 i 在 t 时刻的状态属性设置如下：

位置：$\boldsymbol{x}_i^t=(x_{i1}^t,x_{i2}^t,\cdots,x_{in}^t)^{\mathrm{T}}$，$x_{in}^t\in[L_n,U_n]$，其中，$L_n$ 和 U_n 分别为搜索空间的下限和上限；速度：$\boldsymbol{v}_i^t=(v_{i1}^t,v_{i2}^t,\cdots,v_{in}^t)^{\mathrm{T}}$，$v_{in}^t\in[v_{\min},v_{\max}]$，其中，$v_{\min}$ 和 $v_{\max}$ 分别为最小和最大速度；个体最优位置：$\boldsymbol{p}_i^t=(p_{i1}^t,p_{i2}^t,\cdots,p_{in}^t)^{\mathrm{T}}$，全局最优位置：$\boldsymbol{p}_g^t=(p_{g1}^t,p_{g2}^t,\cdots,p_{gn}^t)^{\mathrm{T}}$，其中 $1\leqslant n\leqslant N$，$1\leqslant i\leqslant M$。

粒子在 $t+1$ 时刻的速度和位置可通过下式来更新：

$$\begin{cases}v_{in}^{t+1}=\omega v_{in}^t+c_1r_1(p_{in}^t-x_{in}^t)+c_2r_2(p_{gn}^t-x_{in}^t)\\x_{in}^{t+1}=x_{in}^t+v_{in}^{t+1}\end{cases}\tag{5.59}$$

式中，r_1、r_2 为均匀分布在（0,1）区间的随机数；c_1、c_2 为学习因子，通常取 $c_1=c_2=2$；ω 为惯性权重，其大小决定了粒子对当前速度的继承量，ω 取较大的值有利于开展全局寻优，而取较小的值则有利于局部寻优。

式（5.59）所表示的粒子速度更新公式由三项组成：第一项 ωv_{in}^t 为粒子对先前速度的继承，表示粒子对当前自身运动状态的信任，依据自身的速度进行惯性运动；第二项 $c_1r_1(p_{in}^t-x_{in}^t)$ 表示粒子本身的思考，即综合考虑自身以往的经历从而实现对下一步行为的决策，这种行为决策就是认知，它反映的是一个增强学习过程；第三项 $c_2r_2(p_{gn}^t-x_{in}^t)$ 表示粒子间的信息共享与相互合作。在搜索过程中粒子一方面记住它们自己的经验，同时还考虑其同伴的经验。当单个粒子察觉同伴经验较好的时候，它将会进行适应性的调整，寻求一致认知过程。

基本 PSO 算法的实现步骤可描述如下：

步骤 1：初始化。首先，设定 PSO 算法的各个参数，包括：搜索空间的下限 L_n 和上限 U_n，学习因子 c_1 和 c_2，算法最大迭代次数或收敛精度，粒子最小速度 $v_{\min}$ 和最大速度 $v_{\max}$；然后，随机初始化搜索点的位置 x_i 及其速度 v_i，设当前位置即为每个粒子的 p_i，从个体极值找出全局极值，记录具有该极值的粒子的序号 g 及其位置 p_g。

步骤 2：评价粒子。计算每一个粒子的适应值，如果好于该粒子当前的个体极值，则将 p_i 设置为该粒子的位置，且更新个体极值。如果所有粒子的个体极值中最好的好于当前的全局极值，则将 p_g 设置为该粒子的位置，更新全局极值及其序号 g。

步骤 3：粒子的状态更新。根据式（5.59）对每一个粒子的速度和位置进行更新。若

v_i 超过给定的速度范围，则将其置为 $v_{\min}$ 或 $v_{\max}$。

步骤 4：检验是否达到收敛条件。如果当前的迭代次数达到了预先设定的最大次数，或最终结果小于给定的收敛精度，则停止迭代，输出最优解，否则转到步骤 2。

5.3 优化设计应用实例

前面几节对优化设计的基本理论进行了阐述，然后介绍了常见的几类优化设计方法的基本原理和运行步骤，接下来本节将通过对汽车车身耐撞性优化设计、高速静压内置式电主轴系统稳定性优化设计和汽车悬架结构优化设计等工程实例进行分析，给出面对实际工程问题时，建立优化设计模型、选择适当的优化设计方法、经过迭代计算最终获得符合要求的优化设计结果的完整过程。

5.3.1 汽车车身耐撞性优化设计

PPT 课件　实例

耐撞性与轻量化一直是汽车车身安全优化设计领域中优先考虑的问题，而汽车车身中易于变形的部件往往是决定安全性最重要的部件，例如前纵梁、汽车前部外盖等，汽车中这些重要的车身部件的变形特性以及吸能模式往往决定了汽车在碰撞过程中的力、位移或加速度，耐撞性好的部件能够对汽车乘员的保护起到关键性的作用。

汽车碰撞过程是一个非线性程度较高的复杂动态过程，当汽车发生碰撞时，为了保证车内乘员的安全，希望车身部件能够吸收足够多的碰撞能量，尽可能减少乘员空间的压缩。但由于受汽车自重的严格限制，不可能简单地通过加强结构和扩大空间来改善安全性，因此通过对结构的变形进行控制是改进汽车耐撞性的基本途径。

作为应用实例，此处仅考虑正面碰撞工况下汽车车身的耐撞性优化设计。图 5.10 所示为某汽车正面碰撞有限元模型，该模型总共设置有 1057114 个单元，合计 936262 个节点。为了便于分析，对于发动机、变速箱等变形量较小的部件将其设置为实体单元，实体单元共有 99487 个，壳单元共有 805510 个。整个汽车模型总共由 778 个部件构成。该车型整车质量为 1.6241t。进行有限元仿真分析计算时，设定汽车以 56km/h 的速度撞向正前方的刚性墙，整个碰撞时间为 100ms。

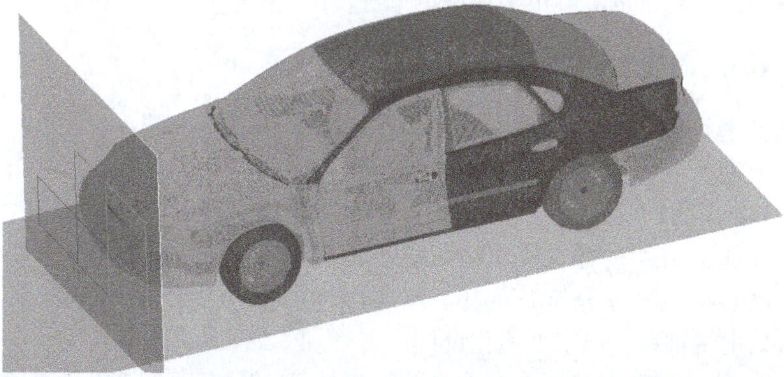

图 5.10　汽车正面碰撞有限元模型

根据汽车碰撞安全性设计对汽车结构耐撞性的基本要求，实际工程中有多个指标可用来评价结构的耐撞性能，例如结构的吸能、平均碰撞力以及最大碰撞力等。此处考虑选取脚踏板距主驾驶座底部刚体的相对位移，即以脚踏板的侵入量，作为衡量耐撞性能的指标。这一脚踏板侵入量与汽车车身结构的能量吸收转化能力有直接的关系，当脚踏板侵入量较小时，乘员空间变形小，车身部件形变量大，表示结构的吸能能力强。为了综合考虑汽车耐撞性能与轻量化的要求，将脚踏板的侵入量 In 作为优化目标，车身初始质量 M 作为约束。

对于设计变量的选取，我们重点关注汽车前部的主要吸能部件。选取如图 5.11 所示的七个主要吸能部件，从 1~7 分别是汽车外盖、汽车内盖、保险杠、左防护罩、左前纵梁、左前下支架和左框架臂。将这七个部件的厚度作为设计变量，分别标记为 $t_1,t_2,\cdots,t_7$，其中 t_1、t_2 和 t_4 的厚度（单位为 mm）变化范围为 [0.5,1.2]，t_3 为 [1,2]，t_5、t_6 和 t_7 为 [1,3]。于是，汽车车身耐撞性优化设计模型可描述如下：

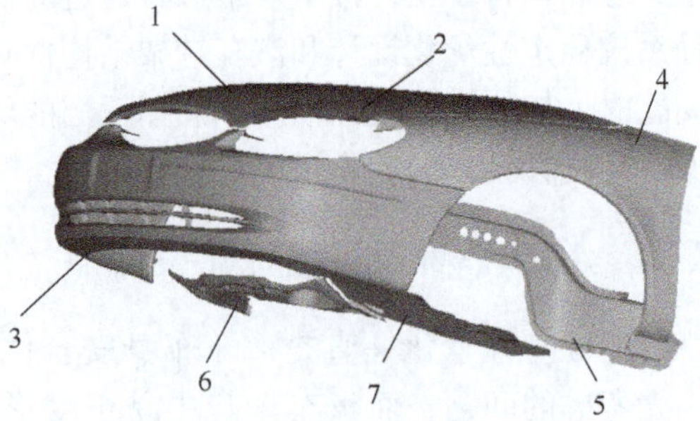

图 5.11　汽车前部主要吸能部件

$$\begin{cases}\min\ I_n(t)\\ \text{s.t.}\ \ M(t)\leqslant 1624.1\text{kg}\\ \qquad 0.5\text{mm}\leqslant t_1,t_2,t_4\leqslant 1.2\text{mm}\\ \qquad 1.0\text{mm}\leqslant t_3\leqslant 2.0\text{mm}\\ \qquad 1.0\text{mm}\leqslant t_5,t_6,t_7\leqslant 3.0\text{mm}\end{cases} \tag{5.60}$$

由于目标函数 $I_n(t)$ 无法给出显示表达式，需要通过有限元仿真计算来获得函数值，而整车碰撞仿真计算非常耗时，因此需要构建代理模型来近似表达目标函数。本实例中采用径向基函数来构建目标函数的代理模型，并采用遗传算法进行优化求解。

最后，求得的最优解为 $\boldsymbol{t}^*=(0.51,0.55,1.54,0.52,2.89,1.64,1.95)^{\mathrm{T}}$，$I_n(\boldsymbol{t}^*)=107.99\text{mm}$，此时整车质量为 1620.8kg。相比原始值 $I_n=127.3\text{mm}$，$m=1624.1\text{kg}$，在脚踏板的侵入量减少了 15.7%的同时，整车质量也降低了 3.3kg。这说明耐撞性优化设计在提高车身耐撞性能的同时，也能够很好地满足车身轻量化的要求。

5.3.2　高速静压内置式电主轴系统稳定性优化设计

对于高速精密机床，将静压主轴系统与高速电动机从结构和功能上融为一体的液体静压电主轴可以进一步适应超高速、高精密加工的需求，但为了保证主轴系统的工作稳定性和加工精度，需要从动静压电主轴系统整体角度对系统动态特性进行分析及优化。本实例将进行高速静压内置式电主轴系统稳定性优化设计。

PPT 课件　实例

图 5.12 所示为高速磨床静压内置式电主轴系统简化示意图。该电主轴系统额定转速

为 6000r/min，前后径向轴承采用圆柱形液体静压轴承。

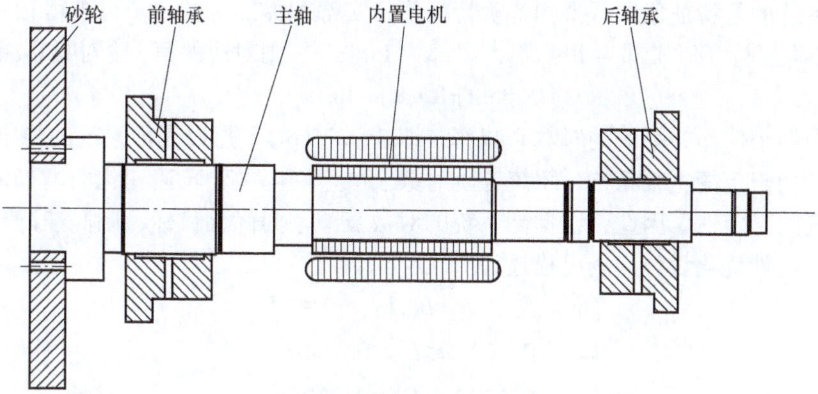

图 5.12　高速磨床静压内置式电主轴系统简化示意图

首先建立系统的有限元仿真模型并进行稳定性分析。由于所有的旋转部件都为回转体，故采用管单元 PIPE16 模拟旋转部件，并考虑系统陀螺效应；静压轴承采用 COMBI214 单元进行模拟，该单元八个实常数分别代表静压轴承四个刚度系数和四个阻尼系数。采用圆柱形液体静压轴承，其八个轴承系数通过查表插值计算得到。

前轴承：

$$\begin{cases} k_{xx}=1.8037e+7\text{N/m} \\ k_{yy}=1.8870e+7\text{N/m} \\ k_{xy}=-1.6406e+7\text{N/m} \\ k_{yx}=4.5797e+7\text{N/m} \end{cases} \qquad \begin{cases} c_{xx}=5.8278e+4\text{N}\cdot\text{s/m} \\ c_{yy}=1.4289e+5\text{N}\cdot\text{s/m} \\ c_{xy}=3.2546e+5\text{N}\cdot\text{s/m} \\ c_{yx}=3.2356e+5\text{N}\cdot\text{s/m} \end{cases}$$

后轴承：

$$\begin{cases} k_{xx}=4.3251e+6\text{N/m} \\ k_{yy}=4.3934e+6\text{N/m} \\ k_{xy}=-6.2748e+6\text{N/m} \\ k_{yx}=1.4725e+7\text{N/m} \end{cases} \qquad \begin{cases} c_{xx}=1.8213e+4\text{N}\cdot\text{s/m} \\ c_{yy}=4.6396e+4\text{N}\cdot\text{s/m} \\ c_{xy}=7.2745e+3\text{N}\cdot\text{s/m} \\ c_{yx}=5.2773e+3\text{N}\cdot\text{s/m} \end{cases}$$

选择与主轴跨距、电机位置、加工端悬置量等相关的轴向尺寸 L_1、L_2、L_3、L_4 和主轴转速 n_d 作为设计变量，如图 5.13 所示。其中，L_1 为后轴承中心到轴端的距离；L_2 为电机转子重心到后轴承中心的距离；L_3 为电机转子重心到前轴承中心的距离，L_2+L_3 为主轴跨距；L_4 为砂轮中心到前轴承中心的距离，即加工端悬置量。

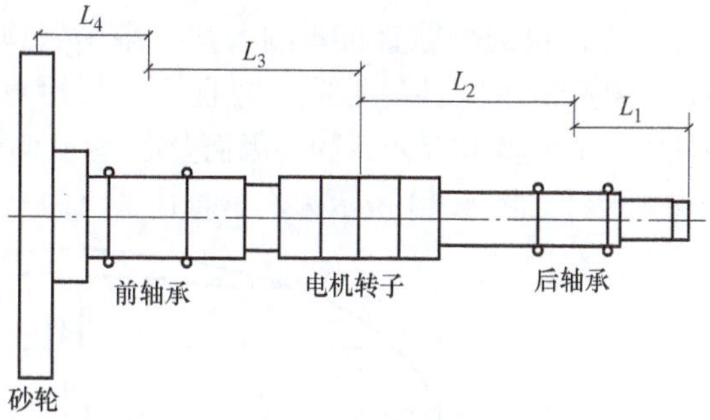

图 5.13　设计变量

对于高速电主轴系统来说，由于超临界转速运行和机电耦合的影响，电主轴系统在其启动、升速及载荷突变过程中往往表现出非平稳性，因此为提高系统的可靠性，要保证轴系具有足够的稳定性裕度，以抵抗各种可能的外界干扰。本例选取系统对数衰减率作为系统稳定性的度量指标。

求得系统的复特征值即可得到各阶特征值的实部和虚部，进一步可求得轴系对数衰减率。设第 j 阶复特征值实部为 $\mathrm{Re}(v)_j$，虚部为 $\mathrm{Im}(v)_j$，则对应的第 j 阶对数衰减率为

$$\delta_j=-2\pi\mathrm{Re}(v)_j/\mathrm{Im}(v)_j \tag{5.61}$$

以其中最小值作为系统的对数衰减率，即 $\delta=\min(\delta_j)$，用以表征系统的稳定性裕度。

对于结构确定的主轴系统，系统各阶对数衰减率随电主轴转速变化而增加或减小，从而影响系统的稳定性。因此，以提高系统的对数衰减率为优化目标，则高速静压内置式电主轴系统稳定性优化设计问题可描述为

$$\begin{cases}\min\ f(L_1,L_2,L_3,L_4,n_\mathrm{d})=-\delta \\ \mathrm{s.\,t.}\ \ 0.104\mathrm{m}\leqslant L_1\leqslant 0.184\mathrm{m} \\ \qquad 0.230\mathrm{m}\leqslant L_2\leqslant 0.320\mathrm{m} \\ \qquad 0.226\mathrm{m}\leqslant L_3\leqslant 0.316\mathrm{m} \\ \qquad 0.105\mathrm{m}\leqslant L_4\leqslant 0.165\mathrm{m} \\ \qquad 3000\mathrm{r/min}\leqslant n_\mathrm{d}\leqslant 10000\mathrm{r/min}\end{cases} \tag{5.62}$$

该优化问题的数学模型中目标函数值的求解也需要通过有限元分析计算，对于上述问题的求解可以采用智能算法，如遗传算法或粒子群优化算法。表 5.1 为优化前后的对比情况，由表中数据可知通过优化，系统对数衰减率达到 0.5451，比优化前提高了 124%，并达到了推荐值，即系统对数衰减率 $\delta\geqslant 0.5$。

表 5.1 优化前后参数对比

对比	L_1/m	L_2/m	L_3/m	L_4/m	n_d/(r/min)	δ
优化前	0.154	0.286	0.286	0.135	6000	0.2433
优化后	0.175	0.244	0.231	0.135	9870	0.5451

5.3.3 汽车悬架结构优化设计

PPT 课件　　实例

汽车悬架是把车身（或车架）与车轮（或车桥）弹性连接起来的所有装置的总称，作为连接车身与车轮的传力部件，它的特性直接影响着汽车乘坐舒适性、操作稳定性和行驶安全性等性能，并且这一特性对汽车各方面性能的影响是相互矛盾的，因而要改善汽车这些方面的性能，就需要对悬架结构参数进行优化设计。图 5.14 所示为汽车悬挂系统的二维动态示意图。

图 5.14 汽车悬挂系统的二维动态示意图

一般对于汽车悬架来说，要获得好的乘坐舒适性，悬架应该“软”一些，但要获得好的操作稳定性，悬架又应该“硬”一些。这两者之间是相互矛盾的，但又都是汽车性能比较重要的方面，于是对悬架结构参数进行优化设计时，这两个方面都应该考虑到。另外行驶安全性也是与悬架相关的汽车性能的重要方面，在优化设计时也应考虑。

由于汽车是一个复杂的振动系统，为了便于对其进行分析和研究，通常采用简化模型。图 5.15 所示为一个二自由度 1/4 汽车振动的简化模型。其中 m_1 和 m_2 分别表示轮胎和车体的质量，k_1 和 k_2 分别为轮胎和悬架的刚度，r_2 为悬架的阻尼系数，$\boldsymbol{\xi}$、$\boldsymbol{x}_1$ 和 $\boldsymbol{x}_2$ 分别为路面输入位移、轮胎位移和车体位移。

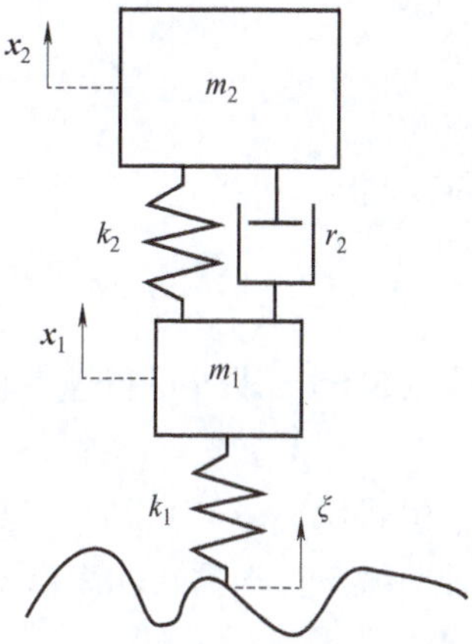

图 5.15　二自由度 1/4 汽车振动简化模型

在汽车振动模型系统动力学响应中，车身加速度 $\ddot{\boldsymbol{x}}_2$ 是评价乘坐舒适性的主要指标，悬架动行程 $\boldsymbol{x}_2-\boldsymbol{x}_1$ 不仅会影响乘坐舒适性，而且还要受悬架工作空间的限制，轮胎动位移 $\boldsymbol{x}_1-\boldsymbol{\xi}$ 主要与操纵稳定性和行驶安全性相关。因此在优化时选择车身加速度 $\ddot{\boldsymbol{x}}_2$ 均方根值 $\boldsymbol{\sigma}_{\ddot{x}_2}$ 作为优化目标，悬架动行程 $\boldsymbol{x}_2-\boldsymbol{x}_1$ 的均方根值 $\boldsymbol{\sigma}_{x_2-x_1}$ 不大于初始设计的值 9.9mm 和轮胎动位移 $\boldsymbol{x}_1-\boldsymbol{\xi}$ 的均方根值 $\boldsymbol{\sigma}_{x_1-\xi}$ 不大于初始设计的值 4.5mm 作为约束条件。设计变量选择悬架的主要结构参数 m_1、m_2、k_1、k_2 和 r_2。于是汽车悬架结构参数优化设计问题的数学模型可描述如下：

$$\begin{aligned}
&\min f(m_1,m_2,k_1,k_2,r_2)=\boldsymbol{\sigma}_{\ddot{x}_2}\\
&\text{s.t.}\ g_1(m_1,m_2,k_1,k_2,r_2)=\boldsymbol{\sigma}_{x_2-x_1}\leqslant 9.9\text{mm}\\
&\qquad g_2(m_1,m_2,k_1,k_2,r_2)=\boldsymbol{\sigma}_{x_1-\xi}\leqslant 4.5\text{mm}\\
&\qquad 36\text{kg}\leqslant m_1\leqslant 44\text{kg}\\
&\qquad 288\text{kg}\leqslant m_2\leqslant 352\text{kg}\\
&\qquad 180000\text{N/m}\leqslant k_1\leqslant 220000\text{N/m}\\
&\qquad 18000\text{N/m}\leqslant k_2\leqslant 22000\text{N/m}\\
&\qquad 900\text{N}\cdot\text{s/m}\leqslant r_2\leqslant 1100\text{N}\cdot\text{s/m}
\end{aligned}\tag{5.63}$$

通过求解图 5.15 所示 1/4 汽车振动模型的动力学方程可得其车身加速度 $\ddot{\boldsymbol{x}}_2$、悬架动行程 $\boldsymbol{x}_2-\boldsymbol{x}_1$ 和轮胎动位移 $\boldsymbol{x}_1-\boldsymbol{\xi}$ 在 10s 时间内的响应曲线。

由牛顿运动定律，可导出图 5.15 中的 1/4 汽车振动模型的线性动力学方程如下：

$$\begin{cases}m_1\ddot{\boldsymbol{x}}_1-r_2(\dot{\boldsymbol{x}}_2-\dot{\boldsymbol{x}}_1)-k_2(\boldsymbol{x}_2-\boldsymbol{x}_1)+k_1(\boldsymbol{x}_1-\boldsymbol{\xi})=\boldsymbol{0}\\ m_2\ddot{\boldsymbol{x}}_2+r_2(\dot{\boldsymbol{x}}_2-\dot{\boldsymbol{x}}_1)+k_2(\boldsymbol{x}_2-\boldsymbol{x}_1)=\boldsymbol{0}\end{cases}\tag{5.64}$$

汽车振动系统的路面输入激励可采用功率谱密度函数来描述，该函数的拟合表达式如下：

$$G_q(n)=G_0\left(\frac{n}{n_0}\right)^{-W}\tag{5.65}$$

式中，n 为空间频率，它是波长的倒数；n_0 为参考空间频率，$n_0=0.1\text{m}^{-1}$；G_0 为参考空间

频率 n_0 下的路面功率谱密度值，称为路面不平度系数，其随路面的粗糙程度而递增；W 为频率指数，是双对数坐标下谱密度曲线的斜率，它决定路面功率谱密度的频率结构。

当汽车以恒定速度 v 驶过空间频率为 n 的路面不平度时输入的时间频率 f 是 n 与 v 的乘积，即 $f=nv$，则根据车速 v，可将空间频率功率谱密度 $G_q(n)$ 换算为时间频率功率谱密度 $G_q(f)$：

$$G_q(f)=\frac{G_0 n_0^W v^{W-1}}{f^W}$$

当 $W=2$ 时，可得

$$G_q(f)=G_0 n_0^2 \frac{v}{f^2} \tag{5.66}$$

对式（5.66）求导可得速度功率谱密度：

$$G_{\dot{q}}(f)=4\pi^2 G_0 n_0^2 v \tag{5.67}$$

由式（5.67）可知，汽车的路面速度输入 $w(t)$ 为一白噪声，在实际过程中，则为一限带白噪声。根据自功率谱密度函数的性质，$w(t)$ 的方差可计算如下：

$$\sigma^2=E\left(w^2(t)\right)=\int_{f_1}^{f_2} G_{\dot{q}}(f)\,\mathrm{d}f \tag{5.68}$$

当汽车车速为 10~30m/s 时，其激振频率一般在 30Hz 以下，取截止频率 $f_\mathrm{d}=50\mathrm{Hz}$，故频率范围为 0~50Hz，采样时间 $t_\mathrm{s}=0.01\mathrm{s}$。本案例设汽车以 20m/s 的速度匀速行驶在 C 级路面上，此时路面不平度系数 $G_0=256\times10^{-6}\mathrm{m}^3$，由式（5.68）可得 $\sigma^2=0.101\mathrm{m}^2/\mathrm{s}^2$。

确定路面速度输入 $w(t)$ 以后，就可通过在时域上对其进行积分得到路面位移输入 $\xi(t)$，再由动力学方程式（5.64）求得上述汽车振动模型系统的动力学响应。设整个仿真过程持续时间为 10s。在 CPU 2.79GHz、512M 内存的硬件环境中由以上过程计算一次动力学响应的时间为 3s。

式（5.63）所描述的汽车悬架结构优化设计问题是一个含约束优化设计问题，其目标函数和约束函数都没有显示表达式，因此对于该问题的求解采用智能算法最合适，此处采用遗传算法进行优化。表 5.2 为优化前后的对比情况，可以看到车身加速度的均方根值减少了 15%。

表 5.2　汽车悬架结构优化前后参数对比

对比	m_1/kg	m_2/kg	k_1/(N/m)	k_2/(N/m)	r_2/(N·s/m)	$\sigma_{\ddot{x}_2}$/(m/s²)	$\sigma_{x_2-x_1}$/mm	$\sigma_{x_1-\xi}$/mm
优化前	40	320	200000	20000	1000	1.13	9.9	4.5
优化后	36	350	180467	18038	992	0.96	9.9	4.4

习　题

1. 若使图 5.16 所示的两桁架质量最小。杆的长度分别是 $5l$ 和 $3l$，杆所用材料的弹性模量为 E、密度为 ρ。在自由结点受力 $P>0$。设计变量为杆的横截面积 A_1、A_2。桁架的刚度或柔度定义为 $-Pu_x-Pu_y$，且必须小于 C_0，即 $-Pu_x-Pu_y<C_0$。式中，(u_x,u_y) 分别为自由

结点的位移值，C_0（$C_0>0$）为给定数值。请写出该优化问题的数学模型。

2. 求解 $f(X)=2x_1^2+5x_2^2+x_3^2+2x_2x_3+2x_3x_1-6x_2+3$ 的极值点和极值。

3. 用 K-T 条件检验点 $\boldsymbol{X}^{(k)}=(2,0)^{\mathrm{T}}$ 是否为目标函数 $f(\boldsymbol{X})=(x_1-3)^2+x_2^2$ 在不等式

$$\begin{cases} g_1(\boldsymbol{X})=4-x_1^2-x_2\geqslant 0 \\ g_2(\boldsymbol{X})=x_2\geqslant 0 \\ g_3(\boldsymbol{X})=x_1-0.5\geqslant 0 \end{cases}$$

约束条件下的约束最优点。

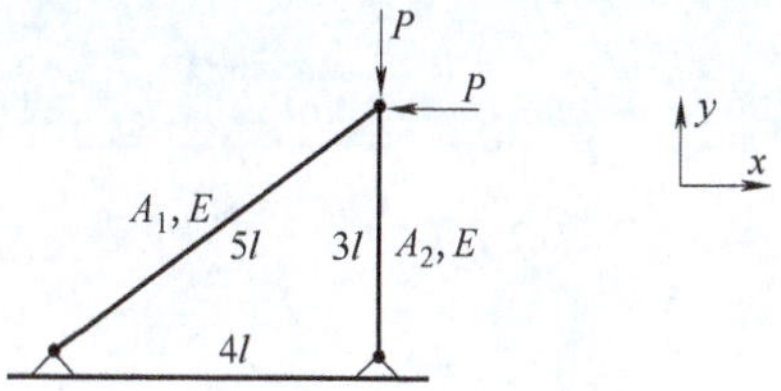

图 5.16　习题 1 图

4. 用 Powell 法求解下列问题：

$$\min \quad \frac{3}{2}x_1^2+\frac{1}{2}x_2^2-x_1x_2-2x_1$$

取初始点和初始搜索方向分别为

$$\boldsymbol{x}^{(0)}=\begin{pmatrix}-2\\4\end{pmatrix}$$

$$\boldsymbol{d}^{(1,1)}=\begin{pmatrix}1\\0\end{pmatrix}$$

$$\boldsymbol{d}^{(1,2)}=\begin{pmatrix}0\\1\end{pmatrix}$$

5. 用 DFP 方法求解下列问题：

$$\min \quad x_1^2+3x_2^2$$

取初始点及初始矩阵为

$$\boldsymbol{x}^{(1)}=\begin{pmatrix}1\\-1\end{pmatrix}$$

$$\boldsymbol{H}_1=\begin{pmatrix}2&1\\1&1\end{pmatrix}$$

6. 用内点法求解下列问题：

（1）min　x

　　s. t.　$x\geqslant 1$。

（2）min　$(x+1)^2$

　　s. t.　$x\geqslant 0$　。

7. 用外点法求解下列问题：

（1）min　$x_1^2+x_2^2$

　　s. t.　$x_1+x_2-1=0$。

（2）min　$x_1^2+x_2^2$

　　s. t.　$2x_1+x_2-2\leqslant 0$。

　　　　$x_2\geqslant 1$

8. 利用遗传算法求解区间［0,31］上的二次函数 $y=x^2$ 的最大值。

实例

科学家科学史
“两弹一星”功勋
科学家：杨嘉墀

第 6 章

机械系统可靠性设计与优化

PPT 课件

随着科技的不断发展和工程领域的不断进步，机械系统的可靠性设计与优化变得愈发重要。在现代工业中，机械系统承担着诸多重要任务，其可靠性直接影响到生产效率、产品质量以及安全性等方面。因此，深入了解机械系统的可靠性设计原理，并采用科学有效的方法进行优化，对于提升工程项目的可靠性水平具有重要意义。

6.1 可靠性数学基础

可靠性数学基础主要是指概率论和数理统计。为了观察工程中大量随机事件的规律，确定产品的可靠性的特征量以及对机械系统和零部件进行可靠性设计与分析，必须根据概率论与数理统计的方法来建立有关的数学模型和进行必要的计算。

6.1.1 随机事件与概率

随机事件是随机试验的可能结果。

1. 随机试验

随机试验应满足的三个条件有：

1）试验在相同条件下可以重复进行。

2）每次试验至少有两个可能结果，且在试验结束之前可以明确知道所有的可能结果。

3）在每次试验结束之前不能确定将会出现哪一种结果。

2. 随机事件

在单次试验中不能确定其是否发生，而在大量重复试验中具有某种规律性的事件，称为随机事件，简称事件，常用大写拉丁字母 A、B、C 等表示。事件按其结构可以分为以下几种类型。

（1）基本事件　不能分解为其他事件的事件（试验的最基本结果）。例如，掷一颗骰子，观察其出现的点数，显然是一随机试验。试验结果出现 1~6 点都是基本事件。

（2）复合事件　能分解为不少于两个事件的事件（由若干个基本事件复合而成的事件）。例如，掷骰子试验中，出现偶数点就是一个复合事件，它由出现 2 点、4 点、6 点这三个基本事件组成。只要这三个基本事件中有一个发生，偶数点这个事件就发生。

（3）必然事件　在每次试验中一定要发生的事件，记为 Ω。

（4）不可能事件　在每次试验中一定不发生的事件，记为 Φ。

3. 事件的表示

为了便于描述随机试验，引进样本点和样本空间的概念。

每一个基本事件所对应的一个元素称为一个样本点，用 ω 表示。样本点全体构成的集合为样本空间，用 Ω 表示。

例如，在抛硬币试验中，若以 $\omega_{正}$、$\omega_{反}$ 分别表示出现正、反面的基本事件（样本点），则该试验的样本空间为 $\Omega=\{\omega_{正},\omega_{反}\}$；又如，测试灯泡的使用寿命，记为“灯泡的使用寿命 x 小时”这一结果，显然 $0\leqslant x\leqslant+\infty$，则该试验的样本空间为 $\Omega=\{0\leqslant x\leqslant+\infty\}$。

4. 概率

对事件发生的可能性大小的数量的描述值称为该事件发生的概率。它是由事件的内外因素所决定的，可以被人们描述、刻画和逐步认识。针对不同的试验，可以对事件的概率给出不同的定义。

设在 n 次试验中，事件 A 发生的次数为 K，若 A 发生的频率在某一常数 P 附近稳定摆动，且 n 越大，摆动的幅度越小，则称此常数 P 为事件 A（发生）的概率，记为 $P(A)$。

若试验有有限个可能的结果（n 个基本事件，有限样本空间），且各个基本事件出现的可能性相同（等可能性），则称试验满足如上两个条件的概率模型为古典模型。若某事件 A 由其中 m 个基本事件构成，则定义事件 A 发生的概率为

$$P(A)=\frac{A\text{包含的基本事件}}{\text{基本事件总数}}=\frac{m}{n} \tag{6.1}$$

假设试验是在某一可测空间 S 内进行的（S 可以是某区间、某区域等），若试验结果落入 S 中某子空间 A（事件 A 发生）的概率与子空间 A 的测度 $L(A)$ 成正比（此处的测度可以是长度、面积、体积等），称此类试验的概率模型为几何模型。定义事件 A 发生的概率为

$$P(A)=\frac{A\text{的测度}}{S\text{的测度}}=\frac{L(A)}{L(S)} \tag{6.2}$$

5. 概率的基本特点

对任意随机事件 A，这三种概率均具有如下基本特点：

1）$0\leqslant P(A)\leqslant 1$。

2）对必然事件 Ω，有 $P(\Omega)=1$。

3）对不可能事件 Φ，有 $P(\Phi)=0$。

6.1.2　随机变量

1. 随机变量的定义和分类

为了更好地揭示随机现象的规律性并利用数学工具描述其规律，引入随机变量来描述随机试验的不同结果。

若对于随机试验的每一个基本可能的结果 ω，都对应着一个实数 $X(\omega)$，且随着 ω 的不同，$X(\omega)$ 取不同的实数值，则称变量 X 为定义在样本空间上的随机变量。随机变量一般用 X、Y、Z 或小写希腊字母 ξ、η、ζ 等表示。

按随机变量的取值形式可分为如下两类：

(1) 离散型随机变量　若随机变量 X 的可能取值为有限或无限可列个，则称 X 为离散型随机变量。

(2) 连续型随机变量　若随机变量 X 的可能取值为若干区间或整个数轴内的全体实数，且这些取值的概率与这些值的测度（度量）有关，则称 X 为连续型随机变量。

2. 随机变量数字特征

在实际中，要准确地确定一个随机变量的分布常常比较困难。在大多数场合，人们更关心随机变量的某些指标。例如，检查某批产品质量，主要关心的是这批产品质量的平均水平和质量的差异程度；研究某个城市居民的消费水平，主要关心的是平均消费水平以及居民在消费上的差异程度；在分析企业生产的投入与产出时，可能更关心这种投入与产出的关联程度。这些都与随机变量的数字特征有关。

(1) 数学期望　设离散型随机变量 X 的概率分布函数为

$$P(X=x_k)=p_k \quad (k=1,2,\cdots) \tag{6.3}$$

若级数 $\sum_{k=1}^{\infty} x_k p_k$ 绝对收敛，则称该级数之和为随机变量 X 的数学期望，记为

$$E(X)=\sum_{k=1}^{\infty} x_k p_k \tag{6.4}$$

$E(X)$ 也称为均值或方差。

设连续型随机变量的概率密度函数或分布密度函数为 $\varphi(x)$，若积分 $\int_{-\infty}^{+\infty} x\varphi(x)$ 绝对收敛，则称该积分为随机变量的数学期望，记为

$$E(X)=\int_{-\infty}^{+\infty} x\varphi(x)\,\mathrm{d}x \tag{6.5}$$

显然，随机变量的数学期望是对随机变量的取值，按其取值的概率（或概率密度）进行加权求和（或求积分）。

(2) 方差　对随机变量 X，若 $E(X)$ 存在，则称 $X-E(X)$ 为随机变量 X 的离差。用随机变量的方差作为反映随机变量与其数学期望偏离程度的数学特征。

称随机变量 X 离差平方的数学期望为随机变量 X 的方差，记为 $D(X)$ 或 σ_x^2，即

$$D(X)=E\left(X-E(X)\right)^2 \tag{6.6}$$

称 $\sqrt{D(X)}$ 为 X 的标准差。显然，随机变量 X 的方差是函数 $[X-E(X)]^2$ 的数学期望。

若随机变量 X 的概率分布为 $P(X=x_k)=p_k$，则 X 的方差为

$$D(X)=\int_{-\infty}^{\infty}\left(x_k-E(X)\right)^2 P(X=x_k) \tag{6.7}$$

若随机变量 X 的分布密度函数为 $\varphi(x)$，则 X 的方差为

$$D(X)=\int_{-\infty}^{\infty}\left(x_k-E(X)\right)^2 \varphi(x)\,\mathrm{d}x \tag{6.8}$$

(3) 协方差、相关系数　为了描述和研究二维随机变量 X 和 Y 之间的相互关联程度，可引入协方差和相关系数这两个数字特征。

定义二维随机变量 X 和 Y 的协方差 $\mathrm{Cov}(X,Y)$ 为

$$E[(X-EX)(Y-EY)] \tag{6.9}$$

对离散型二维随机变量 (X,Y)，其协方差为

$$\mathrm{Cov}(X,Y)=\sum_i\sum_i E[(X_i-EX)(Y_j-EY)]P(X=x_i,Y=y_j) \tag{6.10}$$

对连续型二维随机变量 (X,Y)，协方差为

$$\mathrm{Cov}(X,Y)=\int_{-\infty}^{\infty}\int_{-\infty}^{\infty}(x-EX)(y-EY)\varphi(x,y)\,\mathrm{d}x\mathrm{d}y \tag{6.11}$$

定义二维随机变量 (X,Y)，若有方差 DX、DY 均不为零，称

$$\rho_{x,y}=\frac{\mathrm{Cov}(X,Y)}{\sqrt{DX}\sqrt{DY}} \tag{6.12}$$

为变量 X、Y 的相关系数（或标准协方差）。

6.1.3 常用的概率分布

常用的概率分布有二项分布、泊松分布、正态分布、对数正态分布、威布尔分布、指数分布和极值分布，并可分为离散型随机变量分布和连续型随机变量分布，它们在可靠性工程中有着广泛的应用。

1. 离散型随机变量分布

二项分布：若事件 A 在每次试验中发生的概率均为 p，则 A 在 n 次重复独立试验中恰好发生 k 次的概率为

$$\begin{cases}P_n(k)=C_n^k p^k q^{n-k}\\ q=1-p\end{cases} \tag{6.13}$$

若随机变量 X 的概率函数为 $P_n(k)=C_n^k p^k q^{n-k}(k=0,1,\cdots,n)$，其中 $0<p<1$，$q=1-p$，则称 X 服从参数为 n、p 的二项分布，记作 $X\sim B(n,p)$。显然，随机变量 X 就是事件 A 在 n 次重复独立试验中恰好发生的次数。

泊松分布：若随机变量 X 的概率函数由下式确定：

$$P_\lambda(k)=P(X=k)=\frac{\lambda^k}{k!}\mathrm{e}^{-\lambda}\quad(k=0,1,2,\cdots,n) \tag{6.14}$$

其中，$\lambda>0$，则称 X 服从参数为 λ 的泊松分布。

在二项分布的概率中，当 n 较大、p 很小时，需要较大的计算量。此时可采用泊松分布近似计算二项分布。

泊松分布常用于对大量稠密性问题的描述和研究。例如，在某段时间内，某服务窗口的顾客数、某电话交换台的呼唤次数以及零件铸造表面上一定大小的面积（或体积）内砂眼的个数等。这些现象的共同特点是，在足够小的时间区间（或几何空间）内，它们的发生是彼此独立的。

2. 连续型随机变量分布

均匀分布：若随机变量 X 的概率密度函数为

$$\varphi(x)=\begin{cases}\lambda, & a\leqslant x\leqslant b\quad(a<b)\\ 0, & \text{其他}\end{cases} \tag{6.15}$$

其中，$\lambda>0$，则称 X 服从区间 $[a,b]$ 上的均匀分布。

若随机变量 X 服从区间 $[a,b]$ 上的均匀分布，则

$$E(X)=\frac{a+b}{2} \tag{6.16}$$

$$D(X)=\frac{(b-a)^2}{12} \tag{6.17}$$

指数分布：若随机变量 X 的概率密度函数为

$$\varphi(x)=\begin{cases}\lambda \mathrm{e}^{-\lambda x}, & x>0\\ 0, & x\leqslant 0\end{cases} \tag{6.18}$$

即随机变量 X 服从参数为 λ 的指数分布，则

$$E(X)=\frac{1}{\lambda} \tag{6.19}$$

$$D(X)=\frac{1}{\lambda^2} \tag{6.20}$$

指数分布常用于对诸如寿命问题的描述和研究。例如，某随机服务系统中的服务时间、某电话交换台的占线时间、某些消耗性产品（如电子管、灯泡等电子元件等）的使用寿命等，通常都被假定为服从指数分布。而参数 λ 则被表示为诸如服务率（即单位时间服务的顾客数）、失效率等。

正态分布：正态分布是最常用的一种连续型随机变量分布，它通常被用于描述一种主体因素不明确的现象。例如，当所考虑的某个随机变量可看成是许多作用微小、彼此独立的随机因素共同作用所引起的，则这个随机变量可以被认为服从正态分布。

若随机变量 X 的概率密度函数为

$$\varphi(x)=\frac{1}{\sqrt{2\pi}\sigma}\mathrm{e}^{-\frac{(x-\mu)^2}{2\sigma^2}} \tag{6.21}$$

则称 X 服从正态分布，记为 $X\sim N(\mu,\sigma^2)$，称 X 为正态变量。其中，μ、σ^2 分别表示为随机变量 X 的均值与方差：

$$E(X)=\mu \tag{6.22}$$

$$D(X)=\sigma^2 \tag{6.23}$$

对数正态分布：如果随机变量 X 的自然对数 $y=\ln x$ 服从正态分布，则称 X 服从对数正态分布。由于随机变量的取值 x 总是大于零，以及概率密度函数 $\varphi(x)$ 的向右倾斜不对称，因此对数正态分布是描述不对称随机变量的一种常用的分布。材料的疲劳强度和寿命、系统的修复时间等都可用对数正态分布拟合，其概率密度函数为

$$\varphi(x)=\frac{1}{x\sigma_y\sqrt{2\pi}}\mathrm{e}^{-\frac{1}{2}\left(\frac{y-\mu_y}{\sigma_y}\right)} \tag{6.24}$$

式中，μ_y 和 σ_y 为 $y=\ln x$ 的均值和标准差。

实际上常用到随机变量中位值 x_{m}，它表示随机变量的中心值，其定义为

$$P(X\leqslant x_{\mathrm{m}})=P(X>x_{\mathrm{m}})=0.50 \tag{6.25}$$

威布尔分布：威布尔分布是一种含有三参数或两参数的分布，由于适应性强而获得广泛的应用。三参数威布尔分布的概率密度函数为

$$\varphi(x)=\frac{\beta}{\eta}\left(\frac{x-\gamma}{\eta}\right)^{\beta-1}\mathrm{e}^{-\left(\frac{x-\gamma}{\eta}\right)^{\beta}} \tag{6.26}$$

式中，β 为形状参数；η 为尺度参数；γ 为位置参数。

指数分布是威布尔分布的特例。当 $\beta<1$ 时，产品的失效率曲线随时间增加而减少，即反映了早期失效的特征；当 $\beta=1$ 时，曲线表示了失效率为常数的情况，即反映了损耗寿命期老化衰老现象。根据试验求得的 β 值可以判断产品失效所处的过程从而加以控制。所以威布尔分布对产品的三个失效期都适用，而指数分布仅适用于偶然失效期。

当 $2.7\leqslant\beta\leqslant3.7$ 时，威布尔分布与正态分布非常接近。当 $\beta=3.13$ 时，则为正态分布；当 $\beta=2$，$\gamma=0$ 时，则为瑞利分布。许多分布都可以看成威布尔分布的特例，由于它具有广泛的适应性，因而许多随机现象，如寿命、强度、磨损等，都可以用威布尔分布来拟合。

6.2 机械可靠性设计原理

机械可靠性设计原理是以机械零件和机械系统为研究对象，研究机械结构的强度和由于载荷的影响使得疲劳、磨损、断裂，以及机构在动作过程中因运行问题而引起的失效，以便在产品设计阶段就能规定其可靠性指标，或估计、预测机器及其主要零部件在规定的工作条件下的工作能力状态或寿命，保证所设计的产品具有所需要的可靠度。

6.2.1 应力-强度干涉理论

从可靠性的角度考虑，影响机械产品故障的各种因素可概括为应力和强度两类。应力通常指引起系统或产品失效的外载荷，机械产品所承受的载荷大都是一种不规则的、不能重复的随机性载荷，包括各种环境因素，如温度、湿度、腐蚀、粒子辐射等。具体地，如自行车因人的体重和道路的情况差别等原因，其载荷就是随机变量；高性能混凝土载荷不仅与建筑物高度、弯曲度、建筑方式等有关，而且与外界温度、湿度、氯离子环境、冻融循环次数等有关。强度是指机械结构承受与抵抗应力的能力，凡是能阻止结构或零部件故障的因素，统称为强度，如材料机械性能加工精度、表面粗糙度等。

机械零部件设计的基本目标是在一定的可靠度下保证危险断面上的最小强度（抗力）不低于最大的应力；否则，零部件将由于未满足可靠度要求而失效。在实际工程中，外载荷、温度、湿度等都是具有一定分布的，因此应力是一个受多种因素影响的随机变量，具有一定的分布规律。同样，受材料的机械性能、工艺环节和加工精度等的影响，强度也是一个具有一定离散性、服从一定分布规律的随机变量。这里应力和强度不一定是一个确定值，一个产品或系统应力由若干构成，可抽象为随机变量组成的多元随机函数，它们都具有一定的分布规律，如图 6.1 所示。这种应力与强度的分布情况，严格地说都或多或少地与时间因素有关，图 6.2 为应力 s、强度 S 的分布与时间的关系。当 $t=0$ 时，两个分布有一定的距离，不会产生失效，但随着时间的推移，由于环境、使用条件等因素的影响，材料或系统强度退化，导致在 $t=t_2$ 时应力分布与强度分布发生干涉（图中阴影部分），这时将可能产生失效，通常把这种干涉模型称为应力-强度干涉模

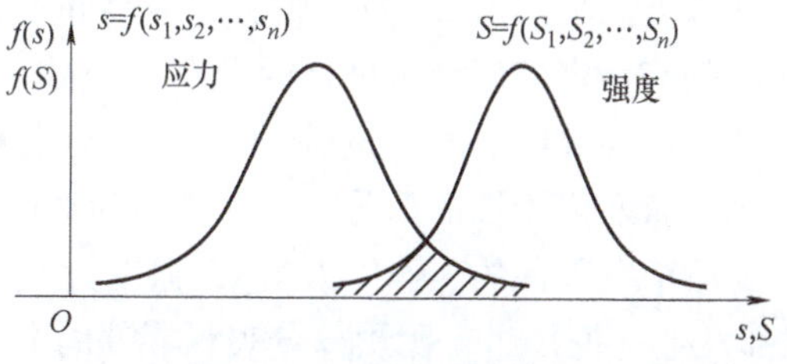

图 6.1　应力-强度分布

型。如果产品或零件的强度 S 小于应力 s，则不能实现规定的功能，称为失效。欲使产品或零件在规定的时间内可靠地工作，必须满足

$$Z=S-s\geqslant 0 \tag{6.27}$$

其中，应力 s 和强度 S 本身是某些变量的函数，即 $s=f(s_1,s_2,\cdots,s_j,\cdots,s_n)$，$S=f(S_1,S_2,\cdots,S_i,\cdots,S_n)$。这里 S_i 为影响强度的随机量，如零件材料性能、表面质量、尺寸效应、材料对缺口的敏感性等；s_j 为影响应力的随机量，如载荷情况、应力集中、工作温度、润滑状态等。

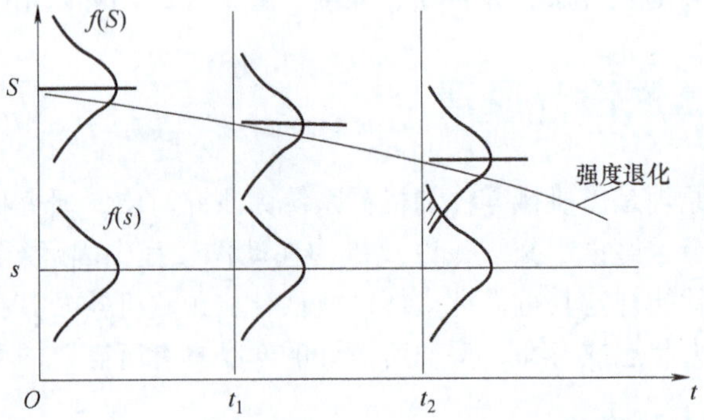

图 6.2 应力-强度分布与时间之间的关系

在一般情况下，强度 S 与应力 s 的概率关系满足 $P(S|s)=P(S)$，因为无论是否知道 s 的准确值，强度 S 的取值都是按自己的规律出现的。因此，可以认为应力 s 和强度 S 是相互独立的随机变量。于是，Z 也为随机变量。

设产品或零件的可靠度为 R，则

$$R=P(Z\geqslant 0) \tag{6.28}$$

即可靠度为随机变量 Z 取值大于或等于 0 时的概率。相应的积累失效概率 F 为

$$F=1-R=P(Z<0) \tag{6.29}$$

6.2.2 可靠度计算方法

1. 可靠度数学定义

由应力分布和强度分布的干涉理论可知，可靠度是强度大于或等于应力的整个概率，表示为

$$R(t)=P(S\geqslant s)=P(S-s\geqslant 0)=P\left(\frac{S}{s}\geqslant 1\right) \tag{6.30}$$

如果能满足式（6.30），则可保证零件不会失效，否则将出现失效。当 $t=0$ 时，两个分布之间有一定的安全裕度，因此不会失效。随着时间的推移，由于材料和环境等因素，强度恶化，导致在时间 t_2 时应力分布与强度分布发生干涉，这时将产生失效，需要考虑的是两个分布发生干涉的部分，因此需要对时间为 t 的应力-强度分布干涉模型进行分析，如图 6.3 所示。零件的工作应力为 s，强度为 S，且呈一定的分布状态，当两个分布发生干涉（尾部发生重叠）时，阴影部分表示零件的失效概率，即不可靠度。

两个分布的重叠面积不能用来作为失效概率的定量表示，因为即使两个分布曲线完全

重叠，失效概率也仅为 50%，即仍有 50%的可靠度。还应注意，两个分布的差仍为一种分布，失效概率仍呈分布状态。

为了计算零件的可靠度，如图 6.3 所示，在机械零件的危险断面上，当材料的强度 S 大于应力 s 时，不会发生失效，反之将发生失效。由图 6.3 可知，应力 s 存在于区间 $[S_1-\mathrm{d}s/2, S_1+\mathrm{d}s/2]$ 的概率面积等于 A_1，即

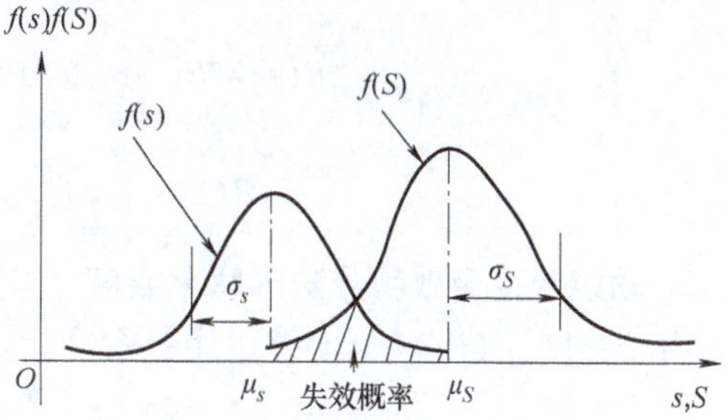

图 6.3　应力-强度分布干涉模型

$$A_1=P\left(s_1-\frac{\mathrm{d}s}{2}\leqslant s_1\leqslant s_1+\frac{\mathrm{d}s}{2}\right)=f(s_1)\,\mathrm{d}s \tag{6.31}$$

同时，强度 S 大于应力 s 的概率等于阴影面积 A_2，即

$$A_2=P(S>s)=\int_{s_1}^{\infty}f(S)\,\mathrm{d}S \tag{6.32}$$

式（6.31）和式（6.32）表示的是两个独立事件各自发生的概率。如果这两个事件同时发生，则可应用概率乘法定理来计算应力为 s 时的安全概率，也就是可靠度，即

$$\mathrm{d}R=A_1A_2=f(s_1)\,\mathrm{d}s\times\int_{s_1}^{\infty}f(S)\,\mathrm{d}S \tag{6.33}$$

因为零件的可靠度为强度 S 大于所有可能的应力 s 的整个概率，所以有

$$R(t)=\int_{-\infty}^{\infty}\mathrm{d}R=\int_{-\infty}^{\infty}f(s)\left[\int_{s}^{\infty}f(S)\,\mathrm{d}S\right]\mathrm{d}s \tag{6.34}$$

同理，从应力 s 小于给定的强度 S_1 出发，则可得可靠度的另一表达式。给定的强度 S_1 存在于区间 $[S_1-\mathrm{d}s/2,\ S_1+\mathrm{d}s/2]$ 的概率为

$$A_1'=P\left(S_1-\frac{\mathrm{d}s}{2}\leqslant S_1\leqslant S_1+\frac{\mathrm{d}s}{2}\right)=f(S_1)\,\mathrm{d}S \tag{6.35}$$

同时，应力 s 小于强度 S_1 的概率为

$$A_2'=P(s<S_1)=\int_{-\infty}^{S_1}f(s)\,\mathrm{d}s \tag{6.36}$$

同理，强度为 S_1 时的安全概率为这两个概率的乘积，即

$$\mathrm{d}R=A_1'A_2'=f(S_1)\,\mathrm{d}S\times\int_{-\infty}^{S_1}f(s)\,\mathrm{d}s \tag{6.37}$$

零件的可靠度为强度 S 从负无穷到正无穷的积分，所以有

$$R(t)=\int_{-\infty}^{\infty}\mathrm{d}R=\int_{-\infty}^{\infty}f(S)\left[\int_{-\infty}^{s}f(s)\,\mathrm{d}s\right]\mathrm{d}S \tag{6.38}$$

式（6.38）就是可靠度的一般表达式，可表示为更一般的形式，即

$$R(t)=\int_{a}^{b}f(s)\left[\int_{s}^{c}f(S)\,\mathrm{d}S\right]\mathrm{d}s \tag{6.39}$$

式中，a、b 分别为应力在其概率密度函数中可以设想的最小值和最大值；c 为强度在其概率密度函数中可以设想的最大值。

对于对数正态分布、威布尔分布，a 为位置参数，b 和 c 为无穷大。显然，应力-强度

分布干涉理论的概念可以进一步延伸。零件的工作循环次数 n 可以理解为应力，而零件的失效循环次数 N 可以理解为强度。与此相应，有

$$R(t)=P(N>n)=P(N-n>0)=P\left(\frac{N}{n}>1\right) \tag{6.40}$$

$$R(t)=\int_{-\infty}^{\infty}f(n)\left[\int_{n}^{\infty}f(N)\,\mathrm{d}N\right]\mathrm{d}n \tag{6.41}$$

2. 功能密度函数积分法求解可靠度

由于强度 S 与应力 s 之差可用一个多元随机函数（又称为功能函数）表示，即

$$Z=S-s=f(z_1,z_2,\cdots,z_n) \tag{6.42}$$

设随机变量 Z 的概率密度函数为 $\varphi(Z)$，根据二维独立随机变量知识，可以通过强度 S 与应力 s 的概率密度函数 $\varphi(S)$ 和 $\varphi(s)$ 计算出干涉变量 $Z=S-s$ 的概率密度函数 $\varphi(Z)$，因此零件的可靠度可表示为

$$R(t)=P(Z>0)=\int_{0}^{\infty}\varphi(Z)\,\mathrm{d}Z \tag{6.43}$$

当应力和强度为更一般的分布时，可靠度可以用辛普森和高斯等数值积分方法，应用计算机求解。当精度要求不高时，也可用图解法求可靠度。当然，以上所述都是指应力和强度各是一个变量的情况。当随机变量较多，相应地性能函数也较复杂时，求解可靠度具有一定的难度。

3. 蒙特卡罗模拟法

蒙特卡罗模拟法又称统计试验法。该方法是以统计抽样理论为基础，以计算机技术为手段，通过对随机变量的统计抽样试验或随机模拟，求解变量函数统计特征的近似求解方法。该方法的优点是简单，便于编程，可用于任何一种分布，所以在工程中得到了广泛的应用。

蒙特卡罗模拟法基本步骤如下：

1）确定零件工作应力参数 $X_1=f(X_1,X_2,\cdots,X_n)$ 及其随机变量 $X_1,X_2,\cdots,X_n$。

2）对应力函数中每一个随机变量 X_i，确定其概率密度函数 $f(X_i)$。

3）确定每一个概率密度函数 $f(X_i)$ 所对应的累积分布函数 $F(X_i)$。

4）对应力函数中每一个随机变量 X_i，产生在［0，1］区间内服从均匀分布的伪随机数列为

$$\mathrm{RN}_{ij}=\int_{-\infty}^{X_{ij}}f(X_i)\,\mathrm{d}X_i \tag{6.44}$$

式中，i 为随机变量的标号；j 为模拟次数的标号。

对于每一个随机变量 X_i，每模拟一次即可得到一组伪随机数。第 j 次模拟得出的一组伪随机数用 X_{ij}表示。

5）将每一次模拟得到的各组伪随机数 X_{ij} 值代入应力函数中，可得相应的函数值 X_{ij}，即

$$X_{ij}=f(X_{1j},X_{2j},\cdots,X_{nj}) \tag{6.45}$$

6）重复上述步骤，使模拟次数 $i>1000$ 次，得各次应力函数值 $X_{i1},X_{i2},\cdots,X_{i1000},\cdots$，并按数值大小进行排列。

7）根据排序的统计结果，作应力 X_i 的直方图，并在指数分布、正态分布、对数正态

分布、威布尔分布、伽马分布、极值分布等常用分布中，确定出 2~3 种可能拟合这一直方图的分布。

8）对疑似拟合分布进行拟合检验，以确定零件工作应力的实际分布。拟合检验通常采用的方法为χ^2 和 K-S 检验。

6.2.3　常见分布下的可靠度计算

1. 应力与强度均呈正态分布时的可靠度计算

当应力与强度均呈正态分布时，可靠度的计算便可大大简化，可以先利用联结方程求出可靠度联结系数 z_0，然后利用标准正态分布对可靠度进行求解。

当应力 s 和强度 S 均呈正态分布时，这些随机变量的概率密度函数可分别表达为

$$f(s)=\frac{1}{\sigma_s\sqrt{2\pi}}\exp\left[-\frac{1}{2}\left(\frac{s-\mu_s}{\sigma_s}\right)^2\right] \tag{6.46}$$

$$f(S)=\frac{1}{\sigma_S\sqrt{2\pi}}\exp\left[-\frac{1}{2}\left(\frac{S-\mu_S}{\sigma_S}\right)^2\right] \tag{6.47}$$

式中，σ_s 和 μ_s，σ_S 和 μ_S 分别为应力 s 与强度 S 的均值与标准差。

令 $y=S-s$，则根据式（6.46）和式（6.47）可知，随机变量 y 也是呈正态分布的，且其均值与标准差分别为

$$\mu_y=\mu_S-\mu_s \tag{6.48}$$

$$\sigma_y=\sqrt{\sigma_s^2+\sigma_S^2} \tag{6.49}$$

随机变量 y 的概率密度函数为

$$h(y)=\frac{1}{\sigma_y\sqrt{2\pi}}\exp\left[-\frac{1}{2}\left(\frac{y-\mu_y}{\sigma_y}\right)^2\right]\quad(-\infty<y<\infty) \tag{6.50}$$

当 $y>0$ 时产品可靠，故可靠度 R 可表达为

$$R=P(y>0)=\int_0^{\infty}h(y)\,\mathrm{d}y=\int_0^{\infty}\frac{1}{\sigma_y\sqrt{2\pi}}\exp\left[-\frac{1}{2}\left(\frac{y-\mu_y}{\sigma_y}\right)^2\right]\mathrm{d}y \tag{6.51}$$

令

$$z=\frac{y-\mu_y}{\sigma_y} \tag{6.52}$$

则当 $y=0$ 时，有

$$z_0=\frac{0-\mu_y}{\sigma_y}=-\frac{\mu_S-\mu_s}{\sqrt{\sigma_S^2+\sigma_s^2}} \tag{6.53}$$

由此有

$$R=\frac{1}{2\pi}\int_{-\frac{\mu_S-\mu_s}{\sqrt{\sigma_S^2+\sigma_s^2}}}^{\infty}\exp\left(-\frac{1}{2}z^2\right)\mathrm{d}z=\frac{1}{2\pi}\int_{-\frac{\mu_y}{\sigma_y}}^{\infty}\exp\left(-\frac{1}{2}z^2\right)\mathrm{d}z=\Phi\left(\frac{\mu_S-\mu_s}{\sqrt{\sigma_S^2+\sigma_s^2}}\right) \tag{6.54}$$

2. 应力和强度均为对数正态分布时的可靠度计算

当 X 是一个随机变量，且 $\ln X$ 服从正态分布，即 $\ln X\sim N(\mu_{\ln X},\sigma_{\ln X}^2)$ 时，称 X 是一个对数正态随机变量，服从对数正态分布，其概率密度函数与分布函数如下：

$$f(x)=\frac{1}{\sqrt{2\pi}\sigma x}\exp\left[-\frac{1}{2}\left(\frac{\ln x-\mu}{\sigma}\right)^2\right] \tag{6.55}$$

$$F(x)=P\{X\leqslant x\}=\int_0^x\frac{1}{\sqrt{2\pi}\sigma x}\exp\left[-\frac{1}{2}\left(\frac{\ln x-\mu}{\sigma}\right)^2\right]\mathrm{d}x \tag{6.56}$$

这里的$\mu_{\ln X}$和$\sigma^2_{\ln X}$既不是对数正态分布的位置参数和尺度参数，也不是其均值和标准差，而是它的对数均值和对数标准差。

应力 s 和强度 S 均呈对数正态分布时，其对数值 $\ln s$ 和 $\ln S$ 服从正态分布，即

$$\begin{cases}\ln S\sim N(\mu_{\ln S},\sigma^2_{\ln S})\\ \ln s\sim N(\mu_{\ln s},\sigma^2_{\ln s})\end{cases} \tag{6.57}$$

令

$$y=\ln S-\ln s=\ln\frac{S}{s} \tag{6.58}$$

则 y 也为正态分布的随机变量，其均值和标准差分别为

$$\begin{cases}\mu_y=\mu_{\ln S}-\mu_{\ln s}\\ \sigma_y=\sqrt{\sigma^2_{\ln S}+\sigma^2_{\ln s}}\end{cases} \tag{6.59}$$

联立式（6.51）与式（6.54），由此可知 $y>0$ 的可靠度为

$$R=P(y>0)=\Phi\left(\frac{\mu_{\ln S}-\mu_{\ln s}}{\sqrt{\sigma^2_{\ln S}+\sigma^2_{\ln s}}}\right) \tag{6.60}$$

3. 应力和强度均为指数分布时的可靠度计算

当应力 s 与强度 S 均呈指数分布时，它们的概率密度函数为

$$f(s)=\lambda_s e^{-\lambda_s s}=\lambda_s\exp(-\lambda_s s)\quad(0\leqslant s\leqslant\infty) \tag{6.61a}$$

$$f(S)=\lambda_S e^{-\lambda_S S}=\lambda_S\exp(-\lambda_S S)\quad(0\leqslant S\leqslant\infty) \tag{6.61b}$$

根据应力-强度分布干涉理论，有

$$\begin{aligned}R&=P(S>s)=\int_0^\infty f(S)\left[\int_S^\infty g(s)\,\mathrm{d}s\right]\mathrm{d}S=\int_0^\infty\lambda_S\exp(-\lambda_S S)\left[\exp(-\lambda_s S)\right]\mathrm{d}S\\&=\int_0^\infty\lambda_S\exp[-(\lambda_S+\lambda_s)S]\,\mathrm{d}S=\frac{\lambda_S}{\lambda_S+\lambda_\delta}\int_0^\infty(\lambda_S+\lambda_s)\exp[-(\lambda_S+\lambda_s)S]\,\mathrm{d}S\\&=\frac{\lambda_S}{\lambda_S+\lambda_s}\end{aligned} \tag{6.62}$$

又因为

$$\begin{aligned}E(S)&=\mu_S=\frac{1}{\lambda_S}\\E(s)&=\mu_s=\frac{1}{\lambda_s}\end{aligned} \tag{6.63}$$

由此可得压力与强度均为指数分布时，可靠度的计算公式：

$$R=\frac{\lambda_S}{\lambda_S+\lambda_s}=\frac{\frac{1}{\mu_S}}{\frac{1}{\mu_S}+\frac{1}{\mu_s}}=\frac{\mu_s}{\mu_s+\mu_S} \tag{6.64}$$

4. 应力呈指数（正态）分布而强度呈正态（指数）分布时的可靠度计算

应力 s 呈指数分布时，概率密度函数为

$$f(s)=\lambda_s e^{-\lambda_s s}=\lambda_s \exp(-\lambda_s s) \quad (s\geqslant 0) \tag{6.65}$$

且有

$$\begin{cases} \mu_s=E(s)=\dfrac{1}{\lambda_s} \\ D(s)=\dfrac{1}{\lambda_s^2} \\ \sigma_s=\sqrt{D(s)}=\dfrac{1}{\lambda_s} \end{cases} \tag{6.66}$$

强度 S 呈正态分布时，概率密度函数为

$$g(S)=\frac{1}{\sigma_S\sqrt{2\pi}}\exp\left[-\frac{1}{2}\left(\frac{S-\mu_S}{\sigma_S}\right)^2\right] \quad (-\infty<S<+\infty) \tag{6.67}$$

同理，可以推导出

$$R=1-\Phi\left(-\frac{\mu_S}{\sigma_S}\right)-\left[1-\Phi\left(-\frac{\mu_S-\lambda_S\sigma_s^2}{\sigma_S}\right)\right]\exp\left[-\frac{1}{2}(2\mu_S\lambda_s-\lambda_s^2\sigma_S^2)\right] \tag{6.68}$$

令

$$A=1-\Phi\left(-\frac{\mu_S}{\sigma_S}\right) \tag{6.69}$$

$$B=\left[1-\Phi\left(-\frac{\mu_S-\lambda_s\sigma_S^2}{\sigma_S}\right)\right]\exp\left[-\frac{1}{2}(2\mu_S\lambda_s-\lambda_s^2\sigma_S^2)\right] \tag{6.70}$$

则有

$$R=A-B \tag{6.71}$$

这就说明，在已知应力（指数分布）以及强度（正态分布）的条件下，可以求得其可靠度。

相反，在已知应力（正态分布）以及强度（指数分布）的情况下，其概率密度函数分别为

$$f(s)=\frac{1}{\sigma_s\sqrt{2\pi}}\exp\left[-\frac{1}{2}\left(\frac{S-\mu_s}{\sigma_s}\right)^2\right] \quad (-\infty<s<+\infty) \tag{6.72}$$

$$g(s)=\lambda_s e^{-\lambda_s s}=\lambda_s \exp(-\lambda_s s) \quad (s\geqslant 0) \tag{6.73}$$

同样，可以得到可靠度计算公式：

$$R=\left[1-\Phi\left(-\frac{\mu_s-\lambda_S\sigma_s^2}{\sigma_s}\right)\right]\exp\left[-\frac{1}{2}(2\mu_s\lambda_S-\lambda_S^2\sigma_s^2)\right] \tag{6.74}$$

上述两种情况表明，在应力正态分布、强度指数分布，或者应力指数分布、强度正态分布的情况下，运用式（6.74）、式（6.68）均可以直接求出其可靠度。

5. 应力与强度均为伽马分布时的可靠度计算

如果应力 s 与强度 S 均呈伽马分布，则其概率密度函数分别为

$$f(s)=\frac{\lambda_s^n}{\Gamma(n)}S^{n-1}e^{-\lambda_s s} \quad (0\leqslant s<\infty, \lambda_s>0, n>0)$$

$$g(S)=\frac{\lambda_S^m}{\Gamma(m)}S^{m-1}\mathrm{e}^{-\lambda_S S}\quad(0\leqslant S<\infty,\lambda_S>0,m>0)\tag{6.75}$$

式中，λ_s、λ_S 为尺度参数；m、n 为形状参数。

当 $\lambda_s=\lambda_S=1$ 时，可以推导出可靠度的计算公式为

$$R=\frac{\Gamma(m+n)}{\Gamma(m)\Gamma(n)}B_{1/2}(m,n)\tag{6.76}$$

式中，$B_{1/2}(m,n)$ 为不完全的贝塔函数。

当 $\lambda_s\neq1$、$\lambda_S\neq1$ 时，可以推导出可靠度的计算公式为

$$R=\frac{\Gamma(m+n)}{\Gamma(m)\Gamma(n)}B_{r/(r+1)}(m,n)\tag{6.77}$$

式中，$B_{r/(r+1)}(m,n)$ 为不完全的贝塔函数，$r=\lambda_s/\lambda_S$。

如果 m、n 不同时为 1，即 $m\neq1$，$n=1$，或者 $m=1$，$n\neq1$，二者便属于应力为指数分布而强度为伽马分布，或者应力为伽马分布而强度为指数分布的情况，下面分别进行讨论。

6. 应力为指数（伽马）分布而强度为伽马（指数）分布时的可靠度计算

当应力呈指数分布而强度为伽马分布时，有 $m\neq1$，$n=1$，可以推导出

$$R=1-\left(\frac{1}{1+r}\right)^m=1-\left(\frac{\lambda_S}{\lambda_s+\lambda_S}\right)^m\tag{6.78}$$

当应力呈伽马分布而强度为指数分布时，有 $m=1$，$n\neq1$，可以推导出

$$R=\left(\frac{r}{1+r}\right)^n=1-\left(\frac{\lambda_s}{\lambda_s+\lambda_S}\right)^n\tag{6.79}$$

7. 应力为正态分布而强度为威布尔分布时的可靠度计算

应力 s 呈正态分布时的概率密度函数为

$$f(s)=\frac{1}{\sigma_s\sqrt{2\pi}}\exp\left[-\frac{1}{2}\left(\frac{s-\mu_s}{\sigma_s}\right)^2\right]\quad(-\infty<s<+\infty)\tag{6.80}$$

强度 S 呈威布尔分布时的概率密度函数为

$$g(S)=\frac{m}{\theta-S_0}\left(\frac{S-S_0}{\theta-S_0}\right)^{m-1}\exp\left(\frac{S-S_0}{\theta-S_0}\right)^m\quad(S\geqslant S_0\geqslant0)\tag{6.81}$$

式中，m 为形状参数；θ 为尺度参数；S_0 为位置参数或称截尾参数、最小强度参数，强度低于它的事件的概率为零。

强度 S 的累积分布函数可表达为

$$G(S)=1-\exp\left[-\left(\frac{S-S_0}{\theta-S_0}\right)^m\right]\tag{6.82}$$

强度 S 的均值和方差可表达为

$$\mu_S=S_0+(\theta-S_0)\Gamma\left(1+\frac{1}{m}\right)$$

$$\sigma_S^2=(\theta-S_0)^2\left\{\Gamma\left(1+\frac{2}{m}\right)-\left[\Gamma\left(1+\frac{1}{m}\right)\right]^2\right\}\tag{6.83}$$

三参数（形状参数、尺度参数与位置参数）威布尔分布极为灵活，改变 m 值可以使分布曲线呈现不同形状。当 $m=1$ 时即成为指数分布。可以推导出失效率为

$$F=\int_{-\infty}^{\infty}G_S(s)f(s)\,\mathrm{d}s=\int_{s_0}^{\infty}\frac{1}{S_\delta\sqrt{2\pi}}\exp\left[-\frac{1}{2}\left(\frac{s-\mu_s}{\sigma_s}\right)^2\right]\left\{1-\exp\left[-\left(\frac{s-S_0}{\theta-S_0}\right)^m\right]\right\}\mathrm{d}s$$
$$=\int_{s_0}^{\infty}\frac{1}{\sigma_\delta\sqrt{2\pi}}\exp\left[-\frac{1}{2}\left(\frac{s-\mu_s}{\sigma_s}\right)^2\right]\mathrm{d}s-\int_{s_0}^{\infty}\frac{1}{\sigma_S\sqrt{2\pi}}\exp\left[-\frac{1}{2}\left(\frac{s-\mu_s}{\sigma_S}\right)^2-\left(\frac{s-S_0}{\theta-S_0}\right)^m\right]\mathrm{d}s \tag{6.84}$$

令 $z=(s-\mu_s)/\sigma_s$，则式（6.84）第一项积分是标准正态密度曲线下从 $z=(s-\mu_s)/\sigma_s$ 到 $+\infty$ 的面积，可用 $\left[1-\Phi\left(\frac{s_0-\mu_s}{\sigma_s}\right)\right]$ 表示。而对于式（6.84）第二项积分，令 $y=(s-S_0)/(\theta-S_0)$，则有

$$y=\frac{1}{\theta-s_0}\mathrm{d}s$$
$$s=y(\theta-S_0)+S_0$$
$$\frac{s-\mu_s}{\sigma_s}=\frac{y(\theta-S_0)+S_0-\mu_s}{\sigma_s}=\left(\frac{\theta-S_0}{\sigma_s}\right)y+\frac{S_0-\mu_s}{\sigma_s} \tag{6.85}$$

于是有

$$F=P(S\leqslant s)=1-\Phi(A)-\frac{1}{\sqrt{2\pi}}C\int_0^{\infty}\exp\left[-\frac{1}{2}(Cy+A)^2-y^m\right]\mathrm{d}y \tag{6.86}$$

其中，$C=\dfrac{\theta-S_0}{\sigma_s}$，$A=\dfrac{S_0-\mu_s}{\sigma_s}$。

8. 应力与强度均为威布尔分布时的可靠度计算

应力 s 与强度 S 均呈威布尔分布时的概率密度函数分别为

$$f(s)=\frac{m_s}{\theta_s-s_0}\left(\frac{s-s_0}{\theta_s-s_0}\right)^{m_s-1}\exp\left(\frac{s-s_0}{\theta_s-s_0}\right)^{m_s}\quad(s_0\leqslant s\leqslant\infty) \tag{6.87a}$$
$$g(S)=\frac{m_S}{\theta_S-S_0}\left(\frac{S-S_0}{\theta_S-S_0}\right)^{m_S-1}\exp\left(\frac{S-S_0}{\theta_S-S_0}\right)^{m_S}\quad(S_0\leqslant S\leqslant\infty) \tag{6.87b}$$

令

$$\eta_s=\theta_s-s_0$$
$$\eta_S=\theta_S-S_0 \tag{6.88}$$

式（6.87a）和式（6.87b）也可表达为

$$f(s)=\frac{m_s}{\theta_s-s_0}\left(\frac{s-s_0}{\eta_s}\right)^{m_s-1}\exp\left(\frac{s-s_0}{\eta_s}\right)^{m_s}\quad(s_0\leqslant s\leqslant\infty) \tag{6.89a}$$
$$g(S)=\frac{m_S}{\theta_S-S_0}\left(\frac{S-S_0}{\eta_S}\right)^{m_S-1}\exp\left(\frac{S-S_0}{\eta_S}\right)^{m_S}\quad(S_0\leqslant S\leqslant\infty) \tag{6.89b}$$

因此，失效概率为

$$F=P(S\leqslant s)=\int_0^{\infty}\exp\left[-y-\left(\frac{\eta_S}{\eta_s}y^{\frac{1}{m_S}}+\frac{S_0-s_0}{\eta_s}\right)^{m_s}\right]\mathrm{d}y \tag{6.90}$$

其中，$y=\left(\dfrac{S-S_0}{\eta_S}\right)^{m_S}$。

如果采用数值积分的方法对式（6.90）进行积分，就可以得到不同强度和应力参数下的失效率和可靠度。

6.3 机械可靠性设计

系统是由某些相互协调工作的零部件、子系统组成的，为了完成某一特定功能的综合体。组成系统并相对独立的机械零件称为单元。系统与单元的概念是相对的，由具体研究对象确定。例如，研究汽车系统时，其传动装置、车架、悬架、转向、制动等部分均为其（整个系统）中的一个单元；但当研究传动装置系统时，其主减速器、差速器、车轮则为其中的一个单元。系统分为不可修复系统和可修复系统两类。前者因为技术上不可能修复、经济上不值得修复、一次性使用的产品等，当系统或者其组成单元失效时，不再进行修复而报废；而后者一旦出现故障，则可以通过修复而恢复其功能。

系统的可靠性不仅与组成该系统各单元的可靠性有关，而且与组成该系统各单元的组合方式和相互匹配有关。系统工作过程中，其性能（可靠性）逐步降低。系统是由若干个零部件组成并相互有机地组合起来，为完成某一特定功能的组合体，故构成该机械系统的可靠性取决于以下两个因素：①机械零部件本身的可靠性，即组成系统的各个零部件完成所需功能的能力；②机械零部件组合成系统的组合方式，即组成系统的各个零件之间的联系形式，共有两种基本形式，一种为串联方式，另一种为并联方式。而机械系统的其他更为复杂的组合基本上是在这两种基本形式上的组合和演变。

为了方便地进行可靠性的计算，对机械系统进行一些假设。在计算时假设单元的失效均为独立事件，与其他单元无关，这是因为在系统工作的过程中，各种动载荷和不确定因素使组成系统的各个单元的功能参数逐渐降低，最终使得系统可靠性下降而不能满足使用要求。另外，因为不可修复系统的可靠性分析方法是研究修复系统的可靠性分析的基础，因此，为了对可修复系统进行可靠性预测或可靠性评估，常常将可修复系统简化为不可修复系统来处理。

可靠性系统设计的目的：在满足规定指标、完成预定功能的前提下，使系统的技术性能、质量指标、制造成本、使用寿命达到最优化设计；或者在满足性能、质量、成本、寿命的前提下，设计出高可靠性的系统。

可靠性设计方法主要分为以下两种类型：

1）可靠性预测：按照已知零部件或单元的可靠性数据，计算系统的可靠性指标，称为可靠性预测。在这个过程中应进行系统的几种结构模型的计算、比较，以得到满足要求的系统设计方案和可靠性指标。

2）可靠性分配：按照已给定的系统可靠性指标，对组成系统的单元进行可靠性分配并在多种设计方案中比较，以满足最优化需求。

上述两种方法需要联合使用，即首先要根据各单元的可靠度，计算或预测系统的可靠度，看它是否满足规定的系统可靠性指标，若不能满足要求，则还需要将系统规定的可靠性指标重新分配到组成系统的各个单元，然后再对系统可靠性进行验证计算。深入分析单元与系统之间的关系，选用合适的模型来进行必要的可靠性试验，这对于系统可靠性设计是十分必要的。

系统可靠性在可靠性工程实践中占有重要地位。在实际工程中，系统往往越复杂，其发生故障的可能性也就越大，单单考虑单个零部件的可靠性往往会使整个系统的可靠性得不到保证。单个零部件可靠性很高的情况下，随着零部件数量的增加，系统可靠性将会大大降低而不能满足工程要求。因此，需要对零部件可靠性提出较高的要求，而零部件的生产又受到材料及工艺水平的限制，只对零部件提出可靠性要求，会导致整个系统的成本提高，所以对系统可靠性进行研究，找到合适的方法来提高其可靠性显得尤为重要。

为了对机械系统的可靠性进行计算和设计，需要建立系统可靠性模型。对于机械系统，建立可靠性模型主要有以下几个步骤：

（1）确定系统所需要的功能　系统具有复杂性，一个系统往往可以完成多种功能，针对完成功能的不同，需要根据所完成的功能进行相应可靠性模型的变更，以确定最佳的模型。

（2）确定系统的故障判据　故障判据是指影响系统完成规定功能的故障。此时应该找出导致功能不能完成和影响功能的性能参数及性能界限，即故障判据的定量化。

（3）确定系统的工作环境条件　一个系统或产品往往可以在不同的工作环境下使用，但不同的使用环境条件又对系统完成功能的程度产生较大影响，在建立系统可靠性模型时可以采用以下方法来考虑工作环境条件的影响：首先，同一系统用于多种工作环境时该系统的可靠性框图不变，可仅用不同的环境因子修正其故障率；其次，当系统为了完成其规定的功能，需经历阶段不同的环境条件时，可按每个工作阶段建立可靠性模型并做出预估，然后综合到系统可靠性模型中。

（4）建立系统可靠性框图　在完全明了系统情况后，应明确系统中所有子系统（单元）的功能关系，即建立系统可靠性框图。系统可靠性框图表示完成系统功能时所有参与的子系统（单元）的功能及可靠性值。在进行系统可靠性分析时，每一方框都应考虑进去。

（5）建立相应的数学模型　对已建好的系统可靠性框图，需建立系统与子系统（单元）。

6.3.1　机械系统可靠性预测

可靠性预测是在设计阶段进行的定量估计未来产品的可靠性的方法。它运用以往的工程经验、故障数据、当前的技术水平，以元器件、零部件的失效率作为依据，预报产品（元器件、零部件、子系统或系统）实际可能达到的可靠度，即预报这些产品在特定的应用中完成规定功能的概率。

可靠性预测的目的如下：

1）设计方案检验本次设计是否符合预定的可靠性指标。

2）合理协调设计参数与性能指标，以求合理提高产品可靠性。

3）比较不同的设计方案，力求最佳。

4）寻找设计薄弱环节，寻求改进。

对于机械类产品而言，可靠性预测具有不同于电子类产品的一些特点：

1）产品往往为特定用途而设计，其通用性不强，标准化程度不高。

2）产品的故障率通常不是定值，故障率会随疲劳、损耗及应力引起的故障而增加。

3）与电子产品可靠性相比，机械类产品的可靠性对载荷、使用方式和利用率更加敏感。正因为机械类产品的这些特点，其故障率往往是非常分散的，利用已知的数据库中的统计数据进行预测是不准确的，精度得不到保障，因此有必要对产品的可靠性进行深入研究，以在产品设计阶段进行较为精确的可靠性预测。可靠性预测分为单元可靠性预测和系统可靠性预测两部分。

1. 单元可靠性预测

系统是由许多单元组成的，因此系统可靠性预测是以单元（元器件、零部件、子系统）可靠度为基础的，在可靠性预测中首先会遇到单元（特别是其中的零部件）的可靠性预测问题。

预测单元的可靠性，首先要确定单元的基本失效率 λ_G，它是在一定的环境条件（包括一定的试验条件、使用条件）下得到的，设计时可从手册、资料中获得。在有条件的情况下也可进行有关试验，得到某些元器件或零部件的失效率。表 6.1 给出了一些机械零部件的基本失效率 λ_G 值。

表 6.1 一些机械零部件的基本失效率 λ_G 值

零部件		λ_G
向心球轴承	低速轻载	0.003～0.17
向心球轴承	高速轻载	0.05～0.35
向心球轴承	高速中载	0.2～2
向心球轴承	高速重载	1～8
滚子轴承		0.2～2.5
齿轮	轻载	0.01～0.1
齿轮	普通载荷	0.01～0.3
齿轮	重载	0.1～0.5
普通轴		0.01～0.05
轮毂销钉或键		0.0005～0.05
螺钉、螺栓		0.0005～0.012
拉簧、压簧		0.5～7

零部件		λ_G
密封元件	O 形密封圈	0.002～0.006
密封元件	酚醛塑料	0.005～0.25
密封元件	橡胶密封圈	0.002～0.10
联轴器	挠性	0.1～1
联轴器	刚性	10～60
齿轮箱体	仪表用	0.0005～0.004
齿轮箱体	普通用	0.0025～0.02
凸轮	轻载	0.0002～0.1
凸轮	有载推动	1～2

单元的基本失效率 λ_G 确定以后，就根据其使用条件确定其应用失效率 λ，即单元在现场使用中的失效率。它既可以直接使用现场实测的失效率数据，也可以根据不同的使用环境选取相应的修正系数 K_F，并按下式计算求出该环境下的失效率：

$$\lambda = K_F \lambda_G \tag{6.91}$$

表 6.2 给出的失效率修正系数 K_F 只是一些选择范围，具体环境下的数据应查阅有关资料。

表 6.2 失效率修正系数 K_F

实验室设备	固定地面设备	活动地面设备	船载设备	飞机设备	导弹设备
1～2	5～20	10～30	15～40	25～100	200～1000

由于单元多为零部件，而机械产品中的零部件都要经过磨合阶段才能正常工作，因此其失效率基本保持不变，处于偶然失效期时其可靠度函数服从指数分布，即

$$R(t)=e^{-\lambda t}=e^{-K_F\lambda_G t}=\exp(-K_F\lambda_G t) \tag{6.92}$$

在完成了组成系统的单元（零部件）的可靠性预测后，即可进行系统的可靠性预测。

2. 系统可靠性预测

系统可靠性预测是在方案设计阶段为了估计产品在给定的工作条件下的可靠性而进行的工作。它根据系统、零部件的功能、工作环境及有关资料，推测该系统将具有的可靠性。它是一个由局部到整体、由小到大、由下到上的综合过程。系统的可靠性与组成系统的单元的数目、单元的可靠性以及单元之间的相互功能关系有关。为了便于对系统进行可靠性预测，下面先讨论一下各单元在系统中的功能关系。

（1）系统的结构框图与可靠性逻辑图　对于一个完整的系统，常用的系统可靠性分析方法是根据系统的结构组成和功能画出可靠性逻辑图，然后建立系统可靠性数学模型，把系统的可靠性特征量表示为零部件可靠性特征量的函数，然后通过已知零部件的可靠性特征量计算出系统的可靠性特征量。

系统结构框图用来表达系统中各单元之间的物理关系。系统可靠性逻辑图用来表达系统与单元之间的功能关系，它指出系统为完成规定功能，哪些单元必须正常工作，哪些仅作为替补件等。

系统逻辑图中包含一系列方框，每个方框代表系统的一个单元，方框之间用直线段连接起来表示单元功能与系统功能之间的关系。因此，系统可靠性逻辑图又称为系统逻辑框图或系统功能图，它仅表达系统与单元之间的功能关系，而不能表达它们之间的装配关系或物理关系。最为简单的逻辑图如图 6.4 所示。A 和 B 各代表一个单元，只要其中一个单元失效则整个系统失效，这种功能关系为单元之间的串联关系。例如 A 和 B 为一根链条中的两个环，则 A、B 中任何一个失效，该链条就无法工作。又如 A 代表齿轮，B 代表该齿轮的轴，则该系统与单元间的功能关系也为串联关系。

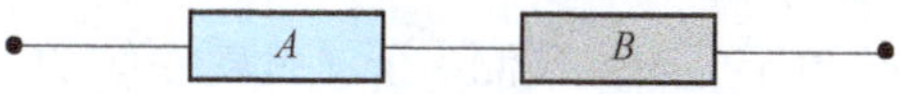

图 6.4　串联关系逻辑图

为了减小系统的失效概率，可采用冗余法（或称储备法）。这种方法是使用两个或更多的相同功能的单元来完成同一任务，当其中一个单元失效时，另一个或其余的单元仍能完成这一功能而使系统不发生失效。这种冗余法的逻辑图如图 6.5 所示，单元间属于并联关系，为并联系统。

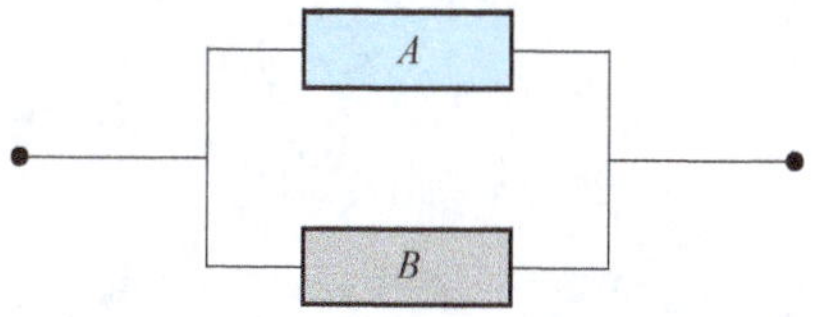

图 6.5　并联关系逻辑图

（2）系统可靠性预测方法

1）串联系统的可靠性预测。组成系统的所有单元中任一单元的失效都会导致整个系统失效的系统称为串联系统。或者说，只有当所有单元都正常工作时，才能正常工作的系统称为串联系统。由 n 个单元组成的串联系统的可靠性逻辑图如图 6.6 所示。

设定系统正常工作时间（寿命）这一随机变量为 t，组成该系统的第 i 个单元的正常工作时间为随机变量 $t_i(i=1,2,\cdots,n)$，则在串联系统中，要使系统能正常运行，就必须要求 n 个单元都能同时正常工作，且要求每一个单元的正常工作时间 $t_i(i=1,2,\cdots,n)$ 都大

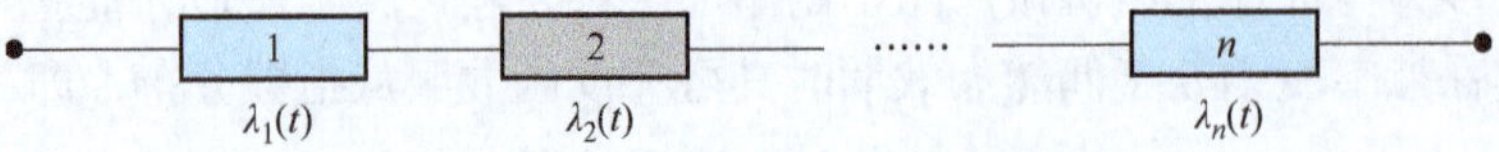

图 6.6 具有 n 个单元的串联系统的逻辑图

于系统正常工作时间 t，因此按概率的乘法定理及可靠度的定义，系统的可靠度可表示为

$$\begin{aligned}R_s(t) &= P(t_1>t)P(t_2>t)\cdots P(t_n>t) = R_1(t)R_2(t)\cdots R_i(t)\cdots R_n(t)\\ &= \prod_{i=1}^{n} R_i(t)\end{aligned} \tag{6.93}$$

由式（6.93）可见，具有串联系统逻辑图的串联系统的可靠度 R_s 与功能关系呈串联的单元数量 n 及单元的可靠度 $R_i(i=1,2,\cdots,n)$ 有关。设单元的失效率分别为 $\lambda_1(t),\lambda_2(t),\cdots,\lambda_n(t)$，则有

$$\begin{aligned}R_s(t) &= \exp\left(-\int_0^t \lambda_1(t)\,\mathrm{d}t\right)\exp\left(-\int_0^t \lambda_2(t)\,\mathrm{d}t\right)\cdots\exp\left(-\int_0^t \lambda_n(t)\,\mathrm{d}t\right)\\ &= \exp\left\{-\left[\int_0^t \lambda_1(t)\,\mathrm{d}t + \lambda_2(t)\,\mathrm{d}t + \cdots + \lambda_n(t)\,\mathrm{d}t\right]\right\}\\ &= \exp\left[-\int_0^t [\lambda_1(t)+\lambda_2(t)+\cdots+\lambda_n(t)]\,\mathrm{d}t\right]\\ &= \exp\left[-\int_0^t \sum_{i=1}^{n}\lambda_i(t)\,\mathrm{d}t\right] = \exp\left[-\int_0^t \lambda_s(t)\,\mathrm{d}t\right]\end{aligned} \tag{6.94}$$

因此有

$$\lambda_s(t) = \lambda_1(t)+\lambda_2(t)+\cdots+\lambda_n(t) = \sum_{i=1}^{n}\lambda_i(t) \tag{6.95}$$

式（6.95）表明，串联系统的失效率 $\lambda_s(t)$ 是 n 个单元失效率 $\lambda_i(t)(i=1,2,\cdots,n)$ 之和。

由于可靠性预测主要是针对系统的正常工作期或偶然失效期，一般可以认为系统的失效率 $\lambda_s(t)$ 和各单元的失效率 $\lambda_i(t)(i=1,2,\cdots,n)$ 均为常量，即 $\lambda_s(t)=\lambda_s$，$\lambda_i(t)=\lambda_i(i=1,2,\cdots,n)$，这时 n 个单元的平均寿命为 $\theta_i=1/\lambda_i$，而式（6.94）和式（6.95）可改写为

$$R_s = \mathrm{e}^{-\lambda_s t} = \exp\left(-t\sum_{i=1}^{n}\lambda_i\right) \tag{6.96}$$

$$\lambda_s = \lambda_1+\lambda_2+\cdots+\lambda_n = \sum_{i=1}^{n}\lambda_i \tag{6.97}$$

系统平均寿命则为

$$\theta_s = \frac{1}{\lambda_s} = \frac{1}{\lambda_1+\lambda_2+\cdots+\lambda_n} = 1\Big/\sum_{i=1}^{n}\lambda_i \tag{6.98}$$

在机械系统中，各单元的失效概率一般都比较低，尤其是安全性失效概率，一般不应大于 10^{-6} 这个数量级，作用可靠性失效概率一般也在 $10^{-3}\sim10^{-2}$ 数量级之间。因此，在机械系统可靠性分析中，失效概率的计算一般都采用单元分系统失效概率的代数和来近似代替系统的失效概率。

2）并联系统的可靠性预测。组成系统的所有单元都失效时才会导致系统失效的系统称为并联系统。或者说，只要有一个单元正常工作，系统就能正常工作的系统称为并联系统。由 n 个单元组成的并联系统的逻辑图如图 6.7 所示。

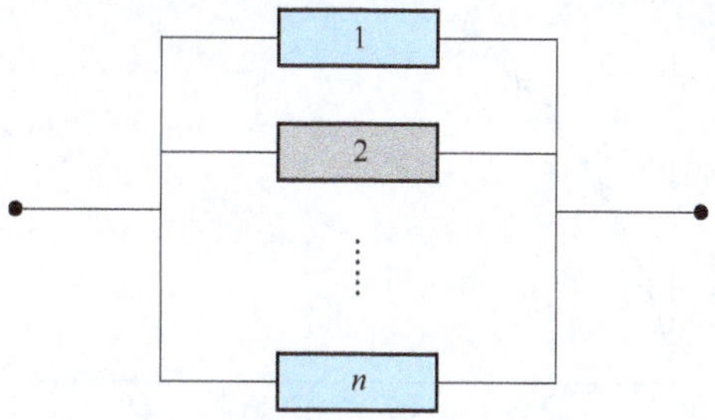

图 6.7　具有 n 个单元的并联系统的逻辑图

设在并联系统中 n 个单元的可靠度分别是 $R_1, R_2, \cdots, R_n$，则各单元的失效概率分别为 $(1-R_1), (1-R_2), \cdots, (1-R_n)$。若单元的失效是相互独立的事件，则由 n 个单元组成的并联系统的失效概率 F_s 可根据概率乘法定理表达为

$$F_s = (1-R_1)(1-R_2)\cdots(1-R_n) = \prod_{i=1}^{n}(1-R_i) \tag{6.99}$$

因此，并联系统的可靠度为

$$R_s = 1-F_s = 1-\prod_{i=1}^{n}(1-R_i) \tag{6.100}$$

由于 $(1-R_i)(i=1,2,\cdots,n)$ 是小于 1 的数值，所以由式（6.100）可见，并联系统的可靠度 R_s 总是大于系统中任何一个单元的可靠度，且并联单元数越多，系统的可靠度越大。当 $R_1 = R_2 = \cdots = R_n = R$ 时，式（6.100）又可写为

$$R_s = 1-F_s = 1-(1-R)^n \tag{6.101}$$

在机械系统中，实际上应用较多的是 $n=2$ 的情况。当 $n=2$ 时，并联系统的可靠度为

$$R_s = 1-F_s = 1-(1-R)^2 = 2R-R^2 \tag{6.102}$$

如果单元的可靠度函数为指数函数，即 $R = \exp(-\lambda t)$，则

$$R_s = 2R-R^2 = e^{-\lambda t}(2-e^{-\lambda t}) \tag{6.103}$$

系统的失效率为

$$\begin{aligned}\lambda_s(t) &= \frac{d(F(t))/dt}{R(t)} = \frac{-d(R(t))/dt}{R(t)} = -\frac{d(R(t))}{R(t)dt} \\ &= -\frac{1}{e^{-\lambda t}(2-e^{-\lambda t})}2\lambda e^{-\lambda t}(e^{-\lambda t}-1) = 2\lambda\frac{1-e^{-\lambda t}}{2-e^{-\lambda t}}\end{aligned} \tag{6.104}$$

系统的失效率曲线 $\lambda_s(t)$ 如图 6.8 所示。当单元的失效率 λ 为常数时，并联系统的失效率 $\lambda_s(t)$ 不是常数，而是随着时间 t 的增加而增大，且将趋向于 λ。

并联系统的平均寿命 θ_s 为

$$\theta_s = \int_0^{\infty} R(t)dt = \int_0^{\infty} e^{-\lambda}(2-e^{-\lambda t})dt = \frac{2}{\lambda} - \frac{1}{2\lambda} = \frac{1.5}{\lambda} = 1.5\theta$$

式中，λ，θ 分别为单元的平均失效率与平均寿命。

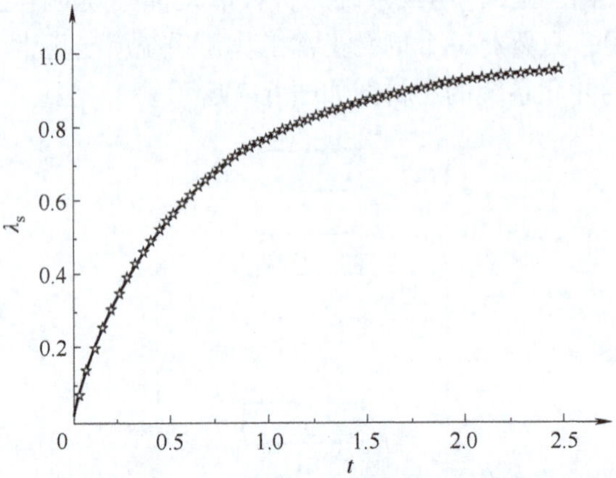

图 6.8 系统的失效率曲线 λ_s-t

6.3.2 机械系统可靠性分配

系统可靠性分配是指将工程设计规定的系统可靠性指标（即可靠度）合理地分配给组成该系统的各个单元，确定系统各组成单元（总成、分总成、组件、零件）的可靠性定量要求，从而使整个系统可靠性指标得到保证。

可靠性分配的目的是将系统可靠性的定量要求分配到规定的产品层次。通过分配使整体和部分的可靠性定量要求达到一致，它是一个由整体到局部，由上到下的分解过程。可靠性分配的本质是一个工程决策问题，应按系统工程原则进行。在进行可靠性分配时，必须明确目标函数和约束条件，进而确定对应分配方法。一般还应根据系统的用途分析哪些参数应予以优先考虑，哪些单元在系统中占有重要位置，其可靠度应予以优先保证等，进而选择设计方案。可靠性预测是从单元（零件、组件、分总成、总成）到系统，由个体（零件、单元）到整体（系统）进行的，而可靠性分配则按相反的方向由系统到单元或由整体到个体进行的，因此，可靠性预测是可靠性分配的基础。另外，还可根据以下几个原则做相应的修正：

1）对于改进潜力大的分系统或部件，分配的指标可以高一些。

2）由于系统中关键件发生故障将会导致整个系统的功能受到严重影响，因此关键件的可靠性指标应分配得高一些。

3）在恶劣环境条件下工作的分系统或部件，可靠性指标要分配得低一些。

4）新研制的产品，采用新工艺、新材料的产品，可靠性指标也应分配得低一些。

5）易于维修的分系统或部件，可靠性指标可以分配得低一些。

6）复杂的分系统或部件，可靠性指标可以分配得低一些。

1. 等分配法

对系统中的全部单元分配以相等的可靠度的方法称为等分配法或等同分配法。

（1）串联系统可靠性分配　当系统中，每个单元都具有近似的复杂程度、重要性以及制造成本时，可用等分配法分配系统各单元的可靠度。这种分配法的另一个出发点是考虑到串联系统的可靠度往往取决于系统中的最弱单元，因此，对其他单元分配以高的可靠度无实际意义。

当系统的可靠度为 R_s，各单元分配的可靠度为 R_i 时，有

$$R_s=\prod_{i=1}^{n}R_i=R_i^n$$

因此，单元的可靠度为

$$R_i=\sqrt[n]{R_s}\quad(i=1,2,\cdots,n)$$

（2）并联系统可靠性分配　当系统的可靠性指标要求很高而选用已有的单元又不能满足要求时，可选用 n 个相同单元的并联系统，这时单元的可靠度 R_i 可低于系统的可靠度 R_s。

由 $R_s=1-(1-R_i)^n$ 可得单元的可靠度 R_i 应分配为

$$R_i=1-\sqrt[n]{1-R_s}$$

2. 再分配法

如果已知串联系统（或串并联系统的等效串联系统）各单元的可靠性预测值（即可靠度）为$\hat{R}_1,\hat{R}_2,\cdots,\hat{R}_n$，则系统的可靠性预测值为

$$\hat{R}_s=\prod_{i=1}^{n}\hat{R}_i\quad(i=1,2,\cdots,n)$$

若设计规定的系统可靠性指标 $R_s>\hat{R}_s$，则表示预测值不能满足要求，需改进单元的可靠性指标并按规定的 R 值进行再分配计算。显然，提高低可靠性单元的可靠度是一种行之有效的方法。为此，先将各单元的可靠性预测值按由小到大的次序排列，有

$$\hat{R}_1<\hat{R}_2<\cdots<\hat{R}_m<\hat{R}_{m+1}<\cdots\hat{R}_n$$

令

$$R_1=R_2=\cdots=R_m=R_0$$

并找出 m 值使

$$\hat{R}_m<R_0=\left(R_s\Big/\prod_{i=m+1}^{n}\hat{R}_i\right)^{\frac{1}{m}}<\hat{R}_{m+1}$$

则单元可靠度的再分配可按下式进行：

$$\begin{cases}R_1=R_2=\cdots=R_m=R_0=\left(R_s\Big/\prod\limits_{i=m+1}^{n}\hat{R}_i\right)^{\frac{1}{m}}\\R_{m+1}=\hat{R}_{m+1},R_{m+2}=\hat{R}_{m+2},\cdots,R_n=\hat{R}_n\end{cases}$$

3. 比例分配法

比例分配法分为相对失效率法和相对失效概率法两种。相对失效率法是使系统中各个单元的容许失效率正比于该单元的预计失效率，并根据这一原则来分配系统中各单元的可靠度。此方法适用于失效率为常数的串联系统，对于冗余系统，可简化为串联系统后再按此法进行。相对失效概率法是根据使系统中各单元的容许失效概率正比于该单元的预计失效概率的原则来分配系统中各单元的可靠度的。因此，它与相对失效率法的可靠性分配原则十分类似。

当单元的可靠度服从指数分布，而系统的可靠度也服从指数分布时，有

$$\begin{cases}R(t)=\exp(-\lambda t)\approx1-\lambda t\\F(t)=1-R(t)\approx\lambda t\end{cases}$$

所以按失效率成比例地分配可靠度，可以近似地被按失效概率（不可靠度）成比例地分配可靠度所代替。下面分串联系统和冗余系统讨论可靠性分配问题。

（1）串联系统的可靠性分配　串联系统的任一单元失效都将导致系统失效。假定各单元的工作时间与系统的工作时间相同并取为 t，λ_i 为第 $i(i=1,2,\cdots,n)$ 个单元的预计失效率，λ_s 为由单元预计失效率算得的系统失效率，根据 $R(t)=\exp(-\lambda t)$ 有

$$e^{-\lambda_1 t}e^{-\lambda_2 t}\cdots e^{-\lambda_i t}\cdots e^{-\lambda_n t}=e^{\lambda_s t}$$

所以有

$$\lambda_1 t+\lambda_2 t+\cdots+\lambda_i t+\cdots+\lambda_n t=\lambda_s t$$

或

$$\sum_{i=1}^{n}\lambda_i=\lambda_s \tag{6.105}$$

由式（6.105）可见，串联系统的可靠度为单元可靠度之积，而系统的失效率则为各单元失效率之和，因此，在分配串联系统各单元的可靠度时，往往不是直接对可靠度进行分配，而是把系统允许的失效率或不可靠度（失效概率）合理地分配给各单元。因此，按相对失效率的比例或按相对失效概率的比例进行分配比较方便。

各单元的相对失效率为

$$\omega_i=\lambda_i\bigg/\left(\sum_{i=1}^{n}\lambda_i\right)=\frac{\lambda_i}{\lambda_s}\quad(i=1,2,\cdots,n)$$

显然有

$$\sum_{i=1}^{n}\omega_i=1$$

各单元的相对失效概率也可表达为

$$\omega_i'=F_i\bigg/\left(\sum_{i=1}^{n}F_i\right)$$

若系统的可靠度设计指标为 R_{sd}，则可求得系统失效率设计指标（容许失效率）λ_{sd}，从而可求得系统失效概率设计指标 F_{sd}，即

$$\lambda_{sd}=\frac{-\ln R_{sd}}{t}$$

$$F_{sd}=1-R_{sd}$$

进而求得系统各单元的容许失效率和容许失效概率（即分配给它们的指标）分别为

$$\lambda_{id}=\omega_i\lambda_{sd}=\lambda_i\bigg/\left(\sum_{i=1}^{n}\lambda_i\right)\lambda_{sd}$$

$$F_{id}=\omega_i'F_{sd}=F_i\bigg/\left(\sum_{i=1}^{n}F_i\right)F_{sd}$$

因此按相对失效率法求得各单元分配的可靠度 R_{id} 为

$$R_{id}=e^{-\lambda_{id}t}$$

（2）冗余系统的可靠性分配　对于具有冗余部分的串并联系统要想把系统的可靠性指标直接分配给各个单元，计算比较复杂。通常是将每组并联单元适当组合成单个单元，并

将此单个单元看成是串联系统中并联部分的一个等效单元，这样便可用上述串联系统可靠性分配方法，将系统的容许失效率并联部分看作一个等效单元，然后再确定并联部分中每个单元的容许失效率或失效概率，并分配给每个串联单元。

如果作为代替 n 个并联单元的等效单元在串联系统中分到的容许失效概率为 F_B，则

$$F_B=F_1F_2\cdot\cdots\cdot F_n=\prod_{i=1}^{n}F_i \tag{6.106}$$

若已知并联单元的预计失效概率 $F'_i(i=1,2,\cdots,n)$，则可以取（$n-1$）个相对关系式，即

$$\frac{F_1}{F'_1}=\frac{F_2}{F'_2}=\cdots=\frac{F_n}{F'_n} \tag{6.107}$$

求解式（6.106）和式（6.107）就可求得各并联单元应该分配到的容许失效概率值 F。这就是相对失效概率法对冗余系统可靠性分配的分配过程。

6.3.3　机械系统可靠性最优化设计

系统可靠性最优化是指利用最优化方法去解决系统的可靠性问题，又称为可靠性最优化设计。这里讨论关于可靠性的一些优化问题，如在满足系统最低限度可靠性要求的同时使系统的费用最小；通过对单元或子系统可靠度的优化分配使系统的可靠度最大；通过合理设置单元或子系统的冗余部件使系统可靠度最大等。这里的费用不仅指为提高系统可靠度所需要花费的费用，还包括保证单元或子系统质量或体积所花费的费用。下面就系统可靠性分配的优化方法做一些介绍。

1. 花费最少的最优化分配方法

花费最少的最优化分配方法总的原则即为尽可能地提高可靠度，且要使其花费最少。如果系统设计可靠度大于预测计算的可靠度，就需要重新进行分配。

若系统有 n 个串联单元，可靠度按非减顺序排序为 $R_1,R_2,\cdots,R_n$，如果要求的系统可靠性指标为 $R_{sd}>R_s$，R_s 为系统的预计可靠度，则有

$$R_{sd}>R_s=\prod_{i=1}^{n}R_i$$

若想达到要求，则系统中至少有一个单元的可靠度必须提高，即单元的分配可靠度 R_{id}要大于单元的预计可靠度 R_i，为此必须要花费一定的费用才能达到要求。令 $G(R_{id},R_i)$（$i=1,2,\cdots,n$）表示费用函数，即第 i 个单元的可靠度由 R_i 提高到 R_{id}所需要花费的费用。显然（$R_{id}-R_i$）值越大，费用就越高。另外，R_i 值越大，提高（$R_{id}-R_i$）所需花费的费用也就越高。该问题为最优化设计问题，其数学模型为

$$\begin{cases}\min\ \sum\limits_{i=1}^{n}G(R_i,R_{id})\\ \prod\limits_{i=1}^{n}R_{id}\geqslant R_i\end{cases}$$

其中，第一式为目标函数，第二式为约束条件。

令 j 表示系统中需要提高可靠度的单元序号，显然应从可靠度最低的单元开始提高其可靠度，即 j 从 1 开始，按需要递次增加。

令

$$R_{0j}=\left(R_{\text{sd}}\Big/\prod_{i=j+1}^{n+1}R_i\right)^{-\frac{1}{j}}\qquad(j=1,2,\cdots,n)$$

其中，$R_{n+1}=1$，则有

$$R_{0j}=\left(R_{\text{sd}}\Big/\prod_{i=j+1}^{n+1}R_i\right)^{\frac{1}{j}}>R_j\tag{6.108}$$

式（6.108）表明，要想获得系统所要求的可靠性指标 R_{sd}，则系统可靠度均应提高到 $R_{0j}(j=1,2,\cdots,n)$。继续增加 j，当达到 $j+1$ 后，使

$$R_{0,j+1}=\left(R_{\text{sd}}\Big/\prod_{i=j+2}^{n+1}R_i\right)^{\frac{1}{j+1}}<R_{j+1}$$

即第 $j+1$ 号单元的预计可靠度 R_{j+1} 已经大于 $R_{0,j+1}$，因此 j 即为需要提高可靠度单元序号的最大值，记为 k_0，这说明：为使系统可靠性指标达到 R_{sd}，令 $j=k_0$，$i=1,2,\cdots,k$ 的各单元的分配可靠度 R_{id} 均应提高到

$$R_{k_0}=\left(R_{\text{sd}}\Big/\prod_{i=k_0+1}^{n+1}R_i\right)^{\frac{1}{k_0}}=R_{\text{d}}$$

即序号为 $i=1,2,\cdots,k$ 的各单元的分配可靠度均提高到 R，而序号为 $i=k_0+1,\cdots,n$ 的各单元可靠度可维持不变。最优化问题的唯一最优解为

$$R_{id}=\begin{cases}R_{\text{d}} & (i\leqslant k_0)\\ R_i & (i>k_0)\end{cases}$$

式中，R_{d} 为重新分配后的可靠度；R_i 为原预计可靠度。

系统的可靠性指标为

$$R_{\text{sd}}=R_{\text{d}}^{k_0}\prod_{i=k_0+1}^{n+1}R_i$$

2. 拉格朗日乘子法

拉格朗日乘子法是一种将约束最优化问题转化为无约束最优化问题的求优方法。由于引进了一种待定系数，即拉格朗日乘子，因此可利用这种乘子将原约束最优化问题的目标函数和约束条件组合成一个称为拉格朗日函数的新目标函数，使新目标函数的无约束最优解就是原目标函数的约束最优解。

若约束最优化问题为

$$\begin{cases}\min f(\boldsymbol{X})=f(x_1,x_2,\cdots,x_n)\\ \text{s.t.}\ \ h_v(\boldsymbol{X})=0\quad(v=1,2,\cdots,p)\end{cases}$$

则可构造拉格朗日函数为

$$L(\boldsymbol{X},\boldsymbol{\lambda})=f(\boldsymbol{X})-\sum_{v=1}^{p}\lambda_v h_v(\boldsymbol{X})$$

其中，$\boldsymbol{X}=(x_1,x_2,\cdots,x_n)$，$\boldsymbol{\lambda}=(\lambda_1,\lambda_2,\cdots,\lambda_p)$。

把 p 个待定乘子 $\lambda_v(v=1,2,\cdots,p$，且 $p<n)$ 也作为变量。此时拉格朗日函数 $L(\boldsymbol{X},\boldsymbol{\lambda})$ 的极值点存在的必要条件是

$$\begin{cases} \dfrac{\partial L}{\partial x_i}=0 \quad (i=1,2,\cdots,n) \\ \dfrac{\partial L}{\partial \lambda_v}=0 \quad (v=1,2,\cdots,p) \end{cases} \tag{6.109}$$

解式（6.109）即可求得原问题的约束最优解，即

$$\boldsymbol{X}^*=(x_1^*,x_2^*,\cdots,x_n^*)^{\mathrm{T}}$$

拉格朗日乘子 $\lambda_v(i=1,2,\cdots,p)$ 的解为

$$\lambda_v=\frac{\partial f(\boldsymbol{X}^*)}{\partial h_v(\boldsymbol{X}^*)} \quad (v=1,2,\cdots,p)$$

当拉格朗日函数为高于二次的函数时，用该方法难以直接求解，这也是拉格朗日乘子法在应用上有局限性的原因。

3. 动态规划法

用动态规划法求最优解的思路完全不同于求函数极值的微分法和求泛函极值的变分法。动态规划法是将多个变量的决策问题分解为只包含一个变量的一系列子问题，通过解这一系列子问题而求得此多变量的最优解。这样，几个变量的决策问题就被构造成一个按顺序求解各个单独变量的 n 级序列决策问题。由于动态规划法是利用一种递推关系依次做出最优决策，构成一种最优策略，达到使整个过程取得最优的目的，因此，其计算逻辑较为简单，适用于计算机计算，它在可靠性工程中已得到了广泛的应用。

可将上述动态规划的最优策略表达为若系统可靠度 R 是费用 x 的函数，并且可以分解为

$$R(x)=f_1(x_1)+f_2(x_2)+\cdots+f_n(x_n)$$

若费用 x 为

$$x=x_1+x_2+\cdots+x_n \tag{6.110}$$

则在该条件下使系统可靠度 $R(x)$ 为最大的目标问题，就称为动态规划。费用 $x=1,2,\cdots,n$ 是任意正整数。

因为 $R(x)$ 的最大值取决于 x 和 n，所以可用 $\varphi_n(x)$ 来表示，即

$$\varphi_n(x)=\max_{x\in\Omega}R(x_1,x_2,\cdots,x_n) \tag{6.111}$$

式中，Ω 为满足式（6.110）解的集合。

如果在第 n 次活动中由分配到的费用 x 的量 $x_n(0\leqslant x_n\leqslant x)$ 所得到的效益为 $f_n(x_n)$，则由 x 的其余部分（$x-x_n$）所能得到的效益最大值由式（6.111）可知应为 $\varphi_{n-1}(x-x_n)$，这样，在第 n 次活动中分到的费用 x_n 及在其余活动中分到的费用（$x-x_n$）所带来的总效益为

$$f_n(x_n)+\varphi_{n-1}(x-x_n)$$

因为使这一总效益为最大的 x_n 与使 $\varphi_n(x)$ 最大有关，所以有

$$\varphi_n(x)=\max_{0\leqslant x_n\leqslant x}[f_n(x_n)+\varphi_{n-1}(x-x_n)]$$

也就是说，虽然 $i=1,2,\cdots,n$ 共 n 个进行分配，但没有必要同时对所有组合进行研究，在 $\varphi_{n-1}(x-x_n)$ 已为最优分配之后来考虑总体效益，只需注意 x_n 的值就行了。另外，对 x_n 的选择所得到的可靠性分配，不仅应保证总体的效益为最大，还必须使费用（$x-x_n$）所带来的效益为最大，这通常称为最优性原理。

6.4 机械系统可靠性设计应用实例

火炮零件可靠性设计正面设计问题，是根据给定载荷和规定的可靠性要求，按照静强度来设计零件。

1. 零件可靠性设计步骤

（1）确定设计准则　针对实际情况，分析最有可能的失效模式，确定设计准则。

（2）确定强度分布　选择零件材料，查找相关资料，确定强度分布。

（3）确定应力分布　针对具体情况，进行结构受力分析和应力分析，给出包含设计变量在内的应力表达式，导出由设计变量分布表示的应力分布。

（4）确定零件主要尺寸及其公差　应用联结方程，将力和强度与可靠性指标联结起来，从中解出零件的主要尺寸，并确定其公差。

2. 火炮零件正面可靠性设计

以火炮扭杆缓冲器的扭力轴设计为例，说明火炮零件正面可靠性设计方法。

火炮扭杆缓冲器的扭力轴设计一般步骤：

1）先根据对缓冲性能的要求，给定缓冲行程 H 和动载系数 K。

2）选定扭杆的材料，确定扭杆许用剪应力［τ］。

3）根据结构和总体条件选择曲臂半径 R_1。

4）确定每一个缓冲器的静负荷 F_j 及动载 $F_m(=KF_j)$。

5）确定缓冲器的结构尺寸（扭杆直径 d 和工作长度 l）。

在动载作用下，扭杆应满足强度条件：

$$\tau_m=\frac{16KF_jR_1}{\pi d^3}\leqslant[\tau]$$

即

$$d\geqslant\sqrt[3]{\frac{16KF_jR_1}{\pi[\tau]}}$$

一般应将求出的扭杆直径 d 归整为标准直径。

扭杆在静载作用下的扭转角为

$$\varphi_j=\frac{32F_jR_1l}{\pi Gd^4}$$

式中，G 为扭杆剪切模量。

扭杆在动载作用下的扭转角为

$$\varphi_m=\frac{32F_mR_1l}{\pi Gd^4}=\frac{32KF_jR_1l}{\pi Gd^4}$$

由于缓冲器的工作扭转角 $\varphi_h=\varphi_m-\varphi_j$ 较小，故可近似为

$$\frac{H}{R_1}\approx\varphi_h=\varphi_m-\varphi_j=\frac{32(K-1)F_jR_1l}{\pi Gd^4}$$

由此可解得

$$l=\frac{\pi GHd^4}{32(K-1)F_jR_1^2}$$

一般应将求出的工作长度 l 归整为标准尺寸。

为了便于安装，将缓冲扭杆端部制成花键细齿。为了避免过大的应力集中，端部与杆体的联结处需采用圆弧过渡。由于杆体两端的过渡部分也发生扭转变形，因此在计算时，应将两端的过渡部分换算为当量长度。

火炮扭杆缓冲器扭杆正面可靠性设计要求可靠度 R 达到 0.995。根据受力分析，作用于每个缓冲器上的静载荷为 $F_i=15\text{kN}$，根据火炮总体设计和缓冲性能要求，选择缓冲行程 $H=70\text{mm}$，动载系数 $K=3$，曲臂半径 $R_1=700\text{mm}$。

作用于缓冲器的最大静载 $F_i=15000\text{N}$，考虑到载荷分布，认为服从正态分布，载荷均值 $\mu_F=15\text{kN}$，取载荷标准差 $\sigma_F=0.05\mu_F=750\text{N}$。

选取缓冲扭杆材料为 45CrNiMoVA，查表可以得到材料的屈服极限 $\sigma_s=1350\text{MPa}$，根据经验，剪切极限 $\tau_s=(0.55\sim0.62)\sigma_s=(742.5\sim837)\text{MPa}$，材料的剪切极限均值 $\mu_{\tau_s}=[(742.5+837)/2]\text{MPa}=790\text{MPa}$，材料的剪切极限标准差 $\sigma_{\tau_s}=[(837-742.5)/6]\text{MPa}=15.75\text{MPa}$。钢的剪切模量均值 $\mu_G=81000\text{MPa}$。

设缓冲扭杆直径为 d，取其制造公差为对称公差，并且 $2\Delta_d=0.015d$，则直径均值 $\mu_d=d$，直径标准差 $\sigma_d=\Delta_d/3=0.0025\mu_d$。

缓冲扭杆工作应力为

$$\tau_m=\frac{16KF_jR_1}{\pi d^3}$$

工作应力均值为

$$\mu_{\tau_m}=\frac{16K\mu_{F_j}R_1}{\pi\mu_d^3}$$

工作应力标准差为

$$\sigma_{\tau_m}=\frac{16KR_1}{\pi\mu_d^3}\sqrt{\sigma_{F_j}^2+\left(\frac{3\mu_{F_j}}{\mu_d}\sigma_d\right)^2}=\frac{16KR_1}{\pi\mu_d^3}\sqrt{\sigma_{F_j}^2+\left(\frac{3\mu_{F_j}}{400}\right)^2}$$

根据要求的可靠度 $R=0.995$，查表得可靠性系数 $z_0=2.576$。由联结方程（6.53）得

$$\sigma_{\tau_s}^2+\sigma_{\tau_m}^2=\frac{(\mu_{\tau_s}-\mu_{\tau_m})^2}{z_0^2}$$

通过将各式整合得

$$\left(\frac{\mu_{rs}^2}{z_R^2}-\sigma_{rs}^2\right)\mu_d^6-\frac{2\mu_{rs}16K\mu_{F_j}R_1}{z_R^2}\mu_d^3-\left(\frac{16KR_1}{\pi}\right)^2\left\{\sigma_{F_j}^2+\left[\left(\frac{3}{400}\right)^2-\frac{1}{z_R^2}\right]\mu_{F_j}^2\right\}=0$$

该式为 μ_d^3 的一元二次方程，将具体数据代入，解得 $\mu_{d_1}=55.95\text{mm}$，$\mu_{d_2}=61.45\text{mm}$，代入联结方程验算，对于 $\mu_{d_1}=55.95\text{mm}$，$z_0<0$，不满足可靠性要求，舍去；取 $\mu_{d_2}=61.45\text{mm}$，$\Delta_d=0.015\mu_d/2=0.46\text{mm}$，即取 $d=(62\pm0.5)\text{mm}$，代入联结方程验算，得 $z_0=3.1162$，$R=0.9991$，满足设计要求。

缓冲扭杆工作长度

$$l=\frac{\pi GHd^4}{32(K-1)F_jR_1^2}=596.5\text{mm}$$

因此，取 $l=600$mm。按常规设计，仍取材料的剪切极限均值 $\mu_{\tau_s}=790$MPa，安全系数取 $n=1.5$，缓冲扭杆工作直径需满足

$$d\geqslant\sqrt[3]{\frac{16nKF_jR_1}{\pi\tau_s}}=67.3\text{mm}$$

因此，取 $d=68$mm。缓冲扭杆工作长度为

$$l=\frac{\pi GHd^4}{32(K-1)F_jR_1^2}=809.7\text{mm}$$

因此，取 $l=810$mm。

显然，可靠性设计可以给出满足可靠性要求的更为经济的结构尺寸。按可靠性设计方法设计出来的结构能否放心使用？一方面，可靠度 $R=0.995$，也就意味着仍存在 0.5%不安全的可能性；另一方面，由联结方程（6.53）可知，只有在保证应力（外载）恒定和材料性能稳定的情况下，才能放心采用按可靠性设计方法设计出来的结构。因此，必须强调，可靠性设计的先进性是以材料制造工艺的稳定性和测量的准确性为前提条件的。

习 题

1. 在一批 N 个产品中有 M 个是次品，从这批产品中任意取 X 个，求其中恰有 M 个次品的概率。

2. 在一批共 50 个产品中有 5 个是次品，从这批产品中任意取 3 个，求其中有次品的概率值。

3. 一批共 10 个零件中有 8 个是正品，从其中第一次取到正品后就不再放回。求第一次取到正品后第二次取到正品的概率。

4. 100 个零件中有 80 个是由第一台机床加工的，其合格品为 95%，另外 20 个是由第二台机床加工的，其合格品为 90%。现从这 100 个零件中任取 1 个，问这个零件正好是由第一台机床加工出来的合格品的概率是多少？

5. 现有一批零件，其中一半由一厂生产，另一半由二、三厂平均承担。已知一、二、三厂生产的正品率分别为该厂总产量的 95%、99%、90%。现从它们生产的这批零件中任取一个，问拿到正品的概率是多少？

6. 汽车装配线的传送链机构由电动机、减速器、工作机三部分串联组成。已知它们的可靠度依次为 0.98、0.99、0.96，当系统发生故障时，这三部分发生故障的条件概率各为多少？

7. 现有甲乙两台机床生产同一零件，若在 1000 件产品中的次品数分别用 X_1、X_2 表示，X_1、X_2 为离散型随机变量，其概率分布函数分别为

$$\begin{cases}P\{X_1=x_{1i}\}=p_{1i}, & i=1,2,3,4\\ P\{X_2=x_{2j}\}=p_{2j}, & j=1,2,3,4\end{cases}$$

其数据如下，试判断哪台机床加工的质量较好。

甲床	x_{1i}	0	1	2	3
	p_{1i}	0.7	0.1	0.1	0.1
乙床	x_{2j}	0	1	2	3
	p_{2j}	0.5	0.3	0.2	0

8. 有一大批产品，其次品率 $p=0.2$，初检 $n=4$，试求抽得次品数 $k=0$、1、2、3、4 的概率。

9. 次品率为1%的大批产品，每箱90件，现初检一箱并进行全数检验，求查出次品数不超过5的概率。

10. 用泊松分布代替二项分布，求解习题9。

11. 某系统的平均无故障工作时间 $\theta=1000\text{h}$，在该系统1500h的工作期内需有备件更换。现有3个备件供使用，问系统能够达到的可靠度是多少？

12. 设有一批名义直径 $d=25.4\text{mm}$ 的钢管，按照规定其直径不超过26mm时为合格品。如果钢管直径尺寸服从正态分布，其均值 $\mu=25.4\text{mm}$，标准差 $\sigma=0.03\text{mm}$，试计算这批钢管的废品率值。

13. 已知圆截面轴的惯性矩 $I=\pi d/64$，若轴径 $d=50\text{mm}$，标准差 $\sigma=0.02\text{mm}$，试确定惯性矩 I 的均值与标准差。

14. 已知某弹簧的变形为 $\lambda=\dfrac{8FD^3n}{Gd^4}$，式中各参数为独立随机变量，其均值与方差分别为

$$\begin{cases}(\mu_F,\sigma_F)=(700,35)\text{N}\\(\mu_G,\sigma_G)=(8\times10^4,0.24\times10^4)\text{MPa}\\(\mu_D,\sigma_D)=(35,0.23)\text{mm}\\(\mu_d,\sigma_d)=(5,0.1)\text{mm}\\(\mu_n,\sigma_n)=(10.5,0.2)\end{cases}$$

试确定弹簧变形量的均值和标准差。

15. 设某零件只受弯矩，设计寿命为 5×10^6 次，其应力、尺寸系数、质量系数的数据如下，且服从正态分布：

$$\begin{cases}\mu_{\sigma^{-1}}=551.4\text{MPa}\\\sigma_{\sigma^{-1}}=44.1\text{MPa}\\\mu_\varepsilon=0.7\\\sigma_\varepsilon=0.05\\\mu_\beta=0.85\\\sigma_\beta=0.09\end{cases}$$

试求解该零件强度分布。

16. 已知某钢丝绳的强度和应力均服从正态分布，数据如下：

$$\begin{cases}\mu_\delta = 907200N \\ \sigma_\delta = 136000N \\ \mu_S = 544300N \\ \sigma_S = 113400N\end{cases}$$

试求其可靠度。

17. 某压力机的拉紧螺栓所承受的载荷及强度均服从对数正态分布，具体数据如下：

$$\begin{cases}\mu_\delta = 195\text{MPa} \\ \sigma_\delta = 15\text{MPa} \\ \mu_S = 161\text{MPa} \\ \sigma_S = 16\text{MPa}\end{cases}$$

试求其可靠度。

18. 已知某零件的剪切强度服从正态分布，而其承受的剪切应力则服从指数分布，具体数据如下：

$$\begin{cases}\mu_\delta = 186\text{MPa} \\ \sigma_\delta = 22\text{MPa} \\ \mu_S = \dfrac{1}{\lambda_S} = 127\text{MPa}\end{cases}$$

试求其可靠度。

19. 某零件承受弯曲对称循环应力，由试验得知其强度服从威布尔分布，参数为 $\delta_0 = 50\text{MPa}$，$m = 2.65$，$\theta = 77.1\text{MPa}$。应力服从正态分布，按测得的应力谱求得当量应力 $S_{eq} = \mu_s = 55\text{MPa}$，估计应力变差系数 $C_s = 0.05$，试计算零件的失效概率。

20. 一根钢丝绳承受拉力，已知其拉力及强度的变差系数分别为 0.21、0.25，平均安全系数为 1.667，试估算钢丝绳的可靠度下限。

21. 钢丝绳拉力及承载强度的变差系数分别为 0.09、0.10，若要求可靠度 $R = 0.9693$，试估算钢丝绳安全系数的范围。

22. 某转轴的疲劳强度服从威布尔分布，参数取值为：最小强度或位置参数 $\delta_0 = 50\text{MPa}$，形状参数 $m = 2$，尺度参数 $(\theta - \delta_0) = (77-50)\text{MPa}$，应力服从正态分布，均值 $s = 55\text{MPa}$，变差系数 $C_s = 0.05$。试估算其可靠度。

23. 测量某一圆柱体的直径 $d = (50 \pm 0.08)\text{mm}$，其均值和标准差各是多少？测量 1000 个这样的圆柱体，尺寸落在范围之外的最多有几个？

24. 某组件由 3 个零件组成，组件的长度为 3 个零件的尺寸之和。若零件的尺寸分别为 $(20 \pm 0.2)\text{mm}$、$(30 \pm 0.3)\text{mm}$、$(40 \pm 0.4)\text{mm}$，组件长度的均值、标准差及其公差各是多少？

25. 圆截面拉杆承受的轴向力和强度参数如下，服从正态分布，要求可靠度为 0.999，试求拉杆的设计直径。

$$\begin{cases}P \sim N(400000, 15000^2) \\ \mu_\delta = 1000\text{MPa} \\ \sigma_\delta = 50\text{MPa}\end{cases}$$

26. 截面高 $H=2B$、宽为 B 的一长梁，受均布载荷 $\omega=(115+36)\,\mathrm{N/mm}$，支撑跨距 $L=(3500\pm150)\,\mathrm{mm}$，钢材的屈服强度为 $\sigma_s=(377\pm57)\,\mathrm{MPa}$，要求不发生屈服失效的可靠度为 0.999，试求所需的截面尺寸。

27. 试比较各由两个相同单元组成的串联系统、并联系统、储备系统的可靠度。假定单元寿命服从指数分布，失效率为 λ，单元可靠度 $R(t)=\exp(-\lambda t)=0.9$。

28. 某汽车的行星轮轮边减速器、半轴与太阳轮（可靠度 0.995）相连，车轮与行星架相连，齿圈（可靠度 0.999）与桥壳相连。4 个行星轮的可靠度均为 0.999，求轮边减速器齿轮系统的可靠度。

29. 当要求系统的可靠度 $R=0.85$，选择 3 个复杂程度相似的元件串联工作和并联工作时，每个元件的可靠度应是多少？

30. 一个由电动机、带传动、单级减速器组成的传动装置，工作 1000h 要求可靠度 $R=0.960$。已知它们的平均失效率分别为：电动机 $\lambda_1=0.00003\mathrm{kh}^{-1}$，带传动 $\lambda_2=0.00040\mathrm{kh}^{-1}$，单级减速器 $\lambda_3=0.00002\mathrm{kh}^{-1}$。试给它们分配适当的可靠度。

31. 一个由电动机、带传动、单级减速器组成的传动装置，各单元所含的重要零件数分别为：电动机 $N_1=6$，带传动 $N_2=4$，单级减速器 $N_3=10$。若要求工作时间 1000h 的可靠度为 0.95，试将可靠度分配给各单元。

32. 一个两级齿轮减速器，4 个齿轮预计的可靠度分别为 $R_a=0.89$，$R_b=0.96$，$R_c=0.90$，$R_d=0.97$，各齿轮的费用函数相同，要求系统可靠度为 $R_{sd}=0.82$，试用花费最少原则对 4 个齿轮分配可靠度。

科学家科学史
“两弹一星”功勋
科学家：钱学森

第 7 章

数字孪生技术及工程应用

PPT 课件

重大装备作为提升装备制造业的战略重点，不仅是衡量国家工业化水平的标志，而且是国家综合实力的集中体现。其承载能力强、作业功率大、集成度高、技术含量高，被广泛应用于不同领域以提升作业效率、降低运行成本、确保生产环境的安全性与绿色友好性。随着重大装备尺寸功率不断突破原有边界，其工作环境也日趋极端化、运行状态不断复杂化、连续作业时长也不断提高，这对重大装备本体结构造成了巨大的威胁。每年国内外因重大装备结构失效、整机失稳、磨损、疲劳断裂等原因导致的事故屡见不鲜。

当前，重大装备在设计阶段通常采用基于多体动力学、有限元分析等的计算机建模与仿真方法。在运维管理阶段，通过传感数据对设备故障和健康状态进行建模和动态感知，预测装备性能退化趋势，形成了故障预测与健康管理新技术。虽然基于这些方法一定程度上可以获取装备在不同作业时的性能演变规律和状态，但计算机模型与物理实体的弱关联性，使得装备在不同阶段的分析中实时性、动态性、关联性等严重受限。如设计阶段的离线仿真，未完全考虑设备运行的时变因素，导致分析结果可信度较低，频繁出现仿而不全、仿而不真的现象。虽然运维阶段通过传感数据建立了物理样机与分析模型的动态关联，但该方法仅限于装备运维管理，未包含装备设计、制造等全生命周期的信息，易形成信息孤岛，而且该方法严重依赖传感器数量，常常存在以点带面、以偏概全的现象。

因此，对于未来重大装备的高效运行以及安全保障等难题，迫切需要一种更加科学合理、高效准确的建模方法与技术，能够精确刻画、描述甚至预测重大装备在极端复杂工况下的状态与性能。作为传统计算建模仿真方法和技术的进阶与升级，数字孪生技术近年来得到大力追捧，有望大幅度推动离线、单工况、静态建模仿真向实时在线、复杂工况、动态建模仿真发展，推动单学科、单物理场向多学科、多物理场发展，推动单一设计、制造或者运维领域向全生命周期发展。

数字孪生，可以简单概括为真实物理体的数字化镜像，其内涵和实现过程颇为复杂，包括多个层次。数字孪生建模旨在采用机理模型、实时传感数据以及专家知识等信息，构建具有多学科、多尺度等耦合特性的实时随动模型，能够在虚拟空间中实现真实物理体形态与性能的精确映射与预测。空间上，孪生模型不仅可以反映真实物理体客观的外在行为，也可以呈现其内在，甚至是难以观测到的客观行为与特征；时间上，该映射不但包括当前时刻的在线监测，也包括过往时刻的追溯复现，以及未来时刻的超前预测。从信息流角度看，数字孪生是信息从实到虚走向以虚控实，能够真实反映并深度参与、改进物理体全生命周期的闭环过程。图 7.1 为重大装备数字孪生与装备结构设计（确定目标性能）、加工制造（决定固有性能）、运维管理（体现使役性能）等全生命周期的关联关系。

在材料选择阶段，通过材料密度、强度、疲劳等物理和力学参数，综合目标性能、固有性能与使役性能，选择属性满足各阶段需求的材料。同时，依据设计、制造和运维的反馈信息，在该阶段动态优化材料选择策略，使选取的材料最大限度满足后续阶段的功能需求和性能要求，构建全生命周期数据、信息、知识等驱动的持续优化、虚实共生迭代、动态调整、自主决策的机制，为实现装备固有性能、目标性能和使役性能与终端客户期望性能的统一提供保障。

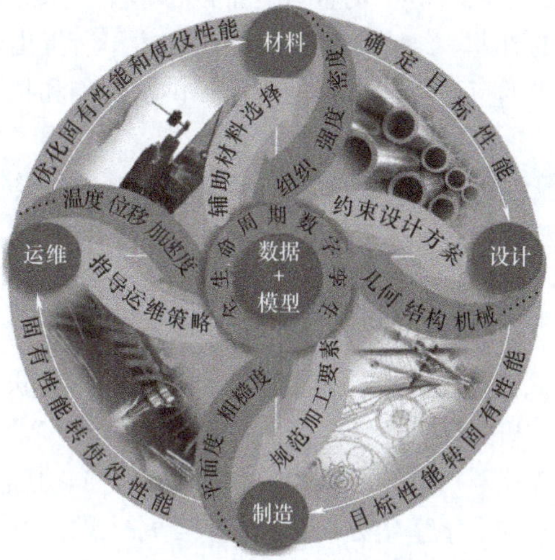

图 7.1　重大装备全生命周期的数字孪生

在结构设计阶段，通过集机械、液压、控制等多学科，以及流、固、热、光等多场多领域进行短周期、跨界的几何、结构协同优化设计。并对装备理想设计信息与物理空间的材料选择、加工制造、运维管理等信息进行一致表达，使设计的几何尺寸和结构特征不仅能够充分利用选定的材料，而且能更好地服务于加工制造和运维管理阶段。实现面向制造、功能和服务的全生命周期设计。

在加工制造阶段，数字孪生通过耦合物理空间速度、温度、振动、电磁等多物理场，从物理、几何、行为、规则等方面全流程、系统性、精确地反映物理实体。同时，高保真建模、高实时交互反馈、高可靠性预测等数字化手段将加工信息动态反馈到装备全生命周期各环节，使加工制造的产品在几何形态和结构性能上与设计阶段的目标性能保持高度一致。建立各阶段间相互联系、相互制约的关系，避免形成上下游割裂的现状。

在运维管理阶段，数字孪生利用材料选择、结构设计、加工制造、设备运行等已有信息与实时监测数据，融合物理模型进行自我学习，迅速、动态、全面地对装备的各运行参数和指标进行监测和评估。同时，对早期故障和部件性能退化信息进行深层次、多尺度、完整性反馈，并完成故障精确定位，实现更简单、智能、高效的健康管理。此外，监测数据与诊断结果在线动态反馈到材料选择、结构设计与加工制造阶段，为各阶段进一步优化完善提供依据和参考。

材料选择、结构设计、加工制造和运维管理四个阶段的动态迭代、实时反馈和闭环关联建立了重大装备不同阶段信息与数据的高效挖掘与全要素流动，形成了重大装备的数字孪生体系。然而，在实际工程中，如何将物理世界难以观测和分析的状态进行一致、同步、准确分析和可视化仍然是构建数字孪生的难点和热点问题。利用传感设备监测装备的状态并分析结构性能的方法已被广泛应用。其中，传感数据隐含着研究对象在物理空间真实客观的时变信息，但该信息易受传感器材料、环境、监测手段等因素的影响。因此，从复杂交叠的数据中挖掘重要信息，准确获取数据特征并进行高效、精准、快速、动态计算分析，成为构建重大装备数字孪生的关键。

鉴于此，本章解析了当前建立重大装备数字孪生所面临的诸多问题，面向几何形态和结构力学性能，详细阐述了应用于重大装备的数字孪生的概念与内涵，提出了“算测融合、形性一体”的重大装备数字孪生框架，探索并给出了有望解决当前数字孪生构建所面临的难题。结合典型案例详细描述了所提出框架的普适性和可行性，为数字孪生在重大装备中的落地实践与广泛应用提供了理论和技术参考。

7.1 装备数字孪生的技术基础

7.1.1 数字孪生构建的主要问题与难点

随着计算机、人工智能、大数据、物联网等技术的快速发展，数字孪生已经从最初的一个概念模型逐渐发展为一种多领域和多学科交叉的科学方法与工程技术的集成模型，其在智能工厂、智慧城市等方面得到了成功应用。然而，在产品级的数字孪生，尤其是重大装备的数字孪生方面，仍然缺乏深入的研究。已有的研究大多聚焦于几何形貌和形态的数字孪生构建，很少涉及面向结构力学性能的数字孪生。此外，测量精度、通信速度、计算能力等的不断提高，导致数据体量和多样性呈指数级增长，这使数字孪生在重大装备上的落地应用，在可见的未来变得充满可能。

其中，通信速度和计算能力是数字孪生实时性和准确性的保障，测量精度、数据体量和数据丰富度可为数字孪生的高保真、全尺寸表征提供支持。同时，它们在一定程度上又成为数字孪生发展的短板与瓶颈，特别是对于重大装备这种结构复杂的设备，建立面向几何形态和结构力学性能的数字孪生主要面临图 7.2 所示的六个主要问题与难点，具体阐述如下。

1. 算不了

重大装备作业范围广、功率大，具有性能多学科、系统跨领域、结构多尺度耦合的特征。其中，整机、部件、零件等几何尺寸经常表现为横跨量级，性能评估表现为热、流、固、磁等多物理场并存。现阶段的建模仿真软件大多是对同一量级几何尺寸的装备进行单一学科/场的分析，忽略或理想化其他因素的影响，未完全考虑装备真实空间特征，难以有效获取装备或关键零部件的参量与参数、参数与性能之间的关联关系。因此面向装备的几何形态和结构力学性能，探索精准、完整的多学科、多物理场模型构建方法，构建物理装备的高保真度模型，进而实现实时计算分析是提高数字孪生可信度的首要环节。

2. 算不快

重大装备结构复杂、体积庞大，分析具有多学科和多尺度耦合、运动学和动力学并存的特点，这导致其性能计算面临高维设计变量、强非线性、大规模计算等问题，使得计算效率异常缓慢。现阶段，可通过硬件和软件提高计算效率。虽然当前高性能计算服务器、GPU（Graphics Processing Unit，图形处理器）等硬件技术发展迅速，但受制于摩尔定律、资金费用等，仅依靠硬件，仍然难以满足重大装备高精度、快速计算需求。软件方面可通过开发和改进高效算法提升计算效率，该方法高效、便捷、灵活。故通过开发合适的算法，结合相应的硬件设施完成实时计算，是实现重大装备数字孪生落地应用的基础保障。

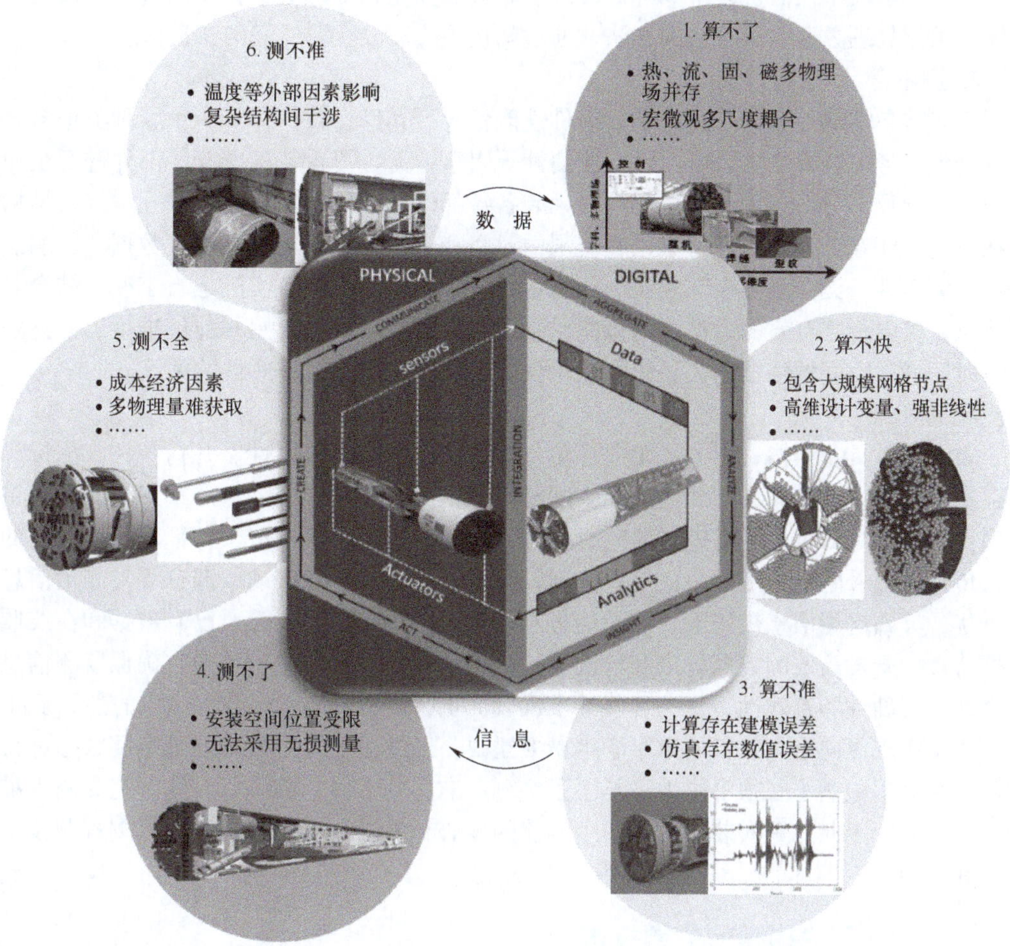

图 7.2　重大装备形态与性能数字孪生构建存在的主要问题与难点

3. 算不准

重大装备结构具备多物理、多模块、多功能的综合性，具有材料多属性、载荷不确定性、环境不确定性等多重不稳定性因素，致使建模面临一系列工程难题。举例来说，在建模过程中，将复杂物理问题或工程问题抽象为数学表达时，需进行多种假设和简化，认知和方法的局限使建立能够完整表征物理系统本质的计算模型变得异常困难。因此，构建考虑瞬态、时变因素、多尺度、多物理场、多部件耦合的模型，将计算分析数据与测量数据相融合，赋予计算分析数据更多物理可解释性，提高装备性能分析精度，准确构建面向几何形态和结构力学性能的数字孪生，是重大装备数字孪生落地的重中之重。

4. 测不了

一方面，重大装备大功率特性使其在运行过程中多伴随巨大载荷，传感器量程的限制导致这些载荷很难被直接测得，甚至无法完整获取；另一方面，重大装备结构复杂，零件众多，导致部分关键测点难以安装传感器，无法获取所需的信息。此外，对于某些测量中要求结构无损的高精密装备和部件而言，受环境、测量精度等因素的限制，导致所需参量难以获取。甚至装备的部分关键参量在现有测量技术下难以获得。在测量数据有限的情况下，问题的解决不仅需要装备零部件设计、制造的优化和传感测量技术的进一步发展，还应该在数据处理方面提出合适的方法，通过间接手段高效获取所需的参量信息。

5. 测不全

重大装备零部件多、工况复杂、组件性能各异，其运行数据体量庞大、种类繁多、信息密度低。考虑经济成本、可行性、便捷性等因素，无法覆盖装备所有零部件进行全域传感布置，导致部分信息无法获取。同时，装备各部件几何尺寸在空间上相互联接，结构性能在时间上相互干涉，这使得难以在有限的时间和空间内获取相关高密度数据，影响监测数据的完整性，无法全面表征装备的状态信息。因此，分析装备实际运行工况，结合其机理信息，探索行之有效的数据获取策略，采用有限的传感设备，感知能够准确、完整表征装备时间域、空间域特征的完备信息是确保重大装备数字孪生有效性的关键。

6. 测不准

重大装备具备结构、工艺、工况环境复杂的特点，在材料属性、几何特性、测量等方面存在不确定性，且其结构和性能在空间与时间维度上相互耦合，这严重影响测量结果的准确性。对运行的重大装备进行监测，一方面，受传感器自身构造、外部环境等因素的影响，传感器信号附带一定噪声；另一方面，重大装备的多部位振动、温升等对测量信息产生干扰，导致有用信息被淹没，测量信号难以直接应用。因此，针对已有数据和在线监测数据特性，开发高效的数据处理和清洗算法，识别并剔除数据中的噪声，确保监测信息的完整性、准确性和有效性，是构建能够准确表征重大装备真实状态数字孪生的必要条件。

为了实现面向重大装备的数字孪生精准建模，通过孪生体对装备物理空间状态进行实时监测和动态预测，必须解决上述算不了、算不准、算不快、测不了、测不全和测不准六个具体问题。因此，重大装备数字孪生构建的核心和关键在于对解决上述算测难题技术的掌握和应用。

7.1.2 数字孪生构建的关键技术

本节针对重大装备几何形态和结构力学性能数字孪生构建中的六个问题，分别从技术思路和关键技术出发，剖析解决这六个问题的具体方案和理论依据，提出“算测融合、形性一体”重大装备数字孪生构建框架，具体如图 7.3 所示，详细阐述如下。

1. 机理与数据融合的建模方法

多物理场（热、流、固、磁等）耦合、多尺度（整机、零件、裂纹等）并存等特性，导致在现行条件下建立考虑多场、多尺度、多态的重大装备计算模型难度大、可行性低，难以实现装备相关参数和性能的计算与评估。鉴于此，面向重大装备几何形态和结构力学性能，构建基于机理约束的稳定、可靠的计算模型，在考虑多场、多尺度不确定性和时变性特征的基础上，融合监测数据，进行全域、跨尺度、多学科、高保真度、动态的几何形态和结构力学性能计算，这种机理与数据融合的建模为重大装备数字孪生所面临的算不了的难题提供解决思路。

重大装备机理建模旨在利用装备各部件之间的耦合关系，以及几何形态和结构力学性能的相互干涉和影响，结合动力学、运动学、热力学等多学科相关理论和原理，依据装备运行特征、固有性能、目标性能和使役性能等，建立适用于快速、可靠、准确表征装备各部件几何形态和结构力学性能变化过程的数学模型。为了满足计算的可求解性、快速性等

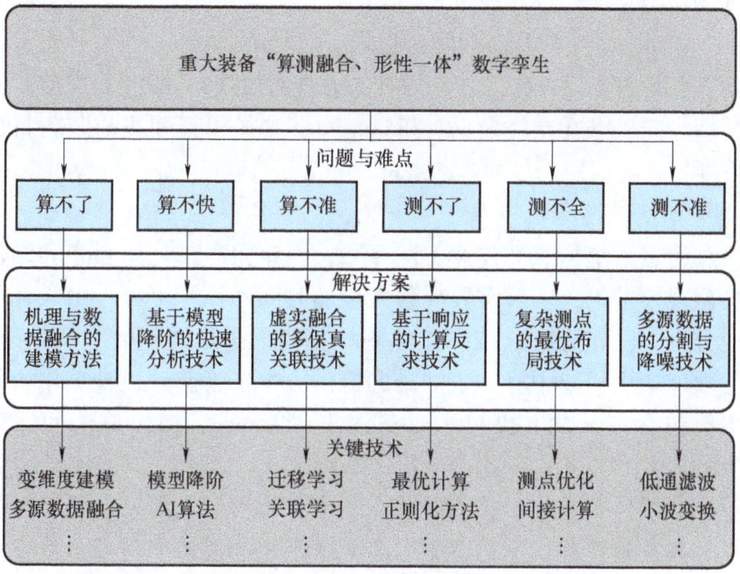

图 7.3　重大装备形性一体化数字孪生构建方案

要求，一般在机理模型构建中对装备物理模型和内部之间复杂的相互作用机理进行合理简化和理想假设。如在力学模型构建中，假设受力均匀、忽略材料内部的各向异性和力作用的传导现象等不确定、非稳定和非线性因素；在几何模型构建中理想化零部件加工导致的直线度、平面度等误差，忽略装配的不对中性、非对称性等复杂因素。因为这些因素会导致分析结果难以准确描述物理装备实际运行中的几何形态和结构力学性能，且机理模型构建过程未考虑装备实际运行中性能的瞬态变化，使分析结果存在片面性，难以适用于多参数、多尺度耦合的大型复杂装备。

监测数据能够真实客观地描述装备实际运行中的几何形态、结构力学性能等时变信息。依据数据获取方式、获取手段以及获取时间等，可将装备监测数据划分为历史数据和现场数据。其中，历史数据主要包含装备历史运行数据（应力、速度、疲劳寿命等）、几何形态数据（长、宽、高等）、材料初始属性（密度、剪切模量、弹性模量等）等基于多学科和其他途径已获取的确定信息。现场数据主要包括与装备运行状态相关的瞬态时变信息，如速度、位移、应力等。虽然监测数据包含装备运行过程中的丰富信息，但仅通过数据难以表达装备机理特征，无法摆脱分析结果对数据的深度依赖，导致分析结果受数据质量的影响较大。

因此，面向装备几何形态和结构力学性能，对机理信息和监测数据进行深度融合，建立监测数据与对应机理之间的潜在关联关系，联合机理和数据驱动实现多学科、多尺度、多状态的动态建模，该过程可表述为

$$\mathrm{MO} = \{I_{\text{历史数据}}, I_{\text{机理}}, I_{\text{形态}}, P_{\text{装备}}\} \tag{7.1}$$

式中，$P_{\text{装备}}$ 为装备特性；$I_{\text{历史数据}}$、$I_{\text{机理}}$ 和 $I_{\text{形态}}$ 分别为数据历史、机理和形态信息；MO 为历史数据、机理与形态信息共同驱动构建的模型。

考虑装备运行过程中时变因素的影响，利用现场监测数据，结合装备机理信息，对装备运行过程中的几何形态与结构力学性能进行实时更新与评估，实现机理模型与数据驱动

的多状态高逼真度动态建模，该建模过程可表述为

$$\mathrm{MO}_{\mathrm{curr}}=\{I_{在线数据},I_{机理},\mathrm{MO},P_{装备}^{\mathrm{curr}}\} \tag{7.2}$$

式中，$P_{装备}^{\mathrm{curr}}$ 为装备当前的特征；$I_{在线数据}$ 为当前现场监测数据；$\mathrm{MO}_{\mathrm{curr}}$ 为当前监测数据驱动的动态更新模型，即当前模型在在线数据、机理信息、初始模型和当前装备特征的驱动下进行动态计算和更新。

2. 基于模型降阶的快速分析技术

重大装备的载荷、系统构成和作业工况复杂，导致面向其几何形态和结构力学性能分析的数值仿真模型规模巨大，求解需要耗费大量的时间和计算资源。引入几何形态和结构力学性能的快速分析方法，可有效减少数值的计算量，满足构建数字孪生的时效性要求，为解决重大装备数字孪生构建中算不快的难题提供方案。当前，提升结构力学性能分析效率的常用手段主要包含基于人工智能（Artifical Intelligence，AI）算法的计算模型构建和模型降阶技术两种。

对于输入输出非线性关系的结构力学性能分析，采用 AI 算法通常可提供较高的计算效率和计算精度。其构建流程如下：首先确定所求问题的设计变量及设计变量维度；然后对设计变量进行组合并采样产生数据集；最后利用产生的数据集对 AI 算法进行优化以提高其计算准确度，依据相关性，建立全域设计变量空间的近似数学表达。因此，AI 算法可通过有限样本建立全域设计变量与输出的关系，有效减少结构分析的计算量，提高计算效率。

虽然 AI 算法可以提升结构分析的求解效率，但是该类方法对数据的依赖性高，其准确性受数据质量影响，这很大程度上忽略了结构本身的物理特性。在几何形态和结构力学性能分析时，为了能够在降低计算耗时的同时保留结构原有的物理特性，可在重大装备的数字孪生中采用模型降阶技术。降阶模型主要通过对有限元中的刚度矩阵、阻尼矩阵和质量矩阵进行缩减。该缩减模型可以反映原模型的主要特征，将原模型转变为缩减模型后不但能保持较高的精度，而且可以高效地获取大规模几何形态和结构力学性能的近似解。现有的物理降阶模型主要分为物理坐标降阶、广义坐标降阶和混合坐标降阶三种。

物理坐标降阶主要对动力学方程中的刚度矩阵、质量矩阵和阻尼矩阵进行缩减，降阶后的坐标属于全模型的一个子集。该降阶过程可表述为

$$\boldsymbol{M}\ddot{\boldsymbol{U}}+\boldsymbol{C}\dot{\boldsymbol{U}}+\boldsymbol{K}\boldsymbol{U}=\boldsymbol{F}_{外} \tag{7.3}$$

式中，$\boldsymbol{M}(n\times n)$、$\boldsymbol{C}(n\times n)$ 和 $\boldsymbol{K}(n\times n)$ 分别为质量、阻尼和刚度矩阵，n 表示对应特征的维度；$\ddot{\boldsymbol{U}}(n\times1)$、$\dot{\boldsymbol{U}}(n\times1)$ 和 $\boldsymbol{U}(n\times1)$ 分别为加速度、速度和位移向量；$\boldsymbol{F}_{外}$ 为载荷向量，其中 $\boldsymbol{U}\subseteq\boldsymbol{S}\cup\boldsymbol{X}$。

关于式（7.3）更清晰的表达如下：

$$\begin{pmatrix}\boldsymbol{M}_{mm} & \boldsymbol{M}_{ms}\\ \boldsymbol{M}_{sm} & \boldsymbol{M}_{ss}\end{pmatrix}\begin{pmatrix}\ddot{\boldsymbol{U}}_m\\ \ddot{\boldsymbol{U}}_s\end{pmatrix}+\begin{pmatrix}\boldsymbol{C}_{mm} & \boldsymbol{C}_{ms}\\ \boldsymbol{C}_{sm} & \boldsymbol{C}_{ss}\end{pmatrix}\begin{pmatrix}\dot{\boldsymbol{U}}_m\\ \dot{\boldsymbol{U}}_s\end{pmatrix}+\begin{pmatrix}\boldsymbol{K}_{mm} & \boldsymbol{K}_{ms}\\ \boldsymbol{K}_{sm} & \boldsymbol{K}_{ss}\end{pmatrix}\begin{pmatrix}\boldsymbol{U}_m\\ \boldsymbol{U}_s\end{pmatrix}=\begin{pmatrix}\boldsymbol{F}_m\\ \boldsymbol{F}_s\end{pmatrix} \tag{7.4}$$

对应的缩减基可定义为

$$\boldsymbol{R}_D=-\boldsymbol{K}_{ss}^{-1}\boldsymbol{K}_{sm} \tag{7.5}$$

式中，$\boldsymbol{R}_D$ 为缩减基，$\boldsymbol{K}_{ss}\in R^{s\times s}$，$\boldsymbol{K}_{sm}\in R^{s\times m}$。

联合式（7.3）~式（7.5），降阶后的表达式为

$$\boldsymbol{M}_R \ddot{\boldsymbol{U}}_m + \boldsymbol{C}_R \dot{\boldsymbol{U}}_m + \boldsymbol{K}_R \boldsymbol{U}_m = \boldsymbol{F}_{外R} \tag{7.6}$$

式中，$\boldsymbol{M}_R \in R^{m\times m}$；$\ddot{\boldsymbol{U}}_m$、$\dot{\boldsymbol{U}}_m$、$\boldsymbol{U}_m$ 分别为降阶后的特征；$\boldsymbol{F}_{外R}$ 为降阶后对应的外载荷，$\boldsymbol{F}_{外R} \in R^m$，$m \ll n$。

常用的物理坐标降阶方法包括 Guyan 缩聚法、动力缩聚法、Krylov 子空间方法等。广义坐标降阶方法主要通过截取模型的模态来实现，通过引入降阶模型的特征问题，将单模态相关的动态缩聚矩阵的控制方程转换为多模态相关的形式，主要包括模态型动态缩聚、基于模态扩展的缩聚方法、Ritz 矢量法、本征正交分解等降阶方法。混合坐标降阶方法中包含了全坐标中的相关物理坐标，并引入了部分模态坐标以实现缩减基矩阵的构建。其中最典型的混合坐标降阶方法是模态综合法，该方法用部分模态坐标代替物理坐标表示子结构，将这些坐标转换为物理坐标，即可利用等线性和相容条件将子结构矩阵装配成全局矩阵。

相比其他两种方法，物理坐标降阶方法的计算效率高，其精度和收敛速度取决于选择的主自由度的数目和位置。虽然可通过迭代使得降阶模型的精度不依赖于主自由度的选择，但这也极大地增加了算法的时间和空间复杂度。广义坐标降阶方法得到的降阶模型可以保留选择的所有模态，这些模态可以是全模型任意频率范围内的，但相较于物理坐标降阶方法，该方法计算成本高。混合坐标降阶方法可以克服物理坐标降阶方法和模态坐标降阶方法的部分不足。其中模态综合法在航空航天飞行器建模领域得到了普遍应用，可以有效处理这类复杂系统的动力学建模与分析问题。

3. 虚实融合的多保真关联技术

为了提升数值计算的效率、减少计算成本，一般在重大装备数值模型的构建过程中伴随着对结构、约束、载荷等因素的简化。同时，采用 AI 快速计算方法或模型降阶技术会进一步提高计算效率，这导致最终的分析结果可能难以达到预期的可信度。测量数据一定程度上能够反映物理设备最真实的状态，故有必要将测量数据视为对装备真实状态的高保真描述，计算数据为低保真描述。通过测量数据与计算数据的虚实融合，进一步提升分析结果的准确性。此外，随着重大装备材料、结构、装配等的日益复杂，面向几何形态和结构力学性能分析的数值仿真模型越复杂，计算耗时越长，模型对全设计变量空间的描述大打折扣。

综上，基于虚实融合的思想，可从算测融合和单纯提升计算准确性两方面改善重大装备数字孪生算不准的现状。在工程领域，这种基于虚实融合的思想技术被称为多保真代理模型；在机器学习领域，迁移学习被认为是一种典型的虚实融合方法。无论是多保真代理模型还是迁移学习，皆希望通过融合不同类型的数据构建更加精确的预测模型。这种虚实融合的思想可表述为

$$l_i(\boldsymbol{Y}_i^{\mathrm{h}}) = \frac{g^{\mathrm{h}}(\boldsymbol{Y}_i^{\mathrm{h}})}{g^{\mathrm{l}}(\boldsymbol{Y}_i^{\mathrm{h}})} \tag{7.7}$$

式中，$\boldsymbol{Y}_i^{\mathrm{h}} \subseteq \boldsymbol{Y}_{实}$，$\boldsymbol{Y}_{实}$ 为实际测量值；$l_i(\boldsymbol{Y}_i^{\mathrm{h}})$ 为测量样本点 $\boldsymbol{Y}_i^{\mathrm{h}}$ 处对应的标度值；g^{h} 为测量样本点训练得到的高精度模型；g^{l} 为计算样本点训练得到的低精度模型；$g^{\mathrm{h}}(\boldsymbol{Y}_i^{\mathrm{h}})$ 为高精度模型在 $\boldsymbol{Y}_i^{\mathrm{h}}$ 处的响应值；$g^{\mathrm{l}}(\boldsymbol{Y}_i^{\mathrm{h}})$ 为低精度模型在 $\boldsymbol{Y}_i^{\mathrm{h}}$ 处的响应值。

由此，每个测量样本点均有一一对应的标度因子，测量的样本点为 $\boldsymbol{Y}_{测} = (\boldsymbol{Y}_1^{\mathrm{T}}, \boldsymbol{Y}_2^{\mathrm{T}},$

$\boldsymbol{Y}_3^{\mathrm{T}},\cdots,\boldsymbol{Y}_k^{\mathrm{T}}$)，所有标度因子的集合可表述为

$$\boldsymbol{l}=\{\boldsymbol{l}_1,\boldsymbol{l}_2,\cdots,\boldsymbol{l}_k\} \tag{7.8}$$

基于虚实融合，通过多保真代理模型进行预测，联合式（7.7）和式（7.8）可得构建的计算模型为

$$g(\boldsymbol{Y}')=g^{1}(\boldsymbol{Y}')l(\boldsymbol{Y}') \tag{7.9}$$

式中，$\boldsymbol{Y}'$为当前输入值；g 为计算模型。

综上分析，虚实融合的方法可用于改善计算精度，对于解决数字孪生构建中面临的算不准问题是行之有效的。

4. 基于响应的计算反求技术

正问题是由输入和模型来确定输出的，而反问题则是由获取的部分输出信息来确定系统模型参量或输入条件的。针对重大装备难以测量的参量，利用反求计算可获得该参量，为解决重大装备数字孪生测不了的问题提供技术支撑。

求解反问题的一般思路：

1）确定反求参量。当参量较多求解难度大时，可采用敏感性分析获取重要参量，以提高反求的计算效率和准确性。其中，反求参量可表示为

$$\begin{aligned}\boldsymbol{X}&=(\boldsymbol{X}_1^{\mathrm{T}},\boldsymbol{X}_2^{\mathrm{T}},\boldsymbol{X}_3^{\mathrm{T}},\cdots,\boldsymbol{X}_n^{\mathrm{T}})\\&=\begin{pmatrix}x_{11}&x_{12}&\cdots&x_{1m}\\x_{21}&x_{22}&\cdots&x_{2m}\\\vdots&\vdots&&\vdots\\x_{n1}&x_{n2}&\cdots&x_{nm}\end{pmatrix}\end{aligned} \tag{7.10}$$

式中，$x_{ij}\in[x_{\min},x_{\max}]$；$n$ 为反求参量的类别；m 为参量的数量。

2）建立反求参量与装备易测响应的关系，作为正问题求解器，可表述为

$$\boldsymbol{Y}_{测}=\boldsymbol{G}_{正}(\boldsymbol{X}) \tag{7.11}$$

式中，$\boldsymbol{G}_{正}$为正向求解器，其维度取决于正向求解器预测值 $\boldsymbol{Y}_{测}$。

$$\begin{aligned}\boldsymbol{Y}_{测}&=(\boldsymbol{Y}_1^{\mathrm{T}},\boldsymbol{Y}_2^{\mathrm{T}},\boldsymbol{Y}_3^{\mathrm{T}},\cdots,\boldsymbol{Y}_k^{\mathrm{T}})\\&=\begin{pmatrix}y_{11}&y_{12}&\cdots&y_{1l}\\y_{21}&y_{22}&\cdots&y_{2l}\\\vdots&\vdots&&\vdots\\y_{k1}&y_{k2}&\cdots&y_{kl}\end{pmatrix}\end{aligned} \tag{7.12}$$

式中，k 为正求解器响应的总类别；l 为每一类预测值的数量。

3）利用采样策略合理设计数值试验并构建正向求解器，提高计算效率。

4）布置传感器获取装备响应，将其与正问题模型求解结果进行对比，利用寻优算法得到最优反求参数的估计；结合式（7.1）和式（7.10）~式（7.12），反问题优化可表示为

$$\begin{aligned}&\text{Find}\quad \boldsymbol{X}\\&\min\quad f(|\boldsymbol{Y}_{测}-\boldsymbol{Y}_{实}|)\\&\text{Subject to}\\&\begin{cases}\boldsymbol{X}_{\min}\leqslant\boldsymbol{X}\leqslant\boldsymbol{X}_{\max}\\\boldsymbol{P}_{装备}^{\mathrm{curr}}\subseteq\boldsymbol{P}_{装备}\end{cases}\end{aligned} \tag{7.13}$$

5）将得到的反求参数代入正问题模型进行更新，提高精度和可信度，从而为装备性能准确分析奠定基础。

利用计算反求技术对模型参量进行估计是以正问题模型有效为前提和条件的，即要保证正问题模型可以准确表述实际的物理过程。若正问题的模型有效性难以确保，则无法获取准确的反向求解结果。

5. 复杂测点的最优布局技术

实际作业中，重大装备遭受庞大的体积、复杂繁多的结构组件、恶劣多变的工况等不确定性因素的影响，导致重大装备相同部位的不同零件以及不同部位的同类零件性能表现各异。因此，有必要从众多复杂的信息中筛选出能够全面、准确、可靠表征装备几何形态和结构力学性能的特征，在经济成本、可行性等条件的约束下实现最优特征获取，可有效解决重大装备数字孪生中测不全的难题。

测点最优布局方案主要从大量测点中选出对分析结果影响显著的点并进行传感器布置，以提高监测信息的准确性和可靠性。通过评估当前传感信息的有效性，动态添加测点数量可进一步提高监测数据的信息密度。常用的测点优化方法主要包含基于结构形态的传统方法、随机计算方法和基于结构损伤的信息熵方法。

基于结构形态的传统方法主要通过建立目标结构振型信息和测点之间的关系实现测点优化，常用的方法包括 Guyan 缩减准则、识别误差最小准则、模态应变能准则和模态置信度准则等。其中 Guyan 缩减准则将自由度划分为主自由度和副自由度，通过在主自由度上进行传感器布置实现测点优化，但方法难以适用于高阶模态；识别误差最小准则通过逐步消除对目标振型贡献最小的自由度，得到广义坐标的最优估计，提高目标振型的空间识别，实现测点优化；模态应变能准则选取应变能较大的点进行传感器布置实现模态重构，但该方法受有限元网格划分影响较大；模态置信度准则基于模态置信度矩阵评价非对角线元素的大小，进而判断测点的相关性，进行测点优化，其中模态置信度矩阵可表示为

$$\mathbf{MAC}_{ij}=\frac{[\boldsymbol{\Phi}_i^{\mathrm{T}}\boldsymbol{\Phi}_j]^2}{(\boldsymbol{\Phi}_i^{\mathrm{T}}\boldsymbol{\Phi}_i)(\boldsymbol{\Phi}_j^{\mathrm{T}}\boldsymbol{\Phi}_j)} \tag{7.14}$$

式中，$\boldsymbol{\Phi}_i$ 和 $\boldsymbol{\Phi}_j$ 分别为第 i 阶和第 j 阶模态向量，且 $i\neq j$。若 **MAC** 的非对角元素 M_{ij}趋近于 0，认为对应点 i 和 j 两个测点正交，则选取这两点作为目标测点。反之，认为两侧点交角趋近于 0，继续判断其他点。

随机计算主要通过建立基于测点的优化方法，以最小化目标函数为准则，完成测点优化，常用的方法有序列法、非线性优化规划方法、模拟退火算法、遗传算法等。其中，序列法通过选取初始测点建立目标函数的初值，然后逐步添加测点迭代优化目标函数值，直至所有测点都参与目标函数优化，得到最优测点；对于简单的结构，非线性优化规划方法通过建立振型与固有频率的解析表达式，采用牛顿法、递推二次规划法等非线性方法实现传感器优化配置，针对复杂结构，可将离散变量转化为连续变量进行求解，常用方法为分支定界法，但受目标函数梯度影响，该结果容易陷入局部最优解；模拟退火算法对所有测点进行搜索以得到全局最优解，适用于大规模组合优化，但该方法的参数（初始温度、退火速度等）选择因不同的场景各异，表现为参数选取难以控制，这在一定程度上会影响求解效率；遗传算法基于优胜劣汰的准则，通过不断迭代和变异，使目标函数达到最优，进而选取适应度较大的测点作为最终目标点。这种方法的计算效率和精度受参数设置的影

响，且计算过程具有随机性。

基于结构损伤的信息熵方法通过对动力特性参数进行求导反映测点对损伤的灵敏度，选取灵敏度较大的测点布置传感器。通常采用 Fisher 信息阵实现传感器最优布置，其中 Fisher 信息阵可表述为

$$\boldsymbol{Q}(t)=\int_0^T \frac{\left(\frac{\partial \boldsymbol{H}}{\partial \boldsymbol{K}}\right)^{\mathrm{T}}\left(\frac{\partial \boldsymbol{H}}{\partial \boldsymbol{K}}\right)}{\boldsymbol{\Psi}^2(t)}\mathrm{d}t \tag{7.15}$$

式中，$\boldsymbol{K}=[K_1,K_2,K_3,\cdots,K_n]$ 为刚度矩阵；$\boldsymbol{\Psi}^2(t)$ 为高斯噪声方差；$\boldsymbol{H}$ 为测量的信息矩阵，$\boldsymbol{H}\subseteq\boldsymbol{Y}_{实}\cup\boldsymbol{X}\subseteq\boldsymbol{P}_{装备}$；$\boldsymbol{Q}$ 为对应的范数，通过最大化范数确定对刚度 $\boldsymbol{K}$ 变化敏感的点，实现传感器布置。

6. 多源数据的分割与降噪技术

受环境、人为操作、传感器材料、监测设备、监测手段等因素的影响，传感器难以从物理世界感知到被测对象真实客观、状态全面、表征准确的信息，这导致实测数据可能仅反映被测对象的部分信息。针对这一情况，可通过布置多类型传感器相互校正获取被测对象更加全面的信息，但是多传感器产生的多源数据为数据的统一处理带来了挑战。此外，传感器获取的测量数据通常包含大量噪声，导致测量结果存在较大误差。上述因素的影响使得传感器获得的实测数据表现出局部性、片面性、不准确性等特点，这种数据导致孪生体的准确性和可靠性产生一定误差。因此，为了减少传感数据对后期分析结果的不利影响，须对数据进行预处理，从源头减少数据质量引起的偏差。多源数据的分割与降噪技术可有效提高监测数据的信息密度，减少噪声影响，为重大装备数字孪生构建面临测不准的难题提供有效的解决方案。

多传感器提供的多源数据能够从多角度、全方位、多属性反映设备真实状态，为更加准确、全面、客观描述被测对象提供有效途径。在相同测点布置不同类型传感器以及不同测点布置不同类型的传感器，可以实现从不同角度同一维度和不同角度不同维度对被测对象进行更精确全面感知。同时，多传感器提供的多源数据可相互校准，通过综合分析能够进一步减少由单传感器引入的误差。因此，基于多传感器的多源数据可以有效提升信息世界数据的多样性、全面性，为精确描述监测装备的物理状态提供有效保障。

在实际应用中，相同位置不同类型传感器以及不同位置相同类型传感器获取的数据差异明显，表现为数据类型、数据大小、信噪比等指标各不相同，这难以找到能够适用于所有数据预处理的统一方法。聚类分割基于数据自身特性，能够自适应地将数据划分为不同的簇，针对不同簇数据特性，采用不同方法，能够有效减少测量中的不确定性信息，提升数据质量。图 7.4 为数据分割示意。

为了降低噪声对传感器测量结果的污染，利用高效的数据预处理方法对实测数据中的有效信息进行筛选，从而提高数据的可靠性和精准度。已获取的历史监测数据对分析的实时性要求不高，因此可采用传统的高通滤波、低通滤波、带通滤波、经验模态分解、集成经验模态分解等方法对数据进行滤波降噪，能够显著提高信噪比。在线监测数据对分析有较高的实时性要求，采用上述传统方法难以满足，且会引入端部效应，影响分析结果。因此，在满足数据分析低时延要求的情况下，构建窗函数，采用动态自适应的手段，可快速有效降低噪声信号。上述方法可表述为

$$S+R=E(S_{\text{input}}) \tag{7.16}$$

式中，S_{input} 为需要进行降噪滤波的监测信号，$S_{\text{input}} \subseteq Y_{实}$；$S$ 为降噪滤波后获取的目标信号；R 为滤波去除的噪声；E 为降噪滤波方法。

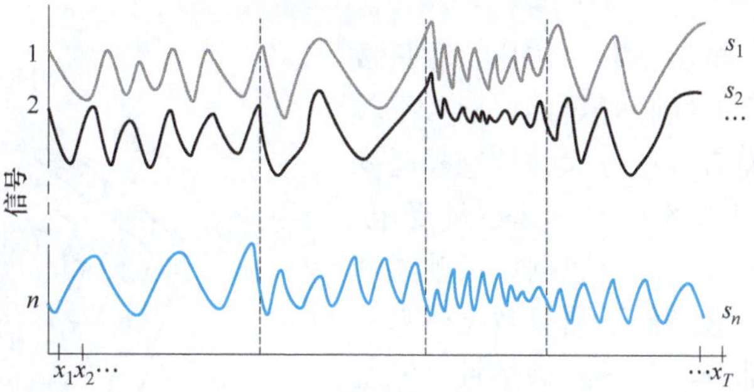

图 7.4　数据分割

7.2　数字孪生系统的一般架构

7.2.1　形性一体化数字孪生内涵

面向重大装备几何形态和结构力学性能，构建“算测融合、形性一体”的数字孪生，本质是通过不同学科的交叉与融合，将数字化、信息化和智能化技术渗透于重大装备全生命周期，集成多源数据、多学科方法、多领域建模技术，实现从设计、制造、测试、服役、运维等阶段对重大装备的建模、监测、分析、预测、评估等。通过总结国内外关于重大装备数字孪生的相关研究成果，结合当前数字孪生的发展趋势和现实需求，提出了如图 7.5 所示的重大装备形性一体化数字孪生内涵。

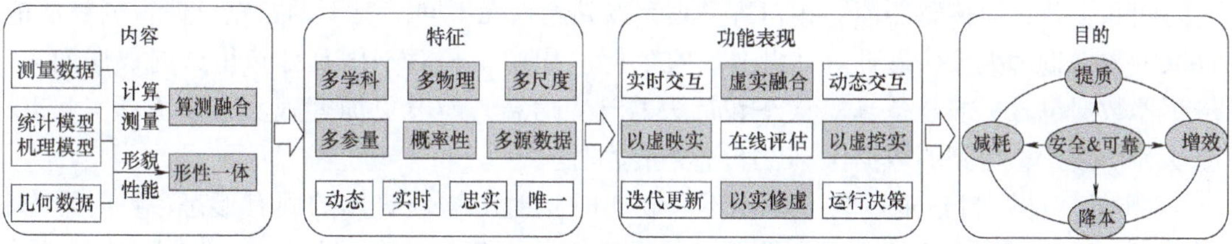

图 7.5　重大装备形性一体化数字孪生内涵

重大装备形性一体化数字孪生内涵主要包括内容、特征、功能表现和目的四部分。其中，内容部分包含算测融合和形性一体两方面，是重大装备数字孪生的核心；特征部分对重大装备数字孪生进行定义，用特定标签对其进行刻画；功能表现部分给予重大装备数字孪生价值和应用；目的部分赋予重大装备数字孪生现实意义。

为了构建“算测融合、形性一体”的重大装备数字孪生，在建模阶段，需对统计模型、机理模型等多类型模型和几何数据、测量数据等多种数据进行融合，建立与物理空间生产制造、运维信息关联的多维度、全要素互联、可实时动态反馈交互的机制，使模型具有虚实融合的特性。

所谓算测融合是指在数字孪生中融合传感器测量数据和基于机理模型的计算数据。如图 7.6 所示，这种融合的优势可从信息完整性、经济性、时效性、数据量、保真度五大维度进行分析与评估。对测量数据和计算数据相互取长补短，为构建更加真实准确的数字孪生提供有效数据。

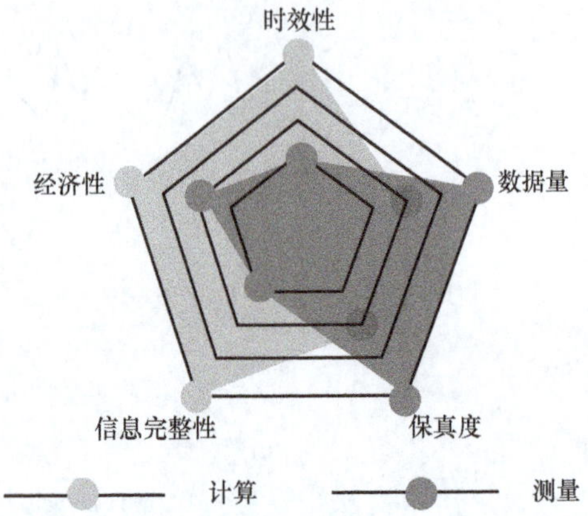

图 7.6　测量数据与计算数据对比

如图 7.6 所示，与仿真数据相比，测量数据在信息完整性、经济性和时效性方面效果较差。对信息完整性而言，一方面，传感器受安装、测量、空间等因素的影响，其数量受限，难以在空间上获取完备的测量数据以反映物理实体的状态和行为，这降低了测量数据信息完整性；另一方面，部分测量具有破坏性、测量技术低、测量周期长、费用高等缺陷，故完全依赖测量难以获取装备的完整信息，而仿真计算可提供更为充足的数据表征装备性能。试验测量一般会消耗大量的人力、物力进行传感器、采集设备等硬件的安装与布置。数值仿真只需要计算机硬件和软件的支持，并且可以重复使用，因此相对于仿真计算而言，测量经济成本较高，经济性低。对于重大装备的某些物理过程（冲蚀、磨损、疲劳等）而言，有时会需要经过几个月甚至多年的测量才能得到预期的数据，这无形中增加了测量时间与成本，降低了测量的时效性，在同样的试验和效果下，其耗时远远超出了仿真模拟的时间。

测量数据在数据量和保真度方面具备显著优势。随着传感器类型和采样频率的提升，在装备实际运行中易于获得体量庞大的数据（如振动、位移、速度等）。特别是对于具备多种工况的重大装备而言，通过仿真模拟实现装备在多工况下的性能分析，需要耗费大量的时间和资源，而传感器能够相对容易地获取到测点在不同工况下的数据，使得测量所能获取的数据量远大于仿真计算。此外，在实际应用中，相对于仿真计算得到的数据而言，传感器数据包含更多装备真实状态和行为的时变信息，能够更加客观反映设备真实状态，故认为仿真计算得到的数据保真度低于测量数据。

“形性一体”旨在阐述数字孪生不仅要实时映射出物理实体的固有形态、瞬时形态，同时还应反映物理实体的宏观和微观结构力学性能，数字孪生“形”与“性”的属性分类见表 7.1。“形”主要包含结构设计及加工制造阶段形成的固有形态和运维管理阶段表现的瞬时形态等易于感受的物理量；“性”主要包括重大装备健康运维阶段表现出的使役性能信息和受载条件下反映的结构力学性能信息等难以直观感受，但对重大装备来说至关重要、必须精确量化与保障的隐含信息。这两种特征驱动的数字孪生不仅拥有面向装备几何形态的功能，还能实现面向使役与力学性能的分析。同时，该结果不仅为操作人员执行科学正确的决策提供指导和参考，而且为进一步实现装备自身的闭环控制、智能决策提供必要条件。

面向几何形态和结构力学性能，建立“算测融合、形性一体”的重大装备数字孪生，其本质是采用计算与测量融合的科学手段，通过调节可行参量使数字模型的形态与性能无

限逼近真实物理装备。这种逼近可表述为

$$
\begin{cases}
\boldsymbol{P}_{装备} = \{\boldsymbol{P}_{多学科}, \boldsymbol{P}_{多物理}, \boldsymbol{P}_{多尺度}, \cdots, \boldsymbol{P}_{多参量}, \boldsymbol{P}_{多源数据}, \boldsymbol{P}_{概率性}\} \\
\boldsymbol{P}_{多学科} = \{\boldsymbol{P}_{机}, \boldsymbol{P}_{电}, \boldsymbol{P}_{液}, \cdots\} \\
\boldsymbol{P}_{多物理} = \{\boldsymbol{P}_{热}, \boldsymbol{P}_{流}, \boldsymbol{P}_{固}, \cdots\} \\
\boldsymbol{P}_{多尺度} = \{\boldsymbol{P}_{整机}, \boldsymbol{P}_{零部件}, \boldsymbol{P}_{裂纹}, \cdots\} \\
\boldsymbol{P}_{多参量} = \{\boldsymbol{P}_{质量}, \boldsymbol{P}_{体积}, \boldsymbol{P}_{成本}, \cdots\} \\
\boldsymbol{P}_{多源数据} = \{\boldsymbol{P}_{测量}, \boldsymbol{P}_{计算}, \boldsymbol{P}_{形貌}, \cdots\} \\
\boldsymbol{P}_{概率性} = \{\boldsymbol{P}_{载荷}, \boldsymbol{P}_{环境}, \boldsymbol{P}_{工艺}, \cdots\}
\end{cases}
\tag{7.17}
$$

式中，$\boldsymbol{P}$ 为特征参量。

这些特征的充分考量使建立的虚拟模型可以动态、实时、唯一地表征对应的物理装备，真正实现数字孪生所要求的虚实融合、以虚映实，并通过迭代优化使虚拟模型具有更好的鲁棒性、更强的泛化能力和更高的准确性，进而实现以虚控实，为操作者和维护人员决策提供指导。同时，这种虚实融合的方式部署在装备的全生命周期，收集装备从设计到报废的数据，为下代产品的优化改良提供指导，实现以实修虚，最终达到“提质、增效、降本、减耗、安全、可靠”的根本目的。

表 7.1 数字孪生“形”与“性”的属性分类

形		性	
固有形态	瞬时形态	使役性能	力学性能
长度	速度	功率	应力/应变
宽度	加速度	功耗	疲劳损伤
高度	转速	效率	裂纹/磨损
角度	倾角	精度	剩余寿命
……	……	……	……

7.2.2 重大装备形性一体化数字孪生框架

对于“算测融合、形性一体”的重大装备数字孪生框架，其中，人工智能、大数据、云边协同等高新技术与传统的数值模拟、运维调度、故障诊断等技术的深度融合，成为实现重大装备形性一体化数字孪生的关键，具体框架如图 7.7 所示。

整个框架包含物理实体和数字孪生体两部分，物理实体为数字孪生体提供外在的感知信息和内在的机理信息，数字孪生体对物理实体信息进行深入挖掘和分析，基于分析结果对物理实体进行闭环控制。其中，传感信息、机理模型和专家知识深度融合，驱动 AI 孪生器对物理实体的几何形态和结构力学性能进行快速计算、低时延可视化、可靠性分析和准确表征，在数字空间对物理实体几何形态和结构力学性能进行高保真度镜像和精准计算。结合几何形态和结构力学性能完成重大装备形性一体化数字孪生构建。

重大装备物理实体为数字孪生构建提供装备的几何形貌（长、宽、高等）、零部件装配关系、在线监测数据（速度、位置、应变）等信息。其中几何形貌信息在孪生空间表征装备物理实体尺寸和形状；零部件装配关系一方面在孪生空间中确定零部件之间的约束关

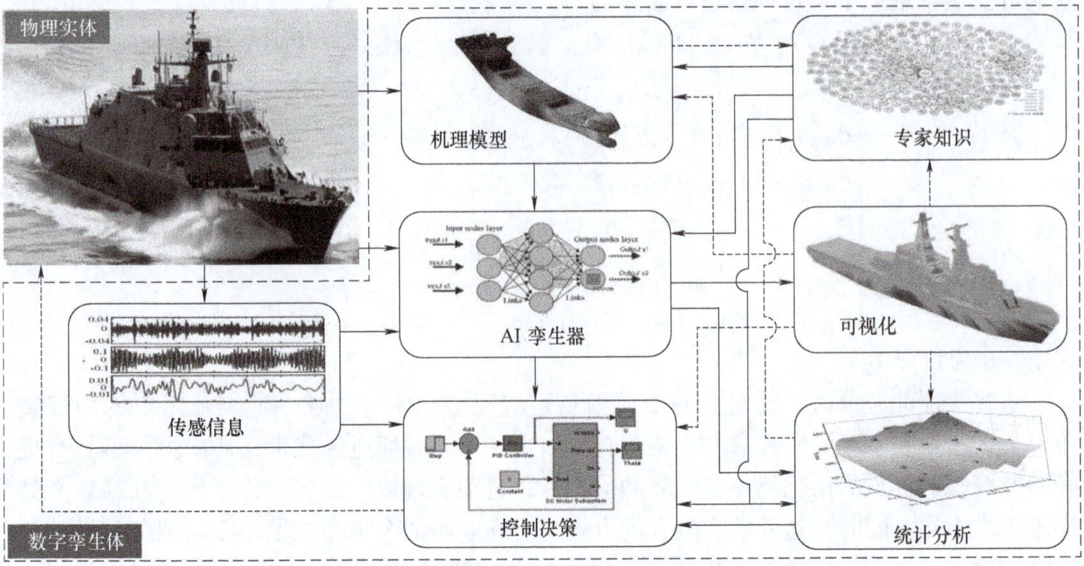

图 7.7 重大装备“算测融合、形性一体”数字孪生构建框架

系和运动规则，另一方面建立机理模型的约束和运动方程；在线监测数据实时表述装备的时变信息，描述装备物理空间的实时位姿、性能等关键信息的变化。

机理模型分析装备整机以及关键零部件的结构性能，依据零部件之间的约束、运动等关系，建立结构外部激励（力、位移、压强等）与响应（应力、应变、流体力等）之间的机理关系，赋予装备结构性能变化更多可解释性，从机理的角度对装备实测信息以及数据挖掘结果进行矫正和补充。

传感信息主要包含装备的时变信息（速度、加速度、温度等）和时延不敏感信息（尺寸、磨损量、蠕变等）。其中时变信息主要通过直接或者间接方式（数据挖掘）描述装备的时变特征，是确保装备孪生体实时表征的关键因素之一。时延不敏感信息主要用于表述装备结构尺寸、性能等信息随时间的缓慢变化，该信息在一定程度上会对装备的性能产生严重影响。此外，传感信息的准确性和完整性是影响数字孪生模型精度的主要因素之一。

AI 孪生器是装备孪生模型构建的核心，主要基于 AI 算法、机理关系、运动关系等建立装备输入特征（监测信息、机理信息、专家知识等）与观测信息之间潜在的非线性关系，赋予孪生模型实时监测和挖掘信息，快速描述装备物理空间时变信息和状态。因此，孪生器计算结果的准确性和计算过程的时效性是确保孪生模型实时、准确表征的主要因素之一。同时，孪生器的计算结果不仅可用于更新和扩充专家知识，而且可辅助孪生模型进行可视化、统计分析和控制决策。

专家知识主要包含装备设计、制造、装配、运维等各个阶段的信息和操作人员的经验信息，辅助装备机理模型构建中边界条件、运动规则的建立，使机理模型的分析更准确。同时，专家知识辅助孪生体建模更符合装备实际环境中的状态，确保孪生体能够准确表征装备物理空间状态信息。

可视化模块主要通过计算机图形学、布尔运算等对孪生器的计算结果进行实时展示。

同时，可视化结果不仅用于完善专家知识，辅助机理模型进行准确分析，而且可进一步指导孪生空间对物理装备的控制决策。

统计分析主要对孪生器计算结果、可视化结果、专家知识等信息进行分析，从统计学的角度描述装备的实时状态。此外，统计分析结果可进一步反馈更新专家知识、辅助控制决策的实施。

控制决策环节主要对实测信息、孪生器结果、机理模型分析、可视化结果、专家知识、统计分析等进行综合分析，对物理空间装备的运行状态进行实时评估和反馈控制，使装备在最佳性能条件下安全运行，提高装备的经济性。同时，控制决策为装备的健康状态监测和预测性维护提供更加可信的数据支撑和实施手段，进一步提高装备运行环境的安全性，为装备的结构优化和产品的更新换代提供更充分有效的信息。

7.3 数字孪生的工程应用——臂架起重机

下面以臂架起重机为例，对重大装备数字孪生的构建流程与实现细节进行具体阐述，验证提出方案的有效性。臂架起重机在运行中的结构承载能力受不同因素的影响呈现时变动态特性，对危险载荷的监测与提前预警是避免起重机突发事故的重要前提。臂架起重机的数字孪生可实现对整机几何形态的实时监测和结构力学性能的动态预测，保障起重机安全运行。臂架起重机数字孪生由物理空间、通信、数字世界和客户端四部分组成。结合图 7.7 框架，提出图 7.8 所示的臂架起重机“算测融合、形性一体”数字孪生框架，以臂架起重机为主体，分析起重机整机几何形态和结构力学性能，实时计算起重机运行中关键零部件的位移、应力与应变等信息。

起重机数字孪生的构建如下。首先，将物理空间信息映射到数字世界，利用数字化技术对起重机的特征、行为和性能等进行高逼真度描述和建模，即在数字世界中建立的起重机虚拟模型与物理空间中的起重机实体在几何、材料、行为等方面保持一致，实现物理世界向数字世界的镜像。其次，布置各类传感器对物理空间中起重机的动作、状态进行感知、捕捉，通过蓝牙、无线网络、局域网等通信手段将物理空间感知的数据传向数字世界，采用降噪去漂方法对传输的数据进行预处理，提高信噪比。然后，在数字世界中，通过将机理模型、AI 算法、专家知识和解析模型计算得到的数据进行融合，完成起重机数据的虚实融合，以实时传感器数据作为输入，实现对起重机几何形态和结构力学性能的在线计算。最后，将计算得到的数据与传感器感知的数据分别以三维模型和信息量化的形式在客户端可视化，辅助用户合理决策。其中，重大装备数字孪生算不了、算不快、算不准、测不了、测不全和测不准六个难题渗透于起重机数字孪生构建的各个环节。

7.3.1　测不了：动态外载荷难测量

构建臂架起重机的数字孪生，需要以外载荷作为输入。臂架起重机的外载荷主要为起吊重物的重量，因此确定重物重量是起重机数字孪生成功搭建的关键。但是，实际工程中起吊重物的重量一般难以准确获取，且重物通过绳索起吊，故利用传感器测量其重量难度大。此外，重物在起吊或放下过程中发生摇摆，这进一步加大了外载荷确定的难度。因此，在重物重量难以确定的情况下，需要使用反求技术求解起重机运行过程中的实时外载信息。

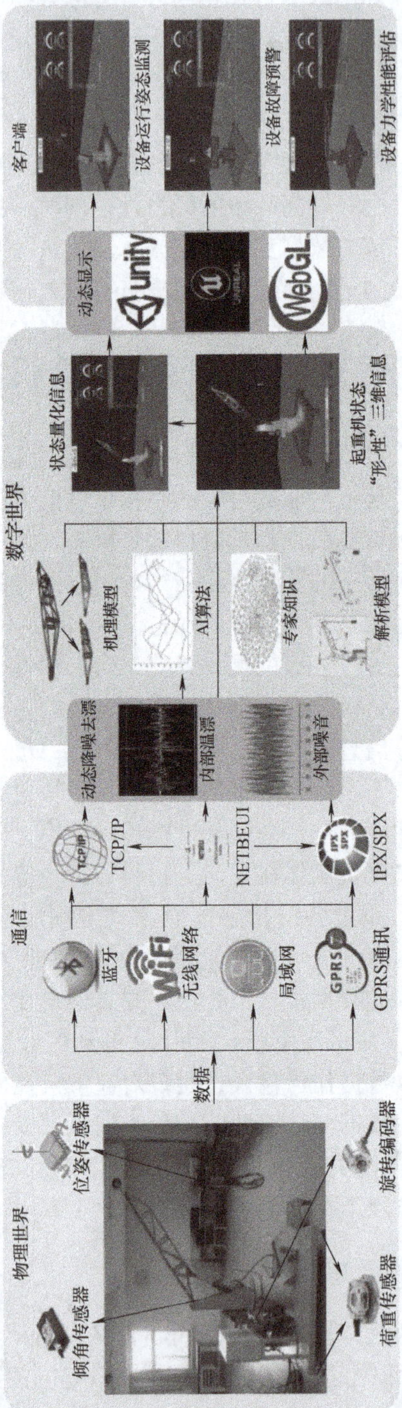

图 7.8 臂架起重机"算测融合、形性一体"数字孪生框架

考虑安装难易程度、成本等方面的因素，制定了以起吊绳索摇摆角度和重物重量为输入，起重机底座支脚的支持力为输出的正问题模型，可表述为

$$\boldsymbol{F}_{支}=\boldsymbol{g}_{正}(\theta_{绳},\boldsymbol{G}_{物}) \tag{7.18}$$

式中，$\boldsymbol{g}_{正}$为建立的正问题模型；$\theta_{绳}$为起吊绳索摇摆角度。

如图 7.8 所示，为确定起吊重物的摇摆角度，需在起吊绳索的重物端安装位姿传感器，实时监测起吊绳索的摇摆角度。此外，在起重机底座的支脚上安装地脚荷重传感器，测量起重机负重时的支持力。依据反问题的思路，在得到反求参量为重物重量的前提下，构建以重物重量和起吊绳索摇摆角度为输入、起重机底座地脚支持力为输出的数值模型。通过均匀采样或拉丁超立方采样获取外载荷与起吊绳索摇摆角度两种变量的样本集，进而驱动相应的 AI 算法。通过地脚荷重传感器实时采集的载荷响应和位姿传感器采集的绳索摇摆角度数据，将其与正问题模型求解的载荷响应进行对比，基于反求准则（最小二乘准则、极大似然准则、最小均方误差准则等），利用遗传算法、粒子群优化算法、模拟退火等智能优化算法估计最优外载荷。联合式（7.1）和式（7.18），上述步骤可表述为

$$\begin{aligned}
&\text{Find} \quad \boldsymbol{G}\\
&\min \quad f(\,|\boldsymbol{F}_{支}-\boldsymbol{F}'_{支}|\,)\\
&\text{Subject to}\\
&\begin{cases}
\boldsymbol{G}_{\min}\leqslant\boldsymbol{G}\leqslant\boldsymbol{G}_{\max}\\
\theta_{\min}\leqslant\theta_{绳}\leqslant\theta_{\max}\\
\boldsymbol{P}_{装备}^{\mathrm{curr}}\subseteq\boldsymbol{P}_{装备}
\end{cases}
\end{aligned} \tag{7.19}$$

式中，$\boldsymbol{F}'_{支}$为正问题得到的力；$\boldsymbol{F}_{支}$为实测的力；$\boldsymbol{G}_{\min}$和$\boldsymbol{G}_{\max}$分别为起吊允许的最小重量和最大重量；$\theta_{\min}$和$\theta_{\max}$为绳索允许的最小和最大摇摆角度。

将得到的反求参量代入数字孪生所需的结构力学性能分析模型中，即可获取相应应力、应变等信息，为起重机的疲劳寿命分析等创造条件。

7.3.2 测不全：多参量传感设备难安装

起重机数字孪生构建对物理空间数据信息完整性以及信息密度要求高。由于受起重机结构、空间布置以及运行位置等的影响，难以对机身所有测点进行传感器布置，这导致起重机部分信息难以全面获取，影响数字孪生构建的准确性和有效性。而且大量的传感器产生的冗余数据对在线数据处理和分析造成一定困难，这无疑降低了数字孪生计算的时效性。因此，为了确保监测数据的完整性，提高数据的信息密度，需对测点进行最优规划，实现传感器位置的优化布置。

考虑起重机数字孪生构建中对数据完整性和准确性的需求，建立起重机待选测点（臂架铰接点、液压油缸支撑点等）与起重机输出响应（位移、应力、应变等）之间的潜在关系，即

$$\boldsymbol{O}=p(\boldsymbol{Y}'_1,\boldsymbol{Y}'_2,\boldsymbol{Y}'_3,\cdots,\boldsymbol{Y}'_q) \tag{7.20}$$

式中，$\boldsymbol{O}$为起重机实际响应参量，$\boldsymbol{O}\subseteq\boldsymbol{Y}_{测}\cup\boldsymbol{X}\subseteq\boldsymbol{P}_{装备}$；$\boldsymbol{Y}'_i$为第 i 个待选参量，总共有 q 个待选测点；p 为建立的待选测点与输出参量之间的关系。

为了比较不同测点选取对起重机输出响应的影响，对式（7.20）进行递增维度分解，

也就是将响应 $\boldsymbol{O}$ 分解为单个测点作用以及不同测点组合作用的正交函数组合，该过程可表示为

$$p(\boldsymbol{Y}_1',\cdots,\boldsymbol{Y}_q')=p_0+\sum_{i=1}^{q}p_i(\boldsymbol{Y}_i')+\sum_{1\leqslant i<j\leqslant q}p_{ij}(\boldsymbol{Y}_i',\boldsymbol{Y}_j')+\cdots+p_{12\cdots q}(\boldsymbol{Y}_1',\boldsymbol{Y}_2',\boldsymbol{Y}_3',\cdots,\boldsymbol{Y}_q') \tag{7.21}$$

其中等式右边的项取决于待选测点的数量，总共有 2^q 项。依据式（7.21）各项之间的正交性可得对应的方差为

$$D=\sum_{i=1}^{q}D_i+\sum_{1\leqslant i<j\leqslant q}D_{ij}+\cdots+D_{12\cdots q} \tag{7.22}$$

则对应的各项敏感度可表示为

$$S_i=\frac{D_i}{D}$$

$$\sum_{i=1}^{q}S_i+\sum_{1\leqslant i<j\leqslant q}S_{ij}+\cdots+S_{12\cdots q}=1 \tag{7.23}$$

最后，选取敏感度最大的项对应的测点，作为传感器布置位置。

7.3.3 测不准：实时测量数据噪声多

起重机数字孪生构建中主要的传感器有监测重物摇摆的位姿传感器、监测电机转速的旋转编码器、监测臂架变幅角度的倾角传感器以及监测受力的地脚荷重传感器。在测量过程中，传感信号带有一定的噪声并受材料性能的影响发生漂移，会导致测量结果出现偏差，影响数字孪生几何形态和结构力学性能计算的准确性。因此，为了减缓漂移和噪声对测量结果的影响，需采用滤波和去噪手段对传感器信号进行处理。

对于已获取的传感信号（支持力、摇摆角、速度、加速度等），为避免传感器环境温度、材料等带来的漂移干扰，考虑传感器自身特性和监测数据类型，可采用高通滤波减少低频信号漂移的影响。同理可采用低通滤波减少高频信号漂移的影响，采用带通滤波减少端部效应。同时，考虑到环境等外部条件的影响，对已获取的信号采用经验模态、小波分解等方法进行离线去噪，进一步提高信噪比。该过程表示为

$$\begin{cases}\boldsymbol{F}_{支}(1:m)+\boldsymbol{R}_F=\boldsymbol{E}_F\left(\boldsymbol{F}_{\text{input}}(1:m)\right)\\ \boldsymbol{\theta}_{绳}(1:m)+\boldsymbol{R}_\theta=\boldsymbol{E}_\theta\left(\boldsymbol{\theta}_{\text{input}}(1:m)\right)\\ \boldsymbol{v}(1:m)+\boldsymbol{R}_v=\boldsymbol{E}_v\left(\boldsymbol{v}_{\text{input}}(1:m)\right)\\ \boldsymbol{a}(1:m)+\boldsymbol{R}_a=\boldsymbol{E}_a\left(\boldsymbol{a}_{\text{input}}(1:m)\right)\end{cases} \tag{7.24}$$

式中，$\boldsymbol{F}_{支}(1:m)$、$\boldsymbol{\theta}_{绳}(1:m)$、$\boldsymbol{a}(1:m)$ 和 $\boldsymbol{v}(1:m)$ 分别为去噪后的实测支持力、绳的摇摆角度、测点加速度和电机转速，其中 m 表示已获取的监测信号总长度；$\boldsymbol{R}_F$、$\boldsymbol{R}_\theta$、$\boldsymbol{R}_a$ 和 $\boldsymbol{R}_v$ 分别为包含在原始测量数据中的噪声；$\boldsymbol{E}_F$、$\boldsymbol{E}_\theta$、$\boldsymbol{E}_a$ 和 $\boldsymbol{E}_v$ 分别为去噪方法；$\boldsymbol{F}_{\text{input}}(1:m)$、$\boldsymbol{\theta}_{\text{input}}(1:m)$、$\boldsymbol{a}_{\text{input}}(1:m)$ 和 $\boldsymbol{v}_{\text{input}}(1:m)$ 分别为对应的传感器原始监测数据。

对于在线监测信号（支持力、摇摆角、速度、加速度等），考虑实时性要求，在保证低时延、尽可能包含多时域信息特征的情况下，通过构建动态时间窗，利用滤波和去噪方法减少噪声的影响。上述过程可表示为

$$\begin{cases}\boldsymbol{F}_{支}(m:n)+\boldsymbol{R}_F=\boldsymbol{E}_F\left(\boldsymbol{F}_{\text{input}}(m:n)\right)\\ \boldsymbol{\theta}_{绳}(m:n)+\boldsymbol{R}_\theta=\boldsymbol{E}_\theta\left(\boldsymbol{\theta}_{\text{input}}(m:n)\right)\\ \boldsymbol{v}(m:n)+\boldsymbol{R}_v=\boldsymbol{E}_v\left(\boldsymbol{v}_{\text{input}}(m:n)\right)\\ \boldsymbol{a}(m:n)+\boldsymbol{R}_a=\boldsymbol{E}_a\left(\boldsymbol{a}_{\text{input}}(m:n)\right)\end{cases}\tag{7.25}$$

其中 $m:n$ 表示构建的窗口长度，在去噪过程中，该窗口的位置随着时间和采集信号的增加而移动，且与采集信号保持一致的变化步长。

例如，在起重机重物的位姿测量中，采用高通滤波对输出信号进行处理，可有效降低低频信号漂移对测量数据的影响。残留在主信号上的小幅值噪声，可利用小波变换减少其影响。通过降漂和去噪操作，有效减少了因测量不准导致的起重机数字孪生性能分析与预测误差，提高起重机运行状态监测的准确度。

7.3.4　算不了：多维度多尺度建模难

臂架起重机具有热、流、固等（温度、液压、臂架结构等）多物理场、多学科（运动学、动力学、材料等）、多尺度（臂架起重机结构尺寸、零部件、裂纹等）等特征参量，这导致通过传统的方法难以建立能够准确描述臂架起重机几何形态和结构属性的模型，无法计算物理实体相关特征，严重影响分析结果的准确性和可靠性。因此，探索高效精准的建模方法，在多物理场、多学科、多尺度等特征的驱动下，实现物理实体几何形态和结构特征的忠实镜像，确保计算的准确性和可靠性。

在臂架起重机机理模型构建中考虑多物理场属性与约束，确保构建模型的合理性与可靠性，赋予构建模型更多现实意义，提高臂架起重机模型多物理场计算的有效性。对于多尺度交互建模，这里主要考虑臂架起重机空间尺度（整机、零件等）和时间尺度（瞬态、稳态等）。其中空间尺度模型的构建可表述为

$$\boldsymbol{V}=\boldsymbol{V}_{整机}+\boldsymbol{V}_{部件}+\cdots+\boldsymbol{V}_{零件}\tag{7.26}$$

式中，$\boldsymbol{V}$ 为整个模型的空间尺度，$\boldsymbol{V}_{整机}$、$\boldsymbol{V}_{部件}$和 $\boldsymbol{V}_{零件}$分别为整机、部件和零件的空间尺度。

宏观尺度为微观尺度设立边界和约束，微观尺度对宏观尺度进行延拓和细化。对于臂架起重机时间尺度的构建，着重在于其瞬态的有效计算与稳态的关联。以臂架起重机液压油缸为例，其瞬态特性对整机的几何形态和结构力学性能有显著影响，特别对于启动和停止这种具有冲击现象的瞬态。因此，基于离散化的思想，对液压油缸工作中的瞬态性能和现象进行分析，其连续性方程为

$$\frac{\partial\rho}{\partial t}+\nabla\cdot(\rho V)=0\tag{7.27}$$

动量方程为

$$\begin{cases}\dfrac{\partial(\rho u)}{\partial t}+\nabla\cdot(\rho uV)=-\dfrac{\partial P}{\partial x}+\dfrac{\partial\tau_{xx}}{\partial x}+\dfrac{\partial\tau_{yx}}{\partial y}+\dfrac{\partial\tau_{zx}}{\partial z}+\rho f_x\\ \dfrac{\partial(\rho v)}{\partial t}+\nabla\cdot(\rho vV)=-\dfrac{\partial P}{\partial y}+\dfrac{\partial\tau_{xy}}{\partial x}+\dfrac{\partial\tau_{yy}}{\partial y}+\dfrac{\partial\tau_{zy}}{\partial z}+\rho f_y\\ \dfrac{\partial(\rho w)}{\partial t}+\nabla\cdot(\rho wV)=-\dfrac{\partial P}{\partial z}+\dfrac{\partial\tau_{xz}}{\partial x}+\dfrac{\partial\tau_{yz}}{\partial y}+\dfrac{\partial\tau_{zz}}{\partial z}+\rho f_z\end{cases}\tag{7.28}$$

式中，ρ 为密度；V 为体积；u，v，w 分别为三个不同方向上的液压油速度；τ_{ij} 为对应的剪切力；f_i 为每单位质量的体力。

7.3.5 算不快：力学性能难快速求解

臂架起重机数字孪生构建旨在实现对起重机运行中几何形态的实时监测和结构力学性能的动态评估，完成起重机的智能调控，并根据几何形态和结构力学性能信息为下一代产品设计优化提供指导。对起重机这类大型设备而言，其结构应力分布反映了各部位的安全程度，是保障装备安全运行的一项重要性能指标。针对重型机械设备，其性能分析通常利用数值模拟手段，但该方法计算量庞大，难以满足数字孪生实时求解的要求。因此，对于起重机这类拥有高维设计变量且需大规模计算求解的重型装备而言，需通过模型降阶技术或 AI 算法减少计算量，实现对装备性能的实时求解与计算。

采用 AI 算法对处于静态或准静态过程的臂架起重机进行力学性能计算。通过获取的样本集驱动 AI 算法进行参数优化，提高算法的准确性，建立力学性能快速计算的 AI 算法。

对处于动态运行的臂架起重机进行性能预测，需结合模型降阶技术和 AI 算法。利用模型降阶技术在确保信息完整的条件下，减少性能求解的运算量，可实现快速计算。但针对起重机这类含有大量自由度的重型装备，仅使用模型降阶技术，计算速度仍然难以满足数字孪生实时性要求。因此，在起重机的动态运行过程中通过结合模型降阶技术和 AI 算法，可实现求解过程的简化，减少计算量，提高计算效率，达到实时解算的要求。

7.3.6 算不准：性能预测精确度低

起重机的几何形态和结构力学性能分析依赖于数值模型、模型降阶技术和 AI 算法的结合。在建立数值模型时，考虑到计算量，需对起重机某些部件进行大量简化，这导致以数值模型为基础构建的起重机数字孪生体与真实起重机存在差异。此外，虚拟模型在几何、材料、装配等方面与真实起重机不同，故仅使用数值模型不可避免地会给计算结果带来固有偏差，而模型降阶技术和 AI 算法的使用进一步扩大了这种偏差。

为了改善上述问题，在起重机性能实时预测中采用虚实融合的方法，从两方面改善计算准确度难以保障的问题。一方面，对于需大量精简的起重机部件，从设计变量角度考虑，利用数据与机理融合技术，充分挖掘现有数据潜在信息进行性能分析。对有限的设计变量而言，AI 算法可快速产生大量数据，但仅限于数据层面，并未深入关联机理信息，计算结果准确性受数据质量影响较大。结合起重机机理模型，赋予数据更多可解释机理特性，提高计算结果的可信度和有效性。另一方面，对于因几何、材料、装配等不确定因素以及模型降阶技术和 AI 算法导致的差异，可使用传感器采集的真实数据进行补偿和修正。传感数据包含设备物理空间运行状态的客观信息，在一定程度上能够刻画设备真实特征。其中，AI 算法确保计算中的数据需求，传感数据提供起重机真实信息，通过深度分析两种数据实现虚实融合，驱动数字孪生给出更为可信的几何形态和结构力学性能分析结果。

7.3.7 数字孪生系统与效果

基于图 7.8 所示框架，构建的臂架起重机数字孪生系统如图 7.9 所示。物理空间主要包括臂架起重机物理实体以及安装在起重机测点位置的传感设备。传感器将物理空间感知到的电机转速、重物摇摆角度、臂架变幅倾角等信息通过数据传输策略和通信协议等方法传输到数字世界，驱动数字世界臂架孪生体实时动态高逼真度可视化臂架物理实体几何形态和结构力学性能变化，实现臂架起重机形性一体化数字孪生构建。

数字世界主要实现物理世界臂架起重机姿态和应力动态实时可视化。经滤波、去噪后的传感数据在线动态驱动数字世界起重机孪生体实时更新臂架变幅角度、回转角度等，使数字世界孪生体与物理世界实体姿态保持一致，实现臂架起重机姿态在数字世界实时可视化。数字世界不仅可视化提升重物的轨迹，而且以数字的形式可视化臂架相关点的位移值、重物的载荷大小、重物提升速度、臂架变幅角和回转角。当起重机姿态参数超出规定范围时，即可认为姿态异常，数字世界给予警告提示。从多角度、多状态参数描述起重机物理空间姿态。图7.10所示为臂架回转角超过规定范围，表现为数字世界弹出警告，状态显示栏中对应的回转角仪表盘变红，并伴随警告声。

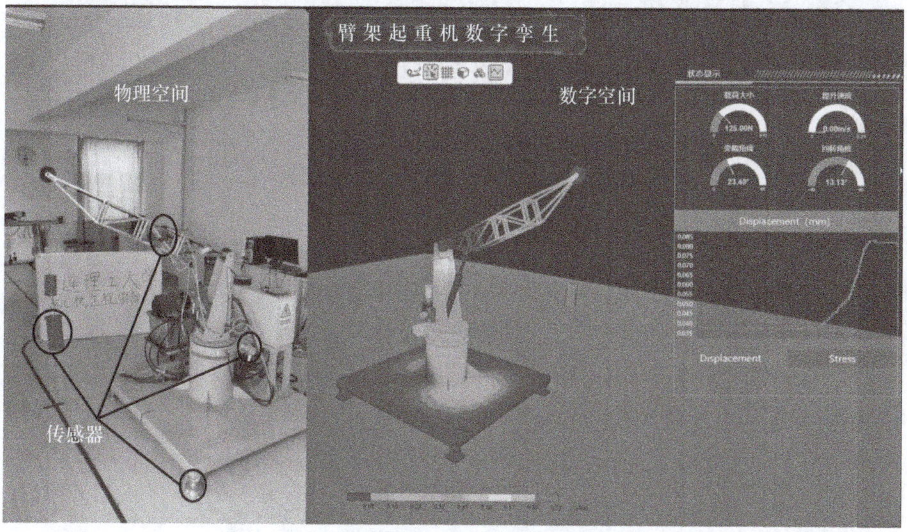

图7.9　臂架起重机数字孪生系统

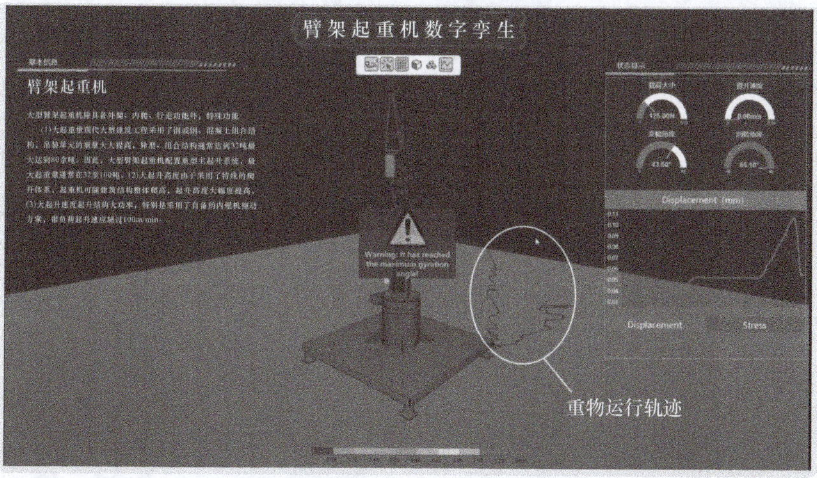

图7.10　臂架起重机几何形态数字孪生结果

传感数据驱动构建的AI算法实时计算起重机应力值，并以云图的方式通过起重机数字孪生体动态显示，如图7.11所示。单击臂架不同位置，右侧状态显示栏中的应力表显示该点对应的应力变化曲线。如此，实现物理空间臂架起重机应力在线计算和可视化。

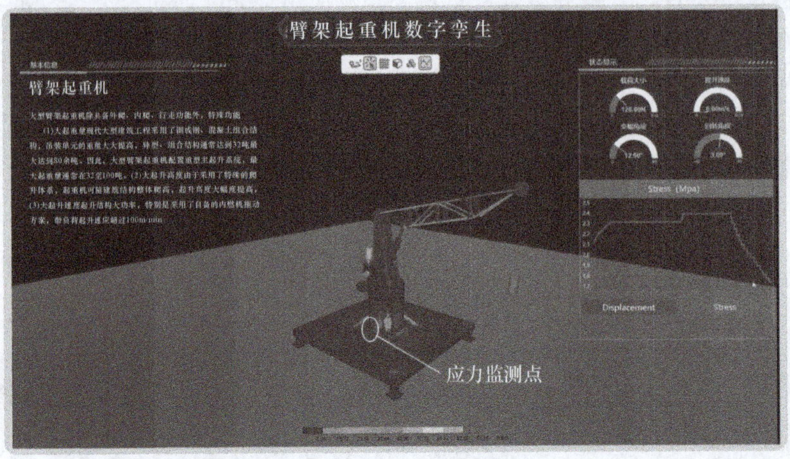

图7.11 臂架起重机结构力学性能数字孪生结果

习 题

1. 形性一体化数字孪生构建的关键问题是什么？如何解决这些问题？
2. 如何理解形性一体化数字孪生？其有什么特征？
3. 形性一体化数字孪生构建中为什么需处理传感器实测数据？如何处理该数据？
4. 传感器实测数据与机理仿真数据有何区别与联系？
5. 为什么形性一体化数字孪生构建中需要解决算测六大难题？请简要阐述解决这些难题的关键。

科学家科学史
“两弹一星”功勋
科学家：屠守锷

第 8 章

多物理场耦合仿真及应用

PPT 课件

在当今的工程和科学研究中，多物理场耦合仿真技术已成为一个不可或缺的工具。它涉及多个物理学领域的相互作用，如流体动力学、结构力学、电磁学、热传递等。这种技术使研究人员能够更准确地模拟和预测复杂系统的行为，为各种工程设计和科学问题提供解决方案。

多物理场耦合仿真的复杂性要求使用高级计算方法和软件，常见的仿真软件包括 ANSYS、COMSOL Multiphysics 等，它们提供了强大的工具集来处理这些复杂的交互和耦合问题。此外，多物理场耦合仿真还需要深入的理论知识和试验数据支持，以确保仿真的准确性和实用性。

8.1 多物理场耦合仿真概念与案例

8.1.1 多物理场耦合仿真的概念

多物理场耦合仿真是一个涉及不同物理学领域相互作用和影响的研究领域，旨在模拟和分析多种物理现象的共同作用及其对系统行为的综合影响。在现实世界中，大多数工程问题都不是孤立存在的，而是涉及多种物理过程的相互作用。这些物理现象可能包括力学、热力学、电磁学、流体力学等。例如，电子设备的工作不仅涉及电磁场的变化，同时还可能涉及热传递问题和结构变形。各种物理过程通过各种耦合效应相互作用，共同决定系统的行为。多物理场耦合仿真正是在一个统一的框架下模拟这些复杂的相互作用。多物理场耦合的关键特征见表 8.1。

表 8.1 多物理场耦合的关键特征

名　称	关键特征
物理过程的耦合	直接耦合：物理过程之间存在直接的相互作用，例如，电磁场直接影响带电粒子的运动
	间接耦合：物理过程通过中介变量或条件相互作用，例如，温度变化影响材料的电阻，进而影响电流的分布
多尺度性	多物理场耦合仿真通常需要处理从微观到宏观不同尺度上的现象，如分子层面的化学反应与宏观设备的热响应
非线性特性	多物理过程的耦合往往带来高度非线性的系统行为，这使得数值求解和分析变得复杂

8.1.2　工程中的多物理场耦合仿真案例

多物理场耦合仿真在许多行业中发挥着至关重要的作用，包括航空航天、汽车工业、生物医学工程、电力电子等领域。例如，在航空航天领域，研究人员利用多物理场耦合仿真来预测飞机结构在复杂载荷和环境条件下的响应。在生物医学领域，通过模拟血流动力学与血管壁的相互作用，可以更好地理解疾病机理和开发新的治疗策略。

生物医学工程：模拟生物组织的电、热、力响应，用于疾病诊断和治疗技术的开发。

半导体设备：仿真器件在操作过程中的热效应和电磁效应，优化设计以提高性能和可靠性。

能源系统：如核反应堆的热力行为和结构完整性分析，风力涡轮的流体动力和结构动力耦合分析。

汽车工业：模拟车辆组件在不同物理作用下的耐久性和效率，如电动车电池的热管理系统。

接下来介绍部分工程中具体的多物理场耦合仿真现象以及案例。

1. 电磁生热

电流在流经电阻时，电能转化为热能的过程称为焦耳热（也称电阻加热或欧姆加热）。

如图 8.1 所示，当电流通过电导率有限的固体或液体时，其材料中的电阻损耗会使电能转化为热能。当传导电子通过碰撞的方式将能量传递给导体的原子时，便会在微小尺度上产生热量。

焦耳热在设计中的应用如下：

在某些情况下，电气设备的设计需要利用焦耳热效应；但在另一些情况下，我们又希望避免这种效应。

一些利用焦耳热的设备包括电热板（直接作用），以及用于流体控制的微型阀（间接作用，通过热膨胀实现）。

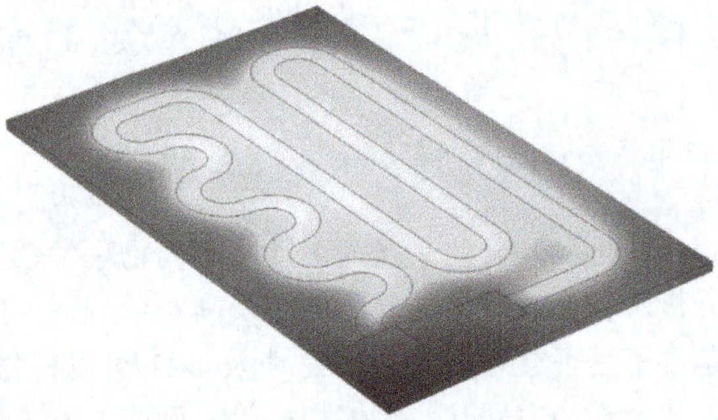

图 8.1　焦耳热引起的温度分布

对于需要避免这种效应的设备，在设计过程中，我们可以根据需要采取相应的措施，减小焦耳热效应。电气系统元件（如电子产品中的导体、电暖气、电线和保险丝等）的设计尤其如此，这些材料在受热时会老化甚至熔化。为了防止这些元件和设备过热，工程师常常在设计中采用对流冷却。

图 8.2 所示是以焦耳热方式在加热电路中引发机械应力的一个例子。在电路上施加电压后，玻璃板上的导电层会产生焦耳热；这反过来又会影响电路的结构完整性，并使玻璃板发生弯曲。

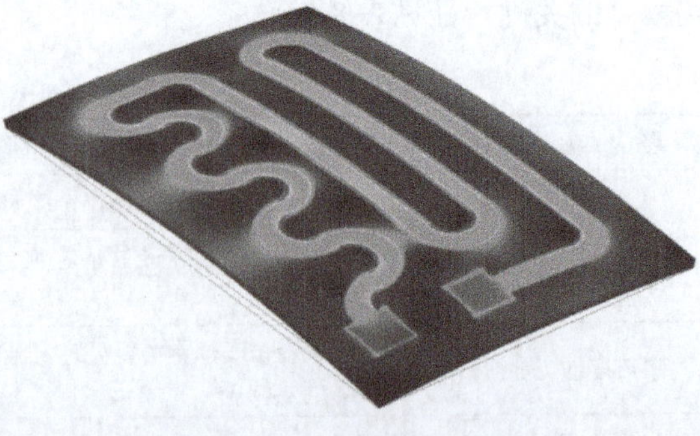

图 8.2　焦耳热产生的负影响

2. 压电效应

压电效应是指某些材料在机械应力作用下，其中产生的电极化强度发生改变的现象。这种与应力相关的电极化强度变化，具体表现为整个材料会产生可测量的电势差，称之为正压电效应。可以在许多天然的晶体材料（包括石英、酒石酸钾钠，甚至人体骨骼）中观察到这一现象，铌酸锂和锆钛酸铅（PZT）等工程材料会表现出更明显的压电效应。

需要注意的是这个现象有一个重要的特征，即这一过程是可逆的。逆压电效应指的是这些材料在电场作用下产生变形的现象。根据电场方向、特定的材料极化方向的不同，以及该材料与相邻结构的连接方式，这种变形可能导致材料中产生拉伸或压缩的应变和应力。图 8.3 所示为压电剪切驱动梁模型。

压电效应在设计中的应用如下：

压电材料被广泛应用于紧凑型驱动器，如直线电机、旋转电机、水泵等；同时也被用于传感器，如测力传感器、压力传感器、加速度计和陀螺仪等。在设计新型驱动器和传感器时，人们可以使用嵌入了压电材料的复合材料，这种材料可以在不同的模式下表现出耦合结构变形，比如，在剪切弯曲驱动器中，嵌入的压电材料会发生剪切变形，从而导致复合结构产生较大弯曲变形。

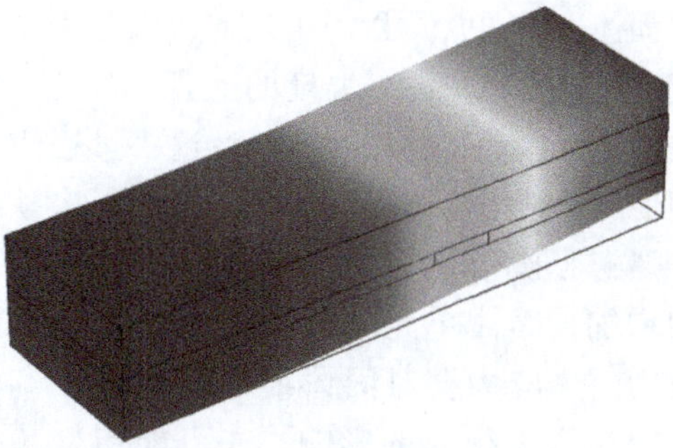

图 8.3　压电剪切驱动梁模型

声换能器利用压电材料来产生声波。当受到谐变电场作用时，振动的压电材料会在周围的流体介质中产生交替变化的压缩和稀释作用，从而产生声音。这一原理被用于便携式电子设备、医疗超声设备、声呐换能器等微型扬声器中。图 8.4 所示是由一台带有压电叠堆驱动器的 Tonpilz 换能器产生的声波。

压电材料的正压电效应在声学传感系统中得到了广泛应用，例如，麦克风、水听器、原声电吉他拾音器。在这些装置中，外部声压充当机械载荷作用于压电材料，从而改变材料的电信号响应，并能据此测量声信号。

基于声表面波（SAW）和体声波（BAW）的 MEMS 射频滤波器利用压电材料能够将电信号转换为弹性波，然后再转回电信号。得益于压电材料固有的机电耦合效应，输出信号与输入信号之间可以具有特定的相位差，并且输入信号中存在的多余频率分量也可以从输出信号中滤除。

基于压电材料的 MEMS 射频滤波器利用的是正压电效应，因此也被用作微尺度的化学和生物传感器。它可以用作高精度的质量测量装置，其测量依据为：当压电谐振器上积累了任何外部来源（例如化学或生物物质的释放源）施加的额外

图 8.4　压电材料应用

质量时，其会发生谐振频率变化。图 8.5 所示是通过在一个 AT 切型石英盘上施加电压而产生的剪切波。该原理被应用于石英晶体微天平（QCM）等设备。

喷墨打印机使用压电驱动器，通过脉冲电流来控制驱动器的膨胀，压电驱动器通过膨胀对墨水进行挤压，从而使墨水从喷嘴喷出。基于压电效应的微流体泵与合成射流驱动器也利用了这一原理，用于实现主动流动控制。

图 8.5　AT 切型石英盘

3. 热膨胀和热应力

当固体材料的温度上升时，其结构体积会因此而增加，这种现象称为热膨胀。受热使得材料的动能增加，从而引发这一过程。

固体分子通常是紧密排列的，因此固体具有一定的结构形状。随着温度的上升，分子开始以更快的速度振动，并相互推挤。这一过程使相邻分子间的距离增大，引起固体发生膨胀，进而使固体结构的体积增大。图 8.6 所示为支架内部温度分布。

热膨胀产生热应力，随着结构体积的增加，固体单元会承受更高水平的应力。热应力会对固体结构的强度和稳定性产生很大的影响，并可能使某些组件出现裂纹或断裂。这些故障会破坏结构的整体设计，从而导致潜在的强度减弱和变形。如图 8.7 所示，支架在外加温度作用下产生应力，在应力最大的区域，支架发生变形。

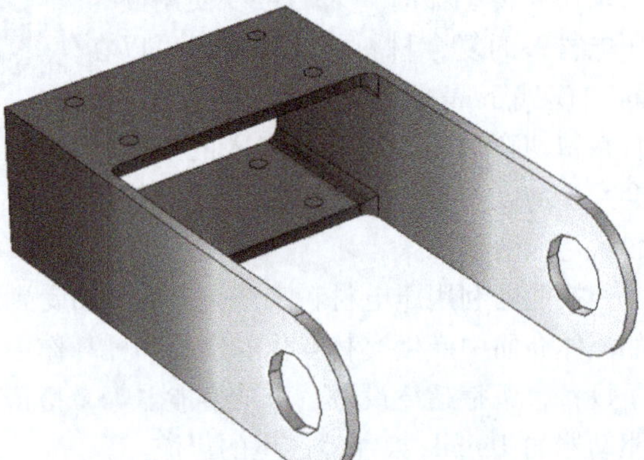

图 8.6　支架内部温度分布

焊接残余应力便是众多例子中的一个。在焊接过程中，将金属部件的表面熔化并将它们放在一起，这样就能在部件之间形成黏接，当材料再次固化后，它们便会焊接在一起。焊接后的装配结构在冷却过程中，由于热膨胀系数不同，某些焊接区域比其他区域的收缩更大，这就导致焊接区域内产生了残余应力。

热膨胀在设计中的应用如下：

在设计过程中，我们必须考虑热膨胀以及由此产生的应力，以实现最佳的材料性能。为此，我们需要研究传热与结构力学之间的关系，并将结构的材料和位移场作为研究重点。以

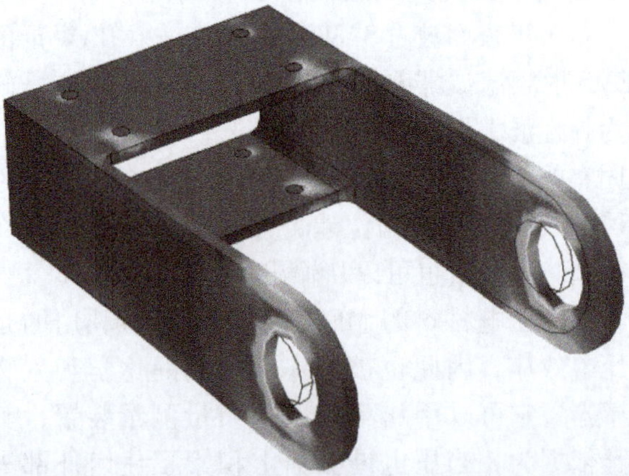

图 8.7　支架热应力

伸缩缝为例。伸缩缝经常被应用在建筑物、桥梁和铁路的设计中，用来帮助释放因温度升高而引起的内部应力。这些采用结构组件实现分离的设计对位移进行了补偿，在减少结构组件受到的热应力以及结构裂缝控制方面起着至关重要的作用。然而，有些设计方案却需要利用热膨胀及其产生的应力。在一种称为热配合 的过程中，通过将一个外部组件加热到膨胀点，从而使其与对应的内部组件实现装配。这种加热技术形成的连接，可以将两个单独的零件固定在一起。当两个组件达到相同的温度时，连接强度会变得更高。

图 8.8 所示为燃气轮机中的冷却剂管道与定子叶片之间的热交换。燃气轮机主要在高温和高压环境下工作，由能够承受极端条件的组件构成。由于热燃烧气体会流经涡轮的定子和转子，因此，这些组件存在破裂和失效的潜在风险。为了防止由此造成的变形，可以从高压压气机外壳的叶片中抽取冷空气，并由燃烧室将其推进涡轮机壳。此时冷空气作为冷却剂，用于在激烈条件下稳定涡轮部件。在叶片侧表面进行的薄膜冷却以及在管道中进行的内部冷却，会直接作用在燃烧室后部，从而提升涡轮机抵抗热应力的能力。定子叶片与内部冷却管之间的热交换会使叶片内产生温度梯度。叶片内的温度位移有助于整体结构的冷却，并防止整个叶片达到燃烧气体的温度。冷却剂的存在能够抑制燃气轮机内的热膨胀，以及因体积增加可能产生的应力。

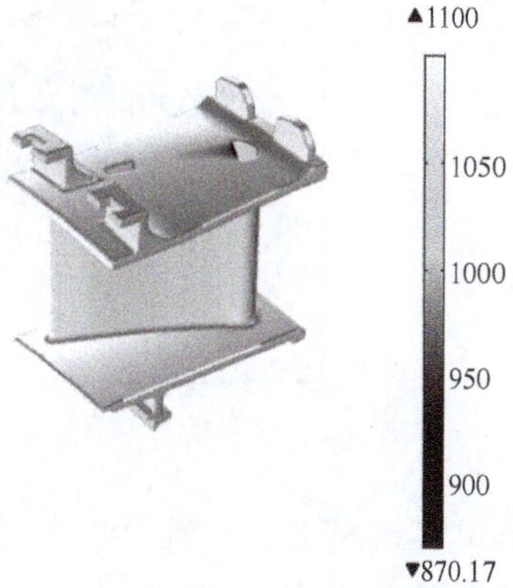

图 8.8　燃气轮机中的热交换

4. 声-结构相互作用

声学是研究声音的物理学分支。声音是一种感觉，人们通过声音可以感受到声压在大气压上下非常微小而快速的变化。我们将这些变化描述为压力波在空间和时间上的传播，其中波峰和波谷分别表示压力的最大值和最小值。

当振动结构体对传递声压波的气体或液体（流体）产生干扰时，便会产生声音。这里所说的“振动结构体”可以是板、膜等，这一过程也称为声-结构相互作用。流体介质中的压力波也会在固体中产生振动，这种相互作用是双向的，尽管有时表现为在某个方向上的作用占主导地位。图 8.9 所示为音响扬声器驱动器示意图。

声-结构相互作用涉及两个不同学科领域的物理场耦合：声学和结构力学。在某些应用中，流体中的声压波和固体的振动都非常强烈，产生显著的相互影响，由此形成双向耦合。

声-结构相互作用示例如下：

在扬声器中，音圈的结构位移使扬声器纸盆膜片发生振动。这会引起周围空气的压力发生变化，从而产生能够让人听到的声音信号。

当扬声器纸盆发出频率非常低的声音时，仔细观察就能发现它在前后移动。当纸盆向前移动时，它会压缩前面的空气，从而增加空气压力；它向后移动并越过初始位置后，便会减小空气压力。纸盆的连续运动产生了波，并使波在交替的高压和低压下以声速向外传播。扬声器纸盆周围的空气也会影响纸盆的运动，例如，附加质量便是其中一个影响因素。在扬声器的设计和优化过程中，我们需要考虑各种因素的影响。

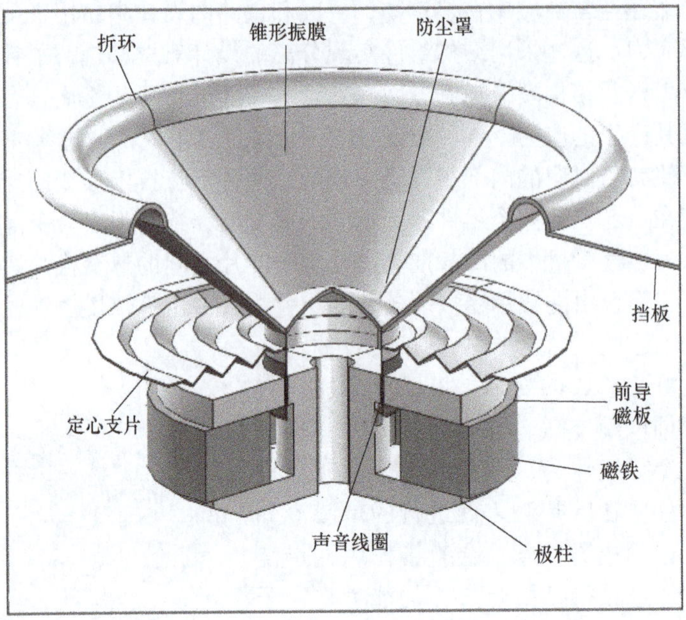

图 8.9 音响扬声器驱动器示意图

在某些情况下，介质中的声压波可以用来使固体产生振动，例如，超声成像、无损阻抗测试和振动微镜（图 8.10）等。

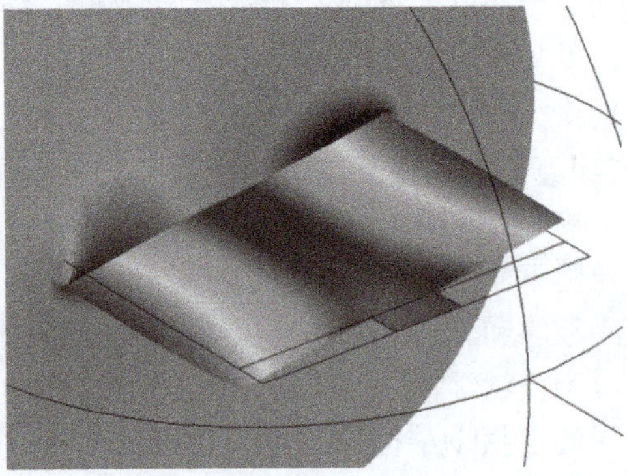

图 8.10 振动微镜的变形和速度波动

5. 流-固耦合

流-固耦合是描述流体动力学和结构力学的定律之间的多物理场耦合。这种现象的特点是变形结构或运动结构与周围或内部的流动流体之间的相互作用，这种相互作用既可以是稳定的，也可以是振荡的。当流动的流体与固体结构接触时，固体会受到应力和应变作用，这会使结构产生变形。变形的大小取决于流体的压力、流速以及实际结构的材料属性等，如图 8.11 所示。

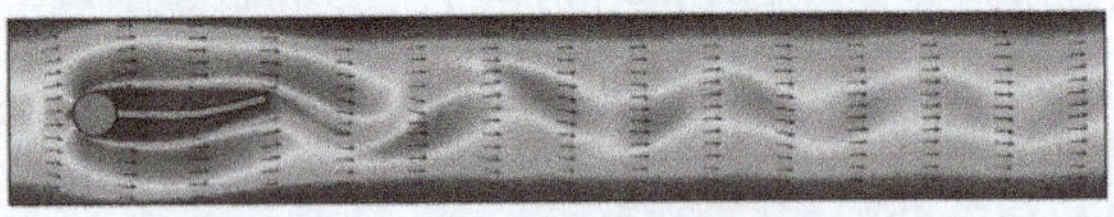

图 8.11 模型描述结构中的速度场和 von Mises 应力

如果结构的变形非常小，并且随时间的变化也相对缓慢，流体的特性不会受到变形的影响，则此时我们只需考虑固体部分受到的应力。但如果变形随时间的变化非常快（每秒超过若干周期），那么即使是小结构变形也会在流体中产生压力波，这些压力波会使振动结构产生声辐射。这类问题可以归结为声-结构相互作用，而不是流-固耦合。

然而，如果结构发生大变形，流体的速度和压力场就会因此发生改变，此时我们需要将其作为双向耦合问题进行多物理场分析：流体流动和压力场会影响结构变形，而结构变形又反过来影响流体的流动和压力。图 8.12 所示表示流体使钢制容器产生 von Mises 应力。

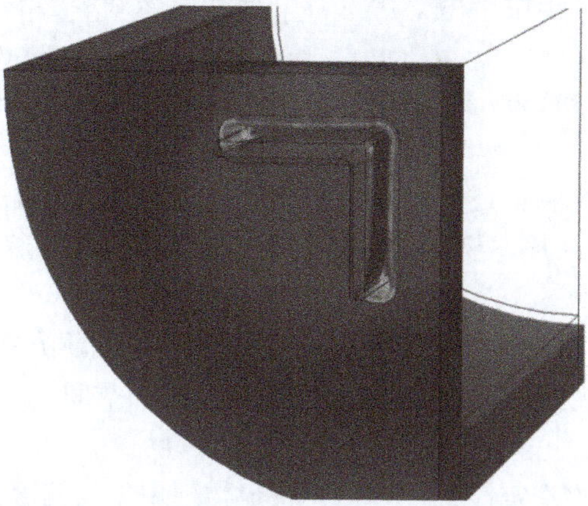

图 8.12　流体使钢制容器产生 von Mises 应力

流-固耦合在设计和建模中的应用如下：

在设计过程中，人们有时希望利用流-固耦合产生的显著效应，有时又希望避免其带来的负面影响。

举例来说，蠕动泵等设备就是利用明显的结构变形，在不破坏活细胞的情况下，实现轻缓泵血。这种泵由柔性管和刚性滚轮组合而成，设计人员必须考虑流体速度、流体中的剪切速率以及管中的应力和变形。

工业搅拌机尽管具有运动部件，但其中的搅拌桨基本上可以看作搅动流体的刚性部件。在分析这类系统时，混合效率是需要计算的最重要的一个量。设计人员可以根据需要来计算搅拌器中的应力。在计算固体材料中的应力时，甚至可以将固体结构看作完全静止的障碍物，阻碍流体的流动。

在对此类系统进行建模时，可以从多种适用的建模方法中进行选择。我们可能需要模拟分别描述流体流动和固体变形的纳维-斯托克斯方程和固体力学方程。对于不同的流态，可以通过不同的形式来求解纳维-斯托克斯方程。当为润滑膜建模时，我们甚至可以将流动模型简化为一个薄膜。这些结构既可以看作刚性的，产生的变形非常小，在流体流动问题中忽略不计；也可以看作发生了大变形，对流体流动造成严重影响。针对具体的情况对各种建模方法进行恰当的组合，是求解流-固耦合问题的关键。

8.2　多物理场耦合仿真基础

8.2.1　物理定律、数学模型和偏微分方程

1. 物理定律

多物理场耦合仿真的核心是理解和应用基本的物理定律。这些定律描述了自然界中物理量之间的基本关系，是构建数学模型的基石。

主要涉及以下几个方面：

1）牛顿运动定律：描述力与物体运动状态变化之间的关系，是力学问题仿真的基础。

2）麦克斯韦方程组：电磁学的基本方程，描述电场和磁场如何由电荷和电流产生及其相互作用。

3）纳维-斯托克斯方程：流体力学中描述流体运动的方程，涵盖了流体的连续性、动量和能量守恒。

4）傅里叶热传导定律：描述热量如何在物质内部传播，是解决热问题的基础。

5）福克-普朗克方程：描述物质扩散的过程，主要模拟化学物质的分布和反应。

2. 数学模型

在多物理场耦合仿真中，数学模型是连接物理定律与计算仿真的桥梁。它们通常由一组偏微分方程构成，这些方程表达了物理量如何随时间和空间变化。建立数学模型的关键步骤如下：

1）方程推导：基于物理定律，推导描述特定物理现象的偏微分方程。

2）边界条件定义：指定仿真区域边界上物理量的值或其变化率，这对求解偏微分方程至关重要。

3）初始条件设置：为动态过程设定初始状态，例如初始速度、温度分布等。

4）耦合条件的施加：定义不同物理过程之间的相互作用，如温度对电阻的影响或流体流动对结构变形的作用。

3. 偏微分方程

偏微分方程在多物理场耦合仿真中用于描述物理量如何在多个变量（如时间和空间）上变化。常见的偏微分方程如下：

1）椭圆型方程：如静态电场和温度分布问题中的泊松方程。

2）抛物型方程：如热传导方程，描述物理量随时间和空间的变化。

3）双曲型方程：如声波方程，描述波动现象。

由于偏微分方程通常没有解析解，因此必须使用数值方法求解。这些方法如下：

1）有限元法：将连续系统离散化为有限元素，广泛用于结构、热和电磁问题。

2）有限差分法：通过构建偏导数的离散近似来求解方程。

3）有限体积法：适用于流体动力学问题，保证守恒律的满足。

8.2.2 电磁学基本方程

电磁学属于工程领域，传统上来说，人们是通过分属于众多子领域（例如静电学或光学）的专业术语和设备来逐渐了解电磁学的。静电设置中使用的设备（如电容器）和光学器件（如光纤）几乎没有共同之处，且它们的特性有很大的差异，但所有这些应用基本上都用麦克斯韦方程组进行描述。在工程应用中，这些方程几乎总是需要使用其他定律作为补充，通过这些定律来描述电磁场与介质相互作用的方式。

宏观电磁分析问题是在一定边界条件下求解麦克斯韦方程组的问题。麦克斯韦方程组是一组以微分或积分形式编写的方程，描述了基本电磁量之间的关系。这些基本电磁量是：电场强度 $\boldsymbol{E}$、电位移场 $\boldsymbol{D}$、磁场强度 $\boldsymbol{H}$、磁感应强 $\boldsymbol{B}$、电流密度 $\boldsymbol{J}$、电荷密度 ρ。

任意电磁场都必须满足麦克斯韦方程组，微分形式的麦克斯韦方程组如下。

法拉第电磁感应定律：

$$\nabla\times\boldsymbol{E}=-\frac{\partial\boldsymbol{B}}{\partial t}$$

安培环路定理：

$$\nabla\times\boldsymbol{H}=\boldsymbol{J}+\frac{\partial\boldsymbol{D}}{\partial t}$$

高斯定理：

$$\nabla\cdot\boldsymbol{D}=q$$

磁通守恒定律：

$$\nabla\cdot\boldsymbol{B}=0$$

在介质内，麦克斯韦方程组还需要补充电磁本构关系才能形成完备的控制方程，对各向同性线性介质来说，有

$$\boldsymbol{D}=\varepsilon_0\varepsilon_r\boldsymbol{E}$$
$$\boldsymbol{B}=\mu_0\mu_r\boldsymbol{H}$$
$$\boldsymbol{E}=\rho\boldsymbol{J}$$

式中，ε_0，ε_r 为真空介电常数和相对介电常数；μ_0，μ_r 为真空中的磁导率和材料的相对磁导率；ρ 为材料的电阻率。

为了获得电磁问题的完整描述，必须在材料界面和物理边界处指定边界条件。在两种介质之间的界面处，边界条件可以用数学方式表示为

$$\boldsymbol{n}_2\cdot(\boldsymbol{D}_1-\boldsymbol{D}_2)=\rho_S$$
$$\boldsymbol{n}_2\times(\boldsymbol{E}_1-\boldsymbol{E}_2)=0$$
$$\boldsymbol{n}_2\cdot(\boldsymbol{B}_1-\boldsymbol{B}_2)=0$$
$$\boldsymbol{n}_2\times(\boldsymbol{H}_1-\boldsymbol{H}_2)=\boldsymbol{J}_S$$

式中，ρ_S，$\boldsymbol{J}_S$ 分别为表面电荷密度和表面电流密度；$\boldsymbol{n}_2$ 为介质二的向外法线。

电流密度的边界条件表示为

$$\boldsymbol{n}_2\cdot(\boldsymbol{J}_1-\boldsymbol{J}_2)=-\frac{\partial\rho_S}{\partial t}$$

8.2.3　固体力学基本方程

固体力学（或结构力学）属于应用力学的分支领域，其研究的主要内容包括计算固体材料的变形、应力和应变，通常用来确定结构（例如桥梁）的强度，以防止发生损坏或事故。结构力学分析的其他一些作用还包括：确定结构的柔性和计算动态力学性能，例如固有频率以及对瞬态载荷的响应。

固体力学研究与材料科学紧密相关，因为其中一个基本原则是使用合适的模型来描述所用材料的力学特性。不同类型的固体材料需要截然不同的数学描述，例如，金属、橡胶、土壤、混凝土和生物组织。

在力学中，结构可以分为静定结构和超静定结构。对于静定结构，系统中的所有力可以完全通过平衡条件进行计算。在现实生活中，普遍存在着超静定结构，至少在计算组件内部的应力分布时如此。在超静定结构中，我们必须考虑变形才能准确计算结构中的力。

对于超静定结构，几乎所有结构力学分析都依赖于相同的三类方程：平衡方程、协调方程和本构关系。然而，这些方程可以具有不同的形式，这取决于涉及的分析层面：连续体或者大规模结构。

（1）应力和平衡方程　平衡方程基于牛顿第二定律，它指出作用在一个物体上的所有力（包括任意惯性力）的总和为零，因此任意结构的所有部分都必须处于平衡状态。如果对材料的某个位置进行虚拟切割，则切割中必须存在与外载荷平衡的力。这些内力称为应力。

在三维中，材料中的应力用应力张量表示，可以写为

$$\boldsymbol{\sigma}=\begin{pmatrix}\sigma_{xx} & \sigma_{xy} & \sigma_{xz}\\ \sigma_{yx} & \sigma_{yy} & \sigma_{yz}\\ \sigma_{zx} & \sigma_{zy} & \sigma_{zz}\end{pmatrix}$$

应力张量中的各个元素表示材料单位面积上的力分量。其中一个下标表示力分量的方向，另一个下标表示受力表面的法线方向。从力矩平衡方面考虑，应力张量是对称的，并且包含六个单独的值。

从应力角度看，牛顿第二定律可以表述为

$$\nabla\cdot\boldsymbol{\sigma}+\boldsymbol{f}=\rho\frac{\partial^2\boldsymbol{u}}{\partial t^2}$$

式中，$\boldsymbol{f}$ 为单位体积力；ρ 为质量密度；$\boldsymbol{u}$ 为位移矢量。

（2）应变和协调方程　协调关系是对变形的要求。举例来说，在一个框架中，在某个点接合的所有构件的端部都必须沿同一方向移动相同的距离。

在材料内部，局部变形通过表示相对变形的应变来描述。对于简单的杆件轴向拉伸来说，工程应变 ε 是位移 Δ 与原始长度 L_0 之比。

在一般的三维问题中，应变也可以用对称张量来表示：

$$\boldsymbol{\varepsilon}=\begin{pmatrix}\varepsilon_{xx} & \varepsilon_{xy} & \varepsilon_{xz}\\ \varepsilon_{yx} & \varepsilon_{yy} & \varepsilon_{yz}\\ \varepsilon_{zx} & \varepsilon_{zy} & \varepsilon_{zz}\end{pmatrix}$$

其中，各个元素均被定义为位移的导数，即

$$\begin{pmatrix}\varepsilon_{xx}\\ \varepsilon_{yy}\\ \varepsilon_{zz}\\ \varepsilon_{xy}\\ \varepsilon_{yz}\\ \varepsilon_{xz}\end{pmatrix}=\begin{pmatrix}\dfrac{\partial u}{\partial x}\\ \dfrac{\partial v}{\partial y}\\ \dfrac{\partial w}{\partial z}\\ \dfrac{1}{2}\left(\dfrac{\partial u}{\partial y}+\dfrac{\partial v}{\partial x}\right)\\ \dfrac{1}{2}\left(\dfrac{\partial v}{\partial z}+\dfrac{\partial w}{\partial y}\right)\\ \dfrac{1}{2}\left(\dfrac{\partial u}{\partial z}+\dfrac{\partial w}{\partial x}\right)\end{pmatrix}$$

由于应变张量的各个分量是根据位移场推导出来的，因此它们不具有任意空间分布特征，这就为连续体提供了协调条件。无论是在结构层面还是连续体层面，这些协调条件基本上都是几何关系。正如平衡关系一样，这些都是基本条件，不包含任何假设。

(3) 本构关系　本构关系是一种材料模型，是力和变形，或者应力和应变之间的桥梁。与上述两组方程不同，本构关系不能根据第一性原理推导出来，只是纯经验性的力学关系。热力学定律、对称条件以及类似的论点最多只能为可用于材料模型的数学结构提供一些限制条件。

从数学角度来看，材料模型将应力和应变联系起来。在少数情况下，对于弹性材料来说，这种关系是独一无二的，其中通常还包含时间导数（如黏弹性材料）或以前应变的记忆（如塑性材料）。对于每种材料，我们都需要进行测量，然后将这些测量值拟合到适当的数学模型中。

1）线弹性材料。最基本的材料模型是线弹性，其中的应力与应变成正比。举例来说，在结构层面上，线弹性意味着梁的挠度与所承受的外加载荷成正比。在实践中，这种材料模型通常能够满足需求。

各向同性线弹性材料可以由两个独立的材料常数来表征，我们通常选择弹性模量 E 和泊松比 $\boldsymbol{v}$。

假设一个横截面面积为 A、长度为 L 的棒材，受到轴向力 F 的作用，轴向应力是力与横截面面积之比：

$$\sigma_{xx}=\frac{F}{A}$$

如果测得的伸长率为 Δ，则轴向应变为

$$\varepsilon_{xx}=\frac{\Delta}{L}$$

弹性模量给出了轴向应力与轴向应变之间的关系：

$$\sigma_{xx}=E\varepsilon_{xx}$$

应力和应变或者力和位移之间的比例称为胡克定律。结合上述方程，可以得到棒材的刚度关系为

$$F=\frac{EA}{L}\Delta$$

通常情况下，承受拉力的棒材不仅会在横向上伸长，还会产生收缩。横向应变与轴向应变之间的关系由泊松比给出，即

$$\varepsilon_{yy}=\varepsilon_{zz}=-\upsilon\varepsilon_{xx}$$

胡克定律的三维推广形式可以写为

$$\begin{pmatrix}\sigma_{xx}\\ \sigma_{yy}\\ \sigma_{zz}\\ \sigma_{xy}\\ \sigma_{yz}\\ \sigma_{xz}\end{pmatrix}=\boldsymbol{D}\begin{pmatrix}\varepsilon_{xx}\\ \varepsilon_{yy}\\ \varepsilon_{zz}\\ \varepsilon_{xy}\\ \varepsilon_{yz}\\ \varepsilon_{xz}\end{pmatrix}$$

式中，**D** 为对称的 6×6 矩阵。

对于最一般的各向异性材料，**D** 包含 21 个独立常数；对于各向同性材料，**D** 只是 E 和 v 的函数：

$$\boldsymbol{D}=\frac{E}{(1+v)(1-2v)}\begin{pmatrix}(1-v) & v & v & 0 & 0 & 0\\ v & (1-v) & v & 0 & 0 & 0\\ v & v & (1-v) & 0 & 0 & 0\\ 0 & 0 & 0 & \dfrac{(1-2v)}{2} & 0 & 0\\ 0 & 0 & 0 & 0 & \dfrac{(1-2v)}{2} & 0\\ 0 & 0 & 0 & 0 & 0 & \dfrac{(1-2v)}{2}\end{pmatrix}$$

2）边界条件。必须施加适当的边界条件，才能为固体力学问题建立完整的公式。

3）指定位移。通常物体的某些边界的位移是已知的，例如一座建筑物静置于地面上。如果已知位移不足以抑制所有可能的刚体运动，则不可能完全确定位移场。在已知外载荷的情况下，由于不考虑绝对位移，我们仍可以计算应力。不过，数值解通常需要一组足够的指定位移。在数学上，指定位移提供了狄利克雷条件。

在大多数固体力学分析中，外力是问题公式的一部分。力可以是体力，例如重力或离心力。此类载荷是控制偏微分方程的组成部分，而不是边界条件。此外，还有一种载荷作用在边界上，例如管道中的内压或雪在屋顶上施加的力。这种情况实际上是诺伊曼边界条件。在某些情况下，载荷的方向会随变形发生变化，此类载荷称为随动载荷。由于这种载荷会引起变形，这种变形反过来又改变载荷，因此，这些载荷会导致非线性问题。

（4）稳态和动态问题 广义牛顿第二定律包含加速度产生的惯性力。在许多情况下，载荷变化缓慢，动态项可以忽略。这一假设在实际工程中很常见，这种公式称为静态、稳态或准静态公式。

1）特征频率。结构总是具有质量的。通过牛顿第二定律实现的惯性与弹性组合，可以产生具有二阶时间导数的微分方程，例如从上面讨论的纳维-斯托克斯方程中就可以看出这一点。这种方程通常具有波型解。通过使用适当的边界条件并假设波型解，由此得到的方程组可以表示特征值问题。求解特征值问题可以得到一组特征值，称为特征频率或固有频率。

从物理角度看，这意味着弹性结构往往会在一些不同的频率下产生振动。每个特征频率对应的变形模式称为特征模态。

确定结构的特征频率几乎是所有动态分析的核心，原因在于这一结果表明了结构发生共振的频率。通过确定特征频率，可以看出特定载荷的时间尺度是否能够引起动态放大。

2）动载荷。如果载荷随时间变化的时间尺度与结构的某些固有频率的周期相当，就需要考虑动态响应。动载荷可分为确定性载荷和随机载荷。对于确定性载荷，影响结构的所有载荷的历史都是完全已知的，机器零件中通常施加这种载荷。除非从平均意义上来看，否则随机类型的载荷不具有可预测的时间历史，风载荷和地震载荷就属于这类载荷。

3）瞬态载荷。人们习惯采用完整的时间历史作为对确定性载荷最一般的描述。在计算位移和应力时，必须结合一组适当的初始条件来求解控制微分方程，通常，人们会使用某种类型的时间步进算法以数值方式进行求解。

4）谐波载荷。在实践中，载荷发生谐波变化是很常见的，旋转电机中常常发生这种情况。如果结构具有线性特性，那么一旦有任何瞬时启动的变化消失，此时的响应就是谐波响应。这类问题可以在频域中进行有效求解。如果谐波载荷的频率接近结构的固有频率，则与稳态解相比，响应明显增大。在共振时，也就是载荷频率与固有频率完全一致时，振幅变得非常大。位移仅受结构阻尼的限制，这种阻尼通常较小。

在计算谐波载荷时，通常需要研究频率响应。这意味着需要分析许多加载频率的响应，计算结果显示为频率的函数。

如果问题是非线性的，当涉及机械接触时，即使是谐波载荷，其响应也不再是谐波响应。在大多数情况下，这种问题必须作为一般的瞬态问题进行求解。

5）随机载荷。以高层建筑所承受的风载荷作为随机载荷的例子。平均风速沿塔楼发生变化，有时还有阵风，其强度和持续时间是随机的。此外，在研究结构的不同位置时，并不总是同时会有阵风。如果存在多个测量值，理论上可以对每个测量结果执行瞬态分析。然而，这并不能覆盖将来出现的任何阵风情况，因为将来的情况与测量结果不完全相同。

对于随机载荷情况，载荷最好通过其统计特征进行描述，通常以功率谱密度的形式给出。因此，对这种载荷的位移或应力响应也用统计术语进行描述。

8.2.4　流体力学基本方程

如今我们可以使用各种数学模型来描述流体运动，不仅如此，还可以使用许多工程相关模型来分析一些特殊情况。然而，最完整、最准确的描述方法当属偏微分方程。举例来说，流场可以通过质量、动量和总能量的平衡来表征，这种平衡用连续性方程、纳维-斯托克斯方程以及总能量方程进行描述：

$$\begin{cases}\dfrac{\partial\rho}{\partial t}+\nabla\cdot(\rho\boldsymbol{u})=0\\ \dfrac{\partial\rho\boldsymbol{u}}{\partial t}+\nabla\cdot(\rho\boldsymbol{u}\boldsymbol{u})=-\nabla p+\nabla\cdot\boldsymbol{\tau}+\boldsymbol{F}\\ \dfrac{\partial}{\partial t}\left[\rho\left(e+\dfrac{1}{2}u^2\right)\right]+\nabla\cdot\left[\rho\boldsymbol{u}\left(e+\dfrac{1}{2}u^2\right)\right]=\nabla\cdot(k\nabla T)+\nabla\cdot(-p\boldsymbol{u}+\boldsymbol{\tau}\cdot\boldsymbol{u})+\boldsymbol{u}\cdot\boldsymbol{F}+Q\end{cases}\tag{8.1}$$

式中，$\nabla\cdot$ 为散度算符；$\boldsymbol{u}$ 为速度矢量；u 为速度大小；e 为单位质量内能；k 为导热系数；$\boldsymbol{\tau}$ 黏性应力张量；$\boldsymbol{F}$ 为流体所受外力；Q 为内热源。

这些数学模型方程的解可以给出建模域中流体的速度场 $\boldsymbol{u}$、压力 p 以及温度 T。

一般来说，这一方程组能够描述微流体装置中的蠕动流、换热器中的湍流，甚至是喷气式战斗机周围的超声速流等各种流动。尽管可以对微流体装置求解整个方程（8.1），但工作量非常大。鉴于此，计算流体动力学的主要研究方向是如何恰当地选择方程（8.1）的近似方程，实现以合理的计算成本得到精确的分析结果。

1. 不可压缩流体

如果一种流体的密度变化非常小，即 $\dfrac{\Delta\rho}{\rho}\ll 1$，那么该流体可视为不可压缩流体。液体

（温度变化明显的情况除外）以及中等压力和温度变化的气体都属于这种流体。如果我们可以忽略黏性耗散导致的发热（称为黏性加热），并假设流体为牛顿流体，则方程（8.1）可以简化为

$$\begin{cases}\nabla\cdot\boldsymbol{u}=0\\ \boldsymbol{u}\dfrac{\partial\boldsymbol{u}}{\partial t}+\rho\boldsymbol{u}\cdot\nabla(\boldsymbol{u})=-\nabla p+\nabla\cdot[\mu(\nabla\boldsymbol{u}+\nabla\boldsymbol{u}^{\mathrm{T}})]+\boldsymbol{F}\\ \rho C_P\dfrac{\partial T}{\partial t}+\rho C_P\boldsymbol{u}\,\nabla T=\nabla\cdot(k\,\nabla T)+Q\end{cases}\tag{8.2}$$

方程组（8.2）第二式是著名的纳维-斯托克斯方程，以法国物理学家纳维和爱尔兰物理学家斯托克斯的名字命名。纳维首先推导出了这组方程，但斯托克斯首次对黏性项背后的物理机制给出了解释，这一方程组因此而得名。

在某些情况下，方程组（8.1）第一式，即连续性方程，也包含在纳维-斯托克斯方程中。由式（8.2）可以看出，能量方程已改写成温度方程，使后续计算简便了很多。在不可压缩流动的黏度与温度无关的情况下，与纳维-斯托克斯方程完全解耦的温度方程可用于求解不可压缩流动。

对于具有恒定黏度和密度的流体的流动，纳维-斯托克斯方程的解可以给出流速和压力场。如果需要得到温度场相关信息，则可以单独求解温度。

2. 雷诺数

流体流动的核心概念是雷诺数，其定义为

$$\mathrm{Re}=\frac{\rho UL}{\mu}$$

式中，U 为典型的速度尺度；L 为典型的长度尺度；μ 为黏度；ρ 为密度。

在没有体力的情况下，如果密度和黏度均恒定，则可以推导出纳维-斯托克斯方程［方程组（8.2）第二式］的无量纲形式，即

$$\frac{\partial\boldsymbol{u}'}{\partial t}+\boldsymbol{u}'\cdot\nabla\cdot(\boldsymbol{u}')=-\nabla p'+\frac{1}{\mathrm{Re}}\Delta\boldsymbol{u}\tag{8.3}$$

其中，$p'=\dfrac{(p-p_0)}{(\rho U^2)}$，$p_0$ 为压力水平。

由方程（8.3）可知，雷诺数用于度量黏性应力的相对重要性。低雷诺数意味着流动完全由黏性效应控制，而当雷诺数非常高时，流动基本上接近无黏性状态。

需要注意的是，特定的流型可能使用多种雷诺数来表征，例如，通道流可能基于通道半宽或通道全宽；速度既可以是平均速度，也可以是最大速度。由此可见，知道哪个长度尺度和速度尺度与特定的雷诺数相关非常重要，在比较相似流型的雷诺数时尤其如此。

3. 斯托克斯流

雷诺数非常低的流动称为蠕动流。例如，在微流体系统（见图 8.13）或润滑系统中可能产生这种流动。

斯托克斯方程常用于模拟微流体中的流动。在 Re→0 限制下的流动称为斯托克斯流。通常，斯托克斯流支持随时间变化和变材料属性，但经典斯托克斯流描述的是不可压缩准静态条件下的流动，即

$$\begin{cases}\nabla\cdot\boldsymbol{u}=0\\0=-\nabla p+\mu\Delta\boldsymbol{u}\end{cases}\tag{8.4}$$

方程组（8.4）以爱尔兰物理学家乔治·加布里埃尔·斯托克斯的名字命名，他首次使用这些方程描述了黏性动量传递。在能量方程中保留哪些项取决于流体，其中对流项通常可以忽略不计，压力功的作用也可以忽略不计。而有时候，分析黏性发热对于斯托克斯流很有意义，例如在轴承和其他润滑应用中。

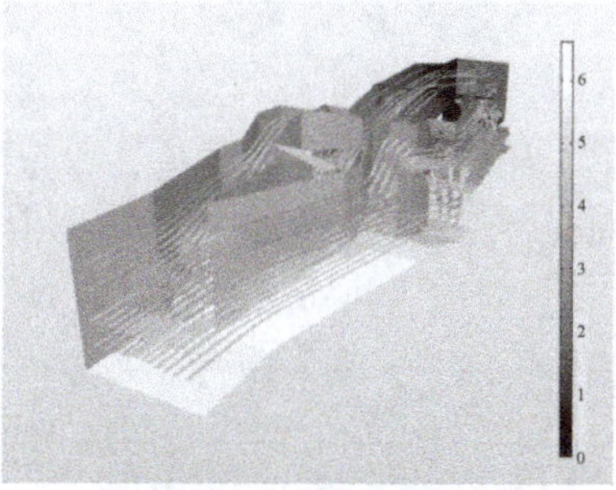

图 8.13　微流体系统

4. 湍流

在湍流中，雷诺数用于度量惯性效应而非黏性效应的重要性。只要雷诺数不太大，黏性效应就会抑制流场中的扰动，这种流动称为层流。由于黏度会使任何足够小的流动结构发生耗散，因此求解层流方程通常是可行的。

雷诺数越高，惯性效应相比于黏性效应就越占主导地位。当雷诺数足够高时，任何小扰动都会在平均流动量的作用下放大，从而引发新的流动结构。这种现象称为过渡。

完成过渡的流动称为湍流，典型特征是，看上去像混乱的涡流，其长度尺度范围非常大，大涡流几乎可以大到占据整个计算域，而小的耗散涡流则可能小到微米尺度。如此大的尺度范围意味着在合理的计算成本下，使用纯纳维-斯托克斯方程能够模拟的湍流非常有限。对于一些非常简单的流动，我们可以进行直接数值仿真，但需要大量的计算资源。

为了在无须访问超级计算机的情况下就能计算流场和压力场，我们通常采用近似湍流模型。各种湍流模型制定了不同类型的守恒表达式，可用于平均意义上的湍流，例如，这些小涡流可能具有的动能守恒（称为湍动能）。湍动能等守恒属性用于对黏度产生额外贡献，称为涡流黏度。这种涡流黏度可以增大动量的黏性传递，从而模拟我们无法求解的小尺度涡流传递的动量。

工程中最常用的湍流模型是雷诺平均纳维-斯托克斯模型，其中模拟的物理量为时均量，引入一个物理量来描述其中的脉动量，通常称之为雷诺应力。不可压缩流动的雷诺平均纳维-斯托克斯方程为

$$\begin{cases}\nabla\cdot\overline{\boldsymbol{u}}=0\\\rho\overline{\boldsymbol{u}}\cdot\nabla(\overline{\boldsymbol{u}})=-\nabla\overline{p}+\nabla\cdot[\mu(\nabla\overline{\boldsymbol{u}}+\nabla\overline{\boldsymbol{u}}^{\mathrm{T}})-\rho\overline{\boldsymbol{u}'\boldsymbol{u}'}]+\overline{\boldsymbol{F}}\end{cases}\tag{8.5}$$

式中，符号上的横线表示平均量，撇表示离均差。

8.2.5　传热学基本方程

热是一种类似于功的能量形式，它在系统内部传输，或者从一个系统传递到另一个系统。这种能量能够以动能或势能的形式储存在系统的原子和分子中。

每单位时间传递的热量（传热率）取决于定义传递模式的基础物理机制，传热形式包括如下内容：

1）传导。热传导（或扩散）是不同介质中不同机制的结果。理论上，它是因分子碰撞而在气体中发生的；在流体中，因每个分子在由其邻近分子形成的“笼子”中的振荡而发生的；在金属中，主要通过电子携带热量；在其他固体中，主要通过分子运动；在晶体中，分子运动采取称为声子的晶格振动形式。

在连续介质中，傅里叶热传导定律指出传导热通量 $\boldsymbol{q}$ 与温度梯度成正比：

$$\boldsymbol{q}=-k\,\nabla T$$

式中，比例系数 k 为热导率，取正值意味着热量从高温区域流向低温区域，更一般地，在各向异性介质（例如复合材料）中，热导率可以采用对称正定二阶张量（矩阵）的形式。

2）对流。热对流（有时称为热平流）是通过流体的净位移发生的，也指从固体表面到流体的散热，通常由传热系数描述。

3）辐射。辐射传热是通过光子的传输进行的。

1. 固体传热理论

固体传热理论主要方程为

$$\rho C_p\left(\frac{\partial T}{\partial t}+\boldsymbol{u}_{\text{trans}}\cdot\nabla T\right)+\nabla\cdot(\boldsymbol{q}+\boldsymbol{q}_r)=-\alpha T:\frac{\mathrm{d}S}{\mathrm{d}t}+Q \tag{8.6}$$

式中，ρ 为密度；C_p 为恒定应力下的比热容；T 为绝对温度；$\boldsymbol{u}_{\text{trans}}$ 为平移运动的速度矢量；$\boldsymbol{q}$ 为传导热通量；$\boldsymbol{q}_r$ 为辐射热通量；α 为热膨胀系数；S 为第二个 Piola-Kirchhoff 应力张量；Q 为附加热源。

对于稳态问题，温度不随时间变化，并且时间导数项消失。

式（8.6）右侧第一项是热弹性阻尼，用于解释固体中的热弹性效应：

$$Q_{\text{ted}}=-\alpha T:\frac{\mathrm{d}S}{\mathrm{d}t}$$

式中，$\dfrac{\mathrm{d}}{\mathrm{d}t}$算子是材料导数。

2. 流体传热理论

流体传热理论主要方程为

$$\rho C_p\left(\frac{\partial T}{\partial t}+\boldsymbol{u}\cdot\nabla T\right)+\nabla\cdot(\boldsymbol{q}+\boldsymbol{q}_r)=\alpha_p T\left(\frac{\partial T}{\partial t}+\boldsymbol{u}\cdot\nabla p\right)+\boldsymbol{\tau}:\nabla\boldsymbol{u}+Q \tag{8.7}$$

式中，ρ 为密度；C_p 为恒定应力下的比热容；T 为绝对温度；$\boldsymbol{u}$ 为速度矢量；$\boldsymbol{q}$ 为传导热通量；$\boldsymbol{q}_r$ 为辐射热通量；α_p 为热膨胀系数；$\boldsymbol{\tau}$ 为黏性应力张量；Q 为黏性耗散以外的热源。

式（8.7）右侧的第一项是压力变化所做的功，是绝热压缩下加热以及一些热声效应的结果：

$$Q_p=\alpha_p T\left(\frac{\partial T}{\partial t}+\boldsymbol{u}\cdot\nabla p\right)$$

对于低马赫数流，它通常较小。

式（8.7）右侧第二项表示流体中的黏性耗散：

$$Q_{\text{vd}}=\boldsymbol{\tau}:\nabla\boldsymbol{u}+Q$$

8.3 多物理场耦合求解方法

有限元分析软件可以帮助企业减少在产品或者流程的设计、优化或控制环节中，原型测试的原型数量和测试次数。对于企业和研究机构来说，有限元仿真分析带来的不仅仅是成本的降低，更重要的是在激烈的市场竞争中赢得优势，为研发投入带来了更大的回报。正因如此，近年来，越来越多的企业将更多的研发资源投入到有限元分析中。

一旦建立了能够准确预测真实物理参数的有限元分析模型，工程师就可以借助它来加强对物理现象的理解和认识，以大幅改进产品或过程的设计与运行。在此基础上，优化算法和自动控制的应用，可以进一步改进设计。目前的有限元分析软件大多已包含自动控制功能，并将这些功能嵌入数学和数值模型中，而优化算法也通常包含在求解过程中。

高保真模型的引入，可以帮助工程师加深理解、激发灵感，带来全新的设计和方案。正是因为这个原因，对于面临着激烈竞争的企业来说，有限元分析是研发部门不可或缺的工具。近年来，有限元分析软件的使用越来越广泛，已经从大型企业扩展到各行各业的中小型企业和涉及各个学科的研究型机构中。

基于数学模型表示的物理定律构成了有限元分析软件的基础。对于有限元分析来说，这些定律包括各项守恒定律、经典力学定律和电磁学定律。

通过使用有限元法将数学模型离散化，可以得到相应的数值模型；随后求解离散方程，并对结果进行分析，这就是有限元分析这一术语的含义。

通过数学语言对物理定律在空间和时间进行表述，即产生了偏微分方程。偏微分方程的解用因变量表示，如结构位移、速度场、温度场和电势场等。解是基于自变量 x、y、z 和 t 在空间和时间尺度上进行描述的。

求解给定系统的偏微分方程，不仅可以帮助我们理解所研究的系统，还可以对其做出合理的预测。有限元分析主要用于理解、预测、优化以及控制产品或过程的设计和运行。

8.4 多物理场耦合的应用实例

8.4.1 球形止回阀中的流-固耦合作用

流-固耦合场景中，流体会影响结构，结构也会影响流体流量，或者二者互相影响。在对基于流-固耦合运行的装置进行建模时，可能需要模拟其中一种单向影响，也可能需要模拟流体和固体相互影响。在本节中，我们研究在不同的流向和压力下，通过球形止回阀的流量。

止回阀是一个简单的两通阀，其中的流体沿一个方向流动，而另一个方向则无回流。球形止回阀是止回阀的一种，通过在阀内安装一个球来阻止回流。液体和凝胶（例如洗手液）分装瓶的小型泵头也可以看作球形止回阀。

根据用途，球形止回阀的设计有所不同。在一些变体中，阀中未安装球，而对于另一些变体，球是由弹簧辅助的。这些装置最大的共同点是价格便宜、尺寸小、生产和构造简单。

球形止回阀恰好是流-固耦合的一个示例。让我们通过球形止回阀模型案例，来看看如何使用有限元软件进行流-固耦合仿真。

在此模型中，将流-固耦合与机械接触相结合，来模拟用弹簧加载的球形止回阀的关闭。

球形止回阀模型涉及结构接触问题，其中流体围绕并作用在固体零件（阀体和球）

上。在这种情况下，两个互相接触的对象将完全切断流体的路径，因此建模非常困难。当阀门关闭时，拓扑结构发生变化，将一个流体域划分为两个不相交的域。此模型中处理该问题的方法是，在接触表面上添加一个小的偏移量，从而使得即使建立了接触，也始终存在一个小的流动通道。这样可以避免拓扑结构发生变化。流体流动所产生的通量可以忽略不计，并且压降只在非常短的距离上存在。

本案例中的球形止回阀通过可移动的弹簧球控制流动。如果没有施加入口压力，则球会通过弹簧中的预紧力与 O 形圈接触。如果沿操作方向对流动施加入口压力，当作用在球上的流体力大于弹簧载荷时，球与 O 形圈之间的缝隙就会打开。在反方向流动的情况下，球和 O 形圈之间的狭缝保持关闭，从而防止流体通过阀。图 8.14 显示了在最大打开位置处球周围的流体流动，图中的流体向上流动。

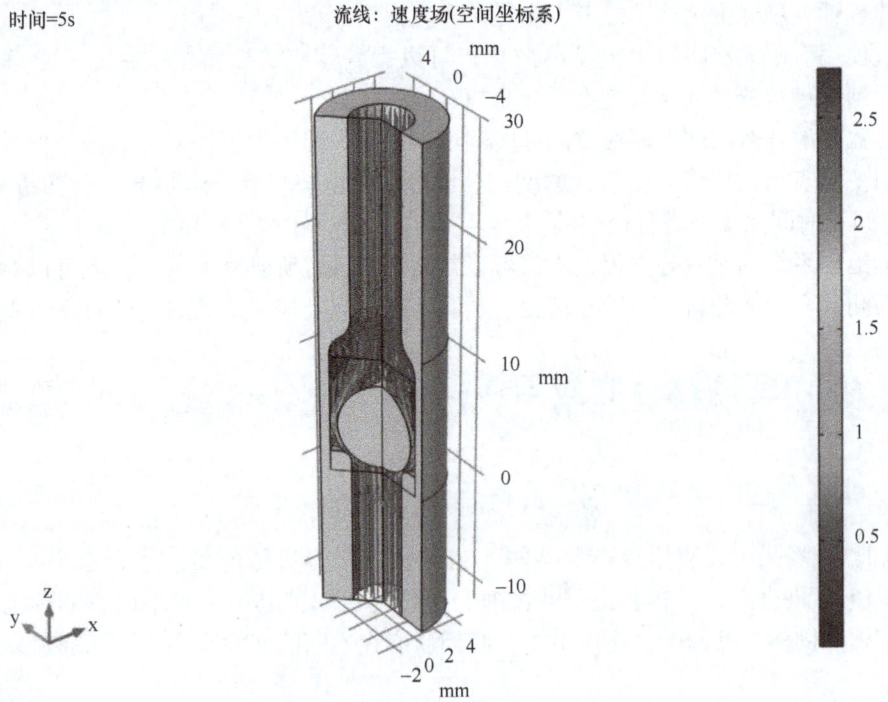

图 8.14　阀最大打开位置处速度场的三维视图

本例中，介绍了如何求解结构接触问题，即流体围绕并作用于可能接触的固体零件。模型定义：阀长 35mm，外径为 10mm；球腔内径为 8.4mm，球径为 7.2mm；管内径为 5mm；球腔长度为 10mm。如图 8.15 所示，模型几何结构简化为二维轴对称剪切模型。

1. 材料属性

球和阀体由钢制成，O 形圈由尼龙制成。材料属性见表 8.2。研究中所使用的流体是室温下的水。

2. 边界条件

球可沿对称轴自由移动，并承受弹簧载荷和流体力。使用流-固耦合多物理场时，流体力自动施加。尼龙 O 形圈连接到假定为刚性的阀体上。

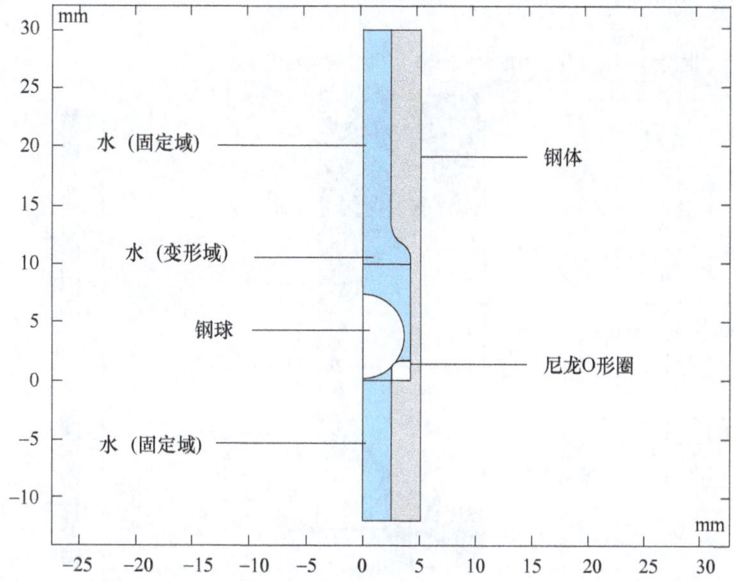

图 8.15　模型几何结构

表 8.2　阀材料属性

属　性	结构钢	尼龙
密　度	7850kg/m³	1150kg/m³
弹性模量	200GPa	2GPa
泊 松 比	0.3	0.4

模拟球与 O 形圈之间的结构接触。将球固定在 O 形圈上的弹簧未出现在几何结构中，而是使用了弹簧基座条件进行简化。弹簧常数为 4N/m，当球在阀中静止时，弹簧的预变形小于 5mm。为了确保一致的初始条件，使用平滑阶跃函数来增大弹簧预变形。

3. 湍流

为了研究阀的功能，首先应用逆流，然后应用操作流。上游（底部）和下游（顶部）边界分别定义为压力变化的入口和出口条件。最大压力为 25mbar。球周围的网格设置为自由变形，遵循 Yeoh 网格平滑变形，网格位移由边界处的结构位移控制，在与流体相邻的其余边界处，使用固定边界。

4. 结果与讨论

图 8.16 显示了阀最大开度时的流体速度，最大速度约为 2.7m/s，主流道及其周围的回流清晰可见。

图 8.17 显示了阀最大开度时流体中的压力分布和固体中的 von Mises 应力。

图 8.18 显示了阀处于最大反向压力下的流体压力和 von Mises 应力。

图 8.19 为接触区域的特写视图。

流动在接触区域中受阻时流体压降清晰可见，这种接触可以看作是单点接触。

图 8.20 显示球心位移随时间变化的情况。

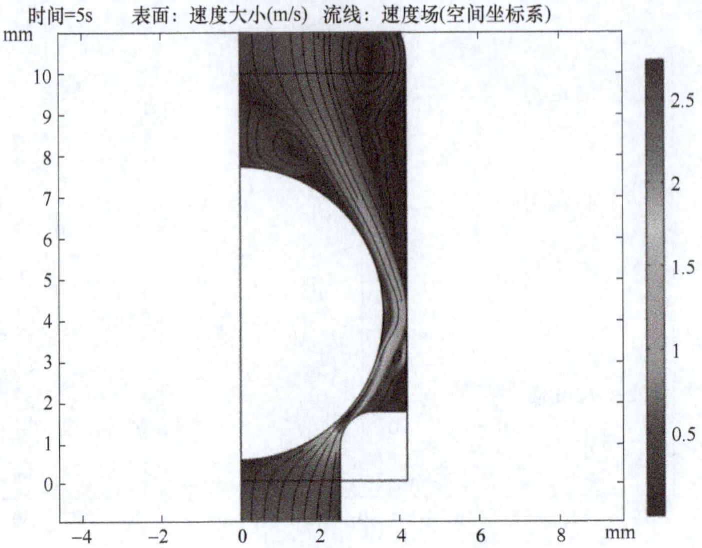

图 8.16 阀最大开度时的流体速度

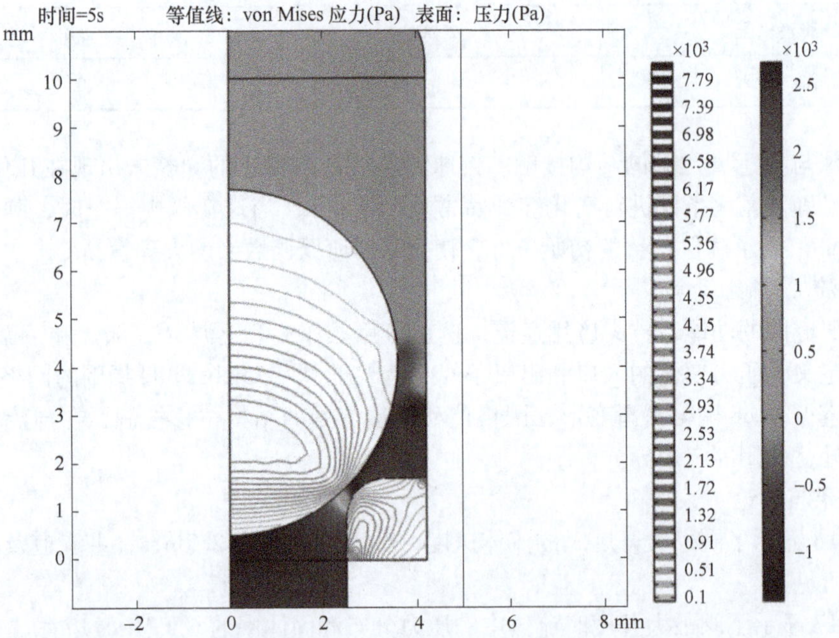

图 8.17 阀最大开度时流体中的压力分布和固体中的 von Mises 应力

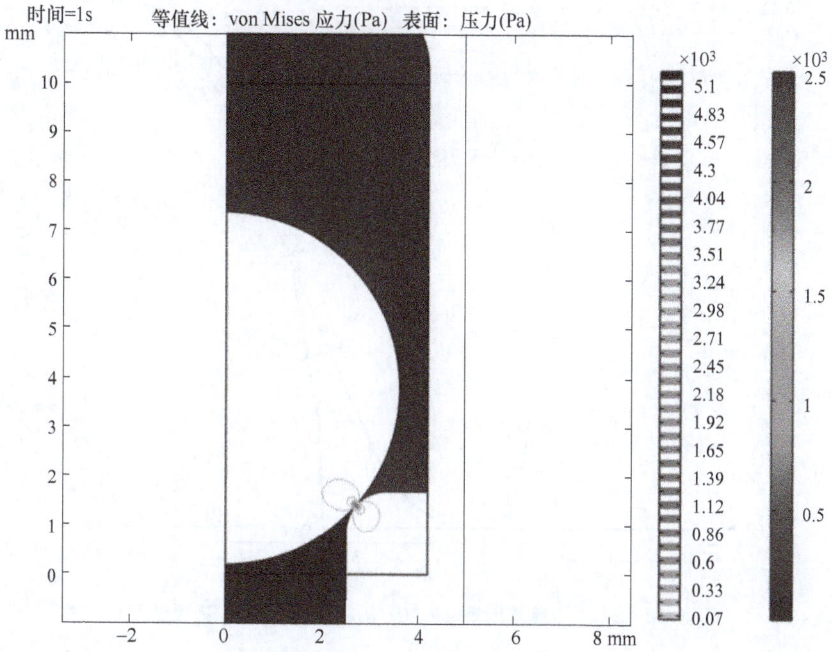

图 8.18　最大反向压力下的流体压力和 von Mises 应力

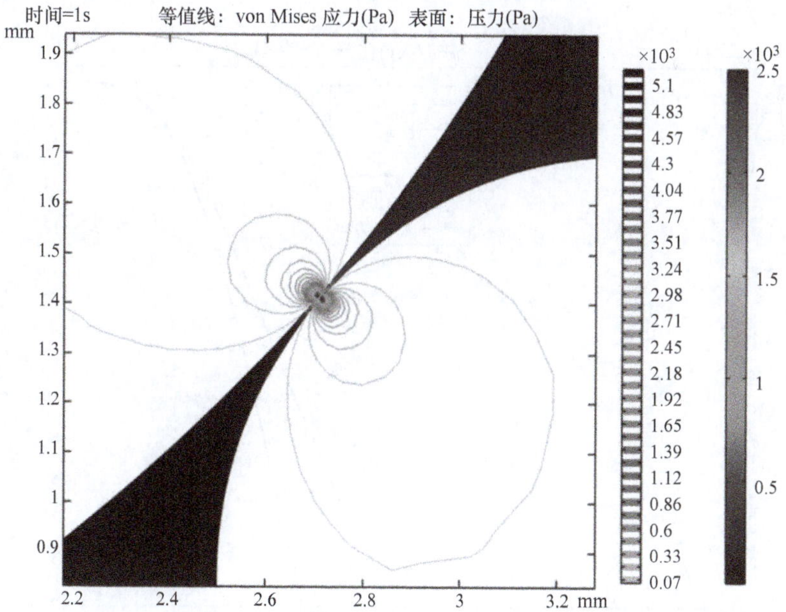

图 8.19　最大反向压力下的流体压力和 von Mises 应力（接触区域的特写视图）

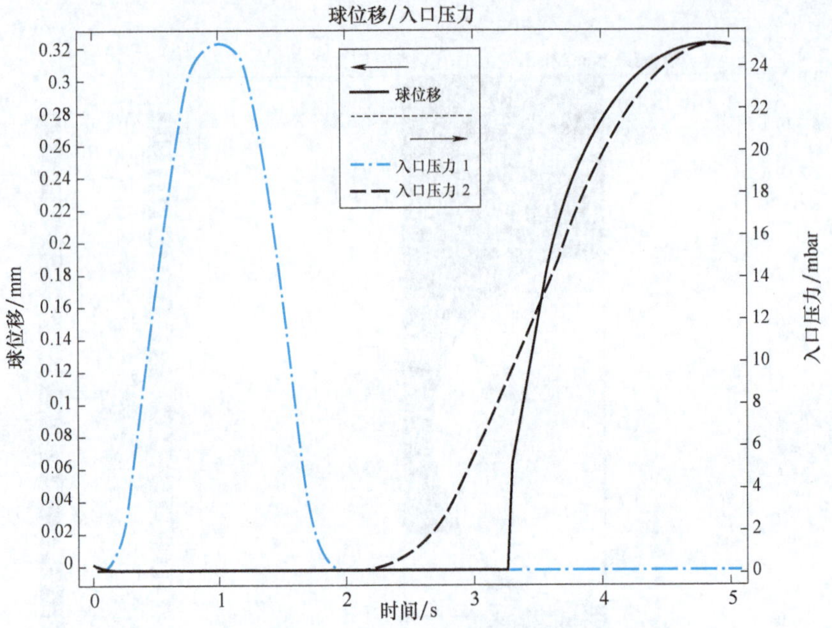

图 8.20 球心位移随时间变化的情况（入口压力仅供参考）

施加弹簧预变形后，球会稍微向下移动。随着反向压力的增加，球的位移可以忽略不计。2s 后，沿工作方向的流量增加，直到球达到约 0.32mm 的最大位移。

图 8.21 显示阀中流体流动随时间变化的情况。

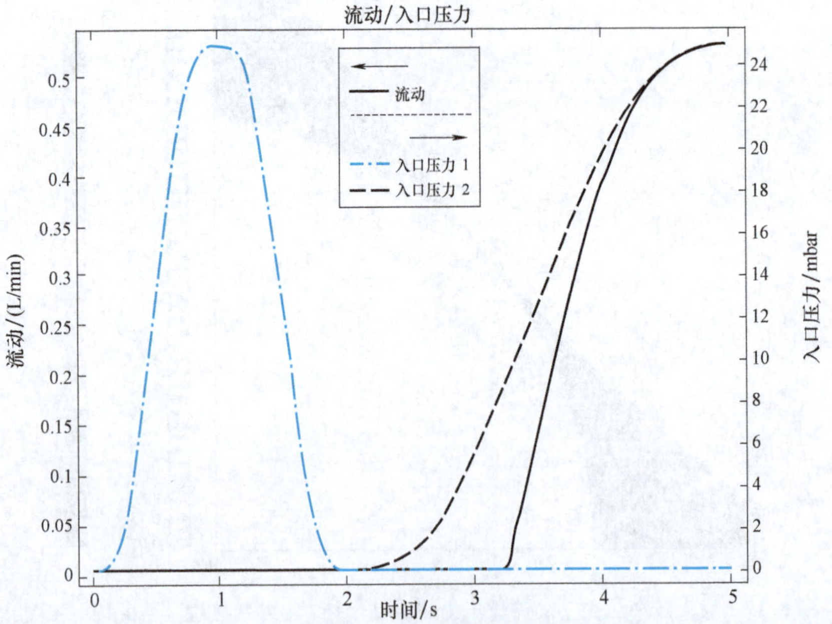

图 8.21 阀中流体流动随时间变化的情况

在 1s 以内，压力沿反向流动方向施加。最大反向流动约为 0.3mL/min。这个值较小，这是因为接触零件之间存在间隙，该间隙对于避免流体域中的拓扑变化是必要的。通过减小接触偏移值，可以进一步减少反向流动，但代价是网格细化会增加求解时间。

图 8.22 显示了阀的工作曲线。

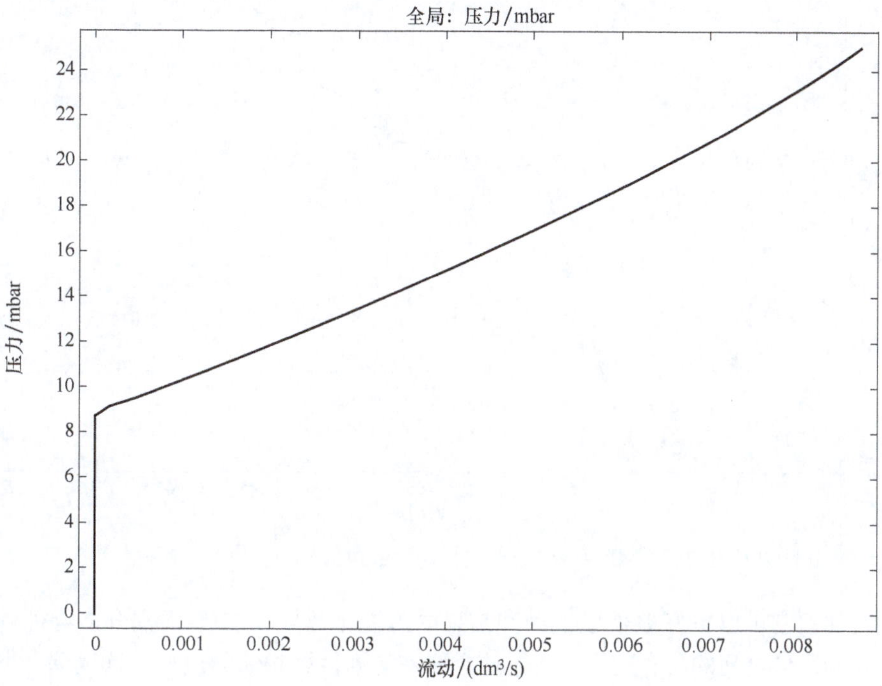

图 8.22　阀的工作曲线

从图 8.22 中可以看出，开启压力约为 9mbar。

图 8.23 显示了分析过程中所应用的阀中的流体压降以及入口压力条件。

模型的主要目的是说明如何求解流-固耦合问题，其中被流体分隔开的两个弹性部分相互接触。用于变形域中纳维-斯托克斯方程离散化的任意拉格朗日-欧拉公式要求该域的拓扑不变。在实际接触情况下，流体域的拓扑随着零件的接触而发生变化。对于数值分析，需要在接触设置中包含一个偏移量，以防止零件发生物理接触。在此模型中，偏移量设置为非常小的值（5μm），这足以保持流体域拓扑结构，同时能防止阀关闭时发生明显的反向流动。为了获得比较精确的解，我们在球将要与 O 形圈接触或将要移开时，自动重新划分网格。由于边界层网格的缘故，建议使用失真作为重新划分网格的条件，其中设置当最大单元扭曲的平方根超过 2 时，软件将为几何结构重新划分网格。

为了确保自动重新划分网格后正确重启，务必在流-固界面处很好地细化网格。此外，在求解器设置中，可以强制执行一致初始化。流-固耦合多物理场接口添加了变形域节点，可以在其中定义由边界处的结构变形控制的流体域。在这个模型中，球的位移受到限制，最好将流体域分为三个区域。中心流体域（包含移动球的流体域）使用自由移动的变形网格，而底部和顶部流体域使用固定网格。这样可以将动网格方程的计算结构限制到最小。在这个特定示例中，我们实际上将阀体模拟为刚性，因此，除了接触区域外，它完全可以从模型中

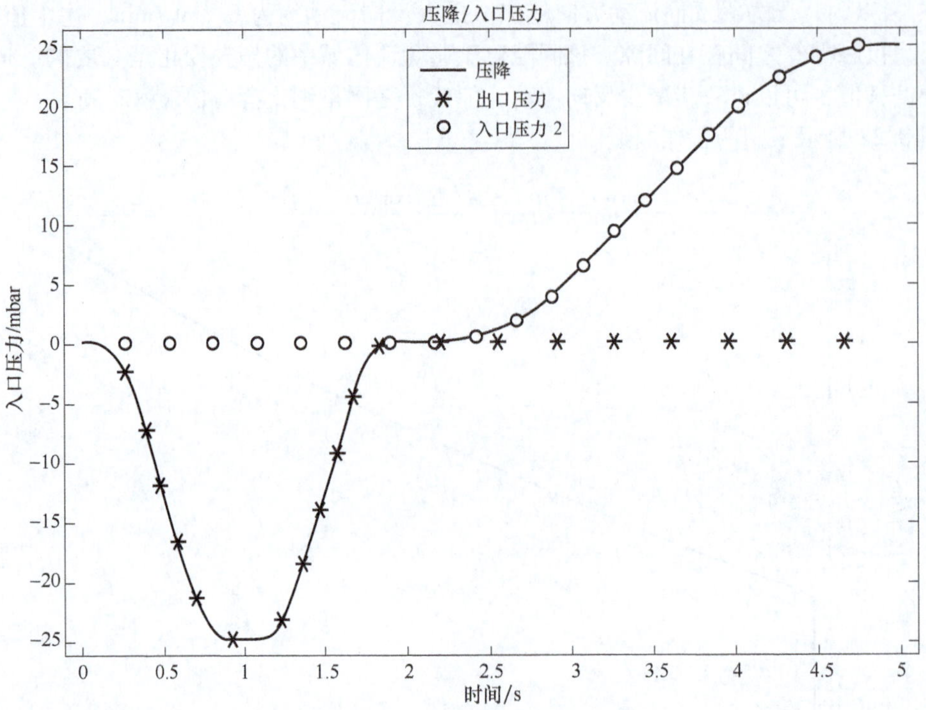

图 8.23 阀压降以及上边界/下游（* *线）和底部边界/上游（o o线）的入口压力条件

移除，但是保留它可以更好地生成模型和结果的可视化效果。在流-固耦合多物理场中，默认选择流体与固体之间的所有边界。可以选择移除与刚性域相邻的边界。这里耦合类型改为结构上的流体载荷，以避免添加在固定几何结构情况下双向耦合所增加的额外自由度。

8.4.2 加热电路的力-电-磁-热耦合仿真

小型加热电路在许多领域有着广泛的应用，例如，在制造过程中用于加热反应流体。本教学案例中的装置由沉积在玻璃板上的电阻层构成，对电路施加电压时，该层会产生焦耳热，从而导致结构变形。

这个多物理场示例模拟加热电路装置的电热产生、传热以及机械应力和变形。本模型将固体传热接口与多层壳中的电流、固体力学以及膜接口结合使用。根据几何模型和这些物理场接口，刚体运动抑制条件可自动应用于一组合适的约束。

图 8.24 显示了此类模型的一个典型加热装置，它由沉积在玻璃板上的电阻层组成，向电路施加电压时，该电阻层产生焦耳热。该电阻层的属性决定了产生的热量。

在这个特定模型中，必须满足三个要求：①非侵入式加热；②加热装置的最小挠度；③避免过程中流体过热。

电加热器还必须保证工作中不会失效。通过在加热电路和流体之间插入玻璃板来满足第一和第二个要求。玻璃板充当导热隔离板，是满足前两个要求的理想材料，因为玻璃不会发生反应，并且其热膨胀系数小。还必须避免由于反应流体自燃引起的过热，这也是将电路与流体直接接触隔离的主要原因。加热装置是针对每个应用定制的，因此虚拟原型设计对制造商而言非常重要。对于一般的加热电路，电阻层分离是常见的主要故障。这是由

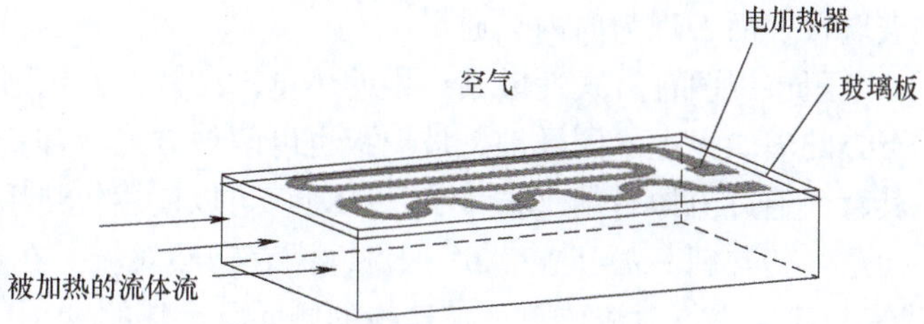

图 8.24　加热装置的几何结构

于热导致的界面应力过大引起的。电阻层一旦分离，其局部就会过热，这又加速了电阻层的分离。最后，在最糟糕的情况下，电路可能会过热并烧坏。从这一角度而言，研究由于温差以及电阻层和基板的不同热膨胀系数引起的界面张力也很重要。电阻层的几何形状是设计电路正常工作的关键参数。

本多物理场示例模拟了加热电路装置的电热产生、传热以及机械应力和变形。模型同时使用了“传热模块”的“固体传热”接口、“AC/DC 模块”的“电流，多层壳”接口以及“结构力学模块”的“固体力学”和“膜”接口。

1. 模型定义

图 8.25 显示了模拟的加热电路图。

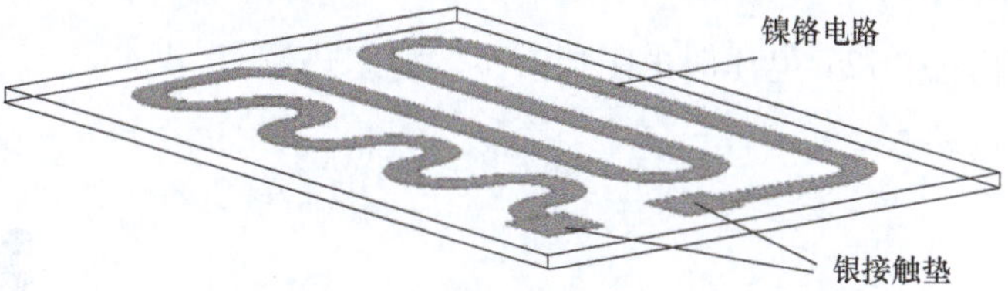

图 8.25　沉积在玻璃板上的加热电路图

该装置由玻璃板上沉积的厚度为 10μm、宽度为 5mm 的蛇形镍铬电阻层组成。其两端各有一块 10mm×10mm×10μm 的银接触垫。在使用电路时，玻璃板的沉积侧与周围空气接触，背面与被加热的流体接触。假定玻璃板的边和侧面都是绝热的。

表 8.3 给出了电阻器的尺寸。

表 8.3　电阻器的尺寸

对　象	长　度	宽　度	厚　度
玻璃板	130mm	80mm	2mm
垫和电路	—	—	10μm

在工作期间，电阻层产生热量。使用“AC/DC 模块”中的“电流，多层壳”接口模拟电产生的热量。对接触垫施加 12V 的电势。在模型中，通过将第一个垫的一条边的电势设置为 12V、另一个垫的一条边的电势设置为 0V，来实现此效果。要模拟薄导电层中的传热，需使用“固体传热”接口中的“薄层”特征。薄层内产生的单位面积热耗率（单位为 W/m^2）为

$$q_{prod} = dQ_{DC}$$

式中，d 为厚度；Q_{DC}为功率密度，$Q_{DC} = \boldsymbol{J} \cdot \boldsymbol{E}$，其中 $\boldsymbol{J}$ 为电流，$\boldsymbol{E}$ 为电场。

产生的热量在玻璃板表面表现为向内热通量。

在稳态状态下，电阻层以两种方式耗散其产生的热量：在其上方包围的空气中（温度为 293K），以及其下方的玻璃板上。同样地，玻璃板也以两种方式冷却：在其电路侧通过空气冷却，以及在其背面通过流体冷却（温度为 353K）。可以使用传热系数 h 来模拟耗散到周围的热通量。向空气传热时，$h=5\mathrm{W/(m^2 \cdot K)}$，代表自然对流。在玻璃板背面，$h=20\mathrm{W/(m^2 \cdot K)}$，代表与流体进行对流传热。玻璃板的侧面是绝热的。

模型使用静态结构力学分析模拟热膨胀。将“固体力学”接口用于玻璃板，将“膜”接口用于电路层。当温度为 293K 时，应力设为 0。可以通过固定一个角的 x、y 和 z 位移及旋转来确定“固体力学”接口的边界条件。

表 8.4 汇总了模型中使用的材料属性。

表 8.4 模型中使用的材料属性

材料	E/GPa	v	α/(1/K)	k/[W/(m·K)]	ρ/(kg/m³)	C_p/[J/(kg·K)]
银	83	0.37	1.89×10^{-5}	420	10500	230
镍铬合金	213	0.33	1×10^{-5}	15	9000	20
玻璃	73.1	0.17	5.5×10^{-7}	1.38	2203	703

2. 结果与讨论

图 8.26 显示了施加 12V 电压时电阻层产生的稳态热量。

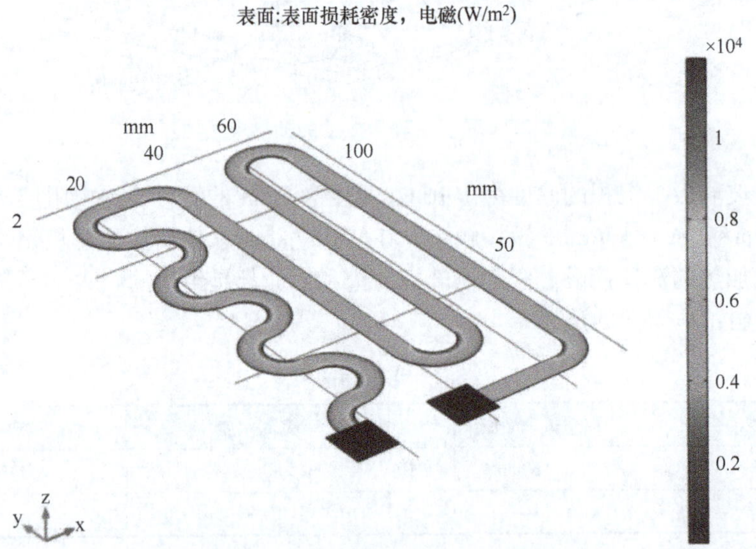

图 8.26 施加 12V 电压时电阻层产生的稳态热量

由于曲线内拐角处的电流密度较高，因此最大加热功率出现在这些点上。通过积分计算得出产生的总热量约为 13.8W。

图 8.27 显示了稳态状态下加热装置上的温度分布。

最高温度约为 428K，出现在电路层的中心部分。有趣的是，玻璃板流体一侧与电路一侧之间的温差非常小，这是因为玻璃板非常薄。使用边界积分，得到流体侧的积分热通

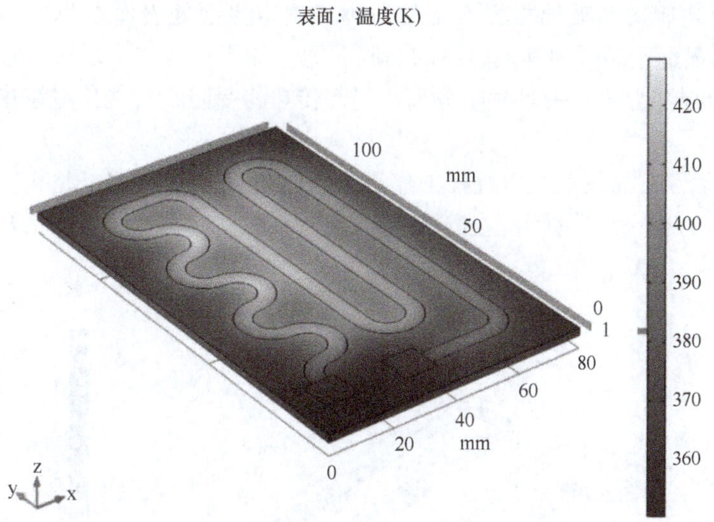

图 8.27　稳态状态下加热装置上的温度分布

量约为 8.5W。这意味着装置将其产生的大部分热量（13.8W 中的 8.5W）传递到了流体，从设计角度来看这是一个好结果，虽然玻璃板的热阻会导致一些损耗。

由于材料的热膨胀系数不同，温升还会引起热应力。结果在电阻层和玻璃板中出现了机械应力和变形。图 8.28 显示了装置中的 von Mises 应力分布以及产生的变形。在工作期间，玻璃板朝空气侧弯曲。

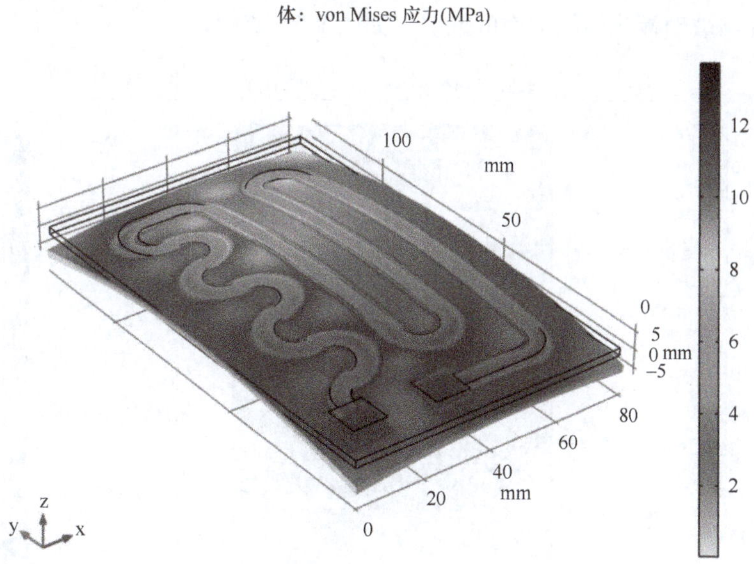

图 8.28　热导致的 von Mises 应力分布和变形图

最大的等效应力约为 13MPa，出现在镍铬电路曲线的内拐角处。高质量玻璃的屈服应力大致为 250MPa，镍铬合金为 360MPa。这意味着各个部件在所模拟的加热功率负载下结构保持完整。

还必须考虑电阻层与玻璃板界面上的应力。假定界面处表面黏附层的屈服应力约为50MPa，该值明显低于装置中其他材料的屈服应力。如果等效应力增大至该值以上，则电阻层将与玻璃板局部分离。一旦发生分离，局部传热将受阻，可能使电阻层过热，最终导致设备故障。

图 8.29 显示了在加热器工作过程中作用在黏附层上的有效力。此装置经受的最大界面应力比屈服应力小一个数量级。这意味着该装置在黏附应力方面设计良好。

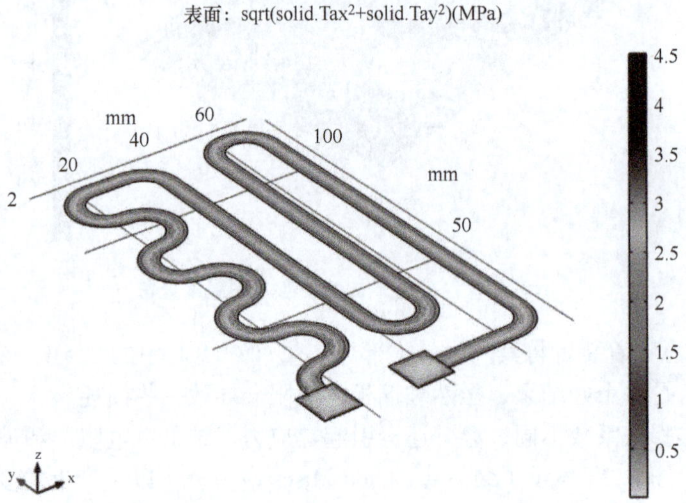

图 8.29　电阻层与玻璃板界面上的有效力

最后研究与玻璃板流体侧平面的偏差，如图 8.30 所示。

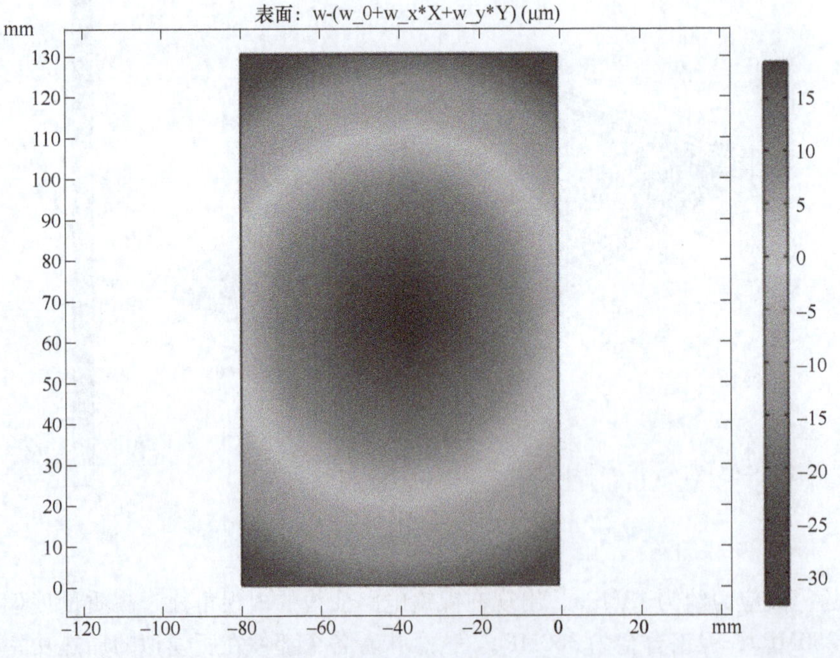

图 8.30　与玻璃板流体侧平面的偏差

相对于平面的最大偏差约为 50μm，对于半导体加工等高精度应用，这可能是限制装置工作温度的重要值。

习　题

1. 多物理场仿真中直接耦合和间接耦合有何区别？请举例说明。
2. 解释有限元分析（FEA）中数学模型和数值模型之间的关系。
3. 在永磁电动机的设计中，主要需要考虑哪些物理现象的作用？
4. 在工厂的高温管道中，常见到图 8.31 所示的伸缩节，请分析其主要作用。

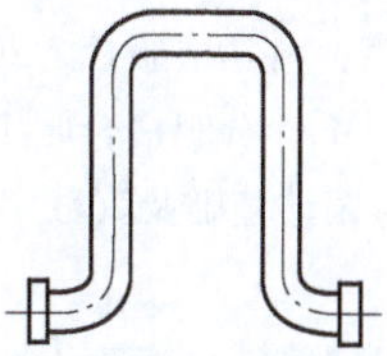

图 8.31　习题 4 图

科学家科学史
“两弹一星”功勋
科学家：雷震海天

参考文献

[1] 张鄂. 机械与工程优化设计［M］. 北京：科学出版社，2008.
[2] 梁超，苏畅. 机械系统动态仿真技术［M］. 合肥：合肥工业大学出版社，2022.
[3] 韩清凯，翟敬宇，张昊. 机械动力学与振动基础及其数字仿真方法［M］. 武汉：武汉理工大学出版社，2016.
[4] 杨国来，郭锐，葛建立. 机械系统动力学建模与仿真［M］. 北京：国防工业出版社，2015.
[5] 温熙森，陈循，徐永成，等. 机械系统建模与动态分析［M］. 北京：科学出版社，2004.
[6] 王勖成. 有限单元法［M］. 北京：清华大学出版社，2003.
[7] 吴健珍. 控制系统 CAD 与数字仿真［M］. 北京：清华大学出版社，2014.
[8] 王英. 数学方法在机械设计中的应用策略［J］. 造纸装备及材料，2021，50（9）：88-89.
[9] 徐永智. 机械系统动力学建模与仿真［J］. 山东工业技术，2018（11）：15，18.
[10] 黄家泉. 机械设备的仿真技术［J］. 装备制造，2009（8）：184.
[11] 吴南星，孙庆鸿. 机械系统动态仿真技术研究［J］. 制造业自动化，2002，24（12）：36-38.
[12] 李思琪. 数学建模在机械数字化设计中的应用和发展趋势研究［J］. 造纸装备及材料，2023，52（8）：96-98.
[13] 李岩松，王麒翔，王敏壕，等. 漏磁检测的混合正则化反演方法研究［J］. 电测与仪表，2020，57（21）：9-17.
[14] 陈育明. 基于遗传算法的低压配电网无功补偿优化方法研究［J］. 电气传动自动化，2023，45（5）：56-59.
[15] 邱锡鹏. 飞桨教材编写组. 神经网络与深度学习［M］. 北京：机械工业出版社，2022.
[16] 曹渊. ANSYS 2020 有限元分析从入门到精通：升级版［M］. 北京：电子工业出版社，2021.
[17] 李增刚，李保国. ADAMS 入门详解与实例［M］. 3 版. 北京：清华大学出版社，2021.
[18] CAD/CAM/CAE 技术联盟. ADAMS 2018 动力学分析与仿真从入门到精通［M］. 北京：清华大学出版社，2020.
[19] 马慧，王刚. COMSOL Multiphysics 基本操作指南和常见问题解答［M］. 北京：人民交通出版社，2009.
[20] 谢里阳. 机械可靠性基本理论与方法［M］. 2 版. 北京：科学出版社，2012.
[21] 叶南海，戴宏亮. 机械可靠性设计与 MATLAB 算法［M］. 北京：机械工业出版社，2018.
[22] 刘混举. 机械可靠性设计［M］. 北京：国防工业出版社，2009.
[23] 张义民. 机械可靠性漫谈［M］. 北京：科学出版社，2012.
[24] 孙有朝，张永进，李龙彪. 可靠性原理与方法：下册［M］. 北京：科学出版社，2016.
[25] 张义民. 机械动态与渐变可靠性理论与技术评述［J］. 机械工程学报，2013，49（20）：101-114.
[26] 谢里阳. 机械可靠性理论、方法及模型中若干问题评述［J］. 机械工程学报，2014，50（14）：27-35.

[27] 邱继伟，张瑞军，丛东升，等. 机械零件可靠性设计理论与方法研究 [J]. 工程设计学报，2011，18 (6)：401-406；411.

[28] 陈连，邹广萍. 机械可靠性设计的最优化方法及其应用研究 [J]. 机械设计与制造，2006 (2)：8-10.

[29] 姚寿文，崔红伟. 机械结构优化设计 [M]. 2 版. 北京：北京理工大学出版社有限责任公司，2018.

[30] 李丽，牛奔. 粒子群优化算法 [M]. 北京：冶金工业出版社，2009.

[31] 郭维祺. 高速静压内置式电主轴系统动态特性分析及优化 [D]. 长沙：湖南大学，2014.

[32] 罗瑞. 考虑参数相关性的区间多目标优化方法及其应用 [D]. 长沙：湖南大学，2018.

[33] FLORES P，AMBROSIO J，LANKARANI H M. Contact-impact events with friction in multibody dynamics：back to basics [J]. Mechanism and Machine Theory，2023，184：105305.

[34] WANG L H，HU M H，ZHONG Z，et al. Stabilized lagrange interpolation collocation method：a meshfree method incorporating the advantages of finite element method [J]. Computer Methods in Applied Mechanics and Engineering，2023，404：115780.

[35] 彭宇，刘大同，彭喜元. 故障预测与健康管理技术综述 [J]. 电子测量与仪器学报，2010，24 (1)：1-9.

[36] ZIO E. Prognostics and health management (PHM)：where are we and where do we (need to) go in theory and practice [J]. Reliability Engineering and System Safety，2022，218：108119.

[37] LEI Y G，YANG B，JIANG X W，et al. Applications of machine learning to machine fault diagnosis：a review and roadmap [J]. Mechanical Systems and Signal Processing，2020，138：106587.

[38] LEI Y G，LI N P，GONTARZ S，et al. A model-based method for remaining useful life prediction of machinery [J]. IEEE Transactions on Reliability，2016，65 (3)：1314-1326.

[39] 张清东，周岁，张晓峰，等. 薄带钢拉矫机浪形矫平过程机理建模及有限元验证 [J]. 机械工程学报，2015，51 (2)：49-57.

[40] ZHENG F J，ZONG C Y，DEMPSTER W，et al. A multidimensional and multiscale model for pressure analysis in a reservoir-pipe-valve system [J]. Journal of Pressure Vessel Technology，2019，141 (5)：051603.

[41] SHI M L，LV L Y，SUN W，et al. A multi-fidelity surrogate model based on support vector regression [J]. Structural and Multidisciplinary Optimization，2020，61 (6)：2363-2375.

[42] 韩旭. 基于数值模拟的设计理论与方法 [M]. 北京：科学出版社，2015.

[43] WANG G G，SHAN S. Review of metamodeling techniques in support of engineering design optimization [J]. Journal of Mechanical Desigen，2007，129 (4)：370-380.

[44] 周明，孙树栋. 遗传算法原理及应用 [M]. 北京：国防工业出版社，1999.

[45] QU Z Q. Model order reduction techniques [M]. London：Springer，2004.

[46] GUYAN R J. Reduction of stiffness and mass matrices [J]. AIAA Journal，1965，3 (2)：380.

[47] PAZ M. Dynamic condensation [J]. AIAA Journal，1984，22 (5)：724-727.

[48] GRIMME E J. Krylov projection methods for model reduction [D]. Urbana-Champaign：University of Illinois at Urbana-Champaign，1997.

[49] WILSON E L，YUAN M W，DICKENS J M. Dynamic analysis by direct superposition of Ritz vectors [J]. Earthquake Engineering & Structural Dynnmics，1982，10 (6)：813-821.

[50] ROWLEY C W，COLONIUS T，MURRAY R M. Model reduction for compressible flows using POD and Galerkin projection [J]. Physica，D. Nonlinear Phenomena，2004，189 (1/2)：115-129.

[51] MACNEAL R H. A hybrid method of component mode synthesis [J]. Computers & Structures，1971，1 (4)：581-601.

[52] KAPIEYN M G，KNEZCVIC D J，WILLCOX K E. Toward predictive digital twins via component-based reduced-order models and interpretable machine learning [C]//AIAA SciTech Forum and Exposition. Orlando.
[53] HAN Z H，ZIMMERMANN，GORTZ S. Alternative cokriging model for variable-fidelity surrogate modeling [J]. AIAA Journal，2012，50 (5)：1205-1210.
[54] 刘杰. 动态载荷识别的计算反求技术研究 [D]. 长沙：湖南大学，2011.
[55] ZHANG Y，WANG S，ZHOU C A，et al. A fast active learning method in design of experiments：multipeak parallel adaptive infilling strategy based on expected improvement [J]. Structural and Multidisciplinary Optimization，2021，64 (3)：1259-1284.
[56] LIU Y，LI K P，WANG S，et al. A sequential sampling generation method for multi-fidelity model based on voronoi region and sample density [J]. Journal of Mechanical Design，2021，143 (12)：121702.
[57] 张德文，魏阜旋. 模型修正与破损诊断 [M]. 北京：科学出版社，1999.
[58] KAMMER D C. Effects of noise on sensor placement for on-orbit modal identification of large space structures [J]. Journal of Dynamic Systems，Measurement，and Control，1992，114 (3)：436-443.
[59] MORADIPOUR P，CHAN T H T，GALLAGE C. An improved modal strain energy method for structural damage detection，2D simulation [J]. Structural Engineering and Mechanics，2015，54 (1)：105-119.
[60] 于惠力，冯新敏. 机械优化设计与实例 [M]. 北京：机械工业出版社，2016.
[61] 黄民水，朱宏平，宋金强. 传感器优化布置在桥梁结构模态参数测试中的应用 [J]. 公路交通科技，2008，25 (2)：85-88；100.
[62] CHEHRI A，FORTIER P，TARDIF P M. Geo-Location with wireless sensor networks using non-linear optimization [J]. International Journal of Computer Science & Network Security，2008，8 (1)：145-154.
[63] TONG K H，BAKHARY N，KUEH A B H，et al. Optimal sensor placement for mode shapes using improved simulated annealing [J]. Smart Structures & Systems，2014，13 (3)：389-406.
[64] JHA S K，EYONG E M. An energy optimization in wireless sensor networks by using genetic algorithm [J]. Telecommunication Systems：Modeling，Analysis，Design and Management，2018，67 (1)：113-121.
[65] RASMUSSEN M H，STOLPE M. Global optimization of discrete truss topology design problems using a parallel cut-and-branch method [J]. Computers & Structures，2008，86 (13/14)：1527-1538.
[66] PAPADIMITRIOU C. Optimal sensor placement methodology for parametric identification of structural systems [J]. Journal of Sound and Vibration，2004，278 (4/5)：923-947.
[67] GOMES G F，DE ALMEIDA F A，LOPES ALEXANDRINO P D S，et al. A multiobjective sensor placement optimization for SHM systems considering Fisher information matrix and mode shape interpolation [J]. Engineering with Computers，2019，35 (2)：519-535.
[68] SUN W，SHI M L，ZHANG C，et al. Dynamic load prediction of tunnel boring machine (TBM) based on heterogeneous in-situ data [J]. Automation in Construction，2018，92 (8)：23-34.
[69] SONG X G，SHI M L，WU J G，et al. A new fuzzy c-means clustering-based time series segmentation approach and its application on tunnel boring machine analysis [J]. Mechanical Systems and Signal Processing，2019，133：106279.
[70] RODRIGUEZ E，ECHEVERRIA J C，ALVAREZ-RAMIREZ J. Detrending fluctuation analysis based on high-pass filtering [J]. Physica，A. Statistical Mechanics and its Applications，2007，375 (2)：699-708.
[71] FEDOTOV A A. Baseline drift filtering for an arterial pulse signal [J]. Measurement Techniques，2014，57 (1)：91-96.

[72] CHRISTIANO L J, FITZGERALD T J. The band pass filter [J]. International Economic Review, 2003, 44 (2): 435-465.

[73] ALSALAH A, HOLLOWAY D, MOUSAVI M, et al. Identification of wave impacts and separation of responses using EMD [J]. Mechanical Systems and Signal Processing, 2021, 151: 107385.

[74] WU H C, ZHOU J, XIE C, et al. Two-dimensional time series sample entropy algorithm: applications to rotor axis orbit feature identification [J]. Mechanical Systems and Signal Processing, 2021, 147: 107123.

[75] LEI Y G, LIN J, HE Z J, et al. A review on empirical mode decomposition in fault diagnosis of rotating machinery [J]. Mechanical Systems and Signal Processing, 2013, 35 (1/2): 108-126.

[76] DU L, SONG Q B, JIA X L. Detecting concept drift: an information entropy based method using an adaptive sliding window [J]. Intelligent Data Analysis, 2014, 18 (3): 337-364.

[77] RAO S S. Engineering optimization: theory and practice [M]. 4th ed. Hoboken: John Wiley & Sons, 2009.

[78] GOBBI M, MASTINU G. Analytical description and optimization of the dynamic behaviour of passively suspended road vehicles [J]. Journal of Sound and Vibration, 2001, 245 (3): 457-481.

[79] 陈宝林. 最优化理论与算法 [M]. 2 版. 北京: 清华大学出版社, 2005.

[80] 刘惟信. 机械最优化设计 [M]. 2 版. 北京: 清华大学出版社, 1994.

[81] 孙靖民, 梁迎春. 机械优化设计 [M]. 4 版. 北京: 机械工业出版社, 2007.